国家出版基金项目
NATIONAL PUBLICATION FOUNDATION

现代农业高新技术成果丛书

中国大豆品种资源目录
(续编三)

Catalogues of Chinese Soybean Germplasm Resources: Continuation Ⅲ

中国农业科学院作物科学研究所　组编

中国农业大学出版社
·北京·

内容简介

本书是一本介绍中国大豆品种资源的目录工具书。本目录共收录大豆种质 3 996 份，其中国内种质 2 724 份，国外种质 1 272 份。国内种质来源于 27 个省(市、区)，国外种质主要来自美国、俄罗斯、瑞典等。目录对每份种质在国家农作物种质库中的总编号、地理来源、原保存单位(编号)以及种质类型、花色、生育月份、蛋白质含量、脂肪含量等 16 项性状进行描述。对于中国大豆科研工作者，本书是一本既有实用价值，又有科研和珍藏价值的参考书，对广大农业科技工作者和管理人员也有较高参考价值。

图书在版编目(CIP)数据

中国大豆品种资源目录(续编三)/中国农业科学院作物科学研究所组编. —北京：中国农业大学出版社，2013.5

ISBN 978-7-5655-0689-5

Ⅰ.①中… Ⅱ.①中… Ⅲ.①大豆－品种资源－目录－中国 Ⅳ.①S565.102.92

中国版本图书馆 CIP 数据核字(2013)第 080671 号

书　名 中国大豆品种资源目录(续编三)

作　者 中国农业科学院作物科学研究所 组编

策划编辑 陈 阳　　**责任编辑** 王艳欣

封面设计 郑 川　　**责任校对** 陈 莹 王晓凤

出版发行 中国农业大学出版社

社　址 北京市海淀区圆明园西路 2 号　　**邮政编码** 100193

电　话 发行部 010-62818525，8625　　读者服务部 010-62732336

编辑部 010-62732617，2618　　出 版 部 010-62733440

网　址 http://www.cau.edu.cn/caup　　**e-mail** cbsszs @ cau.edu.cn

经　销 新华书店

印　刷 涿州市星河印刷有限公司

版　次 2013 年 5 月第 1 版　2013 年 5 月第 1 次印刷

规　格 787×1 092　16 开本　17 印张　416 千字

定　价 78.00 元

现代农业高新技术成果丛书
编审指导委员会

编 写 人 员

主　编　邱丽娟　刘章雄　常汝镇

编　者　魏淑红　王　强　王美国　王曙明　王跃强
邱红梅　杨春明　王文斌　闫春娟　孙宾成
张万海　邱丽娟　刘章雄　常汝镇　孙　石
姬月梅　战　勇　张恒斌　杨春燕　冯　燕
张孟臣　卢思慧　曹金锋　马俊奎　任冬莲
徐　冉　张礼凤　李继存　卢为国　李卫东
刘萌娟　赵团结　王宗标　王　幸　胡国玉
张　磊　周　蓉　周新安　张明荣　吴海英
杨华伟　张继君　陈　红　朱申龙　傅旭军
李明松　王瑞珍　赵朝森　李小红　谢运河
黄建斌　年　海　孙祖东　陈怀珠　王铁军

组编单位　中国农业科学院作物科学研究所

编写单位　黑龙江省农业科学院作物育种研究所
黑龙江省种子管理局
吉林省农业科学院大豆研究所
辽宁省农业科学院作物研究所
内蒙古呼伦贝尔市农业科学研究所
中国农业科学院作物科学研究所
宁夏农林科学院农作物研究所
新疆农垦科学院作物研究所
河北省农林科学院粮油作物研究所
河北省沧州市农林科学院
山西省农业科学院经济作物研究所
山东省农业科学院作物研究所
山东省济宁市农业科学研究院
河南省农业科学院经济作物研究所
西北农林科技大学农学院
南京农业大学大豆研究所
江苏徐淮地区徐州农业科学研究所
安徽省农业科学院作物研究所
中国农业科学院油料作物研究所
四川省南充市农业科学研究所
四川省自贡市农业科学研究所
重庆市农业科学院特色作物研究所

浙江省农业科学院作物与核技术利用研究所
福建省泉州市农业科学院
江西省农业科学院作物研究所
湖南省农业科学院作物研究所
贵州省农业科学院油料研究所
华南农业大学农学院
广西农业科学院经济作物研究所
云南省农业科学院粮食作物研究所

出版说明

瞄准世界农业科技前沿，围绕我国农业发展需求，努力突破关键核心技术，提升我国农业科研实力，加快现代农业发展，是胡锦涛总书记在2009年五四青年节视察中国农业大学时向广大农业科技工作者提出的要求。党和国家一贯高度重视农业领域科技创新和基础理论研究，特别是863计划和973计划实施以来，农业科技投入大幅增长。国家科技支撑计划、863计划和973计划等主体科技计划向农业领域倾斜，极大地促进了农业科技创新发展和现代农业科技进步。

中国农业大学出版社以973计划、863计划和科技支撑计划中农业领域重大研究项目成果为主体，以服务我国农业产业提升的重大需求为目标，在"国家重大出版工程"项目基础上，筛选确定了农业生物技术、良种培育、丰产栽培、疫病防治、防灾减灾、农业资源利用和农业信息化等领域50个重大科技创新成果，作为"现代农业高新技术成果丛书"项目申报了2009年度国家出版基金项目，经国家出版基金管理委员会审批立项。

国家出版基金是我国继自然科学基金、哲学社会科学基金之后设立的第三大基金项目。国家出版基金由国家设立、国家主导，资助体现国家意志、传承中华文明、促进文化繁荣、提高文化软实力的国家级重大项目；受助项目应能够发挥示范引导作用，为国家、为当代、为子孙后代创造先进文化；受助项目应能够成为站在时代前沿、弘扬民族文化、体现国家水准、传之久远的国家级精品力作。

为确保"现代农业高新技术成果丛书"编写出版质量，在教育部、农业部和中国农业大学的指导和支持下，成立了以石元春院士为主任的编审指导委员会；出版社成立了以社长为组长的项目协调组并专门设立了项目运行管理办公室。

"现代农业高新技术成果丛书"始于"十一五"，跨入"十二五"，是中国农业大学出版社"十二五"开局的献礼之作，她的立项和出版标志着我社学术出版进入了一个新的高度，各项工作迈上了新的台阶。出版社将以此为新的起点，为我国现代农业的发展，为出版文化事业的繁荣作出新的更大贡献。

中国农业大学出版社

2010年12月

前　言

《中国大豆品种资源目录(续编三)》是在前三册目录的基础上继续编写而成的，品种的统一编号接续《中国大豆品种资源目录(续编二)》，以保持大豆品种编目的连续性。

本目录共收录大豆种质 3 996 份，其中，国内种质 2 724 份，国外种质 1 272 份。国内种质来源于 27 个省(市、区)，与前三册目录主要以地方品种为主相比，编入本目录的种质多为近 10 年来的选育品种或创新品系。国外种质主要来自美国、俄罗斯、瑞典、韩国及日本，以美国品种(系)居多，且主要为美国新育成的改良品种、创新品系等。为防止重复编写，各编写单位均对编入种质与前三册目录进行了核对，尽管如此，仍可能会出现个别种质重复编入的情况。国外种质中，有少数几份名称相同，可能是同一份种质，但在不同地点繁殖，所获得的性状也有差异，为了提供更全面的种质信息，这部分种质也被编入目录中。

为便于查找，国内种质的编写方法及要求仍沿用前三册目录标准，对国外种质，首先按引进国家编排，然后按播期类型及种皮颜色排列，编排方法同国内种质。国外种质主要依据来源国的地理信息(美国品种主要参考其熟期组)选择国内繁殖地点，由于在不同地点性状上有出入，尤其是生育日数变化较大，所以所列编目性状仅供引种时参考。

本目录编写的时间跨度大，涉及的单位及参与编写的人员较多，由于篇幅原因，全部参与编写的人员本书未能一一列出，在此谨向他们辛苦的付出表示感谢。

由于水平所限，续编目录可能会出错，不当之处请提出宝贵意见，编者将不胜感激。

编　者
2013 年 1 月

目　　录

中国大豆品种资源目录（续编三）编写说明

《中国大豆品种资源目录(续编三)》承接《中国大豆品种资源目录》、《中国大豆品种资源目录(续编一)》和《中国大豆品种资源目录(续编二)》，有 21 项内容，保持了大豆品种资源编目的连续性和一致性。现将《中国大豆品种资源目录(续编三)》的编写范围、内容、标准、排列顺序等有关内容说明如下。

一、国内种质编目材料范围

（一）原产于我国各地的栽培大豆地方品种。

（二）我国各地选育的并在生产上利用的改良品种，通过杂交、诱变等方法创造的有保存价值的育成品系。

（三）编入本目录的有黑龙江省(337 份)、吉林省(308 份)、辽宁省(302 份)、内蒙古自治区(36 份)、北京市(78 份)、宁夏回族自治区(3 份)、新疆维吾尔自治区(16 份)、河北省(132 份)、山西省(170 份)、山东省(109 份)、河南省(89 份)、陕西省(7 份)、江苏省(226 份)、安徽省(37 份)、上海市(3 份)、湖北省(169 份)、四川省(128 份)、重庆市(149 份)、浙江省(48 份)、福建省(34 份)、江西省(72 份)、湖南省(79 份)、贵州省(8 份)、广东省(10 份)、广西壮族自治区(93 份)、云南省(80 份)、台湾省(1 份) 等 27 个省(市、区) 共 2 724 份材料。

二、国内品种目录内容和标准

（一）总编号：为全国统一编号，并均冠以“ZDD”作为全国总编号标志，从 ZDD22638 编起。

（二）品种名称：指该种质的惯用名称，有别名的，在备注栏另行注明。

（三）原产地或来源：地方品种填写原产省、县份(如湖北天门)。县名和属何省，除个别情况外，均以中国地图出版社 1992 年版《中华人民共和国行政区划简册》为准。选育品种注明育成单位和选育方法，如混选(混合选种)、系选(系统育种)、有性杂交、诱变等。

（四）保存单位(编号)：指各大豆种质的实际保存单位及对该种质的编号。

（五）类型：系原产地的实际播种期类型，分春、夏、秋三种。

（六）生育月份：反映各种质的生育期幅度范围，以月、旬表示。例如，5 月上旬播种至 9 月下旬成熟，即表示为“5/上—9/下”。

（七）生育日数：春大豆以出苗的翌日算起，至成熟当天为止的日数。夏、秋大豆以播种的翌日算起，至成熟当天为止的日数。

（八）粒色：分　黄——黄、淡黄、白黄、浓黄、暗黄；
　　　　　　　　青——淡绿、绿、暗绿；
　　　　　　　　黑——黑、乌黑；
　　　　　　　　褐——茶、淡褐、深褐、紫红；

双——虎斑、鞍挂。

（九）子叶色：黄、绿。

（十）脐色：黄(无)、淡褐、褐、深褐、蓝、黑。

（十一）百粒重：以 g 表示之。

（十二）粒形：圆、扁圆、椭圆、扁椭(圆)、长椭(圆)、肾形。

（十三）生育习性：直立、半直(立)、半蔓(生)、蔓生。

（十四）结荚习性：有(限)、亚(有限)、无(限)。

（十五）茸毛色：棕、灰、无毛。

（十六）花色：白、紫。

（十七）植株高度：指主茎的长度，单位为 cm。

（十八）叶形：披针、卵圆、椭圆、圆形。

（十九）脂肪含量：以干态种子测定，以百分率表示。

（二十）蛋白质含量：以干态种子测定，以百分率表示。

（二十一）备注：填写抗性、丰产性能等主要特征。

三、国内品种目录顺序

（一）目录表按省、市、区为单位，依次排列。原则上从北向南，从东向西。如开始从黑龙江省起，依次为吉林、辽宁……，一省内有几个保存单位时，按单位从北到南分别排列。

（二）为了便于查找利用，对于不同播种期类型和不同粒色种质的排列次序，按如下规定进行：

1. 单一播种期类型地区：如黑龙江、吉林、辽宁、内蒙古等省、区，按种皮黄、青、黑、褐、双色大豆次序排列。

2. 在有两个或三个播种期类型的省、市、区：按春大豆、夏大豆、秋大豆次序排列。在各播种期类型中又依黄、青、黑、褐、双色大豆次序排列。

四、国外品种编目

（一）总编号：为全国统一编号，并均冠以“WDD”作为国外引进种质总编号标志，从 WDD01947 编起。

（二）品种名称：国外引进种质一般仍用原文，以减少译名不统一造成的混乱，查不到原文的则用中文。

（三）原产地或来源：凡知道引进国家或地区的均予注明。

（四）类型：国外引进种质的类型仅供参考。凡从俄罗斯、瑞典等引进的早熟种质及来自美国的第 0、Ⅰ熟期组种质均在吉林省公主岭市繁殖，均列为春大豆类型。从美国引进的第Ⅱ、Ⅲ熟期组种质和部分来自东欧的种质因在黄淮海地区种植观察，列为夏大豆类型。从美国引进的Ⅳ和Ⅳ熟期组以后的种质和部分国外材料分别在南方多作大豆区繁殖，根据种植时间分别列为春、夏或秋大豆类型。

（五）其他性状：标准均与国内种质相同。

（六）引进的近等基因系和遗传材料在备注中标明了基因型，可供利用时参考。

目 录 索 引

国内大豆
品种资源目录表

国内大豆品种

总编号	品种名称	原产地或来源	保存单位（编号）
ZDD22638	黑农 37	黑龙江省农科院大豆所有性杂交育成	黑龙江省农科院(黑第 1531)
ZDD22639	黑农 38	黑龙江省农科院大豆所辐射育成	黑龙江省农科院(黑第 1532)
ZDD22640	黑农 39	黑龙江省农科院大豆所有性杂交育成	黑龙江省农科院(黑第 1533)
ZDD22641	黑农 40	黑龙江省农科院大豆所有性杂交育成	黑龙江省农科院(黑第 1534)
ZDD22642	黑生 101	黑龙江省农科院生物中心 DNA 导入育成	黑龙江省农科院(黑第 1535)
ZDD22643	东农 42	东北农业大学有性杂交育成	黑龙江省农科院(黑第 1536)
ZDD22644	绥农 10 号	黑龙江省农科院绥化分院有性杂交育成	黑龙江省农科院(黑第 1537)
ZDD22645	绥农 11	黑龙江省农科院绥化分院有性杂交育成	黑龙江省农科院(黑第 1538)
ZDD22646	绥农 12	黑龙江省农科院绥化分院辐射育成	黑龙江省农科院(黑第 1539)
ZDD22647	绥农 13	黑龙江省农科院绥化分院有性杂交育成	黑龙江省农科院(黑第 1540)
ZDD22648	绥农 14	黑龙江省农科院绥化分院有性杂交育成	黑龙江省农科院(黑第 1541)
ZDD22649	抗线 1 号	黑龙江省农科院大庆分院有性杂交育成	黑龙江省农科院(黑第 1542)
ZDD22650	抗线 2 号	黑龙江省农科院大庆分院有性杂交育成	黑龙江省农科院(黑第 1543)
ZDD22651	丰收 22	黑龙江省农科院克山分院辐射诱变育成	黑龙江省农科院(黑第 1544)
ZDD22652	嫩丰 15	黑龙江省农科院齐齐哈尔分院有性杂交育成	黑龙江省农科院(黑第 1545)
ZDD22653	垦农 4 号	黑龙江八一农垦大学有性杂交育成	黑龙江省农科院(黑第 1546)
ZDD22654	合丰 32	黑龙江省农科院佳木斯分院有性杂交育成	黑龙江省农科院(黑第 1547)
ZDD22655	合丰 33	黑龙江省农科院佳木斯分院辐射诱变育成	黑龙江省农科院(黑第 1548)
ZDD22656	合丰 34	黑龙江省农科院佳木斯分院有性杂交育成	黑龙江省农科院(黑第 1549)
ZDD22657	合丰 35	黑龙江省农科院佳木斯分院有性杂交育成	黑龙江省农科院(黑第 1550)
ZDD22658	合丰 36	黑龙江省农科院佳木斯分院辐射诱变育成	黑龙江省农科院(黑第 1551)
ZDD22659	合丰 37	黑龙江省农科院佳木斯分院从美国材料系选育成	黑龙江省农科院(黑第 1552)
ZDD22660	黑河 10 号	黑龙江省农科院黑河分院有性杂交育成	黑龙江省农科院(黑第 1553)
ZDD22661	黑河 11	黑龙江省农科院黑河分院有性杂交育成	黑龙江省农科院(黑第 1554)
ZDD22662	黑河 12	黑龙江省农科院黑河分院辐射育成	黑龙江省农科院(黑第 1555)
ZDD22663	黑河 13	黑龙江省农科院黑河分院有性杂交育成	黑龙江省农科院(黑第 1556)
ZDD22664	黑河 14	黑龙江省农科院黑河分院有性杂交育成	黑龙江省农科院(黑第 1557)
ZDD22665	黑河 15	黑龙江省农科院黑河分院辐射育成	黑龙江省农科院(黑第 1558)
ZDD22666	黑河 16	黑龙江省农科院黑河分院有性杂交育成	黑龙江省农科院(黑第 1559)
ZDD22667	红丰 6 号	黑龙江省农垦局红兴隆科研所有性杂交育成	黑龙江省农科院(黑第 1560)
ZDD22668	红丰 7 号	黑龙江省农垦局红兴隆科研所有性杂交育成	黑龙江省农科院(黑第 1561)

资源目录表

类型	生育月份	生育日数/d	粒色	子叶色	脐色	百粒重/g	粒形	生育习性	结荚习性	茸毛色	花色	植株高度/cm	叶形	脂肪含量/%	蛋白质含量/%	备注
春	5/上—9/中	125	黄	黄	蓝	18.0	椭圆	直立	亚	灰	白	80.0	圆形	22.0	35.1	
春	5/上—9/中	123	黄	黄	无	20.0	椭圆	直立	亚	灰	白	80.0	椭圆	21.5	36.1	
春	5/上—9/中	123	黄	黄	无	17.0	圆	直立	无	灰	白	100.0	圆形	20.6	42.8	
春	5/上—9/中	125	黄	黄	无	22.0	圆	直立	无	灰	紫	100.0	披针	19.3	39.5	
春	5/上—9/中	120	黄	黄	无	20.0	椭圆	直立	亚	灰	白	80.0	披针	19.1	43.2	
春	5/上—9/中	123	黄	黄	无	22.5	椭圆	直立	无	灰	紫	100.0	披针	19.5	41.4	
春	5/上—9/中	120	黄	黄	无	20.0	圆	直立	无	灰	白	85.0	披针	19.9	40.0	
春	5/上—9/上	115	黄	黄	无	19.0	圆	直立	无	灰	白	80.0	披针	21.0	39.2	
春	5/上—9/中	123	黄	黄	无	20.0	圆	直立	亚	灰	紫	90.0	披针	19.8	40.4	
春	5/上—9/上	115	黄	黄	无	19.0	圆	直立	无	灰	紫	78.0	披针	20.5	37.8	
春	5/上—9/中	120	黄	黄	无	21.9	圆	直立	亚	灰	紫	86.0	披针	19.9	37.0	
春	5/上—9/中	120	黄	黄	褐	17.0	椭圆	直立	无	灰	紫	90.0	圆形	21.5	41.3	
春	5/上—9/中	120	黄	黄	褐	18.0	椭圆	直立	无	灰	紫	95.0	圆形	21.1	36.9	
春	5/上—9/上	116	黄	黄	无	18.0	圆	直立	亚	灰	白	76.0	披针	18.1	40.4	
春	5/上—9/上	116	黄	黄	淡褐	18.0	圆	直立	无	灰	紫	80.0	圆形	20.0	39.5	
春	5/上—9/中	120	黄	黄	无	20.0	圆	直立	亚	灰	白	85.0	披针	18.4	38.9	
春	5/上—9/上	110	黄	黄	无	20.0	圆	直立	亚	灰	白	80.0	圆形	19.2	40.7	
春	5/上—9/中	122	黄	黄	无	19.0	圆	直立	亚	灰	白	90.0	披针	18.8	41.1	
春	5/上—9/中	124	黄	黄	无	18.0	圆	直立	亚	灰	紫	100.0	披针	20.8	35.9	
春	5/上—9/中	121	黄	黄	无	21.0	圆	直立	亚	灰	紫	85.0	披针	20.3	38.7	
春	5/上—9/上	118	黄	黄	无	20.0	圆	直立	亚	灰	紫	80.0	披针	20.7	38.7	
春	5/上—8/中	91	黄	黄	无	18.0	扁圆	直立	亚	灰	紫	80.0	圆形	20.7	37.2	
春	5/上—9/上	115	黄	黄	无	24.0	椭圆	直立	亚	灰	紫	80.0	圆形	17.8	39.5	
春	5/上—8/下	100	黄	黄	无	23.0	圆	直立	亚	灰	紫	90.0	披针	20.6	36.5	
春	5/上—8/中	95	黄	黄	无	20.0	圆	直立	亚	灰	紫	80.0	圆形	20.3	39.0	
春	5/上—8/下	100	黄	黄	无	20.0	椭圆	直立	亚	灰	紫	80.0	披针	20.3	39.0	
春	5/上—8/上	90	黄	黄	无	20.0	圆	直立	亚	灰	紫	75.0	圆形	20.5	37.7	
春	5/上—9/上	110	黄	黄	无	21.0	圆	直立	亚	灰	紫	80.0	圆形	20.4	37.8	
春	5/上—8/下	100	黄	黄	无	19.0	圆	直立	亚	灰	紫	80.0	披针	20.1	39.2	
春	5/上—9/上	110	黄	黄	无	20.0	圆	直立	无	灰	白	80.0	披针	21.2	39.3	
春	5/上—9/中	120	黄	黄	无	16.5	圆	直立	亚	灰	紫	80.0	披针	19.8	38.3	

续表

总编号	品种名称	原产地或来源	保存单位（编号）
ZDD22669	红丰 8 号	黑龙江省农垦局红兴隆科研所有性杂交育成	黑龙江省农科院(黑第 1562)
ZDD22670	红丰 9 号	黑龙江省农垦局红兴隆科研所有性杂交育成	黑龙江省农科院(黑第 1563)
ZDD22671	红丰 10 号	黑龙江省农垦局红兴隆科研所辐射育成	黑龙江省农科院(黑第 1564)
ZDD22672	红丰小粒豆一号	黑龙江省农垦局红兴隆科研所有性杂交育成	黑龙江省农科院(黑第 1565)
ZDD22673	宝丰 2 号	黑龙江省农垦局宝泉岭科研所有性杂交育成	黑龙江省农科院(黑第 1566)
ZDD22674	宝丰 3 号	黑龙江省农垦局宝泉岭科研所有性杂交育成	黑龙江省农科院(黑第 1567)
ZDD22675	九丰 6 号	黑龙江省农垦局九三科研所有性杂交育成	黑龙江省农科院(黑第 1568)
ZDD22676	九丰 7 号	黑龙江省农垦局九三科研所有性杂交育成	黑龙江省农科院(黑第 1569)
ZDD22677	北丰 13	黑龙江省农垦局北安科研所有性杂交育成	黑龙江省农科院(黑第 1570)
ZDD22678	建丰 1 号	黑龙江省农垦局建三江科研所有性杂交育成	黑龙江省农科院(黑第 1571)
ZDD22679	垦株 1 号	黑龙江省农垦科学院系选育成	黑龙江省农科院(黑第 1572)
ZDD22680	东农 9674	东北农业大学有性杂交育成	黑龙江省农科院(黑第 1573)
ZDD22681	东农 93-2481	东北农业大学有性杂交育成	黑龙江省农科院(黑第 1574)
ZDD22682	克 4430-20	黑龙江省农科院克山分院有性杂交育成	黑龙江省农科院(黑第 1575)
ZDD22683	哈 87-2004	黑龙江省农科院大豆所有性杂交育成	黑龙江省农科院(黑第 1576)
ZDD22684	哈 88-2498	黑龙江省农科院大豆所有性杂交育成	黑龙江省农科院(黑第 1577)
ZDD22685	哈 88-2501	黑龙江省农科院大豆所有性杂交育成	黑龙江省农科院(黑第 1578)
ZDD22686	哈 88-7704	黑龙江省农科院大豆所有性杂交育成	黑龙江省农科院(黑第 1579)
ZDD22687	哈 88-2496	黑龙江省农科院大豆所有性杂交育成	黑龙江省农科院(黑第 1580)
ZDD22688	哈 88-2499(褐荚)	黑龙江省农科院大豆所有性杂交育成	黑龙江省农科院(黑第 1581)
ZDD22689	哈 88-2499(黄荚)	黑龙江省农科院大豆所有性杂交育成	黑龙江省农科院(黑第 1582)
ZDD22690	哈 89-5896	黑龙江省农科院大豆所有性杂交育成	黑龙江省农科院(黑第 1583)
ZDD22691	哈 89-5798	黑龙江省农科院大豆所有性杂交育成	黑龙江省农科院(黑第 1584)
ZDD22692	哈 91R3-182	黑龙江省农科院大豆所有性杂交育成	黑龙江省农科院(黑第 1585)
ZDD22693	哈 91R3-184	黑龙江省农科院大豆所有性杂交育成	黑龙江省农科院(黑第 1586)
ZDD22694	哈 91R3-186	黑龙江省农科院大豆所有性杂交育成	黑龙江省农科院(黑第 1587)
ZDD22695	哈 91R3-188	黑龙江省农科院大豆所有性杂交育成	黑龙江省农科院(黑第 1588)
ZDD22696	哈 91R3-232	黑龙江省农科院大豆所有性杂交育成	黑龙江省农科院(黑第 1589)
ZDD22697	哈 91R3-244	黑龙江省农科院大豆所有性杂交育成	黑龙江省农科院(黑第 1590)
ZDD22698	哈 91R3-301	黑龙江省农科院大豆所有性杂交育成	黑龙江省农科院(黑第 1591)
ZDD22699	哈 91R3-310	黑龙江省农科院大豆所有性杂交育成	黑龙江省农科院(黑第 1592)
ZDD22700	哈 82-7799	黑龙江省农科院大豆所有性杂交育成	黑龙江省农科院(黑第 1593)

类型	生育月份	生育日数/d	粒色	子叶色	脐色	百粒重/g	粒形	生育习性	结荚习性	茸毛色	花色	植株高度/cm	叶形	脂肪含量/%	蛋白质含量/%	备注
春	5/上—9/上	114	黄	黄	无	18.0	圆	直立	亚	灰	白	80.0	披针	20.9	41.6	
春	5/上—9/上	112	黄	黄	无	20.0	圆	直立	无	灰	白	75.0	披针	21.7	37.7	
春	5/上—9/中	124	黄	黄	无	22.7	圆	直立	无	灰	紫	120.0	披针	19.5	37.9	
春	5/上—9/上	113	黄	黄	无	7.0	椭圆	直立	无	灰	白	75.0	披针	19.0	41.2	
春	5/上—9/中	120	黄	黄	无	20.0	圆	直立	无	灰	紫	80.0	披针	20.3	35.6	
春	5/上—9/上	115	黄	黄	无	19.0	圆	直立	无	灰	白	80.0	圆形	21.5	32.9	
春	5/上—8/下	105	黄	黄	无	19.0	圆	直立	亚	灰	白	80.0	披针	18.7	41.2	
春	5/上—9/上	115	黄	黄	无	20.0	圆	直立	亚	灰	紫	80.0	披针	20.9	35.8	
春	5/上—9/上	115	黄	黄	无	21.0	圆	直立	亚	灰	紫	80.0	披针	19.3	41.4	
春	5/上—9/中	120	黄	黄	无	30.0	圆	直立	亚	灰	白	66.0	椭圆	18.3	39.5	
春	5/上—9/上	116	褐	黄	褐	11.0	扁圆	半蔓	无	灰	紫	100.0	椭圆			
春	5/上—9/中	120	黄	黄	黄	18.0	圆	直立	亚	灰	白	86.0	披针	19.5	38.8	
春	5/上—9/上	114	黄	黄	无	19.0	椭圆	直立	无	灰	白	57.0	披针	16.6	50.1	
春	5/上—9/上	110	黄	黄	无	16.2	圆	直立	亚	灰	白	57.0	披针	17.5	46.5	
春	5/上—9/中	128	黄	黄	褐	20.0	椭圆	直立	无	灰	白	118.0	披针	19.7	43.4	
春	5/上—9/中	128	黄	黄	无	19.4	圆	直立	无	灰	白	113.0	披针	21.2	40.4	
春	5/上—9/中	123	黄	黄	无	18.7	圆	直立	无	灰	白	81.0	椭圆	21.0	40.4	
春	5/上—9/中	126	黄	黄	无	16.2	圆	直立	无	灰	白	75.0	椭圆	21.0	41.8	
春	5/上—9/中	126	黄	黄	无	19.0	圆	直立	无	灰	白	93.0	椭圆	21.4	40.6	
春	5/上—9/中	123	黄	黄	无	18.5	圆	直立	无	灰	白	79.0	椭圆	22.3	39.4	
春	5/上—9/中	126	黄	黄	无	18.4	圆	直立	无	灰	白	79.2	椭圆	20.6	42.2	
春	5/上—9/中	123	黄	黄	无	17.5	圆	直立	无	灰	白	83.0	披针	21.3	40.5	
春	5/上—9/中	120	黄	黄	无	18.0	圆	直立	无	灰	紫	82.0	披针	19.2	42.7	
春	5/上—9/中	123	黄	黄	蓝	16.2	椭圆	直立	亚	灰	紫	71.6	椭圆	20.9	42.5	
春	5/上—9/中	126	黄	黄	蓝	19.2	椭圆	直立	亚	灰	紫	72.0	椭圆	20.3	41.4	
春	5/上—9/中	126	黄	黄	褐	18.5	椭圆	直立	亚	灰	紫	72.0	椭圆	20.8	40.5	
春	5/上—9/中	123	黄	黄	蓝	17.7	椭圆	直立	亚	灰	紫	73.0	椭圆	20.1	42.2	
春	5/上—9/中	128	黄	黄	蓝	17.0	椭圆	直立	无	棕	白	72.0	椭圆	17.5	42.0	
春	5/上—9/中	126	黄	黄	褐	17.6	椭圆	直立	无	灰	白	85.0	椭圆	16.6	44.8	
春	5/上—9/中	128	黄	黄	褐	15.5	椭圆	直立	无	灰	白	90.0	椭圆	19.4	39.5	
春	5/上—9/中	128	黄	黄	褐	17.0	椭圆	直立	无	灰	白	95.0	椭圆	19.1	41.8	
春	5/上—9/中	120	黄	黄	无	15.0	圆	直立	无	灰	白	61.0	披针	19.5	43.1	

续表

总编号	品种名称	原产地或来源	保存单位（编号）
ZDD22701	哈 82-7851	黑龙江省农科院大豆所有性杂交育成	黑龙江省农科院(黑第 1594)
ZDD22702	哈 85-9008	黑龙江省农科院大豆所有性杂交育成	黑龙江省农科院(黑第 1595)
ZDD22703	哈 91-6796	黑龙江省农科院大豆所有性杂交育成	黑龙江省农科院(黑第 1596)
ZDD22704	哈 91-7021	黑龙江省农科院大豆所有性杂交育成	黑龙江省农科院(黑第 1597)
ZDD22705	哈 91-7116	黑龙江省农科院大豆所有性杂交育成	黑龙江省农科院(黑第 1598)
ZDD22706	哈 92-4465	黑龙江省农科院大豆所有性杂交育成	黑龙江省农科院(黑第 1599)
ZDD22707	哈 92-4498	黑龙江省农科院大豆所有性杂交育成	黑龙江省农科院(黑第 1600)
ZDD22708	哈 92-6721	黑龙江省农科院大豆所有性杂交育成	黑龙江省农科院(黑第 1601)
ZDD22709	哈 92-2193	黑龙江省农科院大豆所有性杂交育成	黑龙江省农科院(黑第 1602)
ZDD22710	哈 92-2386	黑龙江省农科院大豆所有性杂交育成	黑龙江省农科院(黑第 1603)
ZDD22711	安 8804-631	黑龙江省农科院大庆分院有性杂交育成	黑龙江省农科院(黑第 1604)
ZDD22712	龙品 93-693	黑龙江省农科院作物育种所系选育成	黑龙江省农科院(黑第 1605)
ZDD22713	龙品 94-454	黑龙江省农科院作物育种所系选育成	黑龙江省农科院(黑第 1606)
ZDD22714	龙品 88-1150	黑龙江省农科院作物育种所有性杂交育成	黑龙江省农科院(黑第 1607)
ZDD22715	龙品 90-055	黑龙江省农科院作物育种所有性杂交育成	黑龙江省农科院(黑第 1608)
ZDD22716	龙品 96-380	黑龙江省农科院作物育种所有性杂交育成	黑龙江省农科院(黑第 1609)
ZDD22717	龙品 96-303	黑龙江省农科院作物育种所有性杂交育成	黑龙江省农科院(黑第 1610)
ZDD22718	龙品 96-440	黑龙江省农科院作物育种所系选育成	黑龙江省农科院(黑第 1611)
ZDD22719	龙品 97-476	黑龙江省农科院作物育种所系选育成	黑龙江省农科院(黑第 1612)
ZDD22720	绥 91-41052	黑龙江省农科院绥化分院有性杂交育成	黑龙江省农科院(黑第 1613)
ZDD22721	绥 93-355	黑龙江省农科院绥化分院有性杂交育成	黑龙江省农科院(黑第 1614)
ZDD22722	绥 93-487	黑龙江省农科院绥化分院有性杂交育成	黑龙江省农科院(黑第 1615)
ZDD22723	绥 93-368	黑龙江省农科院绥化分院有性杂交育成	黑龙江省农科院(黑第 1616)
ZDD22724	北疆 93-379	黑龙江北安农校有性杂交育成	黑龙江省农科院(黑第 1617)
ZDD22725	北 69-1145	黑龙江省农垦局北安科研所有性杂交育成	黑龙江省农科院(黑第 1618)
ZDD22726	四粒黄	黑龙江双城	黑龙江省农科院(黑第 1619)
ZDD22727	扁茎	黑龙江双城	黑龙江省农科院(黑第 1620)
ZDD22728	王中王	黑龙江双城	黑龙江省农科院(黑第 1621)
ZDD22729	黑豆(青熟)	黑龙江省农科院系选育成	黑龙江省农科院(黑第 1622)
ZDD22730	黑豆(黄瓤)	黑龙江省农科院系选育成	黑龙江省农科院(黑第 1623)
ZDD22731	饶河黑豆-1	黑龙江省饶河	黑龙江省农科院(黑第 1624)
ZDD22732	饶河黑豆-2	黑龙江省饶河	黑龙江省农科院(黑第 1625)

类型	生育月份	生育日数/d	粒色	子叶色	脐色	百粒重/g	粒形	生育习性	结荚习性	茸毛色	花色	植株高度/cm	叶形	脂肪含量/%	蛋白质含量/%	备注
春	5/上—9/中	125	黄	黄	淡褐	18.5	椭圆	直立	亚	灰	白	61.0	披针	19.4	43.6	
春	5/上—9/中	125	黄	黄	褐	18.0	椭圆	直立	亚	灰	白	63.0	披针	19.1	44.0	
春	5/上—9/中	122	黄	黄	无	18.0	圆	直立	亚	灰	白	71.0	披针	19.2	42.1	
春	5/上—9/中	125	黄	黄	无	16.0	椭圆	直立	亚	灰	白	51.0	披针	19.8	41.2	
春	5/上—9/中	122	黄	黄	无	18.0	椭圆	直立	亚	灰	白	66.0	椭圆	21.5	39.2	
春	5/上—9/中	125	黄	黄	无	18.0	椭圆	直立	亚	灰	紫	74.0	椭圆	19.6	41.1	
春	5/上—9/中	125	黄	黄	无	17.2	椭圆	直立	亚	灰	白	68.0	椭圆	22.2	39.0	
春	5/上—9/中	128	黄	黄	无	19.0	圆	直立	无	灰	紫	90.0	披针	19.8	42.0	
春	5/上—9/中	125	黄	黄	无	19.0	圆	直立	亚	灰	紫	64.0	披针	20.8	40.7	
春	5/上—9/中	125	黄	黄	褐	18.5	圆	直立	亚	灰	白	62.0	椭圆	20.8	41.2	
春	5/上—9/中	120	黄	黄	褐	16.5	椭圆	直立	无	灰	白	86.0	披针	20.2	41.9	
春	5/上—9/中	125	黄	黄	无	35.0	圆	直立	亚	灰	白	77.0	椭圆	17.7	39.3	
春	5/上—9/中	120	黄	黄	无	18.8	椭圆	直立	亚	灰	白	68.0	椭圆	21.4	36.4	
春	5/上—9/上	115	黄	黄	无	20.0	圆	直立	亚	灰	白	75.0	椭圆	21.4	37.4	
春	5/上—9/中	123	黄	黄	无	28.0	圆	直立	亚	灰	白	65.0	椭圆	19.9	38.3	
春	5/上—9/中	120	黄	黄	无	17.5	椭圆	直立	亚	灰	白	96.0	椭圆	19.4	42.5	
春	5/上—9/中	120	黄	黄	无	20.9	椭圆	直立	亚	灰	紫	80.0	椭圆	20.2	40.9	
春	5/上—9/中	122	黄	黄	无	19.0	圆	直立	亚	灰	紫	80.0	披针	19.1	41.0	
春	5/上—9/中	128	黄	黄	褐	24.0	圆	直立	无	灰	白	79.0	椭圆	17.1	43.9	
春	5/上—9/上	117	黄	黄	无	23.5	圆	直立	无	灰	紫	86.0	披针	20.0	39.5	
春	5/上—9/中	125	黄	黄	无	18.0	圆	直立	亚	灰	白	121.0	披针	19.1	38.5	
春	5/上—9/上	117	黄	黄	无	20.6	圆	直立	亚	灰	紫	93.0	披针	19.2	39.6	
春	5/上—9/中	120	黄	黄	无	21.0	圆	直立	无	灰	白	96.0	披针	18.6	40.1	
春	5/上—8/下	106	黄	黄	无	15.0	椭圆	直立	有	灰	紫	47.0	披针	21.5	40.4	
春	5/上—9/中	125	黄	黄	褐	18.3	椭圆	直立	亚	灰	白	51.6	披针	19.8	46.0	
春	5/上—9/中	122	黄	黄	褐	19.0	椭圆	直立	亚	灰	紫	83.0	披针			
春	5/上—9/中	125	黄	黄	无	20.5	椭圆	直立	亚	灰	紫	106.0	披针	18.6	36.8	
春	5/上—9/中	120	黄	黄	无	18.5	椭圆	直立	无	灰	白	95.0	椭圆	20.8	40.6	
春	5/上—9/中	120	黑	黄	黑	15.0	椭圆	直立	无	棕	白	85.0	椭圆	17.4	45.7	
春	5/上—9/中	120	黑	黄	黑	16.0	椭圆	直立	无	棕	白	98.0	椭圆	17.5	42.3	
春	5/上—9/中	128	黑	黄	黑	20.4	椭圆	直立	有	棕	紫	64.0	椭圆	20.8	42.6	
春	5/上—9/中	128	黑	黄	黑	12.0	长椭	直立	无	灰	紫	98.0	椭圆	18.5	45.0	

续表

总编号	品种名称	原产地或来源	保存单位（编号）
ZDD22733	饶河褐长豆-1	黑龙江省饶河	黑龙江省农科院(黑第 1626)
ZDD22734	饶河褐长豆-2	黑龙江省饶河	黑龙江省农科院(黑第 1627)
ZDD22735	饶河褐长腰豆	黑龙江省饶河	黑龙江省农科院(黑第 1628)
ZDD22736	饶河褐皮豆	黑龙江省饶河	黑龙江省农科院(黑第 1629)
ZDD22737	饶河褐红皮豆	黑龙江省饶河	黑龙江省农科院(黑第 1630)
ZDD22738	D8904-2	吉林省农科院 DNA 导入育成	吉林省农科院(公第 2490)
ZDD22739	吉农 9016-11-3	吉林农业大学有性杂交育成	吉林省农科院(公第 2491)
ZDD22740	公交 9076-89	吉林省农科院有性杂交育成	吉林省农科院(公第 2492)
ZDD22741	GY95-24	吉林省农科院有性杂交育成	吉林省农科院(公第 2493)
ZDD22742	D9202-1	吉林省农科院 DNA 导入育成	吉林省农科院(公第 2494)
ZDD22743	通交 91-1591	吉林通化农科院有性杂交育成	吉林省农科院(公第 2495)
ZDD22744	公交 90136-25	吉林省农科院有性杂交育成	吉林省农科院(公第 2496)
ZDD22745	吉农 8821-19	吉林农业大学有性杂交育成	吉林省农科院(公第 2497)
ZDD22746	军交 91082-m-8	原解放军农牧大学有性杂交育成	吉林省农科院(公第 2498)
ZDD22747	长交 B95-69	吉林长春农科院有性杂交育成	吉林省农科院(公第 2499)
ZDD22748	公交 91116-1	吉林省农科院有性杂交育成	吉林省农科院(公第 2500)
ZDD22749	公交 91114-31	吉林省农科院有性杂交育成	吉林省农科院(公第 2501)
ZDD22750	巨特奇丰黄	吉林公主岭市响水乡育种站引进	吉林省农科院(公第 2502)
ZDD22751	军交 8504-8-3	原解放军农牧大学有性杂交育成	吉林省农科院(公第 2503)
ZDD22752	九交 9193-14	吉林省吉林市农科院有性杂交育成	吉林省农科院(公第 2504)
ZDD22753	长交 8715-9231	吉林长春农科院有性杂交育成	吉林省农科院(公第 2505)
ZDD22754	公培 8906-9-24	吉林省农科院有性杂交育成	吉林省农科院(公第 2506)
ZDD22755	四交 8832-1	吉林四平农科院有性杂交育成	吉林省农科院(公第 2507)
ZDD22756	公交 9223	吉林省农科院有性杂交育成	吉林省农科院(公第 2508)
ZDD22757	长交 B95-21	吉林长春农科院有性杂交育成	吉林省农科院(公第 2509)
ZDD22758	九交 9193-12	吉林省吉林市农科院有性杂交育成	吉林省农科院(公第 2510)
ZDD22759	D9107-1	吉林省农科院 DNA 导入育成	吉林省农科院(公第 2511)
ZDD22760	通交 91-1571	吉林通化农科院有性杂交育成	吉林省农科院(公第 2512)
ZDD22761	王中王 2 号	吉林公主岭市自黑龙江合江地区引进	吉林省农科院(公第 2513)
ZDD22762	公交 9141-10-1	吉林省农科院有性杂交育成	吉林省农科院(公第 2514)
ZDD22763	通交 91-1549	吉林通化农科院有性杂交育成	吉林省农科院(公第 2515)
ZDD22764	长交 8928-11161	吉林长春农科院有性杂交育成	吉林省农科院(公第 2516)

类型	生育月份	生育日数/d	粒色	子叶色	脐色	百粒重/g	粒形	生育习性	结荚习性	茸毛色	花色	植株高度/cm	叶形	脂肪含量/%	蛋白质含量/%	备注
春	5/上—9/中	128	褐	黄	褐	13.5	长椭	直立	无	棕	紫	117.0	椭圆	17.3	46.3	
春	5/上—9/中	128	褐	黄	褐	15.5	椭圆	直立	无	棕	紫	65.5	椭圆	18.5	44.6	
春	5/上—9/中	128	褐	黄	褐	16.8	长椭	直立	无	灰	紫	122.0	椭圆	17.5	44.3	
春	5/上—9/中	128	褐	黄	褐	20.2	椭圆	直立	无	棕	紫	87.5	椭圆	18.8	45.0	
春	5/上—9/中	128	褐	黄	褐	18.0	椭圆	直立	无	棕	紫	100.0	椭圆	18.0	43.4	
春	4/下—9/中	137	黄	黄	黄	18.5	椭圆	直立	无	灰	白	101.7	椭圆	21.0	39.3	
春	4/下—9/上	128	黄	黄	黄	21.7	圆	直立	亚	灰	紫	69.5	椭圆	20.0	39.6	
春	4/下—9/中	134	黄	黄	黄	19.8	椭圆	直立	亚	灰	白	78.1	椭圆	19.2	38.8	
春	4/下—9/中	132	黄	黄	淡褐	21.5	圆	直立	无	灰	白	107.8	椭圆	18.8	40.4	
春	4/下—9/中	137	黄	黄	黄	17.1	椭圆	直立	亚	灰	白	80.5	披针	18.8	41.2	
春	4/下—9/中	137	黄	黄	黄	19.9	椭圆	直立	有	灰	白	86.0	披针	17.8	42.6	
春	4/下—9/中	130	黄	黄	黄	21.5	椭圆	直立	亚	灰	白	104.0	椭圆	20.6	40.1	
春	4/下—9/中	130	黄	黄	黄	18.4	椭圆	直立	亚	灰	白	76.2	披针	19.8	41.0	
春	4/下—9/中	138	黄	黄	黄	16.6	椭圆	直立	亚	灰	白	95.7	椭圆	20.3	37.9	
春	4/下—9/上	127	黄	黄	淡褐	17.8	圆	直立	亚	灰	紫	84.1	椭圆	20.3	38.0	
春	4/下—9/上	129	黄	黄	黄	17.7	椭圆	直立	亚	灰	白	93.9	披针	19.4	42.0	
春	4/下—9/中	134	黄	黄	黄	16.7	椭圆	直立	亚	灰	白	85.5	披针	18.9	41.4	
春	4/下—9/上	128	黄	黄	褐	35.0	椭圆	直立	亚	灰	白	45.0	椭圆	18.8	40.1	
春	4/下—9/中	138	黄	黄	深褐	19.8	圆	直立	亚	灰	紫	100.6	披针	19.3	40.3	
春	4/下—9/上	131	黄	黄	黄	16.7	圆	直立	亚	灰	紫	70.7	披针	20.4	38.8	
春	4/下—9/上	128	黄	黄	黄	23.3	椭圆	直立	亚	灰	紫	76.4	椭圆	19.5	40.2	
春	4/下—9/上	128	黄	黄	黄	19.6	椭圆	直立	亚	灰	紫	66.4	椭圆	19.2	38.8	
春	4/下—9/中	137	黄	黄	黄	21.7	椭圆	直立	亚	灰	白	93.6	椭圆	20.5	38.5	
春	4/下—9/中	132	黄	黄	黄	20.1	椭圆	直立	亚	灰	紫	85.5	椭圆	19.9	39.2	
春	4/下—9/中	132	黄	黄	黄	22.7	椭圆	直立	亚	灰	紫	80.2	披针	18.6	39.7	
春	4/下—9/中	130	黄	黄	黄	20.5	圆	直立	亚	灰	白	68.4	椭圆	20.6	38.8	
春	4/下—9/中	130	黄	黄	黄	19.1	圆	直立	亚	灰	紫	75.5	披针	19.0	40.9	
春	4/下—9/中	134	黄	黄	黄	29.7	长椭	直立	无	灰	紫	129.8	披针	18.2	43.1	
春	4/下—9/中	130	黄	黄	黄	19.4	圆	直立	亚	灰	紫	94.7	披针	18.2	40.5	
春	4/下—9/上	126	黄	黄	黄	18.0	椭圆	直立	亚	灰	白	57.0	披针	19.4	40.8	
春	4/下—9/中	133	黄	黄	黄	28.9	椭圆	直立	无	灰	紫	125.3	披针	17.7	41.9	
春	4/下—9/中	132	黄	黄	黄	20.5	圆	直立	亚	灰	白	94.6	椭圆	20.5	38.4	

续表

总编号	品种名称	原产地或来源	保存单位（编号）
ZDD22765	公交 90136-1	吉林省农科院有性杂交育成	吉林省农科院(公第 2517)
ZDD22766	王中王 1 号	吉林公主岭市自黑龙江合江地区引进	吉林省农科院(公第 2518)
ZDD22767	吉农 8714-13	吉林农业大学有性杂交育成	吉林省农科院(公第 2519)
ZDD22768	长交 B95-33	吉林长春农科院有性杂交育成	吉林省农科院(公第 2520)
ZDD22769	九交 91123-2	吉林省吉林市农科院有性杂交育成	吉林省农科院(公第 2521)
ZDD22770	九交 91102-9	吉林省吉林市农科院有性杂交育成	吉林省农科院(公第 2522)
ZDD22771	公交 91131-40	吉林省农科院有性杂交育成	吉林省农科院(公第 2523)
ZDD22772	原 94001	吉林省农科院辐射育成	吉林省农科院(公第 2524)
ZDD22773	吉农 8709-42283	吉林农业大学有性杂交育成	吉林省农科院(公第 2525)
ZDD22774	九交 9125-4	吉林省吉林市农科院有性杂交育成	吉林省农科院(公第 2526)
ZDD22775	公交 90208-114	吉林省农科院有性杂交育成	吉林省农科院(公第 2527)
ZDD22776	公交 9097B-1	吉林省农科院有性杂交育成	吉林省农科院(公第 2528)
ZDD22777	通交 90-397	吉林通化农科院有性杂交育成	吉林省农科院(公第 2529)
ZDD22778	吉农 8551-3322	吉林农业大学有性杂交育成	吉林省农科院(公第 2530)
ZDD22779	吉丰 2 号	吉林省农科院有性杂交育成	吉林省农科院(公第 2531)
ZDD22780	90RD38-4	吉林省农科院有性杂交育成	吉林省农科院(公第 2532)
ZDD22781	九交 8866-12	吉林省吉林市农科院有性杂交育成	吉林省农科院(公第 2533)
ZDD22782	吉农 8840-735	吉林农业大学有性杂交育成	吉林省农科院(公第 2534)
ZDD22783	九交 8909-16	吉林省吉林市农科院有性杂交育成	吉林省农科院(公第 2535)
ZDD22784	四交 7815-31	吉林四平农科院有性杂交育成	吉林省农科院(公第 2536)
ZDD22785	长交 B94-92	吉林长春农科院有性杂交育成	吉林省农科院(公第 2537)
ZDD22786	长交 93-4	吉林长春农科院有性杂交育成	吉林省农科院(公第 2538)
ZDD22787	吉林 29	吉林省农科院有性杂交育成	吉林省农科院(公第 2539)
ZDD22788	吉林 38	吉林省农科院有性杂交育成	吉林省农科院(公第 2540)
ZDD22789	吉林 31	吉林省农科院有性杂交育成	吉林省农科院(公第 2541)
ZDD22790	吉林 32	吉林省农科院有性杂交育成	吉林省农科院(公第 2542)
ZDD22791	吉林 33	吉林省农科院有性杂交育成	吉林省农科院(公第 2543)
ZDD22792	吉林 34	吉林省农科院有性杂交育成	吉林省农科院(公第 2544)
ZDD22793	吉林 35	吉林省农科院有性杂交育成	吉林省农科院(公第 2545)
ZDD22794	吉林 36	吉林省农科院有性杂交育成	吉林省农科院(公第 2546)
ZDD22795	吉林 37	吉林省农科院有性杂交育成	吉林省农科院(公第 2547)
ZDD22796	九农 21	吉林省吉林市农科院有性杂交育成	吉林省农科院(公第 2548)

类型	生育月份	生育日数/d	粒色	子叶色	脐色	百粒重/g	粒形	生育习性	结荚习性	茸毛色	花色	植株高度/cm	叶形	脂肪含量/%	蛋白质含量/%	备注
春	4/下—9/中	132	黄	黄	黄	21.3	椭圆	直立	亚	灰	白	63.8	椭圆	19.0	40.5	
春	4/下—9/中	130	黄	黄	黄	21.7	圆	直立	亚	灰	紫	99.9	披针	18.3	40.2	
春	4/下—9/中	132	黄	黄	黄	22.6	圆	直立	亚	灰	紫	82.9	披针	19.4	41.9	
春	4/下—9/上	124	黄	黄	黄	21.3	椭圆	直立	亚	灰	紫	90.6	椭圆	20.7	39.3	
春	4/下—9/中	130	黄	黄	黄	20.6	椭圆	直立	亚	灰	白	80.0	披针	19.2	41.0	
春	4/下—9/上	126	黄	黄	黄	20.8	椭圆	直立	亚	灰	紫	80.8	椭圆	20.1	40.2	
春	4/下—9/中	132	黄	黄	黄	17.3	圆	直立	亚	灰	白	92.4	披针	20.3	40.0	
春	4/下—9/上	123	黄	黄	黄	20.2	圆	直立	亚	灰	紫	90.3	披针	19.4	42.6	
春	4/下—9/中	130	黄	黄	黄	20.8	圆	直立	亚	灰	白	82.3	椭圆	18.5	43.8	
春	4/下—9/上	126	黄	黄	黄	22.1	圆	直立	亚	灰	白	74.3	椭圆	19.3	40.3	
春	4/下—9/上	128	黄	黄	黄	26.2	椭圆	直立	亚	灰	白	125.0	椭圆	19.0	38.8	
春	4/下—9/上	125	黄	黄	黄	21.0	椭圆	直立	亚	灰	白	120.0	披针	18.8	41.5	
春	4/下—9/上	122	黄	黄	黄	21.0	圆	直立	亚	灰	紫	80.0	披针	19.9	40.6	
春	4/下—9/上	124	黄	黄	黄	22.0	圆	直立	亚	灰	白	90.0	椭圆	20.1	42.2	
春	4/下—9/上	128	黄	黄	黄	20.5	椭圆	直立	亚	灰	紫	115.0	椭圆	19.8	39.5	
春	4/下—9/上	128	黄	黄	黄	25.5	圆	直立	亚	灰	紫	110.0	椭圆	20.1	39.4	
春	4/下—9/上	128	黄	黄	黄	27.5	椭圆	直立	亚	灰	紫	100.0	椭圆	20.3	38.3	
春	4/下—9/上	128	黄	黄	黄	20.2	椭圆	直立	亚	灰	紫	115.0	椭圆	19.8	39.8	
春	4/下—9/上	127	黄	黄	黄	15.7	圆	直立	亚	灰	紫	110.0	披针	21.0	39.3	
春	4/下—9/上	128	黄	黄	黄	23.0	圆	直立	亚	灰	白	120.0	椭圆	20.0	39.6	
春	4/下—9/中	130	黄	黄	黄	22.5	椭圆	直立	亚	灰	紫	65.0	椭圆	19.5	39.3	
春	4/下—9/上	128	黄	黄	黄	26.0	椭圆	直立	亚	灰	白	12.0	椭圆	19.3	40.5	
春	4/下—9/中	130	黄	黄	黄	21.7	椭圆	直立	亚	灰	白	100.2	披针	20.8	37.0	
春	4/下—9/中	136	黄	黄	黄	21.0	椭圆	直立	亚	灰	白	98.6	椭圆	19.1	40.8	
春	4/下—9/中	130	黄	黄	褐	22.0	椭圆	直立	无	灰	紫	108.0	椭圆	20.1	38.9	
春	4/下—9/上	124	黄	黄	黄	21.0	圆	直立	亚	灰	白	95.0	椭圆	20.7	39.5	
春	4/下—9/上	122	黄	黄	黄	19.0	圆	直立	亚	灰	白	96.0	椭圆	22.3	37.9	
春	4/下—9/上	124	黄	黄	黄	18.5	圆	直立	亚	灰	白	95.0	披针	21.9	37.9	
春	4/下—9/上	126	黄	黄	黄	20.5	圆	直立	亚	灰	紫	85.0	椭圆	22.2	38.1	
春	4/下—9/中	130	黄	黄	黄	18.0	椭圆	直立	亚	灰	紫	105.0	椭圆	21.6	38.0	
春	4/下—9/上	122	黄	黄	黄	16.5	圆	直立	亚	灰	紫	92.0	椭圆	21.6	38.7	
春	4/下—9/中	130	黄	黄	黄	19.0	圆	直立	无	灰	紫	98.0	披针	21.2	36.5	

续表

总编号	品种名称	原产地或来源	保存单位（编号）
ZDD22797	吉黄 132	吉林省农科院有性杂交育成	吉林省农科院(公第 2549)
ZDD22798	吉黄 138	吉林省农科院有性杂交育成	吉林省农科院(公第 2550)
ZDD22799	吉黄 172	吉林省农科院有性杂交育成	吉林省农科院(公第 2551)
ZDD22800	吉黄 210	吉林省农科院有性杂交育成	吉林省农科院(公第 2552)
ZDD22801	吉黄 250	吉林省农科院有性杂交育成	吉林省农科院(公第 2553)
ZDD22802	吉黄 85	吉林省农科院有性杂交育成	吉林省农科院(公第 2554)
ZDD22803	吉青 38	吉林省农科院辐射育成	吉林省农科院(公第 2555)
ZDD22804	吉青 41	吉林省农科院辐射育成	吉林省农科院(公第 2556)
ZDD22805	吉青 106	吉林省农科院有性杂交育成	吉林省农科院(公第 2557)
ZDD22806	吉青 62	吉林省农科院有性杂交育成	吉林省农科院(公第 2558)
ZDD22807	吉青 63	吉林省农科院有性杂交育成	吉林省农科院(公第 2559)
ZDD22808	吉青 93	吉林省农科院有性杂交育成	吉林省农科院(公第 2560)
ZDD22809	吉青 94	吉林省农科院有性杂交育成	吉林省农科院(公第 2561)
ZDD22810	吉青 96	吉林省农科院有性杂交育成	吉林省农科院(公第 2562)
ZDD22811	吉青 98	吉林省农科院有性杂交育成	吉林省农科院(公第 2563)
ZDD22812	吉青 99	吉林省农科院有性杂交育成	吉林省农科院(公第 2564)
ZDD22813	吉青 101	吉林省农科院有性杂交育成	吉林省农科院(公第 2565)
ZDD22814	吉青 103	吉林省农科院有性杂交育成	吉林省农科院(公第 2566)
ZDD22815	吉青 110	吉林省农科院有性杂交育成	吉林省农科院(公第 2567)
ZDD22816	吉青 112	吉林省农科院有性杂交育成	吉林省农科院(公第 2568)
ZDD22817	吉青 114	吉林省农科院有性杂交育成	吉林省农科院(公第 2569)
ZDD22818	吉青 116	吉林省农科院有性杂交育成	吉林省农科院(公第 2570)
ZDD22819	吉青 156	吉林省农科院有性杂交育成	吉林省农科院(公第 2571)
ZDD22820	吉青 118	吉林省农科院有性杂交育成	吉林省农科院(公第 2572)
ZDD22821	吉青 119	吉林省农科院有性杂交育成	吉林省农科院(公第 2573)
ZDD22822	吉青 125	吉林省农科院有性杂交育成	吉林省农科院(公第 2574)
ZDD22823	吉青 127	吉林省农科院有性杂交育成	吉林省农科院(公第 2575)
ZDD22824	吉青 129	吉林省农科院有性杂交育成	吉林省农科院(公第 2576)
ZDD22825	吉青 131	吉林省农科院有性杂交育成	吉林省农科院(公第 2577)
ZDD22826	吉青 132	吉林省农科院有性杂交育成	吉林省农科院(公第 2578)
ZDD22827	吉青 134	吉林省农科院有性杂交育成	吉林省农科院(公第 2579)
ZDD22828	吉青 136	吉林省农科院有性杂交育成	吉林省农科院(公第 2580)

类型	生育月份	生育日数/d	粒色	子叶色	脐色	百粒重/g	粒形	生育习性	结荚习性	茸毛色	花色	植株高度/cm	叶形	脂肪含量/%	蛋白质含量/%	备注
春	4/下—9/上	125	黄	黄	黄	19.0	椭圆	直立	亚	灰	紫	96.0	椭圆	21.4	38.6	
春	4/下—9/上	127	黄	黄	褐	22.6	圆	直立	亚	灰	白	84.0	椭圆	22.7	38.8	
春	4/下—9/上	125	黄	黄	黄	29.0	圆	直立	亚	灰	白	69.8	椭圆	19.7	37.3	
春	4/下—8/中	116	黄	黄	黄	23.5	椭圆	直立	亚	灰	紫	70.4	椭圆	22.1	39.8	
春	4/下—9/上	127	黄	黄	淡褐	30.0	椭圆	直立	亚	灰	白	67.9	椭圆	19.8	39.0	
春	4/下—8/中	114	黄	黄	黄	27.0	圆	直立	亚	灰	紫	98.0	椭圆	21.1	40.0	
春	4/下—9/中	134	绿	绿	淡褐	26.5	圆	直立	有	灰	白	70.5	椭圆	19.4	39.9	
春	4/下—9/中	132	绿	绿	黄	17.0	圆	直立	有	灰	白	68.9	椭圆	20.3	40.2	
春	4/下—8/中	113	绿	绿	黄	26.5	椭圆	直立	无	灰	白	98.5	椭圆	21.6	37.4	
春	4/下—9/中	134	绿	黄	黄	27.8	扁椭	直立	有	灰	白	71.5	椭圆	20.1	39.5	
春	4/下—9/中	134	绿	黄	黄	26.2	扁椭	直立	有	灰	白	88.0	椭圆	19.6	40.3	
春	4/下—9/上	127	绿	绿	蓝	20.1	圆	直立	无	灰	白	120.5	椭圆	19.2	42.6	
春	4/下—9/中	134	绿	绿	褐	22.0	圆	直立	无	灰	白	109.0	椭圆	19.9	40.6	
春	4/下—9/中	134	绿	绿	褐	20.5	圆	直立	无	灰	白	123.0	椭圆	20.0	40.7	
春	4/下—8/中	114	绿	绿	黄	25.7	圆	直立	有	灰	白	40.5	椭圆	22.4	38.3	
春	4/下—9/上	129	绿	绿	黄	26.6	椭圆	直立	无	灰	白	120.0	椭圆	19.9	39.2	
春	4/下—9/上	129	绿	绿	黄	27.0	椭圆	直立	无	灰	白	120.0	椭圆	19.9	38.2	
春	4/下—9/上	129	绿	绿	黄	26.3	椭圆	直立	无	灰	白	129.0	椭圆	19.6	38.3	
春	4/下—9/上	128	绿	绿	黄	26.8	椭圆	直立	无	灰	白	116.5	椭圆	21.1	38.0	
春	4/下—9/上	128	绿	绿	黄	27.0	椭圆	直立	无	灰	白	101.0	椭圆	20.1	37.0	
春	4/下—9/上	127	绿	绿	黄	28.0	椭圆	直立	无	灰	白	98.0	椭圆	19.5	38.2	
春	4/下—9/上	125	绿	绿	黄	22.0	圆	直立	无	灰	白	108.0	椭圆	19.6	39.0	
春	4/下—9/上	124	绿	绿	黄	16.0	圆	直立	无	灰	白	116.0	椭圆	22.3	39.0	
春	4/下—9/上	127	绿	绿	黄	26.8	圆	直立	无	灰	白	115.0	椭圆	18.9	38.1	
春	4/下—8/中	119	绿	绿	黄	26.0	长椭	直立	无	灰	白	103.6	椭圆	18.4	37.8	
春	4/下—9/上	125	绿	绿	黄	24.0	椭圆	直立	无	灰	白	110.0	椭圆	18.8	37.5	
春	4/下—8/中	112	绿	绿	黄	27.0	圆	直立	有	灰	白	32.5	椭圆	22.1	36.1	
春	4/下—8/中	119	绿	绿	黄	25.3	椭圆	直立	无	灰	白	98.2	椭圆	19.4	38.6	
春	4/下—9/上	129	绿	绿	黄	25.8	椭圆	直立	无	灰	白	110.0	椭圆	18.8	38.0	
春	4/下—9/上	127	绿	绿	黄	23.5	椭圆	直立	无	灰	白	105.5	椭圆	20.1	39.0	
春	4/下—9/上	127	绿	绿	黄	21.5	椭圆	直立	无	灰	白	126.8	椭圆	20.3	39.8	
春	4/下—8/中	112	绿	绿	黄	24.0	圆	直立	有	灰	白	46.7	椭圆	22.8	37.6	

续表

总编号	品种名称	原产地或来源	保存单位 （编号）
ZDD22829	吉青 140	吉林省农科院有性杂交育成	吉林省农科院(公第 2581)
ZDD22830	吉青 154	吉林省农科院有性杂交育成	吉林省农科院(公第 2582)
ZDD22831	吉青 155	吉林省农科院有性杂交育成	吉林省农科院(公第 2583)
ZDD22832	吉青 157	吉林省农科院有性杂交育成	吉林省农科院(公第 2584)
ZDD22833	吉青 158	吉林省农科院有性杂交育成	吉林省农科院(公第 2585)
ZDD22834	吉青 163	吉林省农科院有性杂交育成	吉林省农科院(公第 2586)
ZDD22835	吉黑 53	吉林省农科院有性杂交育成	吉林省农科院(公第 2587)
ZDD22836	吉黑 56	吉林省农科院有性杂交育成	吉林省农科院(公第 2588)
ZDD22837	吉黑 27	吉林省农科院有性杂交育成	吉林省农科院(公第 2589)
ZDD22838	锦州平顶香	辽宁锦州	辽宁丹东农科院(品-2)
ZDD22839	平顶香-1	辽宁新民	辽宁丹东农科院(品-3)
ZDD22840	平顶香-2	辽宁新民	辽宁丹东农科院(品-4)
ZDD22841	平顶香-3	辽宁新民	辽宁丹东农科院(品-5)
ZDD22842	铁荚子-1	辽宁凤城	辽宁丹东农科院(品-6)
ZDD22843	铁荚子-3	辽宁凤城	辽宁丹东农科院(品-7)
ZDD22844	嘟噜豆-1	辽宁锦西	辽宁丹东农科院(品-8)
ZDD22845	嘟噜豆-2	辽宁锦西	辽宁丹东农科院(品-9)
ZDD22846	大金黄-1	辽宁宽甸	辽宁丹东农科院(品-10)
ZDD22847	大金黄-2	辽宁宽甸	辽宁丹东农科院(品-11)
ZDD22848	大金黄-3	辽宁宽甸	辽宁丹东农科院(品-12)
ZDD22849	大粒黄-3	辽宁凤城	辽宁丹东农科院(品-13)
ZDD22850	大粒黄-4	辽宁凤城	辽宁丹东农科院(品-14)
ZDD22851	四粒黄-1	辽宁凤城	辽宁丹东农科院(品-15)
ZDD22852	四粒黄-2	辽宁凤城	辽宁丹东农科院(品-16)
ZDD22853	四粒黄-3	辽宁凤城	辽宁丹东农科院(品-17)
ZDD22854	大黄豆-1	辽宁凤城	辽宁丹东农科院(品-18)
ZDD22855	大黄豆-2	辽宁凤城	辽宁丹东农科院(品-19)
ZDD22856	大黄豆-3	辽宁凤城	辽宁丹东农科院(品-20)
ZDD22857	小金黄-4	辽宁凤城	辽宁丹东农科院(品-21)
ZDD22858	小金黄-5	辽宁凤城	辽宁丹东农科院(品-22)
ZDD22859	小金黄-6	辽宁凤城	辽宁丹东农科院(品-23)
ZDD22860	小金黄-7	辽宁凤城	辽宁丹东农科院(品-24)

类型	生育月份	生育日数/d	粒色	子叶色	脐色	百粒重/g	粒形	生育习性	结荚习性	茸毛色	花色	植株高度/cm	叶形	脂肪含量/%	蛋白质含量/%	备注
春	4/下—9/上	125	绿	绿	黄	29.0	椭圆	直立	无	灰	白	87.2	椭圆	20.5	38.0	
春	4/下—8/中	113	绿	绿	黄	27.5	圆	直立	无	灰	白	95.0	椭圆	22.4	36.8	
春	4/下—9/上	123	绿	绿	黄	21.0	圆	直立	无	灰	白	124.0	椭圆	22.6	39.6	
春	4/下—9/上	123	绿	绿	黄	20.5	圆	直立	无	灰	白	131.0	椭圆	22.4	39.3	
春	4/下—8/中	110	绿	绿	黄	14.4	圆	直立	亚	灰	白	72.5	椭圆	19.2	41.4	
春	4/下—8/中	114	绿	绿	黄	10.0	圆	直立	亚	灰	白	86.0	椭圆	18.5	38.1	
春	4/下—9/上	126	黑	绿	黑	17.8	椭圆	直立	有	棕	白	92.0	椭圆	19.7	41.9	
春	4/下—9/上	126	黑	黄	黑	14.5	椭圆	直立	有	灰	紫	84.0	椭圆	20.2	39.7	
春	4/下—8/中	112	黑	绿	黑	23.4	椭圆	直立	有	棕	紫	70.0	椭圆	19.5	43.5	
春	5/中—9/中	115	黄	黄	褐	19.2	椭圆	直立	有	灰	白	72.8	椭圆	20.1	43.0	
春	5/中—10/上	135	黄	黄	褐	19.3	椭圆	直立	有	灰	紫	86.0	椭圆	17.0	48.0	
春	5/中—10/上	135	黄	黄	褐	18.5	扁椭	直立	有	灰	紫	83.2	椭圆	20.8	39.4	
春	5/中—9/上	110	黄	黄	黑	15.2	椭圆	直立	有	灰	紫	70.0	椭圆	20.6	42.9	
春	5/中—9/下	130	黄	黄	褐	24.0	椭圆	直立	有	灰	白	87.8	椭圆	21.9	40.2	
春	5/中—9/下	130	黄	黄	褐	22.4	椭圆	直立	有	灰	白	80.4	椭圆	19.8	43.4	
春	5/中—10/上	135	黄	黄	褐	17.8	椭圆	直立	有	灰	白	100.4	椭圆	22.4	39.0	
春	5/中—9/下	125	黄	黄	淡褐	14.8	扁椭	直立	有	灰	白	107.0	椭圆	18.9	44.7	
春	5/中—10/上	140	黄	黄	褐	27.6	扁椭	直立	有	灰	紫	96.2	椭圆	18.2	46.3	
春	5/中—10/上	140	黄	黄	黄	29.5	椭圆	直立	有	灰	紫	86.0	椭圆	18.3	46.1	
春	5/中—10/上	145	黄	黄	褐	25.0	椭圆	直立	有	棕	紫	77.6	椭圆	18.1	45.8	
春	5/中—9/中	118	黄	黄	褐	19.8	椭圆	直立	有	灰	白	102.4	椭圆	21.9	42.3	
春	5/中—9/上	108	黄	黄	褐	21.5	扁椭	直立	有	灰	白	108.6	椭圆	21.5	39.8	
春	5/中—10/上	145	黄	黄	淡褐	14.0	圆	直立	有	灰	白	91.6	椭圆	20.4	41.1	
春	5/中—9/上	105	黄	黄	淡褐	15.7	椭圆	直立	有	灰	白	71.8	披针	19.5	43.8	
春	5/中—9/中	118	黄	黄	淡褐	19.5	圆	直立	亚	灰	白	96.5	椭圆	22.7	38.4	
春	5/中—10/上	135	黄	黄	褐	18.8	圆	直立	有	灰	白	88.8	椭圆	19.6	40.4	
春	5/中—9/下	130	黄	黄	褐	20.5	椭圆	直立	亚	灰	白	120.6	椭圆	19.7	44.6	
春	5/中—9/下	125	黄	黄	淡褐	21.4	椭圆	直立	亚	灰	白	129.5	椭圆	18.1	41.3	
春	5/中—9/下	130	黄	黄	褐	18.2	椭圆	直立	有	灰	紫	78.0	椭圆	20.1	42.3	
春	5/中—9/下	125	黄	黄	淡褐	19.9	椭圆	直立	有	灰	白	70.2	椭圆	20.1	43.2	
春	5/中—9/下	125	黄	黄	黄	17.5	椭圆	直立	有	灰	紫	85.8	椭圆	18.1	48.9	
春	5/中—9/下	130	黄	黄	淡褐	17.1	椭圆	直立	有	灰	紫	91.8	椭圆	20.2	41.9	

续表

总编号	品种名称	原产地或来源	保存单位（编号）
ZDD22861	大粒黄-5	辽宁凤城	辽宁丹东农科院(品-25)
ZDD22862	小粒黄-2	辽宁凤城	辽宁丹东农科院(品-26)
ZDD22863	黄豆-1	辽宁凤城	辽宁丹东农科院(品-27)
ZDD22864	黄豆-2	辽宁凤城	辽宁丹东农科院(品-28)
ZDD22865	小鹦哥-3	辽宁宽甸	辽宁丹东农科院(品-29)
ZDD22866	大白脐鹦哥豆-1	辽宁宽甸	辽宁丹东农科院(品-30)
ZDD22867	大白脐鹦哥豆-2	辽宁宽甸	辽宁丹东农科院(品-31)
ZDD22868	大黑脐鹦哥豆	辽宁宽甸	辽宁丹东农科院(品-32)
ZDD22869	鹦哥豆-1	辽宁宽甸	辽宁丹东农科院(品-33)
ZDD22870	小亮豆	辽宁凤城	辽宁丹东农科院(品-34)
ZDD22871	大粒	辽宁凤城	辽宁丹东农科院(品-35)
ZDD22872	小白皮-1	辽宁凤城	辽宁丹东农科院(品-36)
ZDD22873	金元-1	辽宁凤城	辽宁丹东农科院(品-37)
ZDD22874	满地金-1	辽宁凤城	辽宁丹东农科院(品-38)
ZDD22875	满地金-2	辽宁凤城	辽宁丹东农科院(品-39)
ZDD22876	满地金-3	辽宁凤城	辽宁丹东农科院(品-40)
ZDD22877	满仓金-2	辽宁宽甸	辽宁丹东农科院(品-41)
ZDD22878	串豆	辽宁凤城	辽宁丹东农科院(品-42)
ZDD22879	宿尖豆	辽宁凤城	辽宁丹东农科院(品-43)
ZDD22880	平洋豆	辽宁凤城	辽宁丹东农科院(品-44)
ZDD22881	边门黄豆	辽宁凤城	辽宁丹东农科院(品-45)
ZDD22882	中白豆	辽宁凤城	辽宁丹东农科院(品-46)
ZDD22883	江沿黄豆	辽宁东港	辽宁丹东农科院(品-47)
ZDD22884	小粒豆	辽宁凤城	辽宁丹东农科院(品-48)
ZDD22885	八月忙-3	辽宁凤城	辽宁丹东农科院(品-49)
ZDD22886	大白眉-1	辽宁岫岩	辽宁丹东农科院(品-52)
ZDD22887	大白眉-2	辽宁岫岩	辽宁丹东农科院(品-53)
ZDD22888	大白眉-3	辽宁岫岩	辽宁丹东农科院(品-54)
ZDD22889	长瑞白眉-1	辽宁凤城	辽宁丹东农科院(品-55)
ZDD22890	大金元	辽宁凤城	辽宁丹东农科院(品-56)
ZDD22891	大黑脐	辽宁宽甸	辽宁丹东农科院(品-57)
ZDD22892	大白脐-3	辽宁凤城	辽宁丹东农科院(品-58)

类型	生育月份	生育日数/d	粒色	子叶色	脐色	百粒重/g	粒形	生育习性	结荚习性	茸毛色	花色	植株高度/cm	叶形	脂肪含量/%	蛋白质含量/%	备注
春	5/中—10/上	135	黄	黄	淡褐	23.7	长椭	直立	有	灰	紫	90.8	椭圆	21.9	39.9	
春	5/中—9/下	130	黄	黄	淡褐	8.0	圆	直立	有	灰	紫	74.4	椭圆	18.9	41.3	
春	5/中—9/下	125	黄	黄	淡褐	17.8	椭圆	直立	有	灰	白	70.4	椭圆	18.7	45.9	
春	5/中—9/下	130	黄	黄	褐	17.9	椭圆	直立	有	灰	紫	80.0	椭圆	19.4	41.8	
春	5/中—9/下	130	黄	黄	褐	18.3	椭圆	直立	有	棕	紫	81.4	椭圆	20.1	41.8	
春	5/中—9/下	130	黄	黄	淡褐	28.5	椭圆	直立	有	灰	紫	60.2	椭圆	19.3	43.8	
春	5/中—9/上	108	黄	黄	淡褐	23.4	椭圆	直立	有	灰	紫	77.8	椭圆	20.9	43.3	
春	5/中—10/上	135	黄	黄	黑	29.7	椭圆	直立	有	棕	紫	68.0	椭圆	19.0	46.0	
春	5/中—10/上	140	黄	黄	黑	26.0	椭圆	直立	有	棕	紫	76.4	椭圆	16.4	46.8	
春	5/中—9/上	110	黄	黄	淡褐	17.3	椭圆	直立	有	灰	白	69.8	椭圆	20.9	41.5	
春	5/中—9/下	130	黄	黄	淡褐	27.5	椭圆	直立	亚	灰	白	123.0	椭圆	21.0	41.7	
春	5/中—10/上	140	黄	黄	淡褐	20.4	椭圆	直立	有	灰	白	97.2	椭圆	16.4	48.1	
春	5/中—9/上	101	黄	黄	淡褐	17.0	椭圆	直立	亚	灰	白	110.0	披针	19.8	46.0	
春	5/中—9/上	110	黄	黄	黑	17.5	椭圆	直立	有	灰	紫	92.3	椭圆	22.1	41.6	
春	5/中—9/下	125	黄	黄	淡褐	17.7	椭圆	直立	亚	灰	白	118.4	椭圆	19.7	43.2	
春	5/中—9/中	115	黄	黄	黑	17.3	椭圆	直立	亚	灰	紫	115.2	椭圆	21.0	45.1	
春	5/中—9/中	118	黄	黄	淡褐	16.4	椭圆	直立	有	灰	白	77.4	椭圆	21.4	39.9	
春	5/中—9/下	124	黄	黄	褐	22.5	椭圆	直立	有	灰	白	81.8	椭圆	22.0	44.2	
春	5/中—9/下	121	黄	黄	褐	20.0	椭圆	直立	有	灰	白	83.3	椭圆	22.2	37.8	
春	5/中—10/上	140	黄	黄	褐	26.1	扁椭	直立	亚	灰	紫	84.8	椭圆	17.3	45.5	
春	5/中—10/上	140	黄	黄	褐	21.6	长椭	直立	有	灰	紫	78.2	椭圆	17.4	45.3	
春	5/中—10/上	140	黄	黄	褐	29.5	椭圆	直立	亚	灰	紫	89.0	椭圆	18.6	42.9	
春	5/中—10/上	135	黄	黄	褐	28.0	椭圆	直立	有	灰	紫	89.8	椭圆	16.5	48.1	
春	5/中—9/下	128	黄	黄	淡褐	21.1	椭圆	直立	亚	灰	白	97.8	椭圆	19.2	41.6	
春	5/中—9/中	118	黄	黄	淡褐	16.3	椭圆	直立	有	灰	白	76.4	椭圆	18.9	46.3	
春	5/中—9/下	130	黄	黄	褐	16.2	椭圆	直立	有	灰	白	97.0	椭圆	22.2	36.2	
春	5/中—10/上	140	黄	黄	淡褐	26.7	椭圆	直立	有	灰	紫	95.0	椭圆	20.2	40.8	
春	5/中—10/上	140	黄	黄	褐	22.4	扁椭	直立	有	灰	紫	78.2	椭圆	18.9	43.4	
春	5/中—10/中	145	黄	黄	黄	23.0	扁椭	直立	亚	灰	白	107.2	椭圆	16.5	46.9	
春	5/中—9/中	115	黄	黄	淡褐	18.2	椭圆	直立	亚	灰	白	134.6	椭圆	21.4	41.3	
春	5/中—9/中	118	黄	黄	黑	19.8	椭圆	直立	有	灰	白	85.8	椭圆	17.4	46.5	
春	5/中—9/中	118	黄	黄	淡褐	20.5	椭圆	直立	有	灰	白	94.8	椭圆	21.2	47.1	

续表

总编号	品种名称	原产地或来源	保存单位（编号）
ZDD22893	大洋豆	辽宁凤城	辽宁丹东农科院(品-59)
ZDD22894	水里站-1	辽宁凤城	辽宁丹东农科院(品-60)
ZDD22895	水里站-2	辽宁凤城	辽宁丹东农科院(品-61)
ZDD22896	白蛋黄-1	辽宁凤城	辽宁丹东农科院(品-62)
ZDD22897	白蛋黄-2	辽宁凤城	辽宁丹东农科院(品-63)
ZDD22898	壮豆	辽宁凤城	辽宁丹东农科院(品-64)
ZDD22899	新开豆	辽宁凤城	辽宁丹东农科院(品-65)
ZDD22900	秋岭黄豆	辽宁凤城	辽宁丹东农科院(品-66)
ZDD22901	天鹅蛋	辽宁岫岩	辽宁丹东农科院(品-67)
ZDD22902	灰毛-1	辽宁凤城	辽宁丹东农科院(品-69)
ZDD22903	灰毛-2	辽宁凤城	辽宁丹东农科院(品-70)
ZDD22904	长叶裸	辽宁凤城	辽宁丹东农科院(品-72)
ZDD22905	长叶裸一号	辽宁凤城	辽宁丹东农科院(品-71)
ZDD22906	密荚豆	辽宁凤城	辽宁丹东农科院(品-73)
ZDD22907	中黄豆	辽宁凤城	辽宁丹东农科院(品-74)
ZDD22908	黄脐	辽宁凤城	辽宁丹东农科院(品-76)
ZDD22909	小金豆-1	辽宁凤城	辽宁丹东农科院(品-81)
ZDD22910	小金豆-2	辽宁凤城	辽宁丹东农科院(品-82)
ZDD22911	小金豆-3	辽宁凤城	辽宁丹东农科院(品-83)
ZDD22912	小金豆-4	辽宁凤城	辽宁丹东农科院(品-84)
ZDD22913	HB-5	辽宁辽阳	辽宁丹东农科院(品-90)
ZDD22914	褐脐 815	辽宁岫岩	辽宁丹东农科院(品-91)
ZDD22915	黑脐 815	辽宁岫岩	辽宁丹东农科院(品-93)
ZDD22916	朝阳白大粒	辽宁岫岩	辽宁丹东农科院(品-94)
ZDD22917	黑荚子-2	辽宁凤城	辽宁丹东农科院(保-16)
ZDD22918	油豆	辽宁凤城	辽宁丹东农科院(保-24)
ZDD22919	小白豆	辽宁凤城	辽宁丹东农科院(保-95)
ZDD22920	棕毛扁茎	辽宁沈阳	辽宁丹东农科院(品-107)
ZDD22921	小黄油豆-2	辽宁凤城	辽宁丹东农科院(保-25)
ZDD22922	灌水大粒	辽宁宽甸	辽宁丹东农科院(品-116)
ZDD22923	小甸子黄豆	辽宁东港	辽宁丹东农科院(品-117)
ZDD22924	油豆-1	辽宁庄河	辽宁丹东农科院(品-119)

类型	生育月份	生育日数/d	粒色	子叶色	脐色	百粒重/g	粒形	生育习性	结荚习性	茸毛色	花色	植株高度/cm	叶形	脂肪含量/%	蛋白质含量/%	备注
春	5/中—10/中	145	黄	黄	黄	20.0	椭圆	直立	亚	灰	白	107.2	椭圆	16.8	46.4	
春	5/中—10/上	135	黄	黄	褐	21.2	椭圆	直立	有	灰	紫	89.0	椭圆	20.6	39.5	
春	5/中—9/下	123	黄	黄	淡褐	15.8	椭圆	直立	有	灰	紫	105.4	披针	19.4	44.9	
春	5/中—9/下	125	黄	黄	黄	20.8	椭圆	直立	亚	灰	白	120.8	椭圆	18.8	45.9	
春	5/中—9/中	115	黄	黄	褐	14.5	圆	直立	有	棕	紫	51.4	披针	17.9	46.6	
春	5/中—9/下	123	黄	黄	褐	14.4	扁椭	直立	有	灰	紫	88.4	椭圆	20.7	38.0	
春	5/中—9/下	130	黄	黄	淡褐	16.2	椭圆	直立	有	灰	白	60.6	椭圆	19.1	43.4	
春	5/中—10/中	145	黄	黄	褐	28.7	椭圆	直立	有	灰	紫	88.4	椭圆	20.1	41.3	
春	5/中—10/上	140	黄	黄	褐	27.4	椭圆	直立	有	灰	紫	80.6	椭圆	20.1	41.5	
春	5/中—9/上	110	黄	黄	褐	20.1	圆	直立	亚	灰	紫	94.6	披针	19.4	46.9	
春	5/中—9/中	112	黄	黄	褐	9.8	椭圆	直立	有	灰	白	65.8	椭圆	20.9	43.2	
春	5/中—9/中	122	黄	黄	褐	19.8	扁椭	直立	有	无毛	紫	57.8	椭圆	20.5	41.5	
春	5/中—9/上	108	黄	黄	褐	19.7	椭圆	直立	有	无毛	紫	52.0	披针	20.4	41.8	
春	5/中—9/中	125	黄	黄	淡褐	24.0	椭圆	直立	有	棕	紫	74.8	椭圆	19.0	47.5	
春	5/中—10/上	140	黄	黄	褐	30.8	椭圆	直立	有	灰	紫	65.4	椭圆	18.4	44.9	
春	5/中—9/下	123	黄	黄	淡褐	21.4	椭圆	直立	有	灰	白	71.6	椭圆	22.4	37.0	
春	5/中—9/下	123	黄	黄	淡褐	25.3	椭圆	直立	有	棕	紫	74.4	椭圆	18.5	48.1	
春	5/中—9/下	123	黄	黄	淡褐	19.5	椭圆	直立	亚	灰	白	108.0	椭圆	18.3	47.2	
春	5/中—9/下	122	黄	黄	淡褐	20.7	椭圆	直立	有	灰	白	70.4	椭圆	22.9	40.3	
春	5/中—10/上	135	黄	黄	淡褐	17.9	椭圆	直立	有	灰	白	78.2	椭圆	21.3	41.1	
春	5/中—9/下	130	黄	黄	褐	18.8	椭圆	直立	亚	棕	白	88.4	椭圆	22.1	40.2	
春	5/中—9/下	130	黄	黄	褐	16.1	椭圆	直立	无	棕	白	105.4	椭圆	22.6	37.7	
春	5/中—10/上	135	黄	黄	黑	18.7	椭圆	直立	无	棕	紫	79.6	披针	20.5	40.5	
春	5/中—10/上	131	黄	黄	淡褐	22.6	圆	直立	有	灰	紫	68.2	椭圆			
春	5/中—9/中	120	黄	黄	褐	21.6	椭圆	直立	有	灰	紫	80.6	椭圆	19.5	44.9	
春	5/中—10/上	135	黄	黄	淡褐	16.6	椭圆	直立	有	灰	白	117.0	椭圆	19.9	38.8	
春	5/中—10/上	135	黄	黄	褐	15.5	椭圆	直立	亚	灰	紫	119.6	椭圆	20.6	43.7	
春	5/中—9/上	110	黄	黄	褐	12.8	长椭	直立	有	棕	白	78.8	椭圆		44.0	
春	5/中—9/中	115	黄	黄	褐	15.3	椭圆	直立	有	灰	白	95.4	椭圆	20.2	43.1	
春	5/中—10/上	131	黄	黄	淡褐	34.8	扁椭	直立	有	灰	白	71.0	椭圆	21.4	40.2	
春	5/中—10/中	145	黄	黄	淡褐	28.2	长椭	直立	有	灰	紫	81.2	披针			
春	5/中—10/上	140	黄	黄	褐	19.8	椭圆	直立	有	灰	白	94.6	椭圆	17.3	43.6	

续表

总编号	品种名称	原产地或来源	保存单位（编号）
ZDD22925	油豆-2	辽宁庄河	辽宁丹东农科院(品-120)
ZDD22926	珍珠豆-1	辽宁凤城	辽宁丹东农科院(品-122)
ZDD22927	东汤 9042-5	辽宁凤城	辽宁丹东农科院(品-123)
ZDD22928	凤豆-1	辽宁凤城	辽宁丹东农科院(品-124)
ZDD22929	洋河黑脐	辽宁岫岩	辽宁丹东农科院(品-125)
ZDD22930	陡岗白牛毛	辽宁凤城	辽宁丹东农科院(品-128)
ZDD22931	洋河小黑脐	辽宁岫岩	辽宁丹东农科院(品-129)
ZDD22932	白目豆	辽宁凤城	辽宁丹东农科院(保-106)
ZDD22933	凤豆 9412	辽宁凤城	辽宁丹东农科院(品-145)
ZDD22934	凤豆-9	辽宁凤城	辽宁丹东农科院(品-146)
ZDD22935	秋木庄黑脐	辽宁凤城	辽宁丹东农科院(品-200)
ZDD22936	小四粒黄-2	辽宁凤城	辽宁丹东农科院(保-18)
ZDD22937	凤 59-16	辽宁丹东农科院有性杂交育成	辽宁丹东农科院(品-142)
ZDD22938	凤 59-18	辽宁丹东农科院有性杂交育成	辽宁丹东农科院(品-141)
ZDD22939	凤 59-19	辽宁丹东农科院有性杂交育成	辽宁丹东农科院(品-143)
ZDD22940	凤 59-20	辽宁丹东农科院有性杂交育成	辽宁丹东农科院(品-144)
ZDD22941	凤 66-13	辽宁丹东农科院有性杂交育成	辽宁丹东农科院(品-1)
ZDD22942	凤 63-76	辽宁丹东农科院有性杂交育成	辽宁丹东农科院(品-80)
ZDD22943	凤 89-7118	辽宁丹东农科院有性杂交育成	辽宁丹东农科院(品-85)
ZDD22944	凤 7915-85A-1	辽宁丹东农科院有性杂交育成	辽宁丹东农科院(品-87)
ZDD22945	凤 7915-85A-2	辽宁丹东农科院有性杂交育成	辽宁丹东农科院(品-88)
ZDD22946	凤 89-2173A	辽宁丹东农科院有性杂交育成	辽宁丹东农科院(品-89)
ZDD22947	凤 89-2173A-1	辽宁丹东农科院有性杂交育成	辽宁丹东农科院(品-97)
ZDD22948	凤 89-2173B	辽宁丹东农科院有性杂交育成	辽宁丹东农科院(品-92)
ZDD22949	凤 89-2173B-1	辽宁丹东农科院有性杂交育成	辽宁丹东农科院(品-121)
ZDD22950	凤 66-18-2	辽宁丹东农科院有性杂交育成	辽宁丹东农科院(保-6)
ZDD22951	凤 89-2168	辽宁丹东农科院有性杂交育成	辽宁丹东农科院(品-96)
ZDD22952	凤 90-3450-1	辽宁丹东农科院有性杂交育成	辽宁丹东农科院(品-127)
ZDD22953	凤 91-3111-1	辽宁丹东农科院有性杂交育成	辽宁丹东农科院(品-112)
ZDD22954	凤 91-6062	辽宁丹东农科院有性杂交育成	辽宁丹东农科院(品-147)
ZDD22955	凤 91-6038	辽宁丹东农科院有性杂交育成	辽宁丹东农科院(品-148)
ZDD22956	凤 93-3031-1	辽宁丹东农科院有性杂交育成	辽宁丹东农科院(品-100)

类型	生育月份	生育日数/d	粒色	子叶色	脐色	百粒重/g	粒形	生育习性	结荚习性	茸毛色	花色	植株高度/cm	叶形	脂肪含量/%	蛋白质含量/%	备注
春	5/中—10/上	131	黄	黄	褐	16.7	椭圆	直立	无	灰	白	127.2	椭圆	18.8	44.0	
春	5/中—10/上	131	黄	黄	褐	19.7	椭圆	直立	有	灰	白	66.6	椭圆	21.7	39.4	
春	5/中—9/下	130	黄	黄	褐	17.8	圆	直立	有	灰	紫	82.8	椭圆	20.7	39.7	
春	5/中—9/中	112	黄	黄	黄	21.5	长椭	直立	有	灰	紫	74.6	椭圆	22.1	38.9	
春	5/中—10/上	130	黄	黄	黑	23.4	长椭	直立	有	棕	紫	85.2	椭圆	21.4	35.8	
春	5/中—9/下	130	黄	黄	褐	21.0	椭圆	直立	有	棕	紫	74.2	椭圆	22.3	39.1	
春	5/中—9/下	125	黄	黄	黑	19.8	椭圆	直立	有	棕	白	89.2	椭圆	17.8	44.7	
春	5/中—9/中	115	黄	黄	淡褐	19.8	椭圆	直立	有	灰	白	50.2	椭圆	21.4	44.6	
春	5/中—10/上	135	黄	黄	黄	18.9	椭圆	直立	有	灰	白	88.6	椭圆	18.2	45.1	
春	5/中—10/上	131	黄	黄	黄	16.0	椭圆	直立	有	灰	紫	85.6	椭圆	22.5	41.9	
春	5/中—9/下	123	黄	黄	黑	18.2	椭圆	直立	有	棕	白	83.2	披针	20.8	42.2	
春	5/中—9/中	125	黄	黄	淡褐	20.0	长椭	直立	有	灰	白	105.4	椭圆	21.3	39.4	
春	5/中—9/中	120	黄	黄	淡褐	18.3	椭圆	直立	有	棕	白	77.0	椭圆	19.7	45.3	
春	5/中—9/下	125	黄	黄	褐	19.5	长椭	直立	有	灰	白	81.6	椭圆	19.7	45.8	
春	5/中—9/下	122	黄	黄	褐	20.0	椭圆	直立	有	灰	白	72.6	椭圆	20.9	44.2	
春	5/中—10/上	131	黄	黄	淡褐	21.0	椭圆	直立	有	灰	白	76.0	椭圆	20.2	42.1	
春	5/中—9/上	105	黄	黄	黑	22.6	椭圆	直立	有	灰	紫	71.2	椭圆	20.8	45.0	
春	5/中—9/下	130	黄	黄	淡褐	20.1	扁椭	直立	有	灰	白	72.2	椭圆	20.0	43.8	
春	5/中—9/下	122	黄	黄	淡褐	18.8	椭圆	直立	有	灰	白	77.0	椭圆	18.5	44.8	
春	5/中—10/上	135	黄	黄	淡褐	20.2	椭圆	直立	有	灰	白	67.8	椭圆	18.6	45.5	
春	5/中—9/下	130	黄	黄	淡褐	21.4	椭圆	直立	有	灰	白	105.0	椭圆	18.8	45.1	
春	5/中—9/下	130	黄	黄	褐	20.6	椭圆	直立	有	无毛	紫	69.0	椭圆	21.4	39.6	
春	5/中—9/下	127	黄	黄	黄	17.8	椭圆	直立	有	无毛	紫	69.4	椭圆	19.1	47.5	
春	5/中—9/下	123	黄	黄	褐	17.3	椭圆	直立	有	无毛	紫	79.6	披针	19.7	39.0	
春	5/中—10/上	140	黄	黄	褐	16.1	椭圆	直立	有	无毛	白	85.6	披针	19.4	40.4	
春	5/中—10/上	140	黄	黄	淡褐	17.2	椭圆	直立	有	棕	白	104.5	椭圆	20.3	36.8	
春	5/中—10/上	135	黄	黄	淡褐	20.8	椭圆	直立	有	灰	白	88.4	椭圆	19.7	42.1	
春	5/中—10/上	135	黄	黄	黄	22.1	椭圆	直立	有	灰	白	82.9	椭圆	20.9	39.1	
春	5/中—10/上	140	黄	黄	淡褐	17.7	椭圆	直立	有	灰	白	113.4	椭圆	17.8	45.6	
春	5/中—10/上	135	黄	黄	黄	14.1	椭圆	直立	有	灰	白	83.4	椭圆	17.1	46.0	
春	5/中—10/中	145	黄	黄	淡褐	12.5	椭圆	直立	亚	灰	白	124.0	椭圆	22.5	37.6	
春	5/中—10/上	135	黄	黄	淡褐	17.7	椭圆	直立	有	灰	白	61.4	椭圆	21.3	41.4	

续表

总编号	品种名称	原产地或来源	保存单位（编号）
ZDD22957	凤 93-4072-2	辽宁丹东农科院有性杂交育成	辽宁丹东农科院(品-108)
ZDD22958	凤 93B-10	辽宁丹东农科院有性杂交育成	辽宁丹东农科院(品-130)
ZDD22959	凤 93B-18	辽宁丹东农科院有性杂交育成	辽宁丹东农科院(品-131)
ZDD22960	凤 93B-36	辽宁丹东农科院有性杂交育成	辽宁丹东农科院(品-95)
ZDD22961	凤 93B-38	辽宁丹东农科院有性杂交育成	辽宁丹东农科院(品-132)
ZDD22962	凤 94B-4029	辽宁丹东农科院有性杂交育成	辽宁丹东农科院(品-102)
ZDD22963	凤 94-3007	辽宁丹东农科院有性杂交育成	辽宁丹东农科院(品-109)
ZDD22964	凤 94-3007-5	辽宁丹东农科院有性杂交育成	辽宁丹东农科院(品-114)
ZDD22965	凤 94-3007-3	辽宁丹东农科院有性杂交育成	辽宁丹东农科院(品-150)
ZDD22966	凤 94-4097	辽宁丹东农科院有性杂交育成	辽宁丹东农科院(品-149)
ZDD22967	凤 94-3012-1	辽宁丹东农科院有性杂交育成	辽宁丹东农科院(品-151)
ZDD22968	凤 94-3180	辽宁丹东农科院有性杂交育成	辽宁丹东农科院(品-118)
ZDD22969	凤 94-6023-28	辽宁丹东农科院有性杂交育成	辽宁丹东农科院(品-133)
ZDD22970	凤 94-6064-70	辽宁丹东农科院有性杂交育成	辽宁丹东农科院(品-134)
ZDD22971	凤 95-4164	辽宁丹东农科院有性杂交育成	辽宁丹东农科院(品-115)
ZDD22972	凤 94-6065	辽宁丹东农科院有性杂交育成	辽宁丹东农科院(品-104)
ZDD22973	凤 94-6064	辽宁丹东农科院有性杂交育成	辽宁丹东农科院(品-105)
ZDD22974	凤 94-3038-3	辽宁丹东农科院有性杂交育成	辽宁丹东农科院(品-106)
ZDD22975	灰毛扁茎	辽宁丹东农科院有性杂交育成	辽宁丹东农科院(品-126)
ZDD22976	金豆	辽宁宽甸	辽宁丹东农科院(保-75)
ZDD22977	六月黄-2	辽宁宽甸	辽宁丹东农科院(保-91)
ZDD22978	徐合黄豆	辽宁凤城	辽宁丹东农科院(保-104)
ZDD22979	徐合黑脐	辽宁凤城	辽宁丹东农科院(保-105)
ZDD22980	八月忙-4	辽宁凤城	辽宁丹东农科院(品-50)
ZDD22981	小白眉-3	辽宁旅顺	辽宁丹东农科院(品-51)
ZDD22982	缩尖豆-3	辽宁凤城	辽宁丹东农科院(保-27)
ZDD22983	大孤豆-2	辽宁凤城	辽宁丹东农科院(保-48)
ZDD22984	白皮青-4	辽宁凤城	辽宁丹东农科院(保-52)
ZDD22985	青皮黄	辽宁凤城	辽宁丹东农科院(保-103)
ZDD22986	白铁荚	辽宁凤城	辽宁丹东农科院(保-14)
ZDD22987	大洼青混 3-2	辽宁凤城	辽宁丹东农科院(品-152)
ZDD22988	黑铁荚-1	辽宁桓仁	辽宁丹东农科院(品-153)

类型	生育月份	生育日数/d	粒色	子叶色	脐色	百粒重/g	粒形	生育习性	结荚习性	茸毛色	花色	植株高度/cm	叶形	脂肪含量/%	蛋白质含量/%	备注
春	5/中—10/上	135	黄	黄	黄	18.4	椭圆	直立	有	灰	白	81.6	椭圆	17.4	48.0	
春	5/中—9/中	120	黄	黄	黄	18.7	椭圆	直立	有	灰	白	101.7	椭圆	19.8	45.7	
春	5/中—9/下	125	黄	黄	淡褐	20.4	椭圆	直立	有	灰	白	92.4	椭圆	17.7	46.8	
春	5/中—10/上	135	黄	黄	褐	18.1	椭圆	直立	有	灰	白	80.8	椭圆	17.6	45.5	
春	5/中—9/下	125	黄	黄	淡褐	19.3	椭圆	直立	有	棕	白	114.8	椭圆	18.5	44.4	
春	5/中—10/上	140	黄	黄	淡褐	17.7	椭圆	直立	有	灰	白	62.4	椭圆	19.0	46.3	
春	5/中—9/中	112	黄	黄	淡褐	27.3	扁椭	直立	有	灰	白	62.4	椭圆	22.4	41.3	
春	5/中—9/中	118	黄	黄	黄	26.5	椭圆	直立	亚	灰	紫	82.4	椭圆	19.9	45.6	
春	5/中—9/下	130	黄	黄	淡褐	25.8	长椭	直立	亚	灰	白	88.0	椭圆	21.4	41.0	
春	5/中—10/上	140	黄	黄	淡褐	14.0	圆	直立	有	无毛	紫	80.8	披针	20.4	38.5	
春	5/中—10/上	140	黄	黄	淡褐	31.6	扁椭	直立	有	灰	白	96.0	椭圆	21.4	41.9	
春	5/中—10/上	140	黄	黄	淡褐	31.1	扁椭	直立	有	灰	白	87.0	椭圆	22.5	40.5	
春	5/中—10/上	138	黄	黄	淡褐	19.5	椭圆	直立	有	灰	白	110.2	椭圆	16.8	46.0	
春	5/中—10/上	135	黄	黄	褐	19.6	椭圆	直立	亚	灰	白	106.1	椭圆	16.6	48.8	
春	5/中—9/下	122	黄	黄	黄	28.1	椭圆	直立	有	灰	白	74.6	椭圆	22.1	40.3	
春	5/中—10/上	131	黄	黄	褐	16.5	椭圆	直立	有	灰	白	95.6	披针	19.9	42.2	
春	5/中—10/上	131	黄	黄	褐	17.2	椭圆	直立	有	灰	白	100.2	椭圆	16.2	49.4	
春	5/中—10/上	135	黄	黄	黄	8.4	椭圆	直立	有	灰	白	67.8	椭圆	16.8	39.6	
春	5/中—9/上	105	黄	黄	黄	15.9	椭圆	直立	有	灰	紫	85.4	披针	21.5	40.1	
春	5/中—10/上	140	黄	黄	褐	17.4	扁椭	直立	亚	灰	紫	92.8	椭圆	21.4	37.8	
春	5/中—9/中	120	黄	黄	褐	20.0	长椭	直立	有	灰	白	66.0	椭圆	18.2	45.5	
春	5/中—10/上	140	黄	黄	褐	20.8	扁椭	直立	无	灰	紫	154.6	椭圆	21.5	38.5	
春	5/中—10/上	132	黄	黄	黑	16.0	椭圆	直立	亚	灰	紫	108.0	椭圆	21.8	40.2	
春	5/中—10/上	135	绿	黄	褐	25.8	椭圆	直立	有	灰	白	93.8	椭圆	20.8	41.0	
春	5/中—10/中	145	绿	黄	淡褐	16.6	椭圆	直立	有	灰	白	72.0	椭圆	15.1	46.8	
春	5/中—10/上	135	绿	黄	褐	20.0	椭圆	直立	有	灰	紫	81.4	椭圆	21.3	41.2	
春	5/中—9/下	130	绿	黄	褐	18.8	扁椭	直立	有	棕	白	87.2	椭圆	20.9	43.3	
春	5/中—9/下	122	绿	黄	褐	21.4	椭圆	直立	有	灰	白	88.6	椭圆	21.9	40.1	
春	5/中—10/上	140	绿	黄	褐	17.4	椭圆	直立	有	灰	白	99.6	椭圆	21.0	40.4	
春	5/中—10/上	135	绿	绿	淡褐	19.1	扁椭	直立	有	灰	白	98.8	椭圆	22.1	40.4	
春	5/中—10/上	131	绿	黄	淡褐	20.6	椭圆	直立	有	灰	白	96.2	椭圆	18.5	46.2	
春	5/中—9/下	128	绿	黄	褐	20.0	椭圆	直立	有	灰	紫	104.8	椭圆	20.3	40.9	

续表

总编号	品种名称	原产地或来源	保存单位（编号）
ZDD22989	灌水铁荚青-6	辽宁宽甸	辽宁丹东农科院(品-154)
ZDD22990	灌水铁荚青-7	辽宁宽甸	辽宁丹东农科院(品-155)
ZDD22991	灌水铁荚青-8	辽宁宽甸	辽宁丹东农科院(品-156)
ZDD22992	灌水铁荚青-9	辽宁宽甸	辽宁丹东农科院(品-157)
ZDD22993	灌水铁荚青-10	辽宁宽甸	辽宁丹东农科院(品-158)
ZDD22994	小白皮-2	辽宁宽甸	辽宁丹东农科院(品-159)
ZDD22995	白豆-1	辽宁凤城	辽宁丹东农科院(品-160)
ZDD22996	白豆-2	辽宁凤城	辽宁丹东农科院(品-161)
ZDD22997	本溪大粒青-2	辽宁本溪	辽宁丹东农科院(品-162)
ZDD22998	大粒青-5	辽宁凤城	辽宁丹东农科院(品-163)
ZDD22999	大青豆-2	辽宁凤城	辽宁丹东农科院(品-164)
ZDD23000	大青豆-3	辽宁凤城	辽宁丹东农科院(品-165)
ZDD23001	大青豆-4	辽宁凤城	辽宁丹东农科院(品-166)
ZDD23002	青豆-1	辽宁凤城	辽宁丹东农科院(品-167)
ZDD23003	青豆-2	辽宁凤城	辽宁丹东农科院(品-168)
ZDD23004	四粒青-8	辽宁凤城	辽宁丹东农科院(品-169)
ZDD23005	四粒青-9	辽宁凤城	辽宁丹东农科院(品-170)
ZDD23006	牛毛黄-3	辽宁凤城	辽宁丹东农科院(品-171)
ZDD23007	牛毛黄-4	辽宁凤城	辽宁丹东农科院(品-172)
ZDD23008	串皮青-2	辽宁凤城	辽宁丹东农科院(品-173)
ZDD23009	青皮青	辽宁凤城	辽宁丹东农科院(品-174)
ZDD23010	自然交青皮青	辽宁凤城	辽宁丹东农科院(品-175)
ZDD23011	金元-2	辽宁凤城	辽宁丹东农科院(品-176)
ZDD23012	白毛-2	辽宁岫岩	辽宁丹东农科院(品-177)
ZDD23013	平顶珠	辽宁凤城	辽宁丹东农科院(品-178)
ZDD23014	紫豆	辽宁凤城	辽宁丹东农科院(品-179)
ZDD23015	四粒青-10	辽宁凤城	辽宁丹东农科院(品-180)
ZDD23016	白豆-3	辽宁凤城	辽宁丹东农科院(保-19)
ZDD23017	牛毛黄青-3	辽宁凤城	辽宁丹东农科院(品-68)
ZDD23018	灌水铁荚青-11	辽宁宽甸	辽宁丹东农科院(品-190)
ZDD23019	青皮白荚子	辽宁凤城	辽宁丹东农科院(保-22)
ZDD23020	白皮青-3	辽宁凤城	辽宁丹东农科院(保-21)

类型	生育月份	生育日数/d	粒色	子叶色	脐色	百粒重/g	粒形	生育习性	结荚习性	茸毛色	花色	植株高度/cm	叶形	脂肪含量/%	蛋白质含量/%	备注
春	5/中—10/中	145	绿	绿	褐	22.3	扁椭	直立	亚	灰	白	112.0	椭圆	19.6	42.4	
春	5/中—10/中	145	绿	黄	褐	16.2	椭圆	直立	有	灰	白	103.4	椭圆	22.2	39.7	
春	5/中—9/中	115	绿	黄	淡褐	18.5	椭圆	直立	有	灰	白	74.2	椭圆	21.8	38.3	
春	5/中—10/中	145	绿	黄	褐	33.8	扁椭	直立	无	灰	白	133.0	椭圆	20.3	38.4	
春	5/中—9/下	122	绿	黄		18.2	椭圆	直立	亚	灰	紫	113.7	椭圆	20.8	41.1	
春	5/中—10/上	131	绿	黄	褐	19.8	椭圆	直立	有	灰	白	87.4	椭圆	18.7	46.8	
春	5/中—10/上	131	绿	黄	褐	17.8	椭圆	直立	有	灰	紫	85.2	椭圆	21.8	40.7	
春	5/中—9/下	128	绿	黄	褐	21.3	椭圆	直立	有	灰	白	81.2	椭圆	19.5	45.9	
春	5/中—10/上	140	绿	黄	黑	31.4	椭圆	直立	有	棕	紫	83.8	椭圆	19.4	39.1	
春	5/中—10/中	145	绿	黄	褐	24.9	椭圆	直立	有	棕	白	105.1	椭圆	19.1	43.9	
春	5/中—9/下	127	绿	黄	褐	22.2	椭圆	直立	有	灰	白	83.8	椭圆	21.5	40.8	
春	5/中—9/下	122	绿	黄	淡褐	20.8	椭圆	直立	有	灰	白	85.0	椭圆	20.4	43.9	
春	5/中—9/中	115	绿	绿	褐	22.8	椭圆	直立	有	灰	紫	71.2	椭圆	22.8	39.8	
春	5/中—9/下	128	绿	黄	黑	15.1	椭圆	直立	亚	棕	白	104.2	椭圆	19.8	41.6	
春	5/中—9/中	118	绿	黄	褐	21.0	椭圆	直立	有	棕	白	77.8	披针	18.8	45.1	
春	5/中—10/上	140	绿	黄	褐	17.6	椭圆	直立	有	灰	白	99.4	披针	19.2	45.7	
春	5/中—9/下	122	绿	黄	褐	29.2	椭圆	直立	亚	棕	白	108.6	披针	20.1	45.1	
春	5/中—9/中	115	绿	黄	褐	19.5	椭圆	直立	有	棕	白	78.6	披针	21.2	44.0	
春	5/中—9/下	125	绿	黄	淡褐	18.4	椭圆	直立	有	棕	白	81.8	椭圆	19.4	45.2	
春	5/中—9/中	118	绿	黄	褐	22.7	椭圆	直立	有	灰	白	69.8	椭圆	19.7	42.4	
春	5/中—10/上	135	绿	绿	淡褐	15.8	椭圆	直立	有	灰	白	88.8	椭圆	22.2	41.3	
春	5/中—10/中	145	绿	绿	褐	14.0	椭圆	直立	亚	灰	白	107.4	椭圆	19.2	41.8	
春	5/中—10/上	140	绿	黄	褐	21.8	扁椭	直立	有	棕	白	98.4	椭圆	20.3	39.8	
春	5/中—9/中	118	绿	黄	淡褐	16.7	椭圆	直立	有	灰	紫	86.8	椭圆	22.2	37.0	
春	5/中—10/上	135	绿	黄	褐	20.0	椭圆	直立	有	棕	白	83.8	椭圆	21.5	41.8	
春	5/中—10/上	135	绿	黄	褐	17.4	椭圆	直立	有	棕	紫	93.0	椭圆	21.1	42.7	
春	5/中—10/上	140	绿	黄	淡褐	20.0	椭圆	直立	有	灰	白	73.0	椭圆	22.7	41.5	
春	5/中—9/下	125	绿	黄	褐	20.0	椭圆	直立	有	灰	白	84.6	椭圆	20.2	40.0	
春	5/中—10/上	140	绿	绿	褐	20.8	椭圆	直立	有	灰	紫	66.4	椭圆	21.6	41.9	
春	5/中—10/上	135	绿	绿	褐	26.0	扁椭	直立	亚	灰	白	101.2	椭圆	17.0	46.3	
春	5/中—10/上	135	绿	黄	褐	19.4	椭圆	直立	有	灰	白	89.0	椭圆	19.1	39.6	
春	5/中—10/上	140	绿	黄	褐	17.7	椭圆	直立	亚	灰	白	114.4	椭圆	21.1	41.5	

续表

总编号	品种名称	原产地或来源	保存单位（编号）
ZDD23021	青大豆-2	辽宁凤城	辽宁丹东农科院(保-20)
ZDD23022	凤 89-1002	辽宁丹东农科院有性杂交育成	辽宁丹东农科院(品-86)
ZDD23023	凤 91-4149	辽宁丹东农科院有性杂交育成	辽宁丹东农科院(品-181)
ZDD23024	凤 91-4150-3	辽宁丹东农科院有性杂交育成	辽宁丹东农科院(品-182)
ZDD23025	凤 94-3011	辽宁丹东农科院有性杂交育成	辽宁丹东农科院(品-184)
ZDD23026	凤 94-3038-2	辽宁丹东农科院有性杂交育成	辽宁丹东农科院(品-188)
ZDD23027	凤 96 青-2	辽宁丹东农科院有性杂交育成	辽宁丹东农科院(品-186)
ZDD23028	丹 6-1	辽宁丹东农科院有性杂交育成	辽宁丹东农科院(品-187)
ZDD23029	凤 94-4153	辽宁丹东农科院有性杂交育成	辽宁丹东农科院(品-191)
ZDD23030	坝埂小黑豆	辽宁东港	辽宁丹东农科院(保-87)
ZDD23031	大粒黑豆-2	辽宁凤城	辽宁丹东农科院(保-66)
ZDD23032	新黑豆-2	辽宁凤城	辽宁丹东农科院(保-67)
ZDD23033	黑豆-2	辽宁新宾	辽宁丹东农科院(品-75)
ZDD23034	小黑粒	辽宁新民	辽宁丹东农科院(品-194)
ZDD23035	东汤尖叶里	辽宁凤城	辽宁丹东农科院(品-198)
ZDD23036	满地金-4	辽宁凤城	辽宁丹东农科院(品-193)
ZDD23037	乌豆	辽宁凤城	辽宁丹东农科院(保-56)
ZDD23038	G135	河北省农科院有性杂交育成	河北省农科院(801)
ZDD23039	8818	河北省农科院有性杂交育成	河北省农科院(802)
ZDD23040	冀豆 12	河北省农科院有性杂交育成	河北省农科院(803)
ZDD23041	HB-3	河北省农科院有性杂交育成	河北省农科院(804)
ZDD23042	G215	河北省农科院有性杂交育成	河北省农科院(805)
ZDD23043	6454	河北省农科院有性杂交育成	河北省农科院(806)
ZDD23044	早 5241	河北省农科院有性杂交育成	河北省农科院(807)
ZDD23045	96 比 3	河北省农科院有性杂交育成	河北省农科院(808)
ZDD23046	晚 18-5	河北省农科院有性杂交育成	河北省农科院(809)
ZDD23047	G309	河北省农科院有性杂交育成	河北省农科院(810)
ZDD23048	G185	河北省农科院有性杂交育成	河北省农科院(811)
ZDD23049	97 比 1	河北省农科院有性杂交育成	河北省农科院(812)
ZDD23050	97 比 2	河北省农科院有性杂交育成	河北省农科院(813)
ZDD23051	97 比 3	河北省农科院有性杂交育成	河北省农科院(814)
ZDD23052	97 比 4	河北省农科院有性杂交育成	河北省农科院(815)

类型	生育月份	生育日数/d	粒色	子叶色	脐色	百粒重/g	粒形	生育习性	结荚习性	茸毛色	花色	植株高度/cm	叶形	脂肪含量/%	蛋白质含量/%	备注
春	5/中—10/上	140	绿	黄	褐	14.8	椭圆	直立	有	灰	白	102.2	椭圆	21.7	41.1	
春	5/中—10/上	135	绿	黄	淡褐	45.5	扁椭	直立	有	灰	白	71.0	椭圆	18.6	44.9	
春	5/中—10/上	135	绿	绿	淡褐	13.8	圆	直立	有	灰	紫	73.6	椭圆	18.1	43.5	
春	5/中—10/中	145	绿	绿	淡褐	17.9	椭圆	直立	有	棕	紫	101.4	椭圆	22.3	35.6	
春	5/中—10/上	140	绿	绿	淡褐	22.8	椭圆	直立	有	灰	白	62.6	披针	20.8	40.7	
春	5/中—10/上	135	绿	黄	淡褐	8.8	椭圆	直立	有	灰	白	64.8	椭圆	16.6	38.6	
春	5/中—10/中	145	绿	绿	淡褐	25.4	椭圆	直立	有	灰	紫	72.4	椭圆	17.2	45.9	
春	5/中—10/上	140	绿	绿	淡褐	26.2	椭圆	直立	有	灰	紫	82.0	椭圆	17.2	47.1	
春	5/中—9/中	118	绿	绿	淡褐	17.3	椭圆	直立	有	灰	白	88.8	椭圆	21.9	37.7	
春	5/中—10/上	135	黑	黄	黑	10.6	扁椭	直立	有	棕	白	122.5	椭圆	19.9	37.4	
春	5/中—10/中	145	黑	黄	黑	31.8	椭圆	直立	有	棕	紫	84.6	椭圆	19.1	41.5	
春	5/中—10/上	140	黑	黄	黑	10.8	扁椭	直立	有	灰	白	106.4	披针	19.3	38.0	
春	5/中—10/上	135	黑	黄	黑	12.5	扁椭	直立	亚	棕	白	101.8	椭圆	18.0	40.0	
春	5/中—10/上	135	黑	黄	黑	16.7	椭圆	直立	有	棕	紫	65.4	椭圆			
春	5/中—9/中	123	黑	黄	黑	18.5	椭圆	直立	有	棕	白	73.8	披针	17.8	47.3	
春	5/中—9/下	130	褐	黄	褐	18.8	椭圆	直立	有	灰	紫	62.4	椭圆	19.4	40.7	
春	5/中—10/上	131	褐	黄	黑	23.3	椭圆	直立	亚	棕	白	109.5	椭圆	22.7	39.4	
夏	6/下—9/下	97	黄	黄	黑	16.9	椭圆	直立	有	棕	白	62.2	卵圆	18.8	43.0	
夏	6/下—9/下	99	黄	黄	黄	20.8	圆	直立	亚	灰	紫	80.3	卵圆	21.5	40.6	
夏	6/下—9/下	96	黄	黄	黄	24.0	椭圆	直立	有	灰	紫	68.0	卵圆	17.2	43.8	
夏	6/下—9/中	89	黄	黄	淡褐	17.3	圆	直立	有	灰	紫	62.0	卵圆	22.0	36.9	
夏	6/下—10/上	106	黄	黄	褐	19.9	椭圆	直立	亚	灰	紫	65.6	披针	21.3	38.7	
夏	6/下—10/上	101	黄	黄	褐	20.5	椭圆	直立	有	棕	紫	65.1	卵圆	19.5	42.2	
夏	6/下—9/中	90	黄	黄	黄	15.1	圆	直立	亚	棕	紫	84.2	披针	22.1	38.8	
夏	6/下—9/下	98	黄	黄	淡褐	18.0	椭圆	直立	有	灰	白	60.0	卵圆	20.3	40.1	
夏	6/中—10/上	112	黄	黄	褐	16.6	椭圆	直立	亚	灰	紫	80.8	披针	19.9	41.8	
夏	6/下—10/上	104	黄	黄	黄	16.5	圆	直立	无	棕	紫	118.3	披针	19.1	38.5	
夏	6/下—10/上	102	黄	黄	淡褐	18.9	椭圆	直立	有	灰	紫	69.0	披针	20.7	38.9	
夏	6/下—10/上	105	黄	黄	黄	19.5	圆	直立	有	灰	紫	94.9	卵圆	21.5	41.6	
夏	6/下—10/上	106	黄	黄	黄	16.7	圆	直立	无	棕	白	120.9	披针	22.1	39.1	
夏	6/下—10/上	107	黄	黄	黄	20.5	圆	直立	无	灰	白	99.1	卵圆	20.2	42.3	
夏	6/下—10/上	106	黄	黄	黄	18.4	圆	直立	有	灰	白	75.7	披针	19.7	42.1	

续表

总编号	品种名称	原产地或来源	保存单位（编号）
ZDD23053	97 比 5	河北省农科院有性杂交育成	河北省农科院(816)
ZDD23054	97 比 6	河北省农科院有性杂交育成	河北省农科院(817)
ZDD23055	97 比 7	河北省农科院有性杂交育成	河北省农科院(818)
ZDD23056	97 鉴 18	河北省农科院有性杂交育成	河北省农科院(819)
ZDD23057	97 鉴 19	河北省农科院有性杂交育成	河北省农科院(820)
ZDD23058	97 鉴 22	河北省农科院有性杂交育成	河北省农科院(821)
ZDD23059	97 鉴 23	河北省农科院有性杂交育成	河北省农科院(822)
ZDD23060	97 鉴 24	河北省农科院有性杂交育成	河北省农科院(823)
ZDD23061	97 鉴 25	河北省农科院有性杂交育成	河北省农科院(824)
ZDD23062	97 鉴 26	河北省农科院有性杂交育成	河北省农科院(825)
ZDD23063	97 鉴 13	河北省农科院有性杂交育成	河北省农科院(826)
ZDD23064	97 观 7	河北省农科院有性杂交育成	河北省农科院(827)
ZDD23065	97 观 10	河北省农科院有性杂交育成	河北省农科院(828)
ZDD23066	97 观 34	河北省农科院有性杂交育成	河北省农科院(829)
ZDD23067	97 观 70	河北省农科院有性杂交育成	河北省农科院(830)
ZDD23068	97 观 79	河北省农科院有性杂交育成	河北省农科院(831)
ZDD23069	97 观 94	河北省农科院有性杂交育成	河北省农科院(832)
ZDD23070	97 观 103	河北省农科院有性杂交育成	河北省农科院(833)
ZDD23071	97 观 109	河北省农科院有性杂交育成	河北省农科院(834)
ZDD23072	97 观 16	河北省农科院有性杂交育成	河北省农科院(835)
ZDD23073	97 观 19	河北省农科院有性杂交育成	河北省农科院(836)
ZDD23074	97 观 43	河北省农科院有性杂交育成	河北省农科院(837)
ZDD23075	97 观 49	河北省农科院有性杂交育成	河北省农科院(838)
ZDD23076	97 观 52	河北省农科院有性杂交育成	河北省农科院(839)
ZDD23077	97 观 58	河北省农科院有性杂交育成	河北省农科院(840)
ZDD23078	97 观 73	河北省农科院有性杂交育成	河北省农科院(841)
ZDD23079	97 观 106	河北省农科院有性杂交育成	河北省农科院(842)
ZDD23080	97 观 133	河北省农科院有性杂交育成	河北省农科院(843)
ZDD23081	97 观 142	河北省农科院有性杂交育成	河北省农科院(844)
ZDD23082	97 观 172	河北省农科院有性杂交育成	河北省农科院(845)
ZDD23083	97 观 178	河北省农科院有性杂交育成	河北省农科院(846)
ZDD23084	97 观 187	河北省农科院有性杂交育成	河北省农科院(847)

类型	生育月份	生育日数/d	粒色	子叶色	脐色	百粒重/g	粒形	生育习性	结荚习性	茸毛色	花色	植株高度/cm	叶形	脂肪含量/%	蛋白质含量/%	备注
夏	6/下—10/上	105	黄	黄	黑	17.0	圆	直立	无	棕	白	106.7	卵圆	21.0	39.4	
夏	6/下—10/上	105	黄	黄	黑	16.1	椭圆	直立	无	棕	白	123.3	卵圆	21.6	40.9	
夏	6/下—10/上	103	黄	黄	黑	19.3	圆	直立	无	棕	紫	118.1	披针	21.0	40.7	
夏	6/下—10/上	100	黄	黄	褐	20.7	椭圆	直立	亚	灰	紫	64.3	卵圆	19.8	43.5	
夏	6/下—9/下	95	黄	黄	黄	20.7	椭圆	直立	亚	灰	白	90.6	披针	21.9	41.9	
夏	6/中—10/上	111	黄	黄	黑	16.2	扁圆	直立	亚	棕	白	74.4	卵圆	20.6	41.8	
夏	6/下—10/上	104	黄	黄	黄	18.2	圆	直立	亚	灰	白	103.8	卵圆	21.4	44.0	
夏	6/下—9/下	96	黄	黄	黑	22.1	圆	直立	亚	灰	紫	94.9	卵圆	22.1	42.5	
夏	6/下—10/上	105	黄	黄	淡褐	20.2	椭圆	直立	亚	棕	白	62.4	卵圆	22.9	40.9	
夏	6/下—10/上	108	黄	黄	黑	16.8	圆	直立	有	灰	白	94.9	卵圆	22.4	40.4	
夏	6/下—10/上	100	黄	黄	深褐	19.3	圆	直立	亚	棕	紫	120.0	披针	21.6	40.8	
夏	6/下—9/下	99	黄	黄	淡褐	15.4	圆	直立	亚	灰	白	85.0	卵圆	22.0	40.1	
夏	6/下—9/下	99	黄	黄	淡褐	18.4	圆	直立	有	棕	白	81.7	卵圆	20.7	40.4	
夏	6/下—9/下	99	黄	黄	淡褐	20.0	圆	直立	有	灰	白	76.2	卵圆	19.7	43.8	
夏	6/下—9/下	98	黄	黄	淡褐	16.4	圆	直立	亚	灰	紫	87.0	卵圆	19.7	43.3	
夏	6/下—10/上	101	黄	黄	褐	21.8	圆	直立	有	灰	白	88.9	卵圆	20.4	43.0	
夏	6/下—9/下	96	黄	黄	褐	19.9	圆	直立	有	灰	紫	77.0	卵圆	19.6	42.9	
夏	6/下—10/上	101	黄	黄	褐	15.1	圆	直立	亚	灰	紫	87.5	披针	21.7	42.4	
夏	6/下—9/下	96	黄	黄	黑	15.1	圆	直立	亚	棕	紫	86.2	卵圆	21.2	42.1	
夏	6/下—9/下	97	黄	黄	黄	17.6	椭圆	直立	有	棕	白	63.2	卵圆	19.1	43.1	
夏	6/下—9/下	100	黄	黄	黑	14.6	椭圆	直立	亚	棕	白	95.7	卵圆	23.5	41.1	
夏	6/下—9/下	97	黄	黄	褐	20.5	椭圆	直立	亚	灰	紫	97.4	披针	20.6	40.6	
夏	6/下—9/下	100	黄	黄	黑	16.4	圆	直立	亚	灰	紫	95.0	卵圆	22.8	40.3	
夏	6/下—9/下	100	黄	黄	淡褐	18.7	圆	直立	亚	灰	紫	88.6	卵圆	21.8	40.1	
夏	6/下—9/下	99	黄	黄	淡褐	18.0	圆	直立	亚	灰	白	87.0	卵圆	21.5	41.3	
夏	6/下—9/下	98	黄	黄	淡褐	16.5	椭圆	直立	亚	灰	白	52.3	卵圆	22.4	41.5	
夏	6/下—9/下	99	黄	黄	黄	17.1	圆	直立	亚	灰	白	87.7	卵圆	20.5	40.8	
夏	6/下—9/下	99	黄	黄	黄	16.5	圆	直立	亚	棕	紫	91.2	卵圆	21.1	40.4	
夏	6/下—9/下	98	黄	黄	黄	20.4	圆	直立	有	灰	紫	98.0	卵圆	21.5	41.7	
夏	6/下—9/下	96	黄	黄	黑	19.1	圆	直立	亚	棕	紫	95.9	卵圆	20.8	42.0	
夏	6/下—9/下	99	黄	黄	淡褐	20.8	椭圆	直立	有	灰	紫	99.5	卵圆	21.0	42.5	
夏	6/下—9/下	98	黄	黄	淡褐	20.0	圆	直立	亚	灰	紫	116.3	卵圆	21.9	40.9	

续表

总编号	品种名称	原产地或来源	保存单位（编号）
ZDD23085	97 观 223	河北省农科院有性杂交育成	河北省农科院(848)
ZDD23086	冀豆 9 号	河北邯郸农科院有性杂交育成	河北省农科院(849)
ZDD23087	冀青 1 号	河北省农科院有性杂交育成	河北省农科院(850)
ZDD23088	晋品 41	山西省农科院品资所有性杂交育成	山西省农科院(新-251)
ZDD23089	晋品 42	山西省农科院品资所有性杂交育成	山西省农科院(新-252)
ZDD23090	晋品 43	山西省农科院品资所有性杂交育成	山西省农科院(新-253)
ZDD23091	晋品 44	山西省农科院品资所有性杂交育成	山西省农科院(新-254)
ZDD23092	晋品 45	山西省农科院品资所有性杂交育成	山西省农科院(新-255)
ZDD23093	晋品 46	山西省农科院品资所有性杂交育成	山西省农科院(新-256)
ZDD23094	晋品 47	山西省农科院品资所有性杂交育成	山西省农科院(新-257)
ZDD23095	晋品 48	山西省农科院品资所有性杂交育成	山西省农科院(新-258)
ZDD23096	晋品 49	山西省农科院品资所轮回选择育成	山西省农科院(新-259)
ZDD23097	晋品 50	山西省农科院品资所轮回选择育成	山西省农科院(新-260)
ZDD23098	晋品 51	山西省农科院品资所轮回选择育成	山西省农科院(新-261)
ZDD23099	晋品 52	山西省农科院品资所轮回选择育成	山西省农科院(新-262)
ZDD23100	晋品 53	山西省农科院品资所轮回选择育成	山西省农科院(新-263)
ZDD23101	晋品 54	山西省农科院品资所轮回选择育成	山西省农科院(新-264)
ZDD23102	晋品 55	山西省农科院品资所轮回选择育成	山西省农科院(新-265)
ZDD23103	晋品 56	山西省农科院品资所轮回选择育成	山西省农科院(新-266)
ZDD23104	晋品 57	山西省农科院品资所轮回选择育成	山西省农科院(新-267)
ZDD23105	晋品 58	山西省农科院品资所轮回选择育成	山西省农科院(新-268)
ZDD23106	晋品 59	山西省农科院品资所轮回选择育成	山西省农科院(新-269)
ZDD23107	晋品 60	山西省农科院品资所轮回选择育成	山西省农科院(新-270)
ZDD23108	晋品 61	山西省农科院品资所轮回选择育成	山西省农科院(新-271)
ZDD23109	晋遗 21	山西省农科院遗传所有性杂交育成	山西省农科院(新-272)
ZDD23110	抗旱 185	山西省农科院遗传所有性杂交育成	山西省农科院(新-273)
ZDD23111	92-10	山西省农科院遗传所有性杂交育成	山西省农科院(新-274)
ZDD23112	92-88	山西省农科院遗传所有性杂交育成	山西省农科院(新-275)
ZDD23113	92-88	山西省农科院遗传所有性杂交育成	山西省农科院(新-276)
ZDD23114	94-63	山西省农科院遗传所有性杂交育成	山西省农科院(新-277)
ZDD23115	94-146	山西省农科院遗传所有性杂交育成	山西省农科院(新-278)
ZDD23116	D90X7547	山西省农科院遗传所有性杂交育成	山西省农科院(新-279)

类型	生育月份	生育日数/d	粒色	子叶色	脐色	百粒重/g	粒形	生育习性	结荚习性	茸毛色	花色	植株高度/cm	叶形	脂肪含量/%	蛋白质含量/%	备注
夏	6/下—9/下	100	黄	黄	黄	15.7	圆	直立	亚	棕	紫	82.0	卵圆	20.9	41.1	
夏	6/下—10/上	103	绿	绿	淡褐	17.0	圆	直立	亚	棕	紫	102.1	披针	20.4	42.4	
夏	6/下—9/下	99	绿	绿	无	19.0	扁圆	直立	亚	灰	白	98.8	卵圆	18.9	43.4	
春	4/下—9/中	132	黄	黄	褐	17.0	长椭	直立	有	灰	紫	74.7	卵圆	15.6	46.0	
春	4/下—9/上	126	黄	黄	褐	14.7	椭圆	直立	有	灰	紫	34.0	卵圆	16.4	43.0	
春	4/下—9/下	146	黄	黄	褐	22.1	长椭	半直	无	棕	紫	135.0	卵圆	14.8	45.6	
春	4/下—9/下	146	黄	黄	褐	18.0	长椭	半直	无	灰	紫	88.3	卵圆	15.7	46.0	
春	4/下—9/下	146	黄	黄	褐	19.1	长椭	直立	有	灰	紫	115.0	卵圆	16.6	45.1	
春	4/下—10/上	152	黄	黄	褐	16.5	长椭	半直	无	棕	紫	123.0	卵圆	16.7	43.9	
春	4/下—9/中	138	黄	黄	褐	19.0	长椭	半直	无	灰	紫	101.8	卵圆	18.2	45.5	
春	4/下—9/中	133	黄	黄	褐	18.8	长椭	半蔓	无	灰	紫	113.0	卵圆	17.1	44.2	
春	4/下—8/下	119	黄	黄	无	17.7	椭圆	直立	亚	棕	白	37.8	椭圆	21.2	38.1	
春	4/下—8/下	119	黄	黄	无	15.2	圆	直立	亚	棕	白	33.6	椭圆	20.6	38.7	
春	4/下—9/中	130	黄	黄	无	26.8	圆	直立	有	灰	紫	104.0	椭圆	19.1	39.7	
春	4/下—9/下	142	黄	黄	无	20.0	圆	直立	亚	棕	白	71.0	椭圆	20.7	37.4	
春	4/下—8/下	119	黄	黄	淡褐	20.0	圆	直立	有	棕	紫	48.9	椭圆	22.1	36.1	
春	4/下—9/下	142	黄	黄	无	21.2	圆	直立	亚	灰	白	60.0	椭圆	20.3	37.5	
春	4/下—9/下	142	黄	黄	褐	18.5	圆	直立	有	棕	白	72.8	椭圆	22.9	35.3	
春	4/下—9/中	132	黄	黄	淡褐	18.0	圆	直立	有	棕	紫	70.8	椭圆	21.4	37.4	
春	4/下—9/中	138	黄	黄	褐	25.0	圆	直立	有	棕	紫	100.0	卵圆	19.9	43.7	
春	4/下—9/中	132	黄	黄	淡褐	23.6	圆	直立	有	棕	紫	90.0	椭圆	23.6	36.4	
春	4/下—9/中	130	黄	黄	褐	19.2	圆	直立	有	灰	紫	89.8	椭圆	21.3	42.7	
春	4/下—9/上	126	黄	黄	无	10.8	圆	直立	有	灰	白	73.0	椭圆	22.3	40.1	
春	4/下—9/中	130	黄	黄	无	18.0	圆	直立	亚	灰	紫	72.0	椭圆	20.7	38.8	
春	4/下—8/下	113	黄	黄	黄	20.0	圆	直立	有	灰	白	73.0	椭圆	23.4	41.7	
春	5/上—8/下	107	黄	黄	无	17.4	圆	直立	有	灰	白	62.0	圆形	21.1	40.6	
春	5/上—9/中	129	黄	黄	无	23.2	圆	直立	无	棕	白	132.0	圆形	22.2	38.4	
春	5/中—9/中	123	黄	黄	褐	21.7	圆	直立	亚	棕	紫	105.1	椭圆	24.0	38.9	
春	5/中—9/下	131	黄	黄	黑	20.2	圆	直立	无	棕	紫	93.7	椭圆	22.8	40.9	
春	5/中—10/上	143	黄	黄	淡褐	19.5	圆	直立	无	棕	白	118.0	圆形	20.4	38.4	
春	5/中—10/上	143	黄	黄	黑	24.2	椭圆	直立	无	灰	紫	115.0	圆形	18.9	41.3	
春	5/中—10/上	143	黄	黄	淡褐	21.4	椭圆	直立	亚	棕	紫	98.0	圆形	19.5	39.4	

续表

总编号	品种名称	原产地或来源	保存单位（编号）
ZDD23117	317X211	山西省农科院遗传所有性杂交育成	山西省农科院(新-280)
ZDD23118	晋遗 25	山西省农科院遗传所有性杂交育成	山西省农科院(新-281)
ZDD23119	晋遗 26	山西省农科院遗传所有性杂交育成	山西省农科院(新-282)
ZDD23120	晋遗 27	山西省农科院遗传所有性杂交育成	山西省农科院(新-283)
ZDD23121	94-48	山西省农科院遗传所有性杂交育成	山西省农科院(新-284)
ZDD23122	晋豆 18	山西省农科院经作所有性杂交育成	山西省农科院(新-285)
ZDD23123	汾豆 41	山西省农科院经作所有性杂交育成	山西省农科院(新-286)
ZDD23124	汾豆 42	山西省农科院经作所有性杂交育成	山西省农科院(新-287)
ZDD23125	汾豆 43	山西省农科院经作所有性杂交育成	山西省农科院(新-288)
ZDD23126	汾豆 44	山西省农科院经作所有性杂交育成	山西省农科院(新-289)
ZDD23127	汾豆 45	山西省农科院经作所有性杂交育成	山西省农科院(新-290)
ZDD23128	汾豆 46	山西省农科院经作所有性杂交育成	山西省农科院(新-291)
ZDD23129	汾豆 47	山西省农科院经作所有性杂交育成	山西省农科院(新-292)
ZDD23130	汾豆 48	山西省农科院经作所有性杂交育成	山西省农科院(新-293)
ZDD23131	汾豆 49	山西省农科院经作所有性杂交育成	山西省农科院(新-294)
ZDD23132	汾豆 50	山西省农科院经作所有性杂交育成	山西省农科院(新-295)
ZDD23133	汾豆 51	山西省农科院经作所有性杂交育成	山西省农科院(新-296)
ZDD23134	8670-10-1	山西省农科院经作所有性杂交育成	山西省农科院(新-297)
ZDD23135	8711-4-2	山西省农科院经作所有性杂交育成	山西省农科院(新-298)
ZDD23136	8711-11	山西省农科院经作所有性杂交育成	山西省农科院(新-299)
ZDD23137	汾豆 52	山西省农科院经作所有性杂交育成	山西省农科院(新-300)
ZDD23138	汾旱 1 号	山西省农科院经作所有性杂交育成	山西省农科院(新-301)
ZDD23139	汾旱 2 号	山西省农科院经作所有性杂交育成	山西省农科院(新-302)
ZDD23140	汾旱 3 号	山西省农科院经作所有性杂交育成	山西省农科院(新-303)
ZDD23141	汾旱 4 号	山西省农科院经作所有性杂交育成	山西省农科院(新-304)
ZDD23142	汾旱 5 号	山西省农科院经作所有性杂交育成	山西省农科院(新-305)
ZDD23143	汾旱 7 号	山西省农科院经作所有性杂交育成	山西省农科院(新-306)
ZDD23144	汾旱 8 号	山西省农科院经作所有性杂交育成	山西省农科院(新-307)
ZDD23145	汾旱 9 号	山西省农科院经作所有性杂交育成	山西省农科院(新-308)
ZDD23146	汾旱 10 号	山西省农科院经作所有性杂交育成	山西省农科院(新-309)
ZDD23147	汾旱 11	山西省农科院经作所有性杂交育成	山西省农科院(新-310)
ZDD23148	汾旱 12	山西省农科院经作所有性杂交育成	山西省农科院(新-311)

类型	生育月份	生育日数/d	粒色	子叶色	脐色	百粒重/g	粒形	生育习性	结荚习性	茸毛色	花色	植株高度/cm	叶形	脂肪含量/%	蛋白质含量/%	备注
春	5/下—9/上	125	黄	黄	黑	23.0	椭圆	半直	无	棕	白	110.0	圆形	19.3	40.7	
春	5/上—9/中	131	黄	黄	蓝	21.5	椭圆	直立	亚	棕	紫	56.1	椭圆	22.5	39.6	
春	5/上—9/下	135	黄	黄	黑	21.6	椭圆	直立	亚	棕	紫	87.0	椭圆			
春	5/上—9/下	135	黄	黄	黑	23.8	椭圆	直立	亚	棕	紫	57.8	椭圆	22.2	39.8	
春	5/上—9/下	135	黄	黄	黑	20.6	椭圆	直立	无	棕	白	112.9	椭圆	21.2	43.2	
春	4/下—9/中	136	黄	黄	褐	19.0	椭圆	直立	无	棕	白	90.0	圆形	20.9	43.2	
春	5/上—9/中	120	黄	黄	黑	20.0	圆	直立	亚	棕	紫	110.0	披针	22.3	39.5	
春	5/上—9/上	115	黄	黄	黄	20.0	圆	直立	无	灰	白	73.0	披针			
春	5/上—9/下	135	黄	黄	黑	17.0	圆	直立	无	灰	紫	12.0	披针	22.4	39.6	
春	5/上—9/上	120	黄	黄	黑	18.0	圆	直立	无	棕	紫	75.0	圆形	20.8	41.8	
春	5/上—10/上	145	黄	黄	淡褐	21.5	圆	直立	无	棕	紫	126.8	圆形	21.6	40.8	
春	5/上—9/中	130	黄	黄	淡褐	19.0	圆	直立	无	棕	紫	95.0	圆形	19.9	39.7	
春	5/上—9/中	120	黄	黄	黑	16.2	圆	直立	无	棕	紫	90.0	圆形	21.3	42.2	
春	5/上—9/中	125	黄	黄	褐	17.6	扁圆	直立	亚	棕	紫	70.0	圆形	22.2	41.3	
春	5/上—10/上	140	黄	黄	淡褐	20.0	圆	直立	无	棕	紫	120.0	圆形	18.9	42.1	
春	5/上—10/上	140	黄	黄	黑	23.5	圆	直立	无	棕	白	110.0	圆形	20.6	38.6	
春	5/上—9/中	121	黄	黄	淡褐	15.0	椭圆	直立	无	棕	白	90.0	圆形	19.0	40.2	
春	5/上—9/中	121	黄	黄	褐	23.0	圆	直立	无	棕	白	63.4	圆形	20.5	43.1	
春	5/上—9/中	123	黄	黄	褐	20.0	圆	直立	无	棕	紫	77.8	圆形	22.3	39.6	
春	5/上—9/中	123	黄	黄	褐	22.8	圆	直立	无	棕	紫	85.4	圆形			
春	5/上—9/上	115	黄	黄	褐	24.7	圆	直立	无	棕	紫	106.0	圆形	22.1	42.5	
春	4/下—9/中	138	黄	黄	无	18.2	长椭	直立	无	灰	紫	68.0	卵圆			
春	4/下—9/中	138	黄	黄	无	13.0	椭圆	直立	无	灰	紫	81.2	卵圆	19.7	41.6	
春	4/下—9/下	142	黄	黄	褐	15.4	椭圆	直立	无	灰	紫	50.4	卵圆	18.7	43.8	
春	4/下—9/下	141	黄	黄	褐	15.0	椭圆	直立	无	灰	紫	66.0	卵圆	19.1	43.0	
春	4/下—9/下	143	黄	黄	褐	13.0	椭圆	直立	无	灰	紫	74.6	卵圆	19.5	42.3	
春	4/下—9/下	141	黄	黄	黑	15.6	椭圆	直立	无	灰	紫	73.8	卵圆	20.4	43.4	
春	4/下—9/下	144	黄	黄	黑	10.0	椭圆	直立	无	棕	紫	73.4	卵圆	17.6	44.2	
春	4/下—9/下	140	黄	黄	褐	16.0	椭圆	直立	无	灰	紫	66.0	卵圆	19.3	41.7	
春	4/下—9/下	144	黄	黄	无	16.0	椭圆	直立	无	棕	白	72.8	卵圆			
春	4/下—9/中	139	黄	黄	褐	19.0	椭圆	直立	无	灰	紫	92.8	卵圆			
春	4/下—9/中	138	黄	黄	褐	14.5	椭圆	直立	无	灰	紫	88.4	卵圆			

续表

总编号	品种名称	原产地或来源	保存单位（编号）
ZDD23149	汾抗线 1	山西省农科院经作所有性杂交育成	山西省农科院(新-312)
ZDD23150	汾抗线 2	山西省农科院经作所有性杂交育成	山西省农科院(新-313)
ZDD23151	汾抗线 3	山西省农科院经作所有性杂交育成	山西省农科院(新-314)
ZDD23152	汾抗线 4	山西省农科院经作所有性杂交育成	山西省农科院(新-315)
ZDD23153	汾抗线 5	山西省农科院经作所有性杂交育成	山西省农科院(新-316)
ZDD23154	抗线 11-1	山西省农科院经作所有性杂交育成	山西省农科院(新-317)
ZDD23155	抗线 11-2	山西省农科院经作所有性杂交育成	山西省农科院(新-318)
ZDD23156	抗线 12-1	山西省农科院经作所有性杂交育成	山西省农科院(新-319)
ZDD23157	抗线 12-2	山西省农科院经作所有性杂交育成	山西省农科院(新-320)
ZDD23158	抗线 13-1	山西省农科院经作所有性杂交育成	山西省农科院(新-321)
ZDD23159	大黄豆	山西太原	山西省农科院(新-322)
ZDD23160	晋品 62	山西省农科院品资所轮回选择育成	山西省农科院(新-323)
ZDD23161	晋品 63	山西省农科院品资所轮回选择育成	山西省农科院(新-324)
ZDD23162	晋品 64	山西省农科院品资所轮回选择育成	山西省农科院(新-325)
ZDD23163	晋品 65	山西省农科院品资所轮回选择育成	山西省农科院(新-326)
ZDD23164	晋品 66	山西省农科院品资所轮回选择育成	山西省农科院(新-327)
ZDD23165	晋品 67	山西省农科院品资所轮回选择育成	山西省农科院(新-328)
ZDD23166	晋品 68	山西省农科院品资所轮回选择育成	山西省农科院(新-329)
ZDD23167	晋品 69	山西省农科院品资所轮回选择育成	山西省农科院(新-330)
ZDD23168	晋品 70	山西省农科院品资所轮回选择育成	山西省农科院(新-331)
ZDD23169	晋品 71	山西省农科院品资所轮回选择育成	山西省农科院(新-332)
ZDD23170	晋品 72	山西省农科院品资所轮回选择育成	山西省农科院(新-333)
ZDD23171	晋品 73	山西省农科院品资所轮回选择育成	山西省农科院(新-334)
ZDD23172	晋品 74	山西省农科院品资所轮回选择育成	山西省农科院(新-335)
ZDD23173	晋品 75	山西省农科院品资所轮回选择育成	山西省农科院(新-336)
ZDD23174	晋品 76	山西省农科院品资所轮回选择育成	山西省农科院(新-337)
ZDD23175	大青豆	山西太原	山西省农科院(新-338)
ZDD23176	晋品 77	山西省农科院品资所有性杂交育成	山西省农科院(新-339)
ZDD23177	晋品 78	山西省农科院品资所有性杂交育成	山西省农科院(新-340)
ZDD23178	晋品 79	山西省农科院品资所有性杂交育成	山西省农科院(新-341)
ZDD23179	晋品 80	山西省农科院品资所有性杂交育成	山西省农科院(新-342)
ZDD23180	晋品 81	山西省农科院品资所有性杂交育成	山西省农科院(新-343)

类型	生育月份	生育日数/d	粒色	子叶色	脐色	百粒重/g	粒形	生育习性	结荚习性	茸毛色	花色	植株高度/cm	叶形	脂肪含量/%	蛋白质含量/%	备注
春	5/上—9/中	127	黄	黄	褐	14.0	椭圆	直立	无	灰	紫	111.6	椭圆	21.5	40.3	
春	5/上—9/下	132	黄	黄	褐	14.0	椭圆	直立	无	灰	紫	116.7	椭圆	21.6	39.4	
春	5/上—9/下	132	黄	黄	黑	16.3	椭圆	直立	无	棕	紫	116.0	椭圆	21.4	39.6	
春	5/上—9/中	124	黄	黄	黑	12.1	椭圆	直立	无	棕	紫	113.3	椭圆	22.0	41.1	
春	5/上—9/下	132	黄	黄	褐	14.0	椭圆	直立	无	灰	紫	131.6	椭圆	21.7	39.9	
春	5/上—9/下	132	黄	黄	褐	17.0	椭圆	直立	无	灰	紫	123.0	椭圆	22.0	38.9	
春	5/上—9/中	127	黄	黄	黑	12.1	椭圆	直立	无	棕	紫	110.0	椭圆	22.1	40.0	
春	5/上—9/中	126	黄	黄	黑	12.0	椭圆	直立	无	棕	紫	120.0	椭圆	21.6	40.7	
春	5/上—9/下	130	黄	黄	黑	12.2	圆	直立	无	灰	紫	108.0	椭圆	22.4	39.8	
春	5/上—9/下	130	黄	黄	褐	14.0	椭圆	直立	无	灰	紫	126.3	椭圆	22.0	39.1	
春	4/下—8/中	116	黄	黄	褐	25.0	圆	直立	有	灰	白	80.0	椭圆	20.5	43.1	
春	4/下—9/中	135	绿	绿	黑	21.6	圆	直立	亚	棕	紫	67.0	椭圆	18.9	41.5	
春	4/下—9/中	135	绿	绿	褐	27.2	圆	直立	有	棕	紫	52.4	椭圆	19.9	44.4	
春	4/下—9/中	131	绿	绿	淡褐	21.2	圆	直立	亚	灰	白	91.0	椭圆	19.9	43.4	
春	4/下—9/中	131	绿	绿	淡褐	22.0	圆	直立	亚	棕	紫	106.0	椭圆	22.8	45.0	
春	4/下—9/中	137	绿	绿	褐	25.0	圆	直立	亚	棕	紫	84.6	椭圆	20.1	42.2	
春	4/下—9/中	137	绿	黄	褐	25.0	圆	直立	有	棕	紫	100.0	卵圆	20.2	41.7	
春	4/下—9/中	131	绿	绿	褐	23.4	圆	直立	有	灰	紫	65.0	椭圆	20.9	43.9	
春	4/下—9/中	135	绿	绿	淡褐	23.3	圆	直立	有	灰	白	96.0	椭圆	20.3	42.6	
春	4/下—9/下	145	绿	绿	无	18.0	圆	直立	亚	棕	紫	69.6	椭圆	20.2	39.5	
春	4/下—9/上	125	绿	绿	无	23.4	圆	半直	无	棕	白	101.6	椭圆	21.2	45.2	
春	4/下—9/上	125	绿	黄	褐	22.0	圆	半直	无	棕	白	87.8	椭圆	19.9	41.1	
春	4/下—9/下	141	绿	绿	褐	23.0	圆	直立	有	灰	紫	39.8	圆形	20.3	39.2	
春	4/下—10/上	148	绿	绿	无	17.0	圆	直立	亚	棕	紫	95.0	椭圆	20.2	36.2	
春	4/下—9/下	141	绿	绿	淡褐	16.2	椭圆	直立	无	灰	紫	95.0	椭圆	21.5	42.1	
春	4/下—9/中	131	绿	绿	黑	29.6	圆	直立	亚	棕	紫	98.0	椭圆	19.4	38.5	
春	4/下—9/上	127	绿	黄	淡褐	21.0	圆	直立	亚	棕	白	95.0	椭圆	19.6	44.3	
春	4/下—9/上	125	黑	黄	褐	14.8	椭圆	半直	无	棕	紫	117.5	椭圆	17.2	43.7	
春	4/下—9/上	124	黑	黄	褐	20.0	长椭	半直	无	灰	紫	100.0	椭圆	17.5	46.0	
春	4/下—9/上	124	黑	黄	褐	17.0	长椭	半直	无	棕	紫	100.0	椭圆	18.2	44.3	
春	4/下—8/中	115	黑	黄	褐	15.0	长椭	半直	无	棕	紫	127.0	椭圆	17.8	44.5	
春	4/下—9/上	127	黑	黄	褐	17.3	长椭	半直	无	棕	紫	130.0	卵圆	16.6	45.1	

续表

总编号	品种名称	原产地或来源	保存单位（编号）
ZDD23181	晋品 82	山西省农科院品资所有性杂交育成	山西省农科院(新-344)
ZDD23182	晋品 83	山西省农科院品资所有性杂交育成	山西省农科院(新-345)
ZDD23183	晋品 84	山西省农科院品资所有性杂交育成	山西省农科院(新-346)
ZDD23184	扁黑豆	山西太原	山西省农科院(新-347)
ZDD23185	黑金元	山西太原	山西省农科院(新-348)
ZDD23186	早熟黑	山西省农科院遗传所有性杂交育成	山西省农科院(新-349)
ZDD23187	短丰黑	山西省农科院遗传所有性杂交育成	山西省农科院(新-350)
ZDD23188	86550-24	山东省农科院有性杂交育成	山东省农科院(1950)
ZDD23189	齐黄 26	山东省农科院有性杂交育成	山东省农科院(1951)
ZDD23190	404	山东省农科院有性杂交育成	山东省农科院(1952)
ZDD23191	86503-5	山东省农科院有性杂交育成	山东省农科院(1953)
ZDD23192	86609-2	山东省农科院有性杂交育成	山东省农科院(1954)
ZDD23193	87499-1	山东省农科院有性杂交育成	山东省农科院(1955)
ZDD23194	89712-1	山东省农科院有性杂交育成	山东省农科院(1956)
ZDD23195	8849-3	山东省农科院有性杂交育成	山东省农科院(1957)
ZDD23196	8773	山东省农科院有性杂交育成	山东省农科院(1958)
ZDD23197	86557-17	山东省农科院有性杂交育成	山东省农科院(1959)
ZDD23198	8979-2	山东省农科院有性杂交育成	山东省农科院(1960)
ZDD23199	871064	山东省农科院有性杂交育成	山东省农科院(1961)
ZDD23200	87424-3	山东省农科院有性杂交育成	山东省农科院(1962)
ZDD23201	8860-1	山东省农科院有性杂交育成	山东省农科院(1963)
ZDD23202	92600	山东省农科院有性杂交育成	山东省农科院(1964)
ZDD23203	887147	山东省农科院有性杂交育成	山东省农科院(1965)
ZDD23204	887162	山东省农科院有性杂交育成	山东省农科院(1966)
ZDD23205	86486-2	山东省农科院有性杂交育成	山东省农科院(1967)
ZDD23206	887020	山东省农科院有性杂交育成	山东省农科院(1968)
ZDD23207	907049	山东省农科院有性杂交育成	山东省农科院(1969)
ZDD23208	87123	山东省农科院有性杂交育成	山东省农科院(1970)
ZDD23209	91724	山东省农科院有性杂交育成	山东省农科院(1971)
ZDD23210	887151	山东省农科院有性杂交育成	山东省农科院(1972)
ZDD23211	877141	山东省农科院有性杂交育成	山东省农科院(1973)
ZDD23212	91157-1	山东省农科院有性杂交育成	山东省农科院(1974)

类型	生育月份	生育日数/d	粒色	子叶色	脐色	百粒重/g	粒形	生育习性	结荚习性	茸毛色	花色	植株高度/cm	叶形	脂肪含量/%	蛋白质含量/%	备注
春	4/下—8/中	106	黑	黄	褐	17.8	长椭	半直	无	灰	紫	110.0	卵圆	16.7	45.7	
春	4/下—8/下	114	黑	黄	褐	15.0	长椭	半蔓	无	灰	紫	120.0	卵圆	16.7	45.3	
春	4/下—9/下	142	黑	黄	褐	8.7	肾形	直立	亚	棕	白	80.0	卵圆	16.7	42.7	
春	4/上—8/中	102	黑	黄	褐	7.2	肾形	直立	无	灰	紫	48.0	披针	16.8	43.0	
春	4/下—8/中	105	黑	黄	褐	10.4	椭圆	半直	无	棕	白	60.0	椭圆	18.3	41.7	
春	5/上—9/中	128	黑	黄	黑	17.0	圆	直立	无	棕	紫	95.0	椭圆	20.2	40.8	
春	5/上—9/下	143	黑	黄	黑	19.5	圆	直立	无	棕	白	118.0	椭圆	18.8	39.3	
夏	6/中—10/上	104	黄	黄	黑	16.0	椭圆	直立	有	棕	紫	91.0	卵圆	18.3	42.7	
夏	6/中—10/上	103	黄	黄	褐	23.9	椭圆	直立	有	棕	白	69.8	卵圆	18.6	44.6	
夏	6/中—9/下	95	黄	黄	褐	13.5	椭圆	直立	有	棕	白	96.0	卵圆	18.4	44.2	
夏	6/中—9/下	95	黄	黄	淡褐	21.4	圆	直立	有	灰	白	97.0	卵圆	18.9	43.1	
夏	6/中—9/下	96	黄	黄	褐	19.1	椭圆	直立	亚	棕	紫	135.0	卵圆	20.1	42.3	
夏	6/中—9/下	94	黄	黄	褐	17.5	圆	直立	有	棕	紫	65.0	卵圆	19.4	45.1	
夏	6/中—9/下	92	黄	黄	褐	13.3	扁椭	直立	有	棕	紫	75.0	卵圆	18.7	43.0	
夏	6/中—9/下	95	黄	黄	淡褐	19.7	椭圆	直立	有	灰	白	110.0	卵圆	18.7	43.5	
夏	6/中—10/上	103	黄	黄	淡褐	14.5	椭圆	直立	有	棕	白	75.0	卵圆	18.8	43.3	
夏	6/中—10/上	103	黄	黄	淡褐	16.4	圆	直立	有	灰	白	104.0	卵圆	19.4	40.8	
夏	6/中—9/下	93	黄	黄	褐	14.0	椭圆	直立	有	棕	紫	74.0	卵圆	18.9	42.3	
夏	6/中—9/下	95	黄	黄	淡褐	21.5	椭圆	直立	有	灰	白	88.0	卵圆	18.4	44.9	
夏	6/中—9/下	93	黄	黄	淡褐	19.3	椭圆	直立	有	棕	白	71.0	卵圆	19.3	44.1	
夏	6/中—9/下	92	黄	黄	褐	8.8	椭圆	直立	有	棕	白	87.0	披针	18.0	42.8	
夏	6/中—9/下	98	黄	黄	淡褐	27.4	圆	直立	有	灰	白	61.0	卵圆	18.3	43.1	
夏	6/中—10/上	105	黄	黄	淡褐	21.2	椭圆	直立	有	棕	白	76.0	卵圆	18.3	45.8	
夏	6/中—9/下	98	黄	黄	淡褐	18.9	椭圆	直立	有	棕	白	80.0	卵圆	19.3	43.1	
夏	6/中—10/上	102	黄	黄	褐	15.4	椭圆	直立	有	灰	白	83.0	卵圆	19.2	43.3	
夏	6/中—10/上	103	黄	黄	褐	22.0	椭圆	直立	有	棕	白	60.0	披针	19.3	44.3	
夏	6/中—10/上	103	黄	黄	褐	22.1	椭圆	直立	有	灰	白	65.0	卵圆	19.3	44.7	
夏	6/中—10/上	103	黄	黄	淡褐	22.0	圆	直立	有	灰	白	75.0	披针	19.0	44.5	
夏	6/中—10/上	103	黄	黄	黑	15.0	椭圆	直立	亚	棕	白	125.0	卵圆	21.1	41.6	
夏	6/中—9/下	97	黄	黄	褐	15.2	椭圆	直立	有	灰	白	85.0	卵圆	19.6	43.3	
夏	6/中—9/下	95	黄	黄	淡褐	22.9	圆	直立	有	棕	紫	75.0	卵圆	20.2	42.7	
夏	6/中—10/上	104	黄	黄	淡褐	19.2	椭圆	直立	有	棕	白	90.0	卵圆	20.1	41.1	

续表

总编号	品种名称	原产地或来源	保存单位（编号）
ZDD23213	887015	山东省农科院有性杂交育成	山东省农科院(1975)
ZDD23214	887142	山东省农科院有性杂交育成	山东省农科院(1976)
ZDD23215	89735	山东省农科院有性杂交育成	山东省农科院(1977)
ZDD23216	8340-6	山东省农科院有性杂交育成	山东省农科院(1978)
ZDD23217	86538-3	山东省农科院有性杂交育成	山东省农科院(1979)
ZDD23218	871068	山东省农科院有性杂交育成	山东省农科院(1980)
ZDD23219	8789-27	山东烟台农科院有性杂交育成	山东省农科院(1981)
ZDD23220	8716	山东高密农科院有性杂交育成	山东省农科院(1982)
ZDD23221	潍 J127	山东潍坊农科院有性杂交育成	山东省农科院(1983)
ZDD23222	8418-11	山东滨州农科院有性杂交育成	山东省农科院(1984)
ZDD23223	92-8	山东滨州农科院有性杂交育成	山东省农科院(1985)
ZDD23224	豆交 75	山东济宁农科院有性杂交育成	山东省农科院(1986)
ZDD23225	菏 90-17	山东菏泽农科院有性杂交育成	山东省农科院(1987)
ZDD23226	菏 84-9	山东菏泽农科院有性杂交育成	山东省农科院(1988)
ZDD23227	临 827	山东临沂农科院有性杂交育成	山东省农科院(1989)
ZDD23228	临 829	山东临沂农科院有性杂交育成	山东省农科院(1990)
ZDD23229	03-8765	山东省农科院有性杂交育成	山东省农科院(5566)
ZDD23230	85444	山东省农科院有性杂交育成	山东省农科院(5567)
ZDD23231	烟 87-8	山东烟台农科院有性杂交育成	山东省农科院(5568)
ZDD23232	东新一号	山东省农科院引进	山东省农科院(6693)
ZDD23233	871142	山东省农科院有性杂交育成	山东省农科院(6694)
ZDD23234	8765-3	山东省农科院有性杂交育成	山东省农科院(6695)
ZDD23235	8723-2	山东省农科院有性杂交育成	山东省农科院(6696)
ZDD23236	85121	山东省农科院有性杂交育成	山东省农科院(6697)
ZDD23237	84037	山东省农科院有性杂交育成	山东省农科院(7251)
ZDD23238	豫豆 21	河南省农科院有性杂交育成	河南省农科院(577)
ZDD23239	郑 8739-47	河南省农科院有性杂交育成	河南省农科院(578)
ZDD23240	郑 88037	河南省农科院有性杂交育成	河南省农科院(579)
ZDD23241	郑 88091	河南省农科院有性杂交育成	河南省农科院(580)
ZDD23242	郑 100	河南省农科院有性杂交育成	河南省农科院(581)
ZDD23243	郑 93023	河南省农科院有性杂交育成	河南省农科院(582)
ZDD23244	郑 89013	河南省农科院有性杂交育成	河南省农科院(583)

类型	生育月份	生育日数/d	粒色	子叶色	脐色	百粒重/g	粒形	生育习性	结荚习性	茸毛色	花色	植株高度/cm	叶形	脂肪含量/%	蛋白质含量/%	备注
夏	6/中—9/下	93	黄	黄	褐	18.2	椭圆	直立	有	棕	紫	64.0	卵圆	20.1	40.6	
夏	6/中—10/上	104	黄	黄	褐	19.8	椭圆	直立	有	棕	白	87.0	卵圆	19.8	43.2	
夏	6/中—10/上	103	黄	黄	黑	14.0	椭圆	直立	有	棕	白	83.0	卵圆	18.7	41.8	
夏	6/中—9/下	96	黄	黄	褐	19.4	长椭	直立	有	棕	白	67.0	卵圆	20.7	42.5	
夏	6/中—9/下	93	黄	黄	褐	22.8	椭圆	直立	有	棕	紫	84.0	卵圆	18.4	43.2	
夏	6/中—9/下	93	黄	黄	淡褐	21.4	圆	直立	亚	灰	白	126.0	卵圆	20.3	41.9	
夏	6/中—9/下	92	黄	黄	褐	18.1	椭圆	直立	有	棕	白	59.0	卵圆	19.6	41.4	
夏	6/中—10/上	104	黄	黄	黑	16.2	椭圆	直立	亚	棕	白	127.0	卵圆	21.1	41.4	
夏	6/中—9/下	94	黄	黄	褐	19.9	椭圆	直立	有	棕	紫	74.4	卵圆	22.6	37.7	
夏	6/中—9/下	97	黄	黄	褐	15.0	圆	直立	有	棕	紫	93.0	卵圆	20.0	41.3	
夏	6/中—9/下	100	黄	黄	淡褐	23.8	圆	直立	亚	灰	紫	118.3	卵圆	19.6	43.3	
夏	6/中—9/下	98	黄	黄	淡褐	29.4	圆	直立	有	灰	白	86.0	卵圆	20.2	44.4	
夏	6/中—9/下	92	黄	黄	淡褐	15.6	椭圆	直立	有	灰	紫	98.0	卵圆	17.9	44.0	
夏	6/下—10/上	101	黄	黄	褐	19.0	椭圆	直立	有	灰	紫	87.0	卵圆	17.3	46.5	
夏	6/中—9/下	99	黄	黄	深褐	22.3	椭圆	直立	有	棕	白	108.0	披针	19.4	44.0	
夏	6/中—10/上	103	黄	黄	褐	19.6	椭圆	直立	有	棕	白	85.6	卵圆	19.9	41.5	
夏	6/中—10/上	103	绿	绿	褐	21.7	圆	直立	有	灰	紫	100.0	披针	20.4	44.2	
夏	6/中—9/下	98	绿	绿	褐	22.5	椭圆	直立	亚	灰	白	97.0	卵圆	20.3	42.1	
夏	6/中—9/下	94	绿	绿	淡褐	23.3	椭圆	直立	有	灰	紫	63.0	卵圆	19.6	42.7	
夏	6/中—9/下	98	黑	绿	黑	25.6	椭圆	直立	有	棕	紫	91.0	卵圆	18.3	44.7	
夏	6/中—9/下	93	黑	黄	黑	13.3	椭圆	直立	亚	棕	白	115.0	卵圆	20.0	42.3	
夏	6/中—9/下	92	黑	黄	黑	12.6	椭圆	直立	有	棕	白	81.0	卵圆	18.9	42.5	
夏	6/中—10/上	104	黑	黄	黑	19.7	椭圆	直立	有	棕	紫	92.0	卵圆	19.8	44.5	
夏	6/中—9/下	96	黑	黄	黑	14.4	椭圆	直立	有	棕	白	90.0	卵圆	18.6	44.8	
夏	6/中—9/下	96	褐	黄	褐	13.6	长椭	直立	有	棕	白	75.0	卵圆	19.6	43.9	
夏	6/中—10/上	113	黄	黄	淡褐	18.6	椭圆	直立	有	灰	白	107.0	卵圆	17.4	46.3	
夏	6/中—9/下	106	黄	黄	淡褐	18.7	椭圆	直立	有	灰	紫	98.0	卵圆	19.1	42.0	
夏	6/中—10/上	114	黄	黄	褐	19.5	圆	直立	亚	棕	紫	108.8	圆形	18.8	42.2	
夏	6/中—10/上	112	黄	黄	褐	25.0	圆	直立	有	灰	紫	91.8	圆形	19.2	42.6	
夏	6/中—10/上	111	黄	黄	褐	22.3	圆	直立	有	灰	紫	72.7	圆形	18.2	42.7	
夏	6/中—9/下	105	黄	黄	深褐	21.5	圆	直立	有	无毛	紫	76.3	圆形	19.3	45.3	
夏	6/中—10/上	111	黄	黄	黄	22.9	圆	直立	有	灰	紫	102.6	圆形	19.7	43.4	

续表

总编号	品种名称	原产地或来源	保存单位（编号）
ZDD23245	郑交 9001	河南省农科院有性杂交育成	河南省农科院(584)
ZDD23246	郑 8910	河南省农科院有性杂交育成	河南省农科院(585)
ZDD23247	郑 8904	河南省农科院有性杂交育成	河南省农科院(586)
ZDD23248	郑 90007	河南省农科院有性杂交育成	河南省农科院(587)
ZDD23249	郑 9059	河南省农科院有性杂交育成	河南省农科院(588)
ZDD23250	郑 9097	河南省农科院有性杂交育成	河南省农科院(589)
ZDD23251	郑交 9197	河南省农科院有性杂交育成	河南省农科院(590)
ZDD23252	郑 85255	河南省农科院有性杂交育成	河南省农科院(591)
ZDD23253	郑 90054	河南省农科院有性杂交育成	河南省农科院(592)
ZDD23254	郑 89132	河南省农科院有性杂交育成	河南省农科院(593)
ZDD23255	正豆 5 号	河南正阳大豆科研所有性杂交育成	河南省农科院(594)
ZDD23256	正豆 6 号	河南正阳大豆科研所有性杂交育成	河南省农科院(595)
ZDD23257	正豆 7 号	河南正阳大豆科研所有性杂交育成	河南省农科院(596)
ZDD23258	周 87(7)-6-3	河南周口农科院有性杂交育成	河南省农科院(597)
ZDD23259	周 92(11)-5	河南周口农科院有性杂交育成	河南省农科院(598)
ZDD23260	周 92024-6	河南周口农科院有性杂交育成	河南省农科院(599)
ZDD23261	漯豆 90-1	河南漯河农科院系选育成	河南省农科院(600)
ZDD23262	宝丰 92-1	河南宝丰农科所系选育成	河南省农科院(601)
ZDD23263	获黄豆-3	河南获嘉县丁村农技站有性杂交育成	河南省农科院(602)
ZDD23264	濮 5483	河南濮阳农科院有性杂交育成	河南省农科院(603)
ZDD23265	濮 920126	河南濮阳农科院有性杂交育成	河南省农科院(604)
ZDD23266	濮 4488	河南濮阳农科院有性杂交育成	河南省农科院(605)
ZDD23267	安 920032	河南安阳农科院有性杂交育成	河南省农科院(606)
ZDD23268	ZP965102	河南濮阳农科院有性杂交育成	河南省农科院(607)
ZDD23269	商 951099	河南商丘农科院有性杂交育成	河南省农科院(608)
ZDD23270	宝 9201-1-3	河南宝丰农科所有性杂交育成	河南省农科院(609)
ZDD23271	宝 9202-2-7	河南宝丰农科所有性杂交育成	河南省农科院(610)
ZDD23272	正 9272-20	河南正阳县大豆试验站有性杂交育成	河南省农科院(611)
ZDD23273	周 92029-1	河南周口农科院有性杂交育成	河南省农科院(612)
ZDD23274	周 92029-2	河南周口农科院有性杂交育成	河南省农科院(613)
ZDD23275	周 9311-3	河南周口农科院有性杂交育成	河南省农科院(614)
ZDD23276	周 91(6)-3C15	河南周口农科院有性杂交育成	河南省农科院(615)

类型	生育月份	生育日数/d	粒色	子叶色	脐色	百粒重/g	粒形	生育习性	结荚习性	茸毛色	花色	植株高度/cm	叶形	脂肪含量/%	蛋白质含量/%	备注
夏	6/中—10/上	114	黄	黄	黑	28.1	圆	直立	有	棕	白	110.3	圆形	21.0	42.2	
夏	6/中—10/上	117	黄	黄	褐	20.4	圆	直立	亚	灰	紫	78.9	圆形	20.8	43.1	
夏	6/中—10/上	117	黄	黄	褐	21.0	圆	直立	有	无毛	紫	73.3	圆形	19.4	45.1	
夏	6/中—10/上	117	黄	黄	褐	20.5	圆	直立	有	灰	紫	85.5	圆形	18.0	44.9	
夏	6/中—9/下	110	黄	黄	褐	20.7	圆	直立	有	灰	紫	60.5	圆形	19.0	42.8	
夏	6/中—10/上	113	黄	黄	褐	20.5	圆	直立	亚	灰	紫	68.3	圆形	18.4	43.1	
夏	6/中—11/下	171	黄	黄	褐	20.6	圆	直立	有	灰	紫	81.9	圆形	18.8	43.2	
夏	6/中—9/下	110	黄	黄	黄	17.5	圆	直立	有	棕	紫	79.5	圆形	19.7	44.3	
夏	6/中—10/上	113	黄	黄	褐	20.1	圆	直立	有	灰	紫	96.4	圆形	19.4	42.7	
夏	6/中—10/上	114	黄	黄	黑	18.5	圆	直立	亚	棕	紫	122.0	圆形	19.4	42.8	
夏	6/中—10/上	112	黄	黄	褐	25.5	圆	直立	有	灰	紫	74.6	圆形	19.4	41.4	
夏	6/中—10/上	111	黄	黄	褐	26.4	圆	直立	亚	棕	紫	92.0	圆形	18.1	44.1	
夏	6/中—10/上	111	黄	黄	黄	25.0	圆	直立	亚	灰	白	87.5	圆形	18.6	42.3	
夏	6/中—10/中	126	黄	黄	褐	20.8	椭圆	直立	有	灰	白	120.9	圆形	18.0	42.8	
夏	6/中—10/上	116	黄	黄	褐	30.3	圆	直立	无	灰	紫	111.3	圆形	18.7	45.3	
夏	6/中—10/上	113	黄	黄	褐	24.6	圆	直立	亚	灰	紫	90.2	圆形			
夏	6/中—10/上	111	黄	黄	褐	23.5	圆	直立	有	灰	紫	73.2	圆形	18.9	41.6	
夏	6/中—10/上	114	黄	黄	褐	24.0	圆	直立	亚	灰	紫	90.6	圆形	20.3	44.2	
夏	6/中—10/上	115	黄	黄	褐	26.7	圆	直立	有	灰	紫	73.3	圆形	17.6	41.6	
夏	6/中—9/下	107	黄	黄	褐	24.1	椭圆	直立	有	灰	紫	107.8	圆形	19.4	45.1	
夏	6/中—9/下	110	黄	黄	褐	22.4	圆	直立	有	灰	紫	125.5	披针	19.4	43.5	
夏	6/中—10/上	113	黄	黄	黄	22.8	椭圆	直立	无	灰	紫	104.3	披针	19.8	44.7	
夏	6/中—10/上	119	黄	黄	褐	33.0	圆	直立	亚	棕	白	84.6	圆形	18.5	46.2	
夏	6/中—9/下	95	黄	黄	褐	18.5	圆	直立	有	灰	紫	80.3	圆形	21.5	41.4	
夏	6/中—9/下	109	黄	黄	褐	15.5	扁圆	直立	有	棕	紫	85.7	圆形	19.5	42.7	
夏	6/中—9/下	105	黄	黄	深褐	25.5	圆	直立	有	灰	紫	73.9	圆形	17.3	46.6	
夏	6/中—9/下	105	黄	黄	褐	24.2	圆	直立	有	灰	紫	69.5	披针	16.3	46.3	
夏	6/中—9/下	103	黄	黄	褐	20.0	扁圆	直立	有	灰	紫	81.5	圆形	19.4	44.1	
夏	6/中—9/下	107	黄	黄	黑	20.0	扁圆	直立	有	灰	紫	114.8	圆形	19.3	44.2	
夏	6/中—9/下	107	黄	黄	黑	18.5	椭圆	直立	有	棕	紫	107.5	圆形	19.5	44.5	
夏	6/中—9/下	105	黄	黄	褐	21.5	扁圆	直立	有	灰	紫	88.7	圆形	18.1	45.1	
夏	6/中—9/下	104	黄	黄	褐	20.5	扁圆	直立	有	灰	紫	94.1	圆形	18.9	47.0	

续表

总编号	品种名称	原产地或来源	保存单位（编号）
ZDD23277	郑 92116	河南省农科院有性杂交育成	河南省农科院(616)
ZDD23278	郑交 9061-1 号	河南省农科院有性杂交育成	河南省农科院(617)
ZDD23279	郑交 9197-12 号	河南省农科院有性杂交育成	河南省农科院(618)
ZDD23280	郑 90025	河南省农科院有性杂交育成	河南省农科院(619)
ZDD23281	郑 91044	河南省农科院有性杂交育成	河南省农科院(620)
ZDD23282	郑 91030	河南省农科院有性杂交育成	河南省农科院(621)
ZDD23283	郑 92019	河南省农科院有性杂交育成	河南省农科院(622)
ZDD23284	郑 92029	河南省农科院有性杂交育成	河南省农科院(623)
ZDD23285	郑长交 14 青	河南省农科院有性杂交育成	河南省农科院(624)
ZDD23286	郑 9011 药黑豆	河南省农科院有性杂交育成	河南省农科院(625)
ZDD23287	获黑豆-9	河南获嘉县丁村农技站有性杂交育成	河南省农科院(626)
ZDD23288	徐豆 8 号	江苏徐州农科院有性杂交育成	江苏徐州农科所(续 31)
ZDD23289	徐 8418	江苏徐州农科院有性杂交育成	江苏徐州农科所(续 32)
ZDD23290	太引 1 号	江苏铜山县太山乡	江苏徐州农科所(续 40)
ZDD23291	南 217	江苏徐州市种子站引进	江苏徐州农科所(续 38)
ZDD23292	邳选洪 88	江苏邳县薛集乡	江苏徐州农科所(续 39)
ZDD23293	徐 8710	江苏徐州农科院有性杂交育成	江苏徐州农科所(续 33)
ZDD23294	徐 842-491	江苏徐州农科院有性杂交育成	江苏徐州农科所(续 34)
ZDD23295	徐 8906-12-3	江苏徐州农科院有性杂交育成	江苏徐州农科所(续 37)
ZDD23296	徐 8811-7	江苏徐州农科院有性杂交育成	江苏徐州农科所(续 35)
ZDD23297	徐 8828-521	江苏徐州农科院有性杂交育成	江苏徐州农科所(续 36)
ZDD23298	苏豆 3 号	江苏省农科院有性杂交育成	江苏省农科院(宁 26)
ZDD23299	95-54	江苏泗阳棉花原种场有性杂交育成	江苏省农科院(宁 27)
ZDD23300	95-566	江苏泗阳棉花原种场有性杂交育成	江苏省农科院(宁 28)
ZDD23301	95-262	江苏泗阳棉花原种场有性杂交育成	江苏省农科院(宁 29)
ZDD23302	95-288	江苏泗阳棉花原种场有性杂交育成	江苏省农科院(宁 30)
ZDD23303	8903-5	江苏泗阳棉花原种场有性杂交育成	江苏省农科院(宁 31)
ZDD23304	95-132	江苏泗阳棉花原种场有性杂交育成	江苏省农科院(宁 32)
ZDD23305	95-190	江苏泗阳棉花原种场有性杂交育成	江苏省农科院(宁 33)
ZDD23306	95-107	江苏泗阳棉花原种场有性杂交育成	江苏省农科院(宁 34)
ZDD23307	95-84	江苏泗阳棉花原种场有性杂交育成	江苏省农科院(宁 35)
ZDD23308	92-288	江苏泗阳棉花原种场有性杂交育成	江苏省农科院(宁 36)

类型	生育月份	生育日数/d	粒色	子叶色	脐色	百粒重/g	粒形	生育习性	结荚习性	茸毛色	花色	植株高度/cm	叶形	脂肪含量/%	蛋白质含量/%	备注
夏	6/中—9/下	99	黄	黄	褐	19.2	圆	直立	有	灰	紫	71.8	圆形	17.3	45.7	
夏	6/中—9/下	103	黄	黄	淡褐	20.5	圆	直立	有	灰	紫	95.2	圆形	19.1	44.2	
夏	6/中—9/下	99	黄	黄	褐	20.5	圆	直立	有	灰	紫	78.4	圆形	19.5	43.7	
夏	6/中—9/下	102	黄	黄	褐	20.0	圆	直立	有	灰	紫	93.5	圆形	19.2	44.6	
夏	6/中—9/下	103	黄	黄	淡褐	20.0	扁圆	直立	有	灰	紫	82.8	圆形	19.9	45.2	
夏	6/中—9/下	98	黄	黄	褐	20.0	扁圆	直立	有	灰	紫	91.4	圆形	20.4	41.7	
夏	6/中—9/下	105	黄	黄	褐	20.5	扁圆	直立	有	棕	紫	95.1	圆形	19.7	43.3	
夏	6/中—9/下	105	黄	黄	褐	18.5	扁圆	直立	有	灰	紫	88.0	圆形	20.6	42.4	
夏	6/中—10/中	125	绿	黄	褐	21.5	圆	直立	有	棕	紫	79.0	圆形	19.4	45.0	
夏	6/中—9/下	99	黑	绿	黑	22.5	圆	直立	有	棕	紫	83.6	圆形	18.7	46.4	
夏	6/中—10/上	112	黑	黄	黑	24.9	椭圆	直立	有	棕	白	58.3	圆形			
夏	6/中—10/上	105	黄	黄	褐	20.0	圆	直立	亚	棕	白	90.0	卵圆	20.2	40.2	
夏	6/中—9/下	98	黄	黄	褐	24.0	圆	直立	有	灰	白	65.0	卵圆	17.5	42.8	
夏	6/中—9/下	98	黄	黄	褐	17.1	圆	直立	亚	棕	紫	98.3	披针	20.2	40.3	
夏	6/中—9/下	105	黄	黄	褐	22.7	圆	直立	亚	棕	白	94.2	卵圆	20.3	39.3	
夏	6/中—10/上	112	黄	黄	褐	19.4	圆	直立	亚	灰	紫	87.3	卵圆	18.2	44.6	
夏	6/中—9/下	105	黄	黄	褐	22.5	圆	直立	亚	棕	白	91.0	卵圆	21.0	42.5	
夏	6/中—10/上	102	黄	黄	黑	24.3	圆	直立	无	灰	紫	93.4	卵圆	20.8	41.2	
夏	6/中—10/上	105	黄	黄	黑	22.3	圆	直立	亚	棕	白	88.4	卵圆	21.7	40.2	
夏	6/中—10/上	102	黄	黄	黑	23.2	椭圆	直立	亚	棕	白	86.7	披针	20.8	40.3	
夏	6/中—9/下	100	黄	黄	褐	18.8	圆	直立	无	灰	白	74.6	卵圆	21.7	41.2	
夏	6/中—10/上	130	黄	黄	淡褐	21.0	椭圆	直立	有	灰	紫	91.2	卵圆	18.9	42.5	
夏	6/上—9/下	108	黄	黄	褐	22.5	椭圆	直立	亚	棕	紫	102.0	椭圆	19.9	43.1	
夏	6/上—9/下	119	黄	黄	深褐	26.5	椭圆	直立	亚	棕	白	98.0	椭圆	19.5	45.6	
夏	6/上—10/中	123	黄	黄	淡褐	18.6	椭圆	直立	亚	灰	白	95.0	椭圆	21.0	43.1	
夏	6/上—10/上	120	黄	黄	褐	19.1	椭圆	直立	亚	棕	紫	102.0	椭圆	19.3	42.5	
夏	6/上—10/上	121	黄	黄	褐	20.5	长椭	直立	亚	棕	白	89.0	椭圆	23.7	41.3	
夏	6/上—9/下	107	黄	黄	褐	20.1	椭圆	直立	有	灰	白	84.0	椭圆	20.2	45.1	
夏	6/上—9/下	106	黄	黄	褐	23.8	椭圆	直立	有	棕	紫	98.0	椭圆	19.9	45.8	
夏	6/上—10/上	120	黄	黄	褐	20.8	椭圆	直立	亚	灰	白	107.0	椭圆	19.4	46.3	
夏	6/上—10/中	120	黄	黄	淡褐	19.5	圆	直立	亚	灰	白	112.0	椭圆	21.5	45.4	
夏	6/上—9/下	108	黄	黄	褐	18.7	圆	直立	亚	棕	紫	118.0	椭圆	21.8	44.6	

续表

总编号	品种名称	原产地或来源	保存单位（编号）
ZDD23309	95-139	江苏泗阳棉花原种场有性杂交育成	江苏省农科院(宁37)
ZDD23310	95002	江苏省农科院有性杂交育成	江苏省农科院(宁38)
ZDD23311	95011	江苏省农科院有性杂交育成	江苏省农科院(宁39)
ZDD23312	95017	江苏省农科院有性杂交育成	江苏省农科院(宁40)
ZDD23313	95009	江苏省农科院有性杂交育成	江苏省农科院(宁41)
ZDD23314	T6102	南京农业大学有性杂交育成	江苏省农科院(宁42)
ZDD23315	苏89-M9	江苏省农科院有性杂交育成	江苏省农科院(宁43)
ZDD23316	88-31	南京农业大学有性杂交育成	江苏省农科院(宁44)
ZDD23317	通矮405	江苏沿江地区农科所有性杂交育成	江苏省农科院(宁45)
ZDD23318	95608	江苏省农科院有性杂交育成	江苏省农科院(宁46)
ZDD23319	95016	江苏省农科院有性杂交育成	江苏省农科院(宁47)
ZDD23320	95003	江苏省农科院有性杂交育成	江苏省农科院(宁48)
ZDD23321	95012	江苏省农科院有性杂交育成	江苏省农科院(宁49)
ZDD23322	95013	江苏省农科院有性杂交育成	江苏省农科院(宁50)
ZDD23323	95029	江苏省农科院有性杂交育成	江苏省农科院(宁51)
ZDD23324	95020	江苏省农科院有性杂交育成	江苏省农科院(宁52)
ZDD23325	95001	江苏省农科院有性杂交育成	江苏省农科院(宁53)
ZDD23326	95015	江苏省农科院有性杂交育成	江苏省农科院(宁54)
ZDD23327	95004	江苏省农科院有性杂交育成	江苏省农科院(宁55)
ZDD23328	95021	江苏省农科院有性杂交育成	江苏省农科院(宁56)
ZDD23329	95019	江苏省农科院有性杂交育成	江苏省农科院(宁57)
ZDD23330	95006	江苏省农科院有性杂交育成	江苏省农科院(宁58)
ZDD23331	95008	江苏省农科院有性杂交育成	江苏省农科院(宁59)
ZDD23332	95026	江苏省农科院有性杂交育成	江苏省农科院(宁60)
ZDD23333	95027	江苏省农科院有性杂交育成	江苏省农科院(宁61)
ZDD23334	95028	江苏省农科院有性杂交育成	江苏省农科院(宁62)
ZDD23335	95031	江苏省农科院有性杂交育成	江苏省农科院(宁63)
ZDD23336	95007	江苏省农科院有性杂交育成	江苏省农科院(宁64)
ZDD23337	95005	江苏省农科院有性杂交育成	江苏省农科院(宁65)
ZDD23338	南农863070	南京农业大学有性杂交育成	南京农业大学(N23998.000)
ZDD23339	南农92-128	南京农业大学有性杂交育成	南京农业大学(N23911.000)
ZDD23340	睢宁黄圩大四粒	江苏睢宁	南京农业大学(N09622.000)

类型	生育月份	生育日数/d	粒色	子叶色	脐色	百粒重/g	粒形	生育习性	结荚习性	茸毛色	花色	植株高度/cm	叶形	脂肪含量/%	蛋白质含量/%	备注
夏	6/上—10/上	115	黄	黄	褐	17.2	圆	直立	有	灰	白	76.0	椭圆	19.1	46.2	
夏	6/上—10/下	140	黄	黄	淡褐	16.7	长椭	直立	有	棕	紫	86.0	椭圆	17.5	44.7	
夏	6/上—10/下	140	黄	黄	褐	16.2	椭圆	直立	亚	灰	白	87.0	椭圆	17.4	43.6	
夏	6/上—10/中	131	黄	黄	褐	12.4	长椭	直立	无	灰	白	121.0	椭圆	17.3	43.3	
夏	6/上—10/下	138	黄	黄	深褐	21.8	椭圆	直立	有	棕	白	86.0	椭圆	18.2	43.5	
夏	6/上—10/中	132	黄	黄	深褐	21.5	椭圆	直立	有	灰	白	92.0	椭圆	17.1	44.9	
夏	6/上—10/中	125	黄	黄	淡褐	20.4	圆	直立	亚	棕	紫	82.6	椭圆	18.4	42.9	
夏	6/上—10/中	124	黄	黄	褐	21.5	椭圆	直立	有	棕	紫	78.9	椭圆	17.7	44.2	
夏	6/上—9/下	110	黄	黄	褐	19.4	椭圆	直立	有	棕	白	62.1	椭圆	18.0	44.8	
夏	6/上—9/下	112	黄	黄	淡褐	20.5	长椭	直立	有	棕	白	75.4	椭圆	16.7	45.0	
夏	6/上—10/上	122	黄	黄	褐	19.5	椭圆	直立	有	棕	紫	86.2	椭圆	18.2	42.1	
夏	6/上—10/下	142	黄	黄	淡褐	19.8	椭圆	直立	亚	棕	白	85.0	椭圆	18.0	42.9	
夏	6/上—10/下	142	黄	黄	淡褐	18.5	椭圆	直立	亚	灰	紫	72.4	椭圆	17.6	43.7	
夏	6/上—10/下	140	黄	黄	淡褐	19.2	扁椭	直立	亚	灰	白	96.2	椭圆	17.4	43.6	
夏	6/上—10/下	142	黄	黄	淡褐	20.4	长椭	直立	有	灰	紫	87.2	椭圆	17.1	43.7	
夏	6/上—10/中	131	黄	黄	淡褐	17.5	圆	直立	亚	棕	紫	98.4	椭圆	19.3	41.4	
夏	6/上—10/下	140	黄	黄	褐	16.8	圆	直立	亚	灰	白	95.3	椭圆	16.7	45.5	
夏	6/上—10/中	133	黄	黄	褐	20.4	圆	直立	有	灰	紫	86.0	椭圆	17.0	44.6	
夏	6/上—10/中	141	黄	黄	淡褐	20.4	椭圆	直立	有	灰	紫	82.0	椭圆	17.7	42.6	
夏	6/上—10/中	139	黄	黄	淡褐	17.2	椭圆	直立	亚	棕	白	107.4	椭圆	17.4	42.4	
夏	6/上—10/中	137	黄	黄	淡褐	18.0	椭圆	直立	亚	棕	白	95.0	椭圆	18.0	42.8	
夏	6/上—10/下	140	绿	黄	褐	7.5	长椭	直立	无	灰	紫	108.0	椭圆	16.4	48.1	
夏	6/上—10/下	136	绿	黄	褐	20.7	长椭	直立	有	灰	紫	95.0	椭圆	16.7	43.6	
夏	6/上—10/中	130	绿	黄	淡褐	19.5	扁椭	直立	有	灰	白	82.1	椭圆	17.2	46.4	
夏	6/上—10/中	132	绿	黄	深褐	19.2	扁椭	直立	有	灰	白	74.5	椭圆	17.7	44.7	
夏	6/上—10/下	141	绿	黄	褐	18.5	扁椭	直立	有	棕	白	76.5	椭圆	17.4	44.2	
夏	6/上—10/下	143	绿	黄	淡褐	18.5	椭圆	直立	亚	灰	紫	112.4	椭圆	18.0	42.7	
夏	6/上—10/下	137	黑	黄	黑	24.5	椭圆	直立	亚	灰	紫	89.0	卵圆	17.2	45.0	
夏	6/上—10/中	130	褐	黄	深褐	19.5	长椭	直立	亚	棕	白	95.0	椭圆	15.5	48.1	
夏	6/中—10/中	113	黄	黄	黑	21.6	椭圆	直立	有	棕	白	85.0	圆形	19.1	44.1	
夏	6/中—10/上	110	黄	黄	淡褐	20.2	椭圆	直立	亚	棕	白	66.6	卵圆	21.7	42.3	
夏	6/中—10/中	113	黄	黄	褐	20.4	圆	直立	无	灰	紫	60.5	椭圆			

续表

总编号	品种名称	原产地或来源	保存单位（编号）
ZDD23341	丰县孙楼小黄豆	江苏徐州	南京农业大学(N09675.300)
ZDD23342	淮 457	江苏淮阴	南京农业大学(N03341.000)
ZDD23343	淮安大黄壳	江苏淮阴	南京农业大学(N09849.000)
ZDD23344	淮阴半夏豆	江苏淮阴	南京农业大学(N10388.100)
ZDD23345	淮阴六十日	江苏淮阴	南京农业大学(N01195.000)
ZDD23346	临河西稍天鹅蛋	江苏泗阳	南京农业大学(N06135.120)
ZDD23347	宿迁河墩	江苏宿迁	南京农业大学(N10435.200)
ZDD23348	宿迁陆集水大豆	江苏宿迁	南京农业大学(N06146.000)
ZDD23349	泗洪杂交虎皮豆	江苏泗洪	南京农业大学(N06094.500)
ZDD23350	新沂高蜂五花糙	江苏新沂	南京农业大学(N09638.000)
ZDD23351	新沂土黑丸	江苏新沂	南京农业大学(N10076.100)
ZDD23352	新沂土黑丸乙	江苏新沂	南京农业大学(N10076.200)
ZDD23353	涟水王港粉青	江苏淮阴	南京农业大学(N10379.000)
ZDD23354	灌云同心红豆	江苏淮阴	南京农业大学(N10358.000)
ZDD23355	丹阳晚香豆(甲)	江苏南京	南京农业大学(N03424.120)
ZDD23356	丹阳晚香豆(乙)	江苏南京	南京农业大学(N03425.110)
ZDD23357	东海白塔公家糙	江苏南京	南京农业大学(N09657.510)
ZDD23358	高淳中箕黄豆丙	江苏高淳	南京农业大学(N03408.100)
ZDD23359	江浦高旺菜豆	江苏江浦	南京农业大学(N20671.000)
ZDD23360	江浦穆道全	江苏江浦	南京农业大学(N09057.000)
ZDD23361	江浦白毛豆	江苏江浦	南京农业大学(N03549.000)
ZDD23362	江苏 14-2	浙江兰溪保存	南京农业大学(N07080.000)
ZDD23363	江苏 339	浙江兰溪保存	南京农业大学(N07042.100)
ZDD23364	苏 73-1	浙江嵊县保存	南京农业大学(N05934.100)
ZDD23365	海门节节四(D)	江苏海门	南京农业大学(N03625.200)
ZDD23366	靖江顾家青豆	江苏靖江	南京农业大学(N08209.210)
ZDD23367	靖江黄庄谷谷山豆	江苏靖江	南京农业大学(N08207.200)
ZDD23368	靖江黄庄无名黄豆	江苏靖江	南京农业大学(N08206.210)
ZDD23369	靖江联华无名黄豆	江苏靖江	南京农业大学(N08208.110)
ZDD23370	六合黄大荚豆	江苏六合	南京农业大学(N22640.000)
ZDD23371	南通豆	江苏南通	南京农业大学(N06833.200)
ZDD23372	如皋八月白乙	江苏如皋	南京农业大学(N03605.000)

类型	生育月份	生育日数/d	粒色	子叶色	脐色	百粒重/g	粒形	生育习性	结荚习性	茸毛色	花色	植株高度/cm	叶形	脂肪含量/%	蛋白质含量/%	备注
夏	6/中—10/上	113	黄	黄	褐	8.5	扁椭	直立	亚	灰	白	76.5	椭圆			
夏	6/中—10/下	124	黄	黄	褐	15.8	椭圆	直立	有	棕	紫	41.6	卵圆			
夏	6/中—10/上	115	黄	黄	黑	26.0	椭圆	直立	无	棕	紫	60.0	卵圆			
夏	6/中—9/下	100	黄	黄	黑	11.1	扁椭	直立	亚	棕	白	19.6	卵圆			
夏	6/中—9/下	100	黄	黄	褐	19.9	椭圆	直立	有	棕	白	46.0	卵圆			
夏	6/中—10/上	115	黄	黄	黑	21.0	扁椭	直立	有	灰	紫	43.2	椭圆			
夏	6/中—9/下	101	黄	黄	褐	9.9	扁椭	直立	有	棕	白	17.0	卵圆			
夏	6/中—10/上	115	黄	黄	黑	12.6	扁椭	直立	无	灰	紫	73.0	卵圆			
夏	6/中—10/中	115	黄	黄	褐	12.0	扁椭	直立	无	棕	紫	77.0	椭圆			
夏	6/中—9/下	98	黄	黄	褐	10.0	扁椭	直立	有	灰	白	48.6	卵圆			
夏	6/中—10/上	109	黄	黄	褐	11.5	扁椭	直立	无	棕	白	49.6	卵圆			
夏	6/中—10/上	109	黄	黄	褐	11.9	扁椭	直立	亚	棕	白	49.6	卵圆			
夏	6/中—10/上	107	绿	黄	褐	14.8	扁椭	直立	无	棕	紫	44.0	卵圆			
夏	6/中—10/中	124	褐	黄	褐	20.7	扁椭	直立	无	棕	紫	49.0	卵圆			
夏	6/中—10/中	121	黄	黄	黑	12.9	椭圆	半直	无	棕	白	60.0	卵圆			
夏	6/中—10/下	126	黄	黄	褐	12.6	椭圆	直立	有	棕	紫	73.8	卵圆			
夏	6/中—10/上	113	黄	黄	褐	17.8	扁圆	直立	亚	棕	紫	73.5	卵圆			
夏	6/中—11/上	130	黄	黄	褐	18.2	椭圆	直立	有	棕	紫	43.6	卵圆			
夏	6/中—9/下	100	黄	黄	黑	25.3	椭圆	直立	有	灰	紫	35.2	卵圆			
夏	6/中—10/下	124	黄	黄	褐	21.3	椭圆	直立	有	灰	白	41.0	卵圆			
夏	6/中—10/中	118	黄	黄	褐	16.0	椭圆	直立	有	灰	紫	92.0	椭圆			
夏	6/中—10/中	121	黄	黄	褐	19.6	椭圆	直立	有	灰	白	75.3	椭圆			
夏	6/中—10/中	121	黄	黄	褐	19.0	椭圆	直立	有	棕	紫	72.9	椭圆			
夏	6/中—10/上	107	黄	黄	褐	15.4	扁椭	直立	有	棕	紫	74.0	椭圆			
夏	6/中—10/下	125	黄	黄	褐	12.8	椭圆	直立	有	灰	白	45.4	卵圆			
夏	6/中—10/下	125	黄	黄	黑	17.3	扁椭	直立	有	棕	紫	39.0	卵圆			
夏	6/中—10/上	108	黄	黄	黑	16.3	椭圆	直立	有	棕	紫	31.4	卵圆			
夏	6/中—10/上	108	黄	黄	黑	15.6	扁椭	直立	有	棕	紫	45.0	卵圆			
夏	6/中—10/上	108	黄	黄	褐	17.4	椭圆	直立	有	棕	紫	32.6	卵圆			
夏	6/中—10/中	118	黄	黄	褐	14.4	椭圆	直立	有	棕	白	41.8	卵圆			
夏	6/中—10/上	110	黄	黄	黑	26.8	扁椭	直立	有	棕	紫	64.8	卵圆			
夏	6/中—10/下	120	黄	黄	褐	23.0	椭圆	直立	有	棕	白	46.2	卵圆			

续表

总编号	品种名称	原产地或来源	保存单位（编号）
ZDD23373	如皋等西风	江苏如皋	南京农业大学(N03606.200)
ZDD23374	无锡八月枯	江苏无锡	南京农业大学(N22608.200)
ZDD23375	无锡大白花甲	江苏无锡	南京农业大学(N00057.100)
ZDD23376	无锡大白花乙	江苏无锡	南京农业大学(N00057.200)
ZDD23377	溧阳小籽黄	江苏溧阳	南京农业大学(N22570.200)
ZDD23378	溧阳早十日甲	江苏溧阳	南京农业大学(N03470.100)
ZDD23379	溧阳早十日乙	江苏溧阳	南京农业大学(N03470.200)
ZDD23380	宝山 791	上海宝山	南京农业大学(N07602.000)
ZDD23381	南农 73-910	南京农业大学有性杂交育成	南京农业大学(N05464.000)
ZDD23382	南农 73-932	南京农业大学有性杂交育成	南京农业大学(N05463.000)
ZDD23383	南农 86-4	南京农业大学有性杂交育成	南京农业大学(N22308.000)
ZDD23384	南农 73-935	南京农业大学有性杂交育成	南京农业大学(N23788.000)
ZDD23385	南农 89-30	南京农业大学有性杂交育成	南京农业大学(N23860.000)
ZDD23386	南农 89-29	南京农业大学有性杂交育成	南京农业大学(N23859.000)
ZDD23387	南农 87-23	南京农业大学有性杂交育成	南京农业大学(N23854.000)
ZDD23388	南农 88-1	南京农业大学有性杂交育成	南京农业大学(N23878.000)
ZDD23389	系选黄豆	南京农业大学系选育成	南京农业大学(N23855.000)
ZDD23390	南农 89-9	南京农业大学有性杂交育成	南京农业大学(N23857.000)
ZDD23391	南农 90-1	南京农业大学有性杂交育成	南京农业大学(N23861.000)
ZDD23392	南农 90-41	南京农业大学有性杂交育成	南京农业大学(N23862.000)
ZDD23393	南农 91-3	南京农业大学有性杂交育成	南京农业大学(N23864.000)
ZDD23394	南农 91-4	南京农业大学有性杂交育成	南京农业大学(N23865.000)
ZDD23395	南农 89-25	南京农业大学有性杂交育成	南京农业大学(N23858.000)
ZDD23396	南农 94083	南京农业大学有性杂交育成	南京农业大学(N23997.000)
ZDD23397	南农 88-31	南京农业大学有性杂交育成	南京农业大学(N23769.000)
ZDD23398	NG94-138	南京农业大学有性杂交育成	南京农业大学(N24000.000)
ZDD23399	NG94-156	南京农业大学有性杂交育成	南京农业大学(N23999.000)
ZDD23400	南农 94-13	南京农业大学有性杂交育成	南京农业大学(N24001.000)
ZDD23401	南农 94-14	南京农业大学有性杂交育成	南京农业大学(N24002.000)
ZDD23402	南农 94-16	南京农业大学有性杂交育成	南京农业大学(N24003.000)
ZDD23403	南农 94-17	南京农业大学有性杂交育成	南京农业大学(N24004.000)
ZDD23404	NG95-220	南京农业大学有性杂交育成	南京农业大学(N24005.000)

类型	生育月份	生育日数/d	粒色	子叶色	脐色	百粒重/g	粒形	生育习性	结荚习性	茸毛色	花色	植株高度/cm	叶形	脂肪含量/%	蛋白质含量/%	备注
夏	6/中—10/中	120	黄	黄	褐	16.3	椭圆	直立	有	棕	紫	43.9	卵圆			
夏	6/中—10/下	125	黄	黄	褐	27.0	圆	直立	亚	棕	紫		卵圆			
夏	6/中—10/下	121	黄	黄	褐	25.0	椭圆	直立	有	棕	紫	42.8	卵圆			
夏	6/中—10/下	121	黄	黄	黑	14.6	椭圆	直立	有	棕	白	42.8	卵圆			
夏	6/中—10/下	128	黄	黄	褐	16.6	椭圆	直立	亚	棕	紫	56.0	卵圆			
夏	6/中—10/中	119	黄	黄	黑	21.2	椭圆	直立	有	棕	白	31.8	卵圆			
夏	6/中—10/中	119	黄	黄	黑	14.7	椭圆	直立	有	灰	紫	31.8	卵圆			
夏	6/中—10/下	122	黄	黄	褐	25.7	扁椭	直立	有	棕	紫	83.0	卵圆			
夏	6/中—10/上	110	黄	黄	黑	16.3	椭圆	直立	有	灰	紫	36.0	卵圆	18.7	43.6	
夏	6/中—10/上	110	黄	黄	黑	15.0	椭圆	直立	有	灰	紫	33.6	卵圆	18.6	43.3	
夏	6/中—10/上	114	黄	黄	褐	17.1	椭圆	直立	有	棕	白	68.0	卵圆			
夏	6/中—10/上	115	黄	黄	淡褐	15.7	扁圆	直立	有	灰	紫	65.0	椭圆			
夏	6/中—10/中	118	黄	黄	褐	15.6	椭圆	直立	无	棕	紫	113.0	椭圆			
夏	6/中—10/中	118	黄	黄	褐	16.2	椭圆	直立	无	棕	紫	140.0	椭圆			
夏	6/中—10/上	114	黄	黄	黑	17.3	圆	直立	无	棕	紫	113.0	椭圆			
夏	6/中—10/中	117	黄	黄	淡褐	21.2	圆	直立	亚	灰	紫	87.0	椭圆	19.2	41.6	
夏	6/中—10/中	118	黄	黄	褐	19.8	椭圆	直立	有	灰	紫	78.0	椭圆			
夏	6/中—10/上	111	黄	黄	无	16.6	圆	直立	亚	灰	白	88.0	椭圆			
夏	6/中—10/上	109	黄	黄	无	17.2	圆	直立	无	灰	白	140.0	椭圆			
夏	6/中—10/中	115	黄	黄	淡褐	22.8	圆	直立	无	灰	紫	92.0	椭圆			
夏	6/中—10/中	118	黄	黄	褐	17.5	椭圆	直立	无	灰	白	160.0	椭圆			
夏	6/中—10/中	118	黄	黄	淡褐	14.3	圆	直立	有	灰	白	75.0	椭圆			
夏	6/中—10/中	121	黄	黄	褐	10.5	圆	直立	无	棕	紫	105.0	椭圆			
夏	6/中—10/中	117	黄	黄	褐	22.5	圆	直立	无	灰	紫	87.0	椭圆	17.4	43.9	
夏	6/中—10/中	115	黄	黄	淡褐	19.3	椭圆	直立	无	棕	紫	98.0	椭圆	19.2	42.3	
夏	6/中—10/中	115	黄	黄	褐	20.3	椭圆	直立	有	棕	白	48.0	椭圆	20.0	40.7	
夏	6/中—10/中	115	黄	黄	黑	22.0	椭圆	直立	有	棕	紫	40.0	椭圆	19.4	42.4	
夏	6/中—10/上	110	黄	黄	无	26.8	椭圆	直立	有	灰	紫	66.0	圆形			
夏	6/中—10/上	110	黄	黄	淡褐	28.3	椭圆	直立	有	灰	紫	58.0	圆形			
夏	6/中—10/上	110	黄	黄	褐	27.0	椭圆	直立	有	灰	白	55.0	圆形			
夏	6/中—10/上	108	黄	黄	褐	27.0	椭圆	直立	有	灰	白	58.0	圆形			
夏	6/中—10/下	120	黄	黄	淡褐	28.0	椭圆	直立	有	灰	白	76.0	椭圆			

续表

总编号	品种名称	原产地或来源	保存单位 （编号）
ZDD23405	NG95-232	南京农业大学有性杂交育成	南京农业大学(N24006.000)
ZDD23406	通州豆	江苏沿江地区农科所系选育成	南京农业大学(N23996.000)
ZDD23407	南农大黄豆	南京农业大学系选育成	南京农业大学(N23730.000)
ZDD23408	NJR44-1	南京农业大学有性杂交育成	南京农业大学(N23984.000)
ZDD23409	NIL91-1	南京农业大学有性杂交育成	南京农业大学(N23904.000)
ZDD23410	NIL91-2	南京农业大学有性杂交育成	南京农业大学(N23905.000)
ZDD23411	南农 90L-1	南京农业大学有性杂交育成	南京农业大学(N23895.000)
ZDD23412	南农 90L-2	南京农业大学有性杂交育成	南京农业大学(N23897.000)
ZDD23413	常州青豆	江苏南京	南京农业大学(N10769.100)
ZDD23414	丹徒小青豆	江苏南京	南京农业大学(N01436.000)
ZDD23415	海门关青豆 D 乙	江苏海门	南京农业大学(N05341.220)
ZDD23416	海门绿大黄豆甲	江苏海门	南京农业大学(N03726.200)
ZDD23417	海门沙绿豆	江苏海门	南京农业大学(N00088.000)
ZDD23418	南通细绿豆	江苏南通	南京农业大学(N06186.100)
ZDD23419	太仓东楼青豆	江苏太仓	南京农业大学(N03306.000)
ZDD23420	溧阳上海青	江苏溧阳	南京农业大学(N00082.000)
ZDD23421	上海慈菇青	上海	南京农业大学(N06812.200)
ZDD23422	NTD-1	南京农业大学系选育成	南京农业大学(N21536.000)
ZDD23423	NTD-2	南京农业大学系选育成	南京农业大学(N21537.000)
ZDD23424	南农 91-6	南京农业大学有性杂交育成	南京农业大学(N23866.000)
ZDD23425	NTD-3	南京农业大学系选育成	南京农业大学(N21538.000)
ZDD23426	南农 91-2	南京农业大学有性杂交育成	南京农业大学(N23863.000)
ZDD23427	南农 91-12	南京农业大学有性杂交育成	南京农业大学(N23867.000)
ZDD23428	南农 87-17	南京农业大学有性杂交育成	南京农业大学(N23535.000)
ZDD23429	南农 87-15	南京农业大学有性杂交育成	南京农业大学(N23856.000)
ZDD23430	江浦黑豆	江苏江浦	南京农业大学(N22843.000)
ZDD23431	靖江张太早黑豆	江苏靖江	南京农业大学(N08203.000)
ZDD23432	邗江五月头	江苏邗江	南京农业大学(N01114.000)
ZDD23433	如皋晚十豆	江苏如皋	南京农业大学(N03772.000)
ZDD23434	江浦兔子眼	江苏江浦	南京农业大学(N09056.000)
ZDD23435	江阴破皮豆	江苏江阴	南京农业大学(N00092.000)
ZDD23436	启东羊眼子	江苏启东	南京农业大学(N09021.100)

类型	生育月份	生育日数/d	粒色	子叶色	脐色	百粒重/g	粒形	生育习性	结荚习性	茸毛色	花色	植株高度/cm	叶形	脂肪含量/%	蛋白质含量/%	备注
夏	6/中—10/下	124	黄	黄	淡褐	31.0	椭圆	直立	有	灰	紫	88.0	椭圆			
夏	6/中—10/上	108	黄	黄	黑	26.7	椭圆	直立	有	棕	紫	60.0	圆形	19.4	45.7	
夏	6/中—10/下	124	黄	黄	淡褐	35.7	椭圆	直立	有	灰	紫	83.0	椭圆	16.5	46.8	
夏	6/中—10/上	110	黄	黄	淡褐	18.7	椭圆	直立	亚	棕	白	67.0	椭圆	17.6	46.5	
夏	6/中—10/中	115	黄	黄	淡褐	16.4	椭圆	直立	亚	灰	白	94.0	披针	20.1	41.2	
夏	6/中—10/中	115	黄	黄	淡褐	17.4	椭圆	直立	亚	灰	白	98.0	椭圆	19.9	40.9	
夏	6/中—10/中	115	黄	黄	无	16.6	圆	直立	有	灰	白	62.0	圆形	19.7	40.8	
夏	6/中—10/中	115	黄	黄	无	15.8	圆	直立	有	灰	白	68.0	披针			
夏	6/中—10/中	121	绿	绿	黑	24.6	扁椭	直立	有	棕	紫	46.2	卵圆	17.8	46.4	
夏	6/中—10/上	108	绿	黄	黑	16.0	圆	直立	有	棕	紫	54.2	卵圆			
夏	6/中—10/下	125	绿	黄	黑	28.4	扁椭	直立	有	棕	白	49.8	卵圆			
夏	6/中—10/中	119	绿	黄	黑	18.1	椭圆	直立	无	棕	紫	52.6	卵圆			
夏	6/中—11/上	132	绿	绿	黑	23.8	椭圆	直立	有	灰	紫	34.8	卵圆			
夏	6/中—10/上	112	绿	黄	黑	16.0	椭圆	直立	有	棕	紫	56.2	卵圆			
夏	6/中—11/上	131	绿	黄	黑	21.6	椭圆	直立	有	棕	紫	32.6	卵圆			
夏	6/中—10/下	121	绿	黄	深褐	25.6	椭圆	直立	有	棕	紫	50.4	卵圆			
夏	6/中—10/下	124	绿	黄	黑	12.9	扁椭	直立	有	棕	白	92.0	卵圆			
夏	6/中—10/下	125	绿	黄	褐	28.0	椭圆	直立	有	棕	紫	91.0	椭圆	18.3	43.3	
夏	6/中—10/下	127	绿	黄	褐	30.4	椭圆	直立	有	棕	紫	90.0	椭圆	17.1	43.1	
夏	6/中—10/上	117	绿	绿	淡褐	26.0	圆	直立	有	棕	白	85.0	椭圆			
夏	6/中—10/下	127	黑	黄	黑	27.4	椭圆	直立	有	棕	紫	87.0	椭圆			
夏	6/中—10/中	116	黑	黄	黑	22.1	椭圆	直立	亚	棕	紫	60.0	椭圆			
夏	6/中—10/中	122	黑	黄	黑	22.8	扁圆	直立	有	棕	紫	75.0	椭圆			
夏	6/中—10/中	120	黑	黄	黑	21.5	椭圆	直立	有	棕	紫	125.0	椭圆			
夏	6/中—10/中	117	黑	黄	黑	27.8	扁圆	直立	有	棕	紫	75.0	椭圆			
夏	6/中—10/下	123	黑	黄	黑	31.1	椭圆	直立	亚	棕	紫	111.2	卵圆	18.1	43.3	
夏	6/中—9/中	90	黑	黄	黑	16.1	扁椭	直立	有	棕	白	26.8	椭圆			
夏	6/中—10/上	111	黑	黄	黑	16.0	椭圆	直立	无	棕	白	68.0	卵圆			
夏	6/中—10/中	120	褐	黄	褐	21.3	椭圆	直立	有	棕	紫	43.0	卵圆			
夏	6/中—10/中	120	褐	黄	褐	21.2	椭圆	直立	有	棕	白	25.4	卵圆			
夏	6/中—10/上	109	褐	黄	深褐	22.3	扁椭	直立	有	棕	紫	31.0	卵圆			
夏	6/中—10/下	121	虎斑	黄	褐	21.5	椭圆	直立	有	棕	白	54.0	卵圆	15.9	45.2	

续表

总编号	品种名称	原产地或来源	保存单位（编号）
ZDD23437	海门南雁豆	江苏海门	南京农业大学(N09051.300)
ZDD23438	96097	中国农科院油料所有性杂交育成	中国农科院油料所(原永 131)
ZDD23439	8905-1	中国农科院油料所集团选择育成	中国农科院油料所(原永 132)
ZDD23440	92-1	中国农科院油料所有性杂交育成	中国农科院油料所(原永 133)
ZDD23441	93-7	中国农科院油料所有性杂交育成	中国农科院油料所(原永 134)
ZDD23442	96091	中国农科院油料所有性杂交育成	中国农科院油料所(原永 135)
ZDD23443	油春 90-6	中国农科院油料所有性杂交育成	中国农科院油料所(原永 136)
ZDD23444	90-9	中国农科院油料所有性杂交育成	中国农科院油料所(原永 137)
ZDD23445	8905-2	中国农科院油料所集团选择育成	中国农科院油料所(原永 138)
ZDD23446	95-4	中国农科院油料所有性杂交育成	中国农科院油料所(原永 139)
ZDD23447	96096A	中国农科院油料所有性杂交育成	中国农科院油料所(原永 140)
ZDD23448	油春 94-4	中国农科院油料所有性杂交育成	中国农科院油料所(原永 141)
ZDD23449	油 96-5	中国农科院油料所有性杂交育成	中国农科院油料所(原永 142)
ZDD23450	96096B	中国农科院油料所有性杂交育成	中国农科院油料所(原永 143)
ZDD23451	90-10	中国农科院油料所有性杂交育成	中国农科院油料所(原永 144)
ZDD23452	早春 1 号	中国农科院油料所有性杂交育成	中国农科院油料所(原永 145)
ZDD23453	96095	中国农科院油料所有性杂交育成	中国农科院油料所(原永 146)
ZDD23454	94-3	中国农科院油料所有性杂交育成	中国农科院油料所(原永 147)
ZDD23455	油春 90-10	中国农科院油料所有性杂交育成	中国农科院油料所(原永 148)
ZDD23456	93-4	中国农科院油料所有性杂交育成	中国农科院油料所(原永 149)
ZDD23457	92-5	中国农科院油料所有性杂交育成	中国农科院油料所(原永 150)
ZDD23458	94-2	中国农科院油料所有性杂交育成	中国农科院油料所(原永 151)
ZDD23459	96098	中国农科院油料所有性杂交育成	中国农科院油料所(原永 152)
ZDD23460	96090	中国农科院油料所有性杂交育成	中国农科院油料所(原永 153)
ZDD23461	油春 9-9	中国农科院油料所有性杂交育成	中国农科院油料所(原永 154)
ZDD23462	五月乌单株	中国农科院油料所系选育成	中国农科院油料所(原永 155)
ZDD23463	油 96-6A	中国农科院油料所有性杂交育成	中国农科院油料所(原永 156)
ZDD23464	油 96-4	中国农科院油料所有性杂交育成	中国农科院油料所(原永 157)
ZDD23465	油 96-6B	中国农科院油料所有性杂交育成	中国农科院油料所(原永 158)
ZDD23466	油 96-7	中国农科院油料所有性杂交育成	中国农科院油料所(原永 159)
ZDD23467	90-3	中国农科院油料所有性杂交育成	中国农科院油料所(原永 160)
ZDD23468	油 97-11	中国农科院油料所有性杂交育成	中国农科院油料所(原永 161)

类型	生育月份	生育日数/d	粒色	子叶色	脐色	百粒重/g	粒形	生育习性	结荚习性	茸毛色	花色	植株高度/cm	叶形	脂肪含量/%	蛋白质含量/%	备注
夏	6/中—10/中	119	双	黄	黑	21.1	扁椭	直立	有	棕	紫	65.5	卵圆			
春	4/上—7/上	81	黄	黄	深褐	19.0	椭圆	直立	有	棕	白	36.0	椭圆	19.3	47.2	
春	4/上—7/上	80	黄	黄	深褐	19.3	椭圆	直立	有	灰	白	25.0	椭圆	19.0	49.3	
春	4/上—7/上	80	黄	黄	褐	14.2	椭圆	直立	有	棕	白	29.2	卵圆	18.4	48.1	
春	4/上—7/上	80	黄	黄	深褐	17.7	椭圆	直立	有	棕	白	25.0	椭圆	19.9	45.8	
春	4/上—7/上	80	黄	黄	深褐	17.7	椭圆	直立	有	灰	白	21.8	椭圆	20.0	45.4	
春	4/上—6/下	79	黄	黄	深褐	12.3	椭圆	直立	有	棕	紫	31.0	椭圆	18.6	42.6	
春	4/上—7/上	82	黄	黄	深褐	17.6	椭圆	直立	有	灰	白	29.6	卵圆	21.2	40.8	
春	4/上—7/上	82	黄	黄	深褐	18.9	椭圆	直立	有	棕	白	36.0	椭圆	17.7	48.7	
春	4/上—7/上	83	黄	黄	淡褐	16.5	椭圆	直立	有	棕	白	30.3	椭圆	22.2	41.3	
春	4/上—7/上	85	黄	黄	深褐	21.0	椭圆	直立	有	灰	白	31.2	椭圆	19.8	46.3	
春	4/上—7/上	86	黄	黄	深褐	17.7	椭圆	直立	有	灰	白	30.6	椭圆	18.0	43.9	
春	4/上—7/上	86	黄	黄	淡褐	20.0	椭圆	直立	有	灰	白	28.0	椭圆	19.4	45.9	
春	4/上—7/上	86	黄	黄	深褐	20.0	椭圆	直立	有	棕	白	50.2	卵圆	17.6	48.9	
春	4/上—7/上	87	黄	黄	深褐	17.7	椭圆	直立	有	灰	白	23.2	卵圆	19.6	43.5	
春	4/上—7/上	85	黄	黄	深褐	20.1	椭圆	直立	有	灰	白	30.5	椭圆	18.8	46.8	
春	4/上—7/上	88	黄	黄	深褐	17.8	椭圆	直立	有	灰	白	25.0	卵圆	18.9	43.2	
春	4/上—7/上	88	黄	黄	深褐	19.8	椭圆	直立	有	棕	白	30.4	椭圆	21.1	44.5	
春	4/上—7/上	87	黄	黄	深褐	17.7	椭圆	直立	有	灰	白	23.2	卵圆	19.6	43.5	
春	4/上—7/中	90	黄	黄	淡褐	16.0	椭圆	直立	有	棕	白	32.4	卵圆	20.0	44.6	
春	4/上—7/中	90	黄	黄	深褐	17.2	长椭	直立	有	棕	白	31.6	椭圆	22.1	39.9	
春	4/上—7/中	90	黄	黄	深褐	18.8	椭圆	直立	有	棕	白	57.0	椭圆	18.8	43.5	
春	4/上—7/中	90	黄	黄	深褐	20.4	椭圆	直立	有	棕	白	53.5	卵圆	20.7	43.0	
春	4/上—7/中	91	黄	黄	深褐	19.6	椭圆	直立	有	棕	白	43.8	卵圆	21.2	42.4	
春	4/上—7/上	82	黄	黄	深褐	17.6	椭圆	直立	有	灰	白	29.6	卵圆	21.2	40.8	
春	4/上—7/中	96	黄	黄	褐	11.9	扁椭	直立	有	灰	白	54.9	卵圆	18.2	46.1	
春	4/上—7/中	96	黄	黄	褐	17.6	椭圆	直立	有	棕	白	31.4	椭圆	18.4	47.2	
春	4/上—7/中	97	黄	黄	淡褐	16.3	椭圆	直立	有	棕	白	31.0	椭圆	18.6	44.1	
春	4/上—7/中	97	黄	黄	褐	18.0	椭圆	直立	亚	灰	白	57.5	椭圆	20.8	42.0	
春	4/上—7/中	98	黄	黄	褐	15.0	椭圆	直立	有	棕	白	34.9	椭圆	18.6	45.9	
春	4/上—7/下	100	黄	黄	褐	11.1	椭圆	直立	有	棕	白	22.2	椭圆	18.7	46.9	
春	4/上—7/下	100	黄	黄	黑	15.5	椭圆	直立	有	棕	白	33.1	椭圆	18.5	45.0	

续表

总编号	品种名称	原产地或来源	保存单位（编号）
ZDD23469	油 96-20	中国农科院油料所有性杂交育成	中国农科院油料所(原永 162)
ZDD23470	R202	中国农科院油料所有性杂交育成	中国农科院油料所(原永 163)
ZDD23471	油 97-5	中国农科院油料所有性杂交育成	中国农科院油料所(原永 164)
ZDD23472	油 97-16	中国农科院油料所有性杂交育成	中国农科院油料所(原永 165)
ZDD23473	油 97-17	中国农科院油料所有性杂交育成	中国农科院油料所(原永 166)
ZDD23474	油 96-16	中国农科院油料所有性杂交育成	中国农科院油料所(原永 167)
ZDD23475	油 96-18	中国农科院油料所有性杂交育成	中国农科院油料所(原永 168)
ZDD23476	油 97-4	中国农科院油料所有性杂交育成	中国农科院油料所(原永 169)
ZDD23477	油 97-7	中国农科院油料所有性杂交育成	中国农科院油料所(原永 170)
ZDD23478	油 97-8	中国农科院油料所有性杂交育成	中国农科院油料所(原永 171)
ZDD23479	油 97-14	中国农科院油料所有性杂交育成	中国农科院油料所(原永 172)
ZDD23480	油 97-15	中国农科院油料所有性杂交育成	中国农科院油料所(原永 173)
ZDD23481	油 96-19	中国农科院油料所有性杂交育成	中国农科院油料所(原永 174)
ZDD23482	油 97-13	中国农科院油料所有性杂交育成	中国农科院油料所(原永 175)
ZDD23483	油 96-15	中国农科院油料所有性杂交育成	中国农科院油料所(原永 176)
ZDD23484	油 97-10	中国农科院油料所有性杂交育成	中国农科院油料所(原永 177)
ZDD23485	油 96-11	中国农科院油料所有性杂交育成	中国农科院油料所(原永 178)
ZDD23486	油 96-14	中国农科院油料所有性杂交育成	中国农科院油料所(原永 179)
ZDD23487	93-627	中国农科院油料所有性杂交育成	中国农科院油料所(原永 180)
ZDD23488	9122	中国农科院油料所有性杂交育成	中国农科院油料所(原永 181)
ZDD23489	96093	中国农科院油料所有性杂交育成	中国农科院油料所(原永 182)
ZDD23490	88408A	中国农科院油料所有性杂交育成	中国农科院油料所(原永 183)
ZDD23491	8909	中国农科院油料所有性杂交育成	中国农科院油料所(原永 184)
ZDD23492	9124	中国农科院油料所有性杂交育成	中国农科院油料所(原永 185)
ZDD23493	9236	中国农科院油料所有性杂交育成	中国农科院油料所(原永 186)
ZDD23494	96089	中国农科院油料所有性杂交育成	中国农科院油料所(原永 187)
ZDD23495	油 96-17A	中国农科院油料所有性杂交育成	中国农科院油料所(原永 188)
ZDD23496	8910	中国农科院油料所有性杂交育成	中国农科院油料所(原永 189)
ZDD23497	88408B	中国农科院油料所有性杂交育成	中国农科院油料所(原永 190)
ZDD23498	油 91-1	中国农科院油料所有性杂交育成	中国农科院油料所(原永 1766)
ZDD23499	油 96-247	中国农科院油料所有性杂交育成	中国农科院油料所(原永 1767)
ZDD23500	油 96-276	中国农科院油料所有性杂交育成	中国农科院油料所(原永 1768)

类型	生育月份	生育日数/d	粒色	子叶色	脐色	百粒重/g	粒形	生育习性	结荚习性	茸毛色	花色	植株高度/cm	叶形	脂肪含量/%	蛋白质含量/%	备注
春	4/上—7/下	101	黄	黄	黑	18.4	椭圆	直立	有	灰	白	36.3	椭圆	22.6	39.3	
春	4/上—7/下	103	黄	黄	淡褐	22.5	椭圆	直立	有	灰	白	37.0	椭圆	19.0	47.8	
春	4/上—7/下	103	黄	黄	深褐	15.3	扁椭	直立	有	棕	白	29.0	椭圆	21.3	41.6	
春	4/上—7/下	104	黄	黄	无	15.7	椭圆	直立	有	棕	白	59.8	椭圆	19.6	41.2	
春	4/上—7/下	104	黄	黄	无	17.5	椭圆	直立	有	棕	白	27.8	椭圆	21.2	43.3	
春	4/上—7/下	104	黄	黄	黑	17.9	长椭	直立	有	灰	白	35.4	椭圆	22.6	39.2	
春	4/上—7/下	104	黄	黄	淡褐	17.4	扁椭	直立	有	棕	白	38.8	椭圆	20.6	43.1	
春	4/上—7/下	104	黄	黄	深褐	17.7	扁椭	直立	有	灰	白	27.3	椭圆	19.9	42.6	
春	4/上—7/下	104	黄	黄	深褐	17.5	扁椭	直立	有	棕	白	45.5	椭圆	20.2	44.8	
春	4/上—7/下	104	黄	黄	无	21.8	椭圆	直立	有	灰	白	41.2	椭圆	20.5	42.3	
春	4/上—7/下	105	黄	黄	黑	19.6	扁椭	直立	有	棕	白	27.4	椭圆	20.1	44.1	
春	4/上—7/下	106	黄	黄	黑	22.4	椭圆	直立	有	灰	白	28.2	椭圆	16.9	44.8	
春	4/上—7/下	107	黄	黄	黑	19.3	椭圆	直立	有	灰	白	34.5	椭圆	22.2	41.1	
春	4/上—7/下	107	黄	黄	淡褐	16.9	椭圆	直立	有	灰	白	33.3	椭圆	20.6	44.1	
春	4/上—7/下	111	黄	黄	蓝	19.7	椭圆	直立	有	灰	紫	42.8	椭圆	21.6	43.7	
春	4/上—7/下	113	黄	黄	深褐	13.5	椭圆	直立	有	棕	白	38.8	椭圆	20.4	45.7	
春	4/上—7/下	113	黄	黄	蓝	20.1	椭圆	直立	有	灰	白	33.6	椭圆	19.2	45.1	
春	4/上—7/下	114	黄	黄	黑	13.4	扁椭	直立	有	棕	白	37.7	椭圆	19.3	46.8	
春	4/上—8/上	125	黄	黄	褐	16.6	椭圆	直立	有	棕	白	70.0	椭圆	20.4	45.1	
春	4/上—7/上	97	绿	黄	褐	15.4	椭圆	直立	有	灰	紫	20.9	椭圆	20.4	45.4	
春	4/上—6/下	78	黑	黄	黑	19.1	椭圆	直立	有	棕	白	30.0	椭圆	18.7	48.2	
春	4/上—6/下	78	黑	黄	黑	15.0	椭圆	直立	有	棕	紫	32.4	椭圆	19.7	45.9	
春	4/上—7/上	80	黑	黄	黑	16.1	椭圆	直立	有	棕	白	32.6	椭圆	18.3	47.1	
春	4/上—7/上	82	黑	黄	黑	17.3	椭圆	直立	有	棕	白	39.6	卵圆	19.2	47.2	
春	4/上—7/上	85	黑	黄	黑	16.0	椭圆	直立	有	灰	白	66.0	椭圆	18.4	45.2	
春	4/上—7/下		黑	黄	黑		椭圆	直立	有	灰	白		椭圆			
春	4/上—7/下	107	黑	黄	淡褐	14.3	扁椭	直立	有	棕	白	37.1	椭圆	18.4	45.3	
春	4/上—6/下	78	褐	黄	褐	19.3	椭圆	直立	有	棕	白	44.0	卵圆	19.5	46.5	
春	4/上—7/下	103	褐	黄	褐	16.2	椭圆	直立	有	灰	白	29.1	卵圆	17.4	48.0	
夏	5/下—10/上	126	黄	黄	淡褐	14.9	椭圆	直立	有	棕	白	84.2	椭圆	18.8	45.5	
夏	5/下—10/上	123	黄	黄	淡褐	19.8	扁圆	直立	有	棕	紫	71.4	椭圆	19.0	44.5	
夏	5/下—9/下	122	黄	黄	淡褐	19.1	椭圆	直立	有	棕	紫	80.1	椭圆		43.0	

续表

总编号	品种名称	原产地或来源	保存单位（编号）
ZDD23501	油 96-279	中国农科院油料所有性杂交育成	中国农科院油料所(原永 1769)
ZDD23502	油 96-267	中国农科院油料所有性杂交育成	中国农科院油料所(原永 1770)
ZDD23503	油 96-242	中国农科院油料所有性杂交育成	中国农科院油料所(原永 1771)
ZDD23504	油 96-243	中国农科院油料所有性杂交育成	中国农科院油料所(原永 1772)
ZDD23505	油 96-258	中国农科院油料所有性杂交育成	中国农科院油料所(原永 1773)
ZDD23506	油 96-246	中国农科院油料所有性杂交育成	中国农科院油料所(原永 1774)
ZDD23507	油 96-280	中国农科院油料所有性杂交育成	中国农科院油料所(原永 1775)
ZDD23508	油 96-269	中国农科院油料所有性杂交育成	中国农科院油料所(原永 1776)
ZDD23509	油 96-285	中国农科院油料所有性杂交育成	中国农科院油料所(原永 1777)
ZDD23510	油 96-271	中国农科院油料所有性杂交育成	中国农科院油料所(原永 1778)
ZDD23511	油 96-266	中国农科院油料所有性杂交育成	中国农科院油料所(原永 1779)
ZDD23512	油 96-253	中国农科院油料所有性杂交育成	中国农科院油料所(原永 1780)
ZDD23513	油 96-282	中国农科院油料所有性杂交育成	中国农科院油料所(原永 1781)
ZDD23514	油 96-292	中国农科院油料所有性杂交育成	中国农科院油料所(原永 1782)
ZDD23515	油 96-270	中国农科院油料所有性杂交育成	中国农科院油料所(原永 1783)
ZDD23516	油 96-277	中国农科院油料所有性杂交育成	中国农科院油料所(原永 1784)
ZDD23517	油 96-274	中国农科院油料所有性杂交育成	中国农科院油料所(原永 1785)
ZDD23518	油 96-297	中国农科院油料所有性杂交育成	中国农科院油料所(原永 1786)
ZDD23519	油 96-287	中国农科院油料所有性杂交育成	中国农科院油料所(原永 1787)
ZDD23520	油 96-275	中国农科院油料所有性杂交育成	中国农科院油料所(原永 1788)
ZDD23521	油 96-272	中国农科院油料所有性杂交育成	中国农科院油料所(原永 1789)
ZDD23522	油 96-265	中国农科院油料所有性杂交育成	中国农科院油料所(原永 1790)
ZDD23523	油 96-300	中国农科院油料所有性杂交育成	中国农科院油料所(原永 1791)
ZDD23524	油 96-260	中国农科院油料所有性杂交育成	中国农科院油料所(原永 1792)
ZDD23525	油 96-281	中国农科院油料所有性杂交育成	中国农科院油料所(原永 1793)
ZDD23526	油 96-295	中国农科院油料所有性杂交育成	中国农科院油料所(原永 1794)
ZDD23527	油 96-290	中国农科院油料所有性杂交育成	中国农科院油料所(原永 1795)
ZDD23528	中豆 20	中国农科院油料所有性杂交育成	中国农科院油料所(原永 1796)
ZDD23529	96-5	中国农科院油料所有性杂交育成	中国农科院油料所(原永 1797)
ZDD23530	96-3	中国农科院油料所有性杂交育成	中国农科院油料所(原永 1798)
ZDD23531	88-23	中国农科院油料所有性杂交育成	中国农科院油料所(原永 1799)
ZDD23532	91-19	中国农科院油料所有性杂交育成	中国农科院油料所(原永 1800)

类型	生育月份	生育日数/d	粒色	子叶色	脐色	百粒重/g	粒形	生育习性	结荚习性	茸毛色	花色	植株高度/cm	叶形	脂肪含量/%	蛋白质含量/%	备注
夏	5/下—9/下	122	黄	黄	淡褐	15.4	椭圆	直立	有	棕	紫	90.1	椭圆	18.3	44.4	
夏	5/下—10/上	123	黄	黄	淡褐	20.7	扁圆	直立	有	棕	紫	78.2	椭圆	18.9	45.5	
夏	5/下—10/上	123	黄	黄	褐	17.5	椭圆	直立	有	棕	紫	66.1	椭圆	20.0	44.3	
夏	5/下—10/上	123	黄	黄	褐	19.1	扁圆	直立	有	棕	白	65.7	椭圆	18.8	45.5	
夏	5/下—10/上	128	黄	黄	褐	17.6	椭圆	直立	有	棕	紫	83.3	椭圆	18.7	44.8	
夏	5/下—10/上	125	黄	黄	褐	17.3	椭圆	直立	有	棕	紫	75.7	椭圆	19.6	43.2	
夏	5/下—10/上	128	黄	黄	无	17.0	椭圆	直立	有	棕	紫	74.6	椭圆	17.9	44.8	
夏	5/下—10/上	128	黄	黄	淡褐	19.7	椭圆	直立	有	棕	白	81.4	椭圆	18.4	46.0	
夏	5/下—10/上	125	黄	黄	淡褐	16.6	扁圆	直立	有	棕	紫	75.0	椭圆	19.4	43.4	
夏	5/下—10/上	128	黄	黄	黑	19.1	椭圆	直立	有	棕	紫	58.6	椭圆	20.1	44.3	
夏	5/下—10/上	128	黄	黄	淡褐	19.1	椭圆	直立	有	棕	紫	69.0	椭圆	17.8	45.7	
夏	5/下—10/中	136	黄	黄	无	15.9	椭圆	直立	有	灰	紫	86.4	椭圆	19.3	44.4	
夏	5/下—10/中	135	黄	黄	无	14.1	椭圆	直立	有	灰	紫	95.0	椭圆	20.0	43.9	
夏	5/下—10/中	131	黄	黄	褐	18.8	椭圆	直立	有	棕	紫	67.0	椭圆	20.4	42.7	
夏	5/下—10/上	128	黄	黄	深褐	15.5	椭圆	直立	有	棕	紫	60.0	椭圆	18.9	45.2	
夏	5/下—10/上	130	黄	黄	褐	19.4	椭圆	直立	有	棕	紫	75.6	椭圆	18.4	44.3	
夏	5/下—10/上	123	黄	黄	淡褐	16.7	椭圆	直立	有	棕	紫	85.6	椭圆	17.7	45.0	
夏	5/下—10/中	135	黄	黄	淡褐	15.1	椭圆	直立	有	棕	紫	102.2	椭圆	19.0	43.8	
夏	5/下—10/中	131	黄	黄	深褐	18.8	椭圆	直立	有	棕	紫	70.2	椭圆	19.8	42.4	
夏	5/下—10/上	123	黄	黄	淡褐	18.2	椭圆	直立	有	棕	紫	70.4	椭圆	20.1	43.0	
夏	5/下—10/上	123	黄	黄	褐	15.0	椭圆	直立	有	棕	紫	62.7	椭圆	17.5	45.1	
夏	5/下—10/中	131	黄	黄	深褐	19.9	椭圆	直立	有	棕	紫	85.4	卵圆	19.0	42.5	
夏	5/下—10/上	128	黄	黄	褐	18.1	椭圆	直立	有	棕	紫	65.0	椭圆	18.4	45.6	
夏	5/下—10/上	128	黄	黄	淡褐	16.7	椭圆	直立	有	棕	紫	95.0	椭圆	18.5	45.7	
夏	5/下—10/中	136	黄	黄	淡褐	14.8	椭圆	直立	有	棕	紫	109.4	椭圆	18.4	44.9	
夏	5/下—10/中	137	黄	黄	淡褐	16.2	椭圆	直立	有	棕	紫	96.0	椭圆	18.5	44.7	
夏	5/下—10/中	136	黄	黄	无	14.8	椭圆	直立	有	灰	紫	95.2	椭圆	18.4	45.5	
夏	5/下—9/中	104	黄	黄	淡褐	16.4	椭圆	直立	有	灰	白	66.1	卵圆	19.5	43.9	
夏	5/下—10/上	127	黄	黄	褐	15.2	椭圆	直立	有	灰	白	75.5	椭圆	16.0	51.3	
夏	5/下—10/上	127	黄	黄	褐	15.7	椭圆	直立	有	灰	白	77.5	椭圆	17.3	51.3	
夏	5/下—10/上	127	黄	黄	淡褐	20.0	椭圆	直立	有	灰	白	70.0	椭圆	17.8	47.2	
夏	5/下—9/中	108	黄	黄	褐	10.8	椭圆	直立	有	灰	白	41.2	椭圆			

续表

总编号	品种名称	原产地或来源	保存单位（编号）
ZDD23533	油 312	中国农科院油料所有性杂交育成	中国农科院油料所(原永 1801)
ZDD23534	95-3	中国农科院油料所有性杂交育成	中国农科院油料所(原永 1802)
ZDD23535	油 297	中国农科院油料所有性杂交育成	中国农科院油料所(原永 1803)
ZDD23536	油 386	中国农科院油料所有性杂交育成	中国农科院油料所(原永 1804)
ZDD23537	94-1	中国农科院油料所有性杂交育成	中国农科院油料所(原永 1805)
ZDD23538	油 376	中国农科院油料所有性杂交育成	中国农科院油料所(原永 1806)
ZDD23539	油 96-279B	中国农科院油料所有性杂交育成	中国农科院油料所(原永 1807)
ZDD23540	油 325	中国农科院油料所有性杂交育成	中国农科院油料所(原永 1808)
ZDD23541	油 325	中国农科院油料所有性杂交育成	中国农科院油料所(原永 1809)
ZDD23542	96-2	中国农科院油料所有性杂交育成	中国农科院油料所(原永 1810)
ZDD23543	94-2	中国农科院油料所有性杂交育成	中国农科院油料所(原永 1811)
ZDD23544	油 300	中国农科院油料所有性杂交育成	中国农科院油料所(原永 1812)
ZDD23545	油 374	中国农科院油料所有性杂交育成	中国农科院油料所(原永 1813)
ZDD23546	油 362	中国农科院油料所有性杂交育成	中国农科院油料所(原永 1814)
ZDD23547	005	中国农科院油料所有性杂交育成	中国农科院油料所(原永 1815)
ZDD23548	油 294	中国农科院油料所有性杂交育成	中国农科院油料所(原永 1816)
ZDD23549	油 372	中国农科院油料所有性杂交育成	中国农科院油料所(原永 1817)
ZDD23550	96-10	中国农科院油料所有性杂交育成	中国农科院油料所(原永 1818)
ZDD23551	96-14	中国农科院油料所有性杂交育成	中国农科院油料所(原永 1819)
ZDD23552	油 366	中国农科院油料所有性杂交育成	中国农科院油料所(原永 1820)
ZDD23553	油 365	中国农科院油料所有性杂交育成	中国农科院油料所(原永 1821)
ZDD23554	油 364	中国农科院油料所有性杂交育成	中国农科院油料所(原永 1822)
ZDD23555	油 361	中国农科院油料所有性杂交育成	中国农科院油料所(原永 1823)
ZDD23556	96-277	中国农科院油料所有性杂交育成	中国农科院油料所(原永 1824)
ZDD23557	95-2	中国农科院油料所有性杂交育成	中国农科院油料所(原永 1825)
ZDD23558	油 305	中国农科院油料所有性杂交育成	中国农科院油料所(原永 1826)
ZDD23559	油 314	中国农科院油料所有性杂交育成	中国农科院油料所(原永 1827)
ZDD23560	油 96-006	中国农科院油料所有性杂交育成	中国农科院油料所(原永 1828)
ZDD23561	92-5	中国农科院油料所有性杂交育成	中国农科院油料所(原永 1829)
ZDD23562	96-11	中国农科院油料所有性杂交育成	中国农科院油料所(原永 1830)
ZDD23563	023	中国农科院油料所有性杂交育成	中国农科院油料所(原永 1831)
ZDD23564	油 367	中国农科院油料所有性杂交育成	中国农科院油料所(原永 1832)

类型	生育月份	生育日数/d	粒色	子叶色	脐色	百粒重/g	粒形	生育习性	结荚习性	茸毛色	花色	植株高度/cm	叶形	脂肪含量/%	蛋白质含量/%	备注
夏	5/下—10/上	128	黄	黄	黑	19.1	椭圆	直立	有	棕	紫	70.4	椭圆	18.5	46.4	
夏	5/下—9/中	117	黄	黄	淡褐	19.2	长椭	直立	有	灰	紫	94.8	椭圆			
夏	5/下—10/上	128	黄	黄	淡褐	14.2	椭圆	直立	有	灰	白	57.4	椭圆	18.5	46.1	
夏	5/下—10/上	128	黄	黄	无	15.6	椭圆	直立	有	棕	白	51.9	椭圆	18.4	45.0	
夏	5/下—9/下	118	黄	黄	淡褐	13.4	扁圆	直立	有	灰	白	91.2	披针			
夏	5/下—10/上	123	黄	黄	淡褐	17.7	椭圆	直立	有	灰	白	86.6	椭圆			
夏	5/下—9/下	122	黄	黄	淡褐	17.5	椭圆	直立	有	棕	白	93.0	椭圆			
夏	5/下—10/上	128	黄	黄	淡褐	19.1	椭圆	直立	有	棕	紫	104.9	卵圆	17.6	46.5	
夏	5/下—10/上	124	黄	黄	褐	15.3	椭圆	直立	有	棕	白	73.2	椭圆			
夏	5/下—9/中	109	黄	黄	褐	16.7	椭圆	直立	有	灰	白	40.1	椭圆			
夏	5/下—9/下	122	黄	黄	无	16.1	椭圆	直立	有	灰	白	76.1	椭圆			
夏	5/下—10/上	128	黄	黄	淡褐	14.3	椭圆	直立	有	灰	白	62.6	椭圆	17.9	47.4	
夏	5/下—10/上	129	黄	黄	淡褐	14.9	椭圆	直立	有	棕	紫	93.9	椭圆	18.6	46.1	
夏	5/下—10/上	129	黄	黄	褐	14.2	扁椭	直立	有	棕	紫	70.3	椭圆	18.3	47.3	
夏	5/下—10/上	129	黄	黄	淡褐	16.8	椭圆	直立	有	棕	白	157.0	椭圆	19.7	42.7	
夏	5/下—10/上	129	黄	黄	褐	16.6	椭圆	直立	有	棕	紫	54.8	卵圆	18.2	46.8	
夏	5/下—10/上	129	黄	黄	淡褐	17.3	椭圆	直立	有	棕	紫	69.7	椭圆	18.0	47.3	
夏	5/下—10/上	129	黄	黄	褐	17.2	椭圆	直立	有	灰	紫	79.6	椭圆	17.9	46.3	
夏	5/下—10/上	129	黄	黄	褐	19.3	椭圆	直立	有	灰	白	79.2	椭圆	18.0	45.4	
夏	5/下—10/上	129	黄	黄	淡褐	17.2	椭圆	直立	有	灰	白	63.0	卵圆	20.4	41.5	
夏	5/下—10/上	129	黄	黄	蓝	20.9	椭圆	直立	有	灰	白	66.1	椭圆	19.0	45.0	
夏	5/下—10/上	129	黄	黄	淡褐	15.2	椭圆	直立	有	棕	紫	91.8	椭圆	18.4	47.3	
夏	5/下—10/上	129	黄	黄	褐	19.9	扁圆	直立	有	棕	白	72.4	椭圆	18.1	46.8	
夏	5/下—9/中	109	黄	黄	褐	12.1	椭圆	直立	有	灰	白	69.1	椭圆			
夏	5/下—10/上	130	黄	黄	褐	17.8	椭圆	直立	有	棕	白	78.8	椭圆	17.6	48.3	
夏	5/下—10/中	131	黄	黄	淡褐	16.6	椭圆	直立	有	棕	紫	69.5	卵圆	17.9	46.9	
夏	5/下—10/中	131	黄	黄	褐	19.3	椭圆	直立	有	棕	紫	85.0	椭圆	17.7	46.7	
夏	5/下—10/上	123	黄	黄	淡褐	14.7	椭圆	直立	有	灰	紫	109.6	披针			
夏	5/下—9/中	109	黄	黄	褐	15.3	椭圆	直立	有	灰	白	70.3	椭圆			
夏	5/下—9/中	112	黄	黄	褐	18.8	椭圆	直立	有	灰	白	51.0	椭圆			
夏	5/下—10/中	131	黄	黄	淡褐	17.5	椭圆	直立	亚	灰	白	121.0	披针	20.8	41.7	
夏	5/下—10/中	131	黄	黄	褐	16.1	椭圆	直立	有	灰	白	51.8	椭圆	18.9	46.1	

续表

总编号	品种名称	原产地或来源	保存单位（编号）
ZDD23565	油 363	中国农科院油料所有性杂交育成	中国农科院油料所(原永 1833)
ZDD23566	310	中国农科院油料所有性杂交育成	中国农科院油料所(原永 1834)
ZDD23567	油 316	中国农科院油料所有性杂交育成	中国农科院油料所(原永 1835)
ZDD23568	95-1	中国农科院油料所有性杂交育成	中国农科院油料所(原永 1836)
ZDD23569	油 351	中国农科院油料所有性杂交育成	中国农科院油料所(原永 1837)
ZDD23570	油 370	中国农科院油料所有性杂交育成	中国农科院油料所(原永 1838)
ZDD23571	油 373	中国农科院油料所有性杂交育成	中国农科院油料所(原永 1839)
ZDD23572	94-3	中国农科院油料所有性杂交育成	中国农科院油料所(原永 1840)
ZDD23573	91-11	中国农科院油料所有性杂交育成	中国农科院油料所(原永 1841)
ZDD23574	96-12	中国农科院油料所有性杂交育成	中国农科院油料所(原永 1842)
ZDD23575	R34	中国农科院油料所有性杂交育成	中国农科院油料所(原永 1843)
ZDD23576	96-13	中国农科院油料所有性杂交育成	中国农科院油料所(原永 1844)
ZDD23577	油 375	中国农科院油料所有性杂交育成	中国农科院油料所(原永 1845)
ZDD23578	油 309	中国农科院油料所有性杂交育成	中国农科院油料所(原永 1846)
ZDD23579	油 371	中国农科院油料所有性杂交育成	中国农科院油料所(原永 1847)
ZDD23580	油 712	中国农科院油料所有性杂交育成	中国农科院油料所(原永 1848)
ZDD23581	油 289	中国农科院油料所有性杂交育成	中国农科院油料所(原永 1849)
ZDD23582	R50	中国农科院油料所有性杂交育成	中国农科院油料所(原永 1850)
ZDD23583	油 360	中国农科院油料所有性杂交育成	中国农科院油料所(原永 1851)
ZDD23584	油 388	中国农科院油料所有性杂交育成	中国农科院油料所(原永 1852)
ZDD23585	油 369	中国农科院油料所有性杂交育成	中国农科院油料所(原永 1853)
ZDD23586	油 368	中国农科院油料所有性杂交育成	中国农科院油料所(原永 1854)
ZDD23587	油 359	中国农科院油料所有性杂交育成	中国农科院油料所(原永 1855)
ZDD23588	宝丰 6 号	黑龙江省农垦局宝泉岭科研所有性杂交育成	黑龙江省农科院(黑第 1631)
ZDD23589	宝丰 7 号	黑龙江省农垦局宝泉岭科研所有性杂交育成	黑龙江省农科院(黑第 1632)
ZDD23590	宝丰 8 号	黑龙江省农垦局宝泉岭科研所有性杂交育成	黑龙江省农科院(黑第 1633)
ZDD23591	宝丰 9 号	黑龙江省农垦局宝泉岭科研所有性杂交育成	黑龙江省农科院(黑第 1634)
ZDD23592	宝丰 10 号	黑龙江省农垦局宝泉岭科研所有性杂交育成	黑龙江省农科院(黑第 1635)
ZDD23593	宝丰 11	黑龙江省农垦局宝泉岭科研所有性杂交育成	黑龙江省农科院(黑第 1636)
ZDD23594	东大 1 号	东北农业大学等有性杂交育成	黑龙江省农科院(黑第 1637)
ZDD23595	东农 43	东北农业大学有性杂交育成	黑龙江省农科院(黑第 1638)
ZDD23596	东农 44	东北农业大学有性杂交育成	黑龙江省农科院(黑第 1639)

类型	生育月份	生育日数/d	粒色	子叶色	脐色	百粒重/g	粒形	生育习性	结荚习性	茸毛色	花色	植株高度/cm	叶形	脂肪含量/%	蛋白质含量/%	备注
夏	5/下—10/中	131	黄	黄	褐	17.8	椭圆	直立	有	棕	紫	85.6	椭圆	18.0	46.8	
夏	5/下—10/中	132	黄	黄	褐	17.2	椭圆	直立	有	棕	紫	89.6	椭圆	17.4	47.2	
夏	5/下—10/中	133	黄	黄	褐	18.1	椭圆	直立	有	棕	紫	74.0	椭圆	18.4	46.3	
夏	5/下—10/中	133	黄	黄	淡褐	18.4	椭圆	直立	有	灰	白	103.6	椭圆	18.6	46.9	
夏	5/下—10/中	133	黄	黄	黑	19.0	扁圆	直立	有	棕	紫	103.0	卵圆	16.7	45.9	
夏	5/下—10/中	135	黄	黄	无	15.7	椭圆	直立	有	灰	紫	75.8	椭圆	18.3	46.7	
夏	5/下—10/中	135	黄	黄	深褐	19.4	扁圆	直立	有	棕	白	90.8	椭圆	17.9	46.2	
夏	5/下—10/上	123	黄	黄	淡褐	17.6	椭圆	直立	有	棕	白	65.6	椭圆			
夏	5/下—9/中	116	黄	黄	褐	17.3	椭圆	直立	有	棕	白	62.3	椭圆			
夏	5/下—10/上	125	黄	黄	无	16.2	椭圆	直立	有	灰	白	60.9	椭圆			
夏	5/下—9/下	118	黄	黄	淡褐	17.2	椭圆	直立	有	灰	白	85.4	椭圆			
夏	5/下—9/下	122	黄	黄	无	14.8	椭圆	直立	有	棕	白	81.6	椭圆			
夏	5/下—10/中	137	黄	黄	淡褐	15.9	扁椭	直立	有	灰	白	68.4	卵圆	17.6	45.2	
夏	5/下—10/上	123	黄	黄	黑	17.8	椭圆	直立	有	棕	紫	68.6	卵圆			
夏	5/下—10/中	141	黄	黄	褐	12.8	椭圆	直立	有	棕	紫	104.6	卵圆	16.3	47.5	
夏	5/下—10/下	143	黄	黄	黑	16.0	椭圆	直立	有	棕	紫	107.2	椭圆	16.7	44.4	
夏	5/下—10/上	128	绿	黄	无	13.8	椭圆	直立	有	棕	白	60.8	椭圆	18.5	43.5	
夏	5/下—10/上	128	绿	黄	淡褐	14.7	椭圆	直立	有	棕	白	51.0	椭圆	18.5	44.9	
夏	5/下—10/上	129	绿	黄	淡褐	14.6	椭圆	直立	有	灰	白	95.2	卵圆	19.1	43.7	
夏	5/下—10/中	135	绿	黄	无	15.2	椭圆	直立	有	灰	白	34.6	椭圆	19.3	43.6	
夏	5/下—10/中	131	褐	黄	褐	12.5	椭圆	直立	有	棕	白	98.4	椭圆	18.6	42.6	
夏	5/下—10/中	132	褐	黄	褐	12.4	椭圆	直立	有	灰	紫	103.4	披针	18.0	45.2	
夏	5/下—10/中	132	褐	黄	褐	12.8	椭圆	直立	有	棕	紫	92.9	椭圆	18.5	43.0	
春	5/上—9/上	110	黄	黄	黄	16.4	圆	直立	亚	灰	白	73.0	披针			
春	5/上—9/上	118	黄	黄	黄	17.0	圆	直立	亚	灰	白	80.0	圆形	21.4	36.4	
春	5/上—9/上	115	黄	黄	黄	25.0	圆	直立	无	灰	紫	85.0	披针	17.9	42.3	
春	5/上—9/上	112	黄	黄	黄	19.0	圆	直立	亚	灰	紫	70.0	披针	19.9	43.9	
春	5/上—9/上	110	黄	黄	淡褐	10.9	圆	直立	亚	灰	紫	77.6	披针	20.1	42.6	
春	5/上—9/上	116	黄	黄	黄	21.8	圆	直立	亚	灰	紫	112.4	披针	19.5	41.9	
春	5/上—8/上	86	黄	黄	淡褐	21.7	椭圆	直立	亚	灰	紫	90.0	披针	22.1	39.5	
春	5/上—9/上	115	黄	黄	褐	20.0	椭圆	直立	无	灰	紫	90.0	圆形	23.0	40.2	
春	5/上—8/上	95	黄	黄	褐	20.0	圆	直立	亚	灰	白	80.0	披针	21.3	43.6	

续表

总编号	品种名称	原产地或来源	保存单位（编号）
ZDD23597	东农 45	东北农业大学有性杂交育成	黑龙江省农科院(黑第 1640)
ZDD23598	东农 46	东北农业大学有性杂交育成	黑龙江省农科院(黑第 1641)
ZDD23599	东农 398R	东北农业大学有性杂交育成	黑龙江省农科院(黑第 1642)
ZDD23600	合丰 38	黑龙江省农科院佳木斯分院有性杂交育成	黑龙江省农科院(黑第 1643)
ZDD23601	合丰 39	黑龙江省农科院佳木斯分院有性杂交育成	黑龙江省农科院(黑第 1644)
ZDD23602	合丰 40	黑龙江省农科院佳木斯分院有性杂交育成	黑龙江省农科院(黑第 1645)
ZDD23603	合丰 41	黑龙江省农科院佳木斯分院有性杂交育成	黑龙江省农科院(黑第 1646)
ZDD23604	合丰 42	黑龙江省农科院佳木斯分院有性杂交育成	黑龙江省农科院(黑第 1647)
ZDD23605	合丰 43	黑龙江省农科院佳木斯分院有性杂交育成	黑龙江省农科院(黑第 1648)
ZDD23606	合丰 44	黑龙江省农科院佳木斯分院有性杂交育成	黑龙江省农科院(黑第 1649)
ZDD23607	合丰 45	黑龙江省农科院佳木斯分院有性杂交育成	黑龙江省农科院(黑第 1650)
ZDD23608	合丰 46	黑龙江省农科院佳木斯分院有性杂交辐射诱变育成	黑龙江省农科院(黑第 1651)
ZDD23609	合 93-88	黑龙江省农科院佳木斯分院有性杂交育成	黑龙江省农科院(黑第 1652)
ZDD23610	合丰 48	黑龙江省农科院佳木斯分院有性杂交辐射诱变育成	黑龙江省农科院(黑第 1653)
ZDD23611	合 97-1165	黑龙江省农科院佳木斯分院有性杂交育成	黑龙江省农科院(黑第 1654)
ZDD23612	合 98-317	黑龙江省农科院佳木斯分院有性杂交育成	黑龙江省农科院(黑第 1655)
ZDD23613	合 98-673	黑龙江省农科院佳木斯分院有性杂交育成	黑龙江省农科院(黑第 1656)
ZDD23614	合 99-110	黑龙江省农科院佳木斯分院有性杂交育成	黑龙江省农科院(黑第 1657)
ZDD23615	合丰 47	黑龙江省农科院佳木斯分院有性杂交辐射诱变育成	黑龙江省农科院(黑第 1658)
ZDD23616	合辐 93155-6	黑龙江省农科院佳木斯分院有性杂交辐射诱变育成	黑龙江省农科院(黑第 1659)
ZDD23617	合交 96-970	黑龙江省农科院佳木斯分院有性杂交育成	黑龙江省农科院(黑第 1660)
ZDD23618	合交 98-448	黑龙江省农科院佳木斯分院有性杂交育成	黑龙江省农科院(黑第 1661)
ZDD23619	黑河 17	黑龙江省农科院黑河分院有性杂交育成	黑龙江省农科院(黑第 1662)
ZDD23620	黑河 18	黑龙江省农科院黑河分院有性杂交育成	黑龙江省农科院(黑第 1663)
ZDD23621	黑河 19	黑龙江省农科院黑河分院有性杂交育成	黑龙江省农科院(黑第 1664)
ZDD23622	黑河 20	黑龙江省农科院黑河分院有性杂交育成	黑龙江省农科院(黑第 1665)
ZDD23623	黑河 21	黑龙江省农科院黑河分院有性杂交育成	黑龙江省农科院(黑第 1666)
ZDD23624	黑河 22	黑龙江省农科院黑河分院有性杂交育成	黑龙江省农科院(黑第 1667)
ZDD23625	黑河 23	黑龙江省农科院黑河分院有性杂交育成	黑龙江省农科院(黑第 1668)
ZDD23626	黑河 24	黑龙江省农科院黑河分院有性杂交育成	黑龙江省农科院(黑第 1669)
ZDD23627	黑河 25	黑龙江省农科院黑河分院系选育成	黑龙江省农科院(黑第 1670)
ZDD23628	黑河 26	黑龙江省农科院黑河分院有性杂交育成	黑龙江省农科院(黑第 1671)

类型	生育月份	生育日数/d	粒色	子叶色	脐色	百粒重/g	粒形	生育习性	结荚习性	茸毛色	花色	植株高度/cm	叶形	脂肪含量/%	蛋白质含量/%	备注
春	5/上—8/上	87	黄	黄	黄	17.0	圆	直立	无	棕	紫	90.0	椭圆	21.5	42.0	
春	5/上—9/上	115	黄	黄	褐	23.3	椭圆	直立	无	灰	白	90.0	披针	23.3	37.2	
春	5/上—9/上	119	黄	黄	黄	21.0	圆	直立	亚	灰	白	90.0	披针	23.2	36.8	
春	5/上—9/中	123	黄	黄	黄	19.4	圆	直立	亚	灰	紫	90.0	披针	19.0	42.5	
春	5/上—9/中	121	黄	黄	黄	20.0	圆	直立	亚	灰	紫	90.0	披针	19.1	42.5	
春	5/上—9/上	113	黄	黄	黄	20.0	圆	直立	亚	灰	白	80.0	披针	22.0	37.6	
春	5/上—9/上	116	黄	黄	黄	19.0	圆	直立	无	灰	紫	105.0	披针	21.5	38.7	
春	5/上—9/上	112	黄	黄	褐	20.0	圆	直立	亚	灰	白	60.0	圆形	23.0	38.7	
春	5/上—9/中	123	黄	黄	黄	19.4	圆	直立	亚	灰	白	100.0	披针	19.5	42.1	
春	5/上—9/上	117	黄	黄	褐	18.2	圆	直立	亚	灰	白	85.0	披针	21.1	40.0	
春	5/上—9/上	117	黄	黄	淡褐	23.8	圆	直立	无	棕	白	90.0	披针	21.5	40.5	
春	5/上—9/上	115	黄	黄	黄	15.8	圆	直立	亚	灰	紫	85.0	披针	21.3	39.8	
春	5/上—9/上	112	黄	黄	黄	19.0	圆	直立	亚	灰	紫	80.0	披针	22.4	38.7	
春	5/上—9/上	117	黄	黄	黄	23.5	圆	直立	亚	灰	紫	82.5	圆形	22.7	38.7	
春	5/上—9/中	121	黄	黄	淡褐	19.7	圆	直立	无	灰	紫	90.0	披针	19.7	42.6	
春	5/上—9/上	112	黄	黄	黄	19.8	圆	直立	亚	灰	紫	85.0	披针	21.5	40.0	
春	5/上—9/中	120	黄	黄	黄	17.9	圆	直立	亚	灰	白	90.0	披针	20.8	41.0	
春	5/上—9/上	118	黄	黄	褐	19.1	圆	直立	亚	灰	紫	75.0	披针	21.5	40.3	
春	5/上—9/上	116	黄	黄	黄	21.0	圆	直立	亚	灰	紫	90.0	披针	22.9	38.1	
春	5/上—9/上	118	黄	黄	黄	25.4	圆	直立	亚	灰	紫	80.0	椭圆	23.2	38.9	
春	5/上—9/上	115	黄	黄	黄	17.8	圆	直立	无	灰	紫	95.0	披针	20.4	40.1	
春	5/上—9/中	121	黄	黄	黄	21.6	圆	直立	亚	灰	紫	80.0	披针	20.6	37.8	
春	5/上—8/下	108	黄	黄	黄	19.0	圆	直立	亚	灰	紫	80.0	披针	20.5	37.7	
春	5/上—9/上	113	黄	黄	黄	24.0	圆	直立	亚	灰	紫	80.0	披针	20.4	39.7	
春	5/上—9/上	118	黄	黄	黄	24.0	圆	直立	亚	灰	紫	75.0	披针	21.2	37.9	
春	5/上—8/中	90	黄	黄	褐	15.0	圆	直立	亚	棕	白	70.0	披针	18.9	43.3	
春	5/上—8/中	95	黄	黄	黄	23.0	圆	直立	亚	灰	紫	70.0	圆形	21.1	37.5	
春	5/上—8/下	105	黄	黄	褐	23.0	圆	直立	亚	灰	紫	65.0	圆形	20.2	40.5	
春	5/上—9/上	115	黄	黄	黄	20.0	圆	直立	亚	灰	白	80.0	披针	19.5	41.1	
春	5/上—9/上	110	黄	黄	黄	20.0	圆	直立	亚	灰	紫	80.0	披针	19.9	41.4	
春	5/上—8/下	100	黄	黄	黄	20.0	圆	直立	亚	灰	紫	76.0	披针	19.0	40.4	
春	5/上—8/下	110	黄	黄	黄	18.0	圆	直立	亚	灰	白	65.0	披针	21.0	40.1	

续表

总编号	品种名称	原产地或来源	保存单位（编号）
ZDD23629	黑河 27	黑龙江省农科院黑河分院有性杂交育成	黑龙江省农科院(黑第 1672)
ZDD23630	黑河 28	黑龙江省农科院黑河分院有性杂交育成	黑龙江省农科院(黑第 1673)
ZDD23631	黑河 29	黑龙江省农科院黑河分院有性杂交育成	黑龙江省农科院(黑第 1674)
ZDD23632	黑河 30	黑龙江省农科院黑河分院有性杂交育成	黑龙江省农科院(黑第 1675)
ZDD23633	黑河 31	黑龙江省农科院黑河分院有性杂交育成	黑龙江省农科院(黑第 1676)
ZDD23634	黑农 41	黑龙江省农科院大豆所诱变育成	黑龙江省农科院(黑第 1677)
ZDD23635	黑农 42	黑龙江省农科院大豆所有性杂交育成	黑龙江省农科院(黑第 1678)
ZDD23636	黑农 43	黑龙江省农科院大豆所有性杂交育成	黑龙江省农科院(黑第 1679)
ZDD23637	黑农 44	黑龙江省农科院大豆所有性杂交育成	黑龙江省农科院(黑第 1680)
ZDD23638	黑农 45	黑龙江省农科院大豆所有性杂交育成	黑龙江省农科院(黑第 1681)
ZDD23639	龙小粒豆 1 号	黑龙江省农科院作物育种所有性杂交育成	黑龙江省农科院(黑第 1682)
ZDD23640	龙品 8802-1	黑龙江省农科院作物育种所有性杂交育成	黑龙江省农科院(黑第 1683)
ZDD23641	龙品 9310	黑龙江省农科院作物育种所有性杂交育成	黑龙江省农科院(黑第 1684)
ZDD23642	龙品 9501	黑龙江省农科院作物育种所有性杂交育成	黑龙江省农科院(黑第 1685)
ZDD23643	哈 98-2291	黑龙江省农科院大豆所有性杂交育成	黑龙江省农科院(黑第 1686)
ZDD23644	哈 98-3958	黑龙江省农科院大豆所有性杂交育成	黑龙江省农科院(黑第 1687)
ZDD23645	红丰 11	黑龙江省农垦局红兴隆科研所有性杂交育成	黑龙江省农科院(黑第 1688)
ZDD23646	红丰 12	黑龙江省农垦局红兴隆科研所有性杂交育成	黑龙江省农科院(黑第 1689)
ZDD23647	北丰 14	黑龙江省农垦局北安科研所有性杂交育成	黑龙江省农科院(黑第 1690)
ZDD23648	北丰 15	黑龙江省农垦局北安科研所有性杂交育成	黑龙江省农科院(黑第 1691)
ZDD23649	北丰 16	黑龙江省农垦局北安科研所有性杂交育成	黑龙江省农科院(黑第 1692)
ZDD23650	北疆 1 号	黑龙江北安农校北疆农科所有性杂交育成	黑龙江省农科院(黑第 1693)
ZDD23651	垦丰 5 号	黑龙江省农垦科学院有性杂交育成	黑龙江省农科院(黑第 1694)
ZDD23652	垦丰 6 号	黑龙江省农垦科学院有性杂交育成	黑龙江省农科院(黑第 1695)
ZDD23653	垦丰 7 号	黑龙江省农垦科学院有性杂交育成	黑龙江省农科院(黑第 1696)
ZDD23654	垦丰 8 号	黑龙江省农垦科学院有性杂交育成	黑龙江省农科院(黑第 1697)
ZDD23655	垦丰 9 号	黑龙江省农垦科学院有性杂交育成	黑龙江省农科院(黑第 1698)
ZDD23656	垦丰 10 号	黑龙江省农垦科学院有性杂交育成	黑龙江省农科院(黑第 1699)
ZDD23657	垦丰 11 号	黑龙江省农垦科学院有性杂交育成	黑龙江省农科院(黑第 1700)
ZDD23658	垦鉴豆 1 号	黑龙江省农垦局北安科研所有性杂交育成	黑龙江省农科院(黑第 1701)
ZDD23659	垦鉴豆 14	黑龙江省农垦科学院有性杂交育成	黑龙江省农科院(黑第 1702)
ZDD23660	垦鉴豆 3 号	黑龙江八一农垦大学有性杂交育成	黑龙江省农科院(黑第 1703)

类型	生育月份	生育日数/d	粒色	子叶色	脐色	百粒重/g	粒形	生育习性	结荚习性	茸毛色	花色	植株高度/cm	叶形	脂肪含量/%	蛋白质含量/%	备注
春	5/上—9/上	113	黄	黄	黄	23.0	圆	直立	亚	灰	白	80.0	披针	21.2	38.9	
春	5/上—8/上	85	黄	黄	淡褐	21.8	椭圆	直立	亚	棕	白	70.0	圆形	19.5	44.7	
春	5/上—8/下	106	黄	黄	淡褐	19.4	圆	直立	亚	灰	白	70.0	披针	21.0	40.0	
春	5/上—9/上	110	黄	黄	黄	19.0	圆	直立	亚	灰	紫	75.0	披针	20.0	41.2	
春	5/上—8/下	108	黄	黄	黄	19.3	圆	直立	亚	灰	白	75.0	披针	21.1	38.4	
春	5/上—9/下	130	黄	黄	黄	20.0	圆	直立	亚	灰	白	100.0	披针	20.4	41.7	
春	5/上—9/中	125	黄	黄	黄	20.0	圆	直立	亚	灰	白	90.0	披针	21.1	40.6	
春	5/上—9/上	116	黄	黄	黄	24.0	圆	直立	无	灰	紫	103.0	披针	18.6	45.7	
春	5/上—9/上	115	黄	黄	黄	22.0	圆	直立	亚	灰	白	80.0	圆形	23.0	36.1	
春	5/上—9/上	115	黄	黄	褐	22.5	椭圆	直立	无	灰	白	70.0	披针	23.0	38.1	
春	5/上—9/上	110	黄	黄	黄	9.3	圆	直立	无	灰	白	80.0	披针	18.5	42.3	
春	5/上—9/中	124	黄	黄	淡褐	24.1	椭圆	直立	无	灰	紫	100.0	椭圆	18.4	45.6	
春	5/上—9/中	124	黄	黄	褐	21.8	椭圆	直立	无	棕	紫	90.0	椭圆	18.3	47.3	
春	5/上—9/上	118	黄	黄	褐	21.3	椭圆	直立	亚	棕	紫	90.0	椭圆	18.3	45.1	
春	5/上—9/中	126	黄	黄	黄	20.0	圆	直立	无	灰	紫	100.0	披针	20.0	40.2	
春	5/上—9/上	118	黄	黄	黄	23.5	圆	直立	亚	灰	紫	90.0	披针	19.1	44.7	
春	5/上—9/中	121	黄	黄	黄	19.0	圆	直立	亚	灰	紫	75.0	披针	20.5	39.4	
春	5/上—9/上	115	黄	黄	黄	16.3	圆	直立	亚	灰	白	75.0	披针	22.3	37.6	
春	5/上—9/上	116	黄	黄	黄	19.0	圆	直立	亚	灰	紫	80.0	披针	18.4	43.1	
春	5/上—9/上	110	黄	黄	黄	19.0	圆	直立	亚	灰	白	80.0	披针	19.1	40.2	
春	5/上—9/上	112	黄	黄	黄	20.0	圆	直立	亚	灰	白	80.0	披针	20.4	41.4	
春	5/上—8/中	90	黄	黄	淡褐	21.7	椭圆	直立	亚	灰	紫	67.0	披针	20.3	38.8	
春	5/上—9/中	122	黄	黄	黄	19.0	圆	直立	亚	灰	紫	91.0	披针	19.3	40.9	
春	5/上—9/上	112	黄	黄	黄	18.0	圆	直立	亚	灰	白	66.0	披针	21.0	39.2	
春	5/上—9/上	114	黄	黄	黄	19.0	圆	直立	亚	灰	白	80.0	披针	21.3	38.3	
春	5/上—9/上	116	黄	黄	黄	21.0	圆	直立	亚	灰	紫	83.0	披针	20.8	40.2	
春	5/上—9/上	118	黄	黄	黄	18.0	圆	直立	无	灰	白	80.0	披针	22.8	38.6	
春	5/上—9/上	110	黄	黄	黄	20.8	圆	直立	无	灰	白	80.0	披针	20.8	40.6	
春	5/上—9/上	115	黄	黄	黄	17.6	圆	直立	亚	灰	紫	70.0	披针	20.3	41.4	
春	5/上—8/下	100	黄	黄	淡褐	20.0	圆	直立	亚	灰	白	70.0	披针	19.6	40.9	
春	5/上—9/上	112	黄	黄	黄	22.0	圆	直立	亚	灰	紫	70.0	披针	18.0	42.2	
春	5/上—9/上	112	黄	黄	黄	18.0	圆	直立	亚	灰	紫	80.0	披针	21.7	36.5	

续表

总编号	品种名称	原产地或来源	保存单位（编号）
ZDD23661	垦鉴豆 4 号	黑龙江省农垦局北安科研所有性杂交育成	黑龙江省农科院(黑第 1704)
ZDD23662	垦鉴豆 22	黑龙江省农垦局九三科研所有性杂交育成	黑龙江省农科院(黑第 1705)
ZDD23663	垦鉴豆 7 号	黑龙江八一农垦大学有性杂交育成	黑龙江省农科院(黑第 1706)
ZDD23664	垦鉴豆 15	黑龙江省农垦局九三科研所有性杂交育成	黑龙江省农科院(黑第 1707)
ZDD23665	垦鉴豆 16	黑龙江省农垦局九三科研所有性杂交育成	黑龙江省农科院(黑第 1708)
ZDD23666	垦鉴豆 25	黑龙江省农垦局北安科研所有性杂交育成	黑龙江省农科院(黑第 1709)
ZDD23667	垦鉴豆 26	黑龙江省农垦局北安科研所有性杂交育成	黑龙江省农科院(黑第 1710)
ZDD23668	垦鉴豆 27	黑龙江省农垦局北安科研所有性杂交育成	黑龙江省农科院(黑第 1711)
ZDD23669	垦鉴豆 28	黑龙江省农垦局北安科研所有性杂交育成	黑龙江省农科院(黑第 1712)
ZDD23670	垦农 5 号	黑龙江八一农垦大学有性杂交育成	黑龙江省农科院(黑第 1713)
ZDD23671	垦农 7 号	黑龙江八一农垦大学有性杂交育成	黑龙江省农科院(黑第 1714)
ZDD23672	垦农 8 号	黑龙江八一农垦大学有性杂交育成	黑龙江省农科院(黑第 1715)
ZDD23673	垦农 16	黑龙江八一农垦大学有性杂交育成	黑龙江省农科院(黑第 1716)
ZDD23674	垦农 17	黑龙江八一农垦大学有性杂交育成	黑龙江省农科院(黑第 1717)
ZDD23675	垦农 18	黑龙江八一农垦大学有性杂交育成	黑龙江省农科院(黑第 1718)
ZDD23676	垦农 19	黑龙江八一农垦大学有性杂交育成	黑龙江省农科院(黑第 1719)
ZDD23677	建农 1 号	黑龙江省农垦局建三江科研所有性杂交育成	黑龙江省农科院(黑第 1720)
ZDD23678	九丰 8 号	黑龙江省农垦局九三科研所有性杂交育成	黑龙江省农科院(黑第 1721)
ZDD23679	绥农 15	黑龙江省农科院绥化分院有性杂交育成	黑龙江省农科院(黑第 1722)
ZDD23680	绥农 16	黑龙江省农科院绥化分院有性杂交育成	黑龙江省农科院(黑第 1723)
ZDD23681	绥农 17	黑龙江省农科院绥化分院有性杂交育成	黑龙江省农科院(黑第 1724)
ZDD23682	绥农 18	黑龙江省农科院绥化分院有性杂交育成	黑龙江省农科院(黑第 1725)
ZDD23683	绥农 19	黑龙江省农科院绥化分院有性杂交育成	黑龙江省农科院(黑第 1726)
ZDD23684	绥农 20	黑龙江省农科院绥化分院有性杂交育成	黑龙江省农科院(黑第 1727)
ZDD23685	绥无腥豆 1 号	黑龙江省农科院绥化分院有性杂交育成	黑龙江省农科院(黑第 1728)
ZDD23686	绥小粒豆 1 号	黑龙江省农科院绥化分院有性杂交辐射诱变育成	黑龙江省农科院(黑第 1729)
ZDD23687	绥 98-6074-1	黑龙江省农科院绥化分院有性杂交育成	黑龙江省农科院(黑第 1730)
ZDD23688	绥 98-6227-7	黑龙江省农科院绥化分院有性杂交育成	黑龙江省农科院(黑第 1731)
ZDD23689	绥 99-5069	黑龙江省农科院绥化分院有性杂交育成	黑龙江省农科院(黑第 1732)
ZDD23690	绥 99-7035	黑龙江省农科院绥化分院有性杂交育成	黑龙江省农科院(黑第 1733)
ZDD23691	嫩丰 16	黑龙江省农科院齐齐哈尔分院有性杂交育成	黑龙江省农科院(黑第 1734)
ZDD23692	嫩丰 17	黑龙江省农科院齐齐哈尔分院有性杂交育成	黑龙江省农科院(黑第 1735)

类型	生育月份	生育日数/d	粒色	子叶色	脐色	百粒重/g	粒形	生育习性	结荚习性	茸毛色	花色	植株高度/cm	叶形	脂肪含量/%	蛋白质含量/%	备注
春	5/上—9/上	114	黄	黄	黄	19.0	圆	直立	亚	灰	白	80.0	披针	14.0	41.8	
春	5/上—8/下	105	黄	黄	黄	21.0	圆	直立	亚	灰	白	65.0	披针	19.8	41.3	
春	5/上—9/中	120	黄	黄	黄	20.0	圆	直立	亚	灰	白	90.0	披针	21.2	35.0	
春	5/上—8/下	105	黄	黄	黄	20.0	圆	直立	亚	灰	白	75.0	披针	20.4	37.9	
春	5/上—8/下	105	黄	黄	黄	22.0	圆	直立	亚	灰	白	80.0	披针	18.5	40.3	
春	5/上—9/上	115	黄	黄	黄	20.0	圆	直立	无	灰	紫	100.0	披针	22.1	37.4	
春	5/上—9/上	114	黄	黄	黄	19.0	圆	直立	无	灰	紫	80.0	披针	22.1	38.2	
春	5/上—9/上	112	黄	黄	黄	20.0	圆	直立	无	灰	紫	90.0	披针	21.1	36.8	
春	5/上—9/上	116	黄	黄	黄	20.0	圆	直立	无	灰	紫	90.0	披针	21.4	38.9	
春	5/上—9/上	110	黄	黄	黄	18.9	圆	直立	亚	灰	紫	70.0	披针	21.2	39.9	
春	5/上—9/上	118	黄	黄	黄	18.0	圆	直立	无	灰	紫	120.0	披针	20.3	40.3	
春	5/上—9/上	116	黄	黄	淡褐	23.7	圆	直立	无	灰	紫	110.0	披针	21.6	38.4	
春	5/上—9/上	118	黄	黄	黄	18.0	圆	直立	亚	灰	白	85.0	披针	18.8	41.6	
春	5/上—9/中	120	黄	黄	黄	20.0	圆	直立	亚	灰	紫	80.0	圆形	20.9	38.8	
春	5/上—9/上	115	黄	黄	黄	17.9	圆	直立	亚	灰	白	80.0	圆形	23.2	36.4	
春	5/上—9/上	118	黄	黄	黄	20.0	圆	直立	亚	灰	紫	80.0	披针	23.3	37.7	
春	5/上—9/上	115	黄	黄	淡褐	18.3	圆	直立	亚	灰	白	75.0	披针	20.1	42.9	
春	5/上—8/下	103	黄	黄	黄	20.0	圆	直立	亚	灰	紫	75.0	披针	20.5	38.1	
春	5/上—9/中	120	黄	黄	黄	21.0	圆	直立	无	灰	紫	110.0	披针	20.2	39.2	
春	5/上—9/中	120	黄	黄	黄	23.0	圆	直立	亚	灰	紫	105.0	圆形	20.1	39.8	
春	5/上—9/上	115	黄	黄	黄	21.0	圆	直立	无	灰	紫	97.0	披针	20.6	38.8	
春	5/上—9/上	117	黄	黄	黄	21.8	圆	直立	无	灰	紫	115.0	圆形	21.2	40.3	
春	5/上—9/上	115	黄	黄	黄	23.5	圆	直立	无	灰	白	90.0	披针	20.5	40.4	
春	5/上—9/上	113	黄	黄	黄	21.1	圆	直立	无	灰	白	85.0	披针	23.0	38.0	
春	5/上—9/中	120	黄	黄	黄	18.7	圆	直立	无	灰	白	110.0	披针	19.9	40.8	
春	5/上—9/上	113	黄	黄	黄	10.0	圆	直立	亚	灰	紫	80.0	披针	16.1	46.0	
春	5/上—9/上	116	黄	黄	黄	23.0	圆	直立	亚	灰	紫	75.0	披针	19.7	43.1	
春	5/上—9/中	120	黄	黄	黄	21.0	圆	直立	亚	灰	紫	80.0	披针	20.0	42.9	
春	5/上—9/中	122	黄	黄	黄	19.5	圆	直立	无	灰	白	100.0	披针	19.2	42.9	
春	5/上—9/上	115	黄	黄	黄	23.0	圆	直立	亚	灰	紫	85.0	披针	19.5	43.5	
春	5/上—9/中	120	黄	黄	淡褐	25.6	圆	直立	亚	灰	白	80.0	披针	20.1	41.2	
春	5/上—9/中	126	黄	黄	褐	17.6	圆	直立	无	灰	白	115.0	披针	21.6	39.7	

续表

总编号	品种名称	原产地或来源	保存单位（编号）
ZDD23693	嫩 93064-1	黑龙江省农科院齐齐哈尔分院有性杂交育成	黑龙江省农科院(黑第 1736)
ZDD23694	抗线虫 4 号	黑龙江省农科院大庆分院有性杂交育成	黑龙江省农科院(黑第 1737)
ZDD23695	抗线虫 5 号	黑龙江省农科院大庆分院有性杂交育成	黑龙江省农科院(黑第 1738)
ZDD23696	丰收 23	黑龙江省农科院克山分院有性杂交育成	黑龙江省农科院(黑第 1739)
ZDD23697	克交 88223-1	黑龙江省农科院克山分院有性杂交育成	黑龙江省农科院(黑第 1740)
ZDD23698	克交 97-18	黑龙江省农科院克山分院有性杂交育成	黑龙江省农科院(黑第 1741)
ZDD23699	克交 97-561	黑龙江省农科院克山分院有性杂交育成	黑龙江省农科院(黑第 1742)
ZDD23700	克交 99-578	黑龙江省农科院克山分院有性杂交育成	黑龙江省农科院(黑第 1743)
ZDD23701	东生 1 号	中科院东北地理与农业生态所有性杂交育成	黑龙江省农科院(黑第 1744)
ZDD23702	海 2000-395	中科院东北地理与农业生态所有性杂交育成	黑龙江省农科院(黑第 1745)
ZDD23703	海 96560	中科院东北地理与农业生态所有性杂交育成	黑龙江省农科院(黑第 1746)
ZDD23704	吉林 30	吉林省农科院有性杂交育成	吉林省农科院(公第 2590)
ZDD23705	吉育 39	吉林省农科院有性杂交育成	吉林省农科院(公第 2591)
ZDD23706	吉育 40	吉林省农科院有性杂交育成	吉林省农科院(公第 2592)
ZDD23707	吉育 41	吉林省农科院有性杂交育成	吉林省农科院(公第 2593)
ZDD23708	吉育 42	吉林省农科院有性杂交育成	吉林省农科院(公第 2594)
ZDD23709	吉育 43	吉林省农科院有性杂交育成	吉林省农科院(公第 2595)
ZDD23710	吉育 44	吉林省农科院有性杂交育成	吉林省农科院(公第 2596)
ZDD23711	吉育 45	吉林省农科院有性杂交育成	吉林省农科院(公第 2597)
ZDD23712	吉育 46	吉林省农科院有性杂交育成	吉林省农科院(公第 2598)
ZDD23713	吉育 47	吉林省农科院有性杂交育成	吉林省农科院(公第 2599)
ZDD23714	吉育 48	吉林省农科院有性杂交育成	吉林省农科院(公第 2600)
ZDD23715	吉育 49	吉林省农科院有性杂交育成	吉林省农科院(公第 2601)
ZDD23716	吉育 50	吉林省农科院有性杂交育成	吉林省农科院(公第 2602)
ZDD23717	吉育 51	吉林省农科院有性杂交育成	吉林省农科院(公第 2603)
ZDD23718	吉育 52	吉林省农科院有性杂交育成	吉林省农科院(公第 2604)
ZDD23719	吉育 53	吉林省农科院有性杂交育成	吉林省农科院(公第 2605)
ZDD23720	吉育 54	吉林省农科院有性杂交育成	吉林省农科院(公第 2606)
ZDD23721	吉育 55	吉林省农科院有性杂交育成	吉林省农科院(公第 2607)
ZDD23722	吉育 56	吉林省农科院有性杂交育成	吉林省农科院(公第 2608)
ZDD23723	吉育 57	吉林省农科院有性杂交育成	吉林省农科院(公第 2609)
ZDD23724	吉育 58	吉林省农科院有性杂交育成	吉林省农科院(公第 2610)

类型	生育月份	生育日数/d	粒色	子叶色	脐色	百粒重/g	粒形	生育习性	结荚习性	茸毛色	花色	植株高度/cm	叶形	脂肪含量/%	蛋白质含量/%	备注
春	5/上—9/中	124	黄	黄	褐	16.8	圆	直立	无	灰	白	125.0	披针	21.3	39.8	
春	5/上—9/上	113	黄	黄	褐	19.6	圆	直立	亚	灰	白	70.0	圆形	20.8	38.2	
春	5/上—9/中	120	黄	黄	褐	20.6	圆	直立	亚	灰	紫	80.0	披针	19.8	41.2	
春	5/上—8/上	94	黄	黄	淡褐	17.5	圆	直立	亚	灰	紫	65.0	披针	20.1	38.6	
春	5/上—8/下	106	黄	黄	淡褐	21.6	圆	直立	亚	灰	紫	80.0	圆形	19.4	42.2	
春	5/上—8/下	107	黄	黄	黄	20.6	圆	直立	亚	灰	白	80.0	圆形	21.0	39.6	
春	5/上—8/下	102	黄	黄	黄	17.0	圆	直立	亚	灰	紫	70.0	圆形	19.8	41.2	
春	5/上—8/下	105	黄	黄	黄	12.3	圆	直立	亚	灰	白	82.0	圆形	17.3	48.2	
春	5/上—9/上	116	黄	黄	淡褐	20.8	圆	直立	亚	灰	紫	70.0	披针	20.0	41.3	
春	5/上—8/下	108	黄	黄	淡褐	20.3	圆	直立	亚	灰	白	70.0	披针	18.4	44.5	
春	5/上—9/上	110	黄	黄	黄	21.3	圆	直立	亚	灰	白	75.0	披针	19.5	42.4	
春	4/下—9/中	132	黄	黄	黄	19.0	圆	直立	亚	灰	白	100.0	披针	20.2	40.2	
春	4/下—9/上	128	黄	黄	黄	19.0	圆	直立	亚	灰	紫	90.0	椭圆	22.1	37.8	
春	4/下—8/下	115	黄	黄	黄	21.0	圆	直立	亚	灰	紫	100.0	披针	19.5	45.1	
春	4/下—9/中	130	黄	黄	淡褐	20.0	圆	直立	无	灰	白	90.0	披针	20.3	40.5	
春	4/下—9/上	122	黄	黄	黄	20.0	圆	直立	亚	灰	白	90.0	披针	20.2	40.8	
春	4/下—9/上	120	黄	黄	黄	21.0	圆	直立	亚	灰	紫	70.0	披针	21.4	39.7	
春	4/下—9/上	120	黄	黄	黄	23.0	圆	直立	亚	灰	紫	90.0	椭圆	21.5	41.9	
春	4/下—9/上	125	黄	黄	黄	24.0	圆	直立	亚	灰	紫	100.0	椭圆	20.9	41.4	
春	4/下—9/上	122	黄	黄	黄	20.0	椭圆	直立	亚	灰	白	90.0	披针	20.8	40.6	
春	4/下—9/上	120	黄	黄	黄	22.0	椭圆	直立	亚	灰	白	90.0	椭圆	22.2	40.3	
春	4/下—8/下	116	黄	黄	黄	21.0	圆	直立	亚	灰	紫	100.0	椭圆	22.3	39.9	
春	4/下—9/上	121	黄	黄	黄	22.0	圆	直立	亚	灰	白	100.0	椭圆	20.5	42.7	
春	4/下—9/中	133	黄	黄	黄	18.2	椭圆	直立	亚	灰	白	95.0	披针	18.9	42.7	
春	4/下—9/中	130	黄	黄	淡褐	22.8	椭圆	直立	亚	灰	紫	90.0	披针	19.7	40.9	
春	4/下—9/上	127	黄	黄	黄	25.7	椭圆	直立	亚	灰	紫	90.0	椭圆	20.9	40.2	
春	4/下—9/上	126	黄	黄	黄	20.7	椭圆	直立	亚	灰	白	80.0	椭圆	19.5	42.2	
春	4/下—9/上	120	黄	黄	黄	21.2	椭圆	直立	亚	灰	白	80.0	披针	21.3	40.8	
春	4/下—8/下	119	黄	黄	黄	20.8	椭圆	直立	亚	灰	白	100.0	椭圆	20.8	41.5	
春	4/下—9/上	128	黄	黄	黄	22.9	圆	直立	亚	灰	紫	100.0	披针	20.0	44.2	
春	4/下—9/上	122	黄	黄	黄	21.1	椭圆	直立	亚	灰	紫	95.0	披针	22.4	39.2	
春	4/下—8/下	113	黄	黄	黄	19.3	椭圆	直立	亚	灰	紫	85.0	披针	22.4	37.9	

续表

总编号	品种名称	原产地或来源	保存单位（编号）
ZDD23725	吉育 59	吉林省农科院有性杂交育成	吉林省农科院(公第 2611)
ZDD23726	吉育 60	吉林省农科院有性杂交育成	吉林省农科院(公第 2612)
ZDD23727	吉育 61	吉林省农科院有性杂交育成	吉林省农科院(公第 2613)
ZDD23728	吉育 62	吉林省农科院有性杂交育成	吉林省农科院(公第 2614)
ZDD23729	吉育 63	吉林省农科院有性杂交育成	吉林省农科院(公第 2615)
ZDD23730	吉育 64	吉林省农科院有性杂交育成	吉林省农科院(公第 2616)
ZDD23731	吉育 66	吉林省农科院有性杂交育成	吉林省农科院(公第 2617)
ZDD23732	吉育 67	吉林省农科院有性杂交育成	吉林省农科院(公第 2618)
ZDD23733	吉育 68	吉林省农科院有性杂交育成	吉林省农科院(公第 2619)
ZDD23734	吉育 69	吉林省农科院有性杂交育成	吉林省农科院(公第 2620)
ZDD23735	吉育 70	吉林省农科院有性杂交育成	吉林省农科院(公第 2621)
ZDD23736	吉育 71	吉林省农科院有性杂交育成	吉林省农科院(公第 2622)
ZDD23737	吉育 72	吉林省农科院有性杂交育成	吉林省农科院(公第 2623)
ZDD23738	吉黄 316	吉林省农科院有性杂交育成	吉林省农科院(公第 2624)
ZDD23739	吉黄 334	吉林省农科院有性杂交育成	吉林省农科院(公第 2625)
ZDD23740	吉黄 337	吉林省农科院有性杂交育成	吉林省农科院(公第 2626)
ZDD23741	吉黄 374	吉林省农科院有性杂交育成	吉林省农科院(公第 2627)
ZDD23742	吉黄 436	吉林省农科院有性杂交育成	吉林省农科院(公第 2628)
ZDD23743	吉黄 462	吉林省农科院有性杂交育成	吉林省农科院(公第 2629)
ZDD23744	吉黄 484	吉林省农科院有性杂交育成	吉林省农科院(公第 2630)
ZDD23745	吉黄 506	吉林省农科院有性杂交育成	吉林省农科院(公第 2631)
ZDD23746	吉林小粒 2 号	吉林省农科院有性杂交育成	吉林省农科院(公第 2632)
ZDD23747	吉林小粒 3 号	吉林省农科院有性杂交育成	吉林省农科院(公第 2633)
ZDD23748	吉林小粒 4 号	吉林省农科院有性杂交育成	吉林省农科院(公第 2634)
ZDD23749	吉林小粒 5 号	吉林省农科院有性杂交育成	吉林省农科院(公第 2635)
ZDD23750	吉林小粒 6 号	吉林省农科院有性杂交育成	吉林省农科院(公第 2636)
ZDD23751	吉林小粒 7 号	吉林省农科院有性杂交育成	吉林省农科院(公第 2637)
ZDD23752	吉科豆 1 号	吉林省农科院 DNA 导入育成	吉林省农科院(公第 2638)
ZDD23753	吉科豆 2 号	吉林省农科院 DNA 导入育成	吉林省农科院(公第 2639)
ZDD23754	吉科豆 3 号	吉林省农科院有性杂交育成	吉林省农科院(公第 2640)
ZDD23755	吉科豆 4 号	吉林省农科院有性杂交育成	吉林省农科院(公第 2641)
ZDD23756	吉科豆 5 号	吉林省农科院有性杂交育成	吉林省农科院(公第 2642)

类型	生育月份	生育日数/d	粒色	子叶色	脐色	百粒重/g	粒形	生育习性	结荚习性	茸毛色	花色	植株高度/cm	叶形	脂肪含量/%	蛋白质含量/%	备注
春	4/下—9/上	120	黄	黄	黄	19.5	圆	直立	亚	灰	白	85.0	披针	19.2	44.5	
春	4/下—9/中	132	黄	黄	黄	23.0	椭圆	直立	亚	灰	紫	100.0	披针	21.1	42.1	
春	4/下—9/上	129	黄	黄	黄	21.5	圆	直立	亚	灰	紫	85.0	披针	18.9	40.6	
春	4/下—9/中	130	黄	黄	淡褐	20.6	椭圆	直立	无	灰	白	115.0	披针	19.3	40.9	
春	4/下—9/上	127	黄	黄	黄	23.0	椭圆	直立	亚	灰	白	95.0	椭圆	19.5	45.3	
春	4/下—9/上	120	黄	黄	黄	21.5	椭圆	直立	亚	灰	白	78.0	椭圆	22.1	37.8	
春	4/下—9/上	121	黄	黄	黄	19.9	圆	直立	亚	灰	白	84.0	披针	19.9	42.4	
春	4/下—8/下	115	黄	黄	黄	21.0	椭圆	直立	无	灰	白	75.0	披针	23.6	39.4	
春	4/下—9/中	132	黄	黄	黄	22.0	圆	直立	亚	灰	白	95.0	披针	19.9	41.8	
春	4/下—8/下	116	黄	黄	黄	23.5	圆	直立	亚	灰	紫	90.0	披针	19.2	44.1	
春	4/下—9/中	133	黄	黄	黄	21.0	圆	直立	亚	灰	白	90.0	椭圆	19.7	39.5	
春	4/下—9/上	128	黄	黄	黄	24.3	圆	直立	亚	灰	白	90.0	椭圆	19.5	41.9	
春	4/下—9/中	135	黄	黄	黄	22.0	圆	直立	亚	灰	紫	100.0	椭圆	22.4	41.2	
春	4/下—8/下	118	黄	黄	黄	32.7	椭圆	直立	无	灰	紫	85.0	椭圆	20.3	43.1	
春	4/下—8/中	110	黄	黄	黄	24.2	椭圆	直立	亚	灰	白	70.0	椭圆	21.7	41.5	
春	4/下—8/下	113	黄	黄	黄	26.8	椭圆	直立	亚	灰	紫	70.0	椭圆	20.3	39.5	
春	4/下—9/上	121	黄	黄	黄	25.4	椭圆	直立	亚	灰	紫	65.0	椭圆	20.6	43.2	
春	4/下—9/上	128	黄	黄	黄	32.0	长椭	直立	亚	灰	紫	75.0	椭圆			
春	4/下—9/上	128	黄	黄	黄	37.7	长椭	直立	无	灰	紫	80.0	椭圆			
春	4/下—8/中	109	黄	黄	黄	25.2	椭圆	直立	亚	灰	白	70.0	椭圆	21.7	41.4	
春	4/下—8/下	116	黄	黄	黄	27.6	椭圆	直立	亚	灰	紫	60.0	椭圆	17.5	44.8	
春	4/下—9/上	120	黄	黄	黄	9.5	圆	直立	亚	灰	白	90.0	披针	18.4	44.9	
春	4/下—8/中	110	黄	黄	黄	9.2	圆	直立	亚	灰	紫	75.0	椭圆	16.6	44.6	
春	4/下—8/中	105	黄	黄	黄	8.2	圆	直立	亚	灰	白	80.0	披针	16.8	45.2	
春	4/下—8/下	115	黄	黄	黄	9.8	圆	直立	亚	灰	白	80.0	椭圆	16.5	44.8	
春	4/下—8/下	118	黄	黄	黄	9.0	圆	直立	亚	灰	白	90.0	披针	17.2	45.0	
春	4/下—8/下	115	黄	黄	黄	8.5	圆	直立	亚	灰	白	80.0	披针	18.4	44.4	
春	4/下—9/上	120	黄	黄	黄	23.0	圆	直立	无	灰	紫	80.0	披针	22.5	39.0	
春	4/下—9/中	135	黄	黄	黄	19.0	椭圆	直立	亚	灰	白	108.0	披针	20.4	42.0	
春	4/下—9/上	120	黄	黄	黄	19.9	圆	直立	亚	灰	白	75.0	披针	20.1	40.0	
春	4/下—9/中	132	黄	黄	黄	20.8	圆	直立	亚	灰	白	90.0	披针	20.1	41.5	
春	4/下—9/上	122	黄	黄	黄	19.0	圆	直立	亚	灰	白	73.0	披针	20.8	40.4	

续表

总编号	品种名称	原产地或来源	保存单位（编号）
ZDD23757	吉科豆 6 号	吉林省农科院 DNA 导入育成	吉林省农科院(公第 2643)
ZDD23758	吉科豆 7 号	吉林省农科院有性杂交育成	吉林省农科院(公第 2644)
ZDD23759	吉豆 1 号	吉林省农作物引育中心有性杂交育成	吉林省农科院(公第 2645)
ZDD23760	吉豆 2 号	吉林省农作物引育中心有性杂交育成	吉林省农科院(公第 2646)
ZDD23761	吉豆 3 号	吉林省农作物引育中心有性杂交育成	吉林省农科院(公第 2647)
ZDD23762	九农 18	吉林省吉林市农科院有性杂交育成	吉林省农科院(公第 2648)
ZDD23763	九农 19	吉林省吉林市农科院有性杂交育成	吉林省农科院(公第 2649)
ZDD23764	九农 20	吉林省吉林市农科院有性杂交育成	吉林省农科院(公第 2650)
ZDD23765	九农 22	吉林省吉林市农科院有性杂交育成	吉林省农科院(公第 2651)
ZDD23766	九农 23	吉林省吉林市农科院有性杂交育成	吉林省农科院(公第 2652)
ZDD23767	九农 24	吉林省吉林市农科院有性杂交育成	吉林省农科院(公第 2653)
ZDD23768	九农 25	吉林省吉林市农科院有性杂交育成	吉林省农科院(公第 2654)
ZDD23769	九农 27	吉林省吉林市农科院有性杂交育成	吉林省农科院(公第 2655)
ZDD23770	九农 28	吉林省吉林市农科院有性杂交育成	吉林省农科院(公第 2656)
ZDD23771	九农 29	吉林省吉林市农科院有性杂交育成	吉林省农科院(公第 2657)
ZDD23772	九农 30	吉林省吉林市农科院有性杂交育成	吉林省农科院(公第 2658)
ZDD23773	长农 8 号	吉林长春农科院有性杂交育成	吉林省农科院(公第 2659)
ZDD23774	长农 9 号	吉林长春农科院有性杂交育成	吉林省农科院(公第 2660)
ZDD23775	长农 10 号	吉林长春农科院有性杂交育成	吉林省农科院(公第 2661)
ZDD23776	长农 11	吉林长春农科院有性杂交育成	吉林省农科院(公第 2662)
ZDD23777	长农 12	吉林长春农科院有性杂交育成	吉林省农科院(公第 2663)
ZDD23778	长农 13	吉林长春农科院有性杂交育成	吉林省农科院(公第 2664)
ZDD23779	长农 14	吉林长春农科院有性杂交育成	吉林省农科院(公第 2665)
ZDD23780	长农 15	吉林长春农科院有性杂交育成	吉林省农科院(公第 2666)
ZDD23781	长农 16	吉林长春农科院有性杂交育成	吉林省农科院(公第 2667)
ZDD23782	长农 17	吉林长春农科院有性杂交育成	吉林省农科院(公第 2668)
ZDD23783	吉农 9 号	吉林农业大学有性杂交育成	吉林省农科院(公第 2669)
ZDD23784	吉农 10 号	吉林农业大学有性杂交育成	吉林省农科院(公第 2670)
ZDD23785	吉农 11	吉林农业大学有性杂交育成	吉林省农科院(公第 2671)
ZDD23786	吉农 12	吉林农业大学有性杂交育成	吉林省农科院(公第 2672)
ZDD23787	吉农 13	吉林农业大学有性杂交育成	吉林省农科院(公第 2673)
ZDD23788	吉农 14	吉林农业大学有性杂交育成	吉林省农科院(公第 2674)

类型	生育月份	生育日数/d	粒色	子叶色	脐色	百粒重/g	粒形	生育习性	结荚习性	茸毛色	花色	植株高度/cm	叶形	脂肪含量/%	蛋白质含量/%	备注
春	4/下—9/上	124	黄	黄	黄	19.0	圆	直立	无	灰	紫	95.0	披针	20.7	37.8	
春	4/下—9/中	133	黄	黄	黄	21.5	圆	直立	亚	灰	白	95.0	椭圆	19.6	40.9	
春	4/下—9/上	120	黄	黄	黄	21.5	圆	直立	亚	灰	紫	95.0	椭圆	20.1	39.8	
春	4/下—9/上	128	黄	黄	黄	20.0	圆	直立	亚	灰	紫	80.0	披针	20.9	40.3	
春	4/下—9/中	130	黄	黄	黄	20.0	椭圆	直立	亚	灰	紫	103.0	披针	19.5	40.6	
春	4/下—9/上	122	黄	黄	黄	20.0	圆	直立	亚	灰	白	55.0	披针	20.5	43.3	
春	4/下—9/上	125	黄	黄	黄	18.5	椭圆	直立	亚	灰	白	80.0	披针	20.6	40.5	
春	4/下—9/上	128	黄	黄	黄	20.0	椭圆	直立	亚	灰	紫	100.0	披针	19.3	43.3	
春	4/下—9/中	131	黄	黄	黄	20.7	圆	直立	亚	灰	紫	90.0	椭圆	22.4	42.1	
春	4/下—9/中	130	黄	黄	黄	20.0	圆	直立	亚	灰	白	90.0	披针	19.5	42.0	
春	4/下—9/中	135	黄	黄	黄	22.7	圆	直立	亚	灰	白	100.0	椭圆	20.8	38.1	
春	4/下—9/上	129	黄	黄	黄	21.0	圆	直立	亚	灰	紫	85.0	披针	19.5	42.0	
春	4/下—9/上	128	黄	黄	黄	20.0	圆	直立	亚	灰	白	85.0	椭圆	21.6	40.8	
春	4/下—9/上	124	黄	黄	黄	20.0	椭圆	直立	亚	灰	白	80.0	椭圆	22.8	39.0	
春	4/下—8/下	118	黄	黄	黄	18.0	圆	直立	亚	灰	白	84.0	披针	21.9	39.8	
春	4/下—9/中	130	黄	黄	黄	21.0	椭圆	直立	亚	灰	白	96.0	披针	20.5	40.1	
春	4/下—9/上	127	黄	黄	黄	24.8	长椭	直立	亚	灰	紫	100.0	椭圆	19.3	41.9	
春	4/下—9/中	130	黄	黄	黄	21.8	椭圆	直立	亚	灰	白	95.0	椭圆	18.7	41.2	
春	4/下—9/上	129	黄	黄	黄	22.2	扁圆	直立	亚	灰	紫	95.0	披针	20.6	40.0	
春	4/下—9/中	132	黄	黄	黄	20.0	圆	直立	亚	灰	白	105.0	披针	19.6	38.4	
春	4/下—8/下	115	黄	黄	黄	16.0	圆	直立	亚	灰	紫	90.0	披针	21.6	38.2	
春	4/下—9/中	130	黄	黄	淡褐	20.0	圆	直立	亚	灰	紫	100.0	椭圆	22.3	39.3	
春	4/下—9/上	120	黄	黄	黄	23.0	圆	直立	亚	灰	紫	100.0	椭圆	22.5	41.1	
春	4/下—9/中	130	黄	黄	淡褐	20.0	圆	直立	亚	灰	紫	90.0	披针	21.3	44.1	
春	4/下—9/上	128	黄	黄	黄	21.0	圆	直立	亚	灰	白	90.0	椭圆	23.4	38.5	
春	4/下—9/上	122	黄	黄	黄	18.0	圆	直立	亚	灰	白	83.0	椭圆	22.3	37.5	
春	4/下—9/中	130	黄	黄	黄	22.0	椭圆	直立	亚	灰	白	90.0	椭圆	21.2	42.0	
春	4/下—9/中	132	黄	黄	黄	23.8	圆	直立	亚	灰	白	90.0	椭圆	20.5	40.0	
春	4/下—9/中	131	黄	黄	黄	22.1	圆	直立	亚	灰	紫	95.0	披针	22.7	41.4	
春	4/下—9/中	130	黄	黄	黄	20.4	圆	直立	亚	灰	白	95.0	椭圆	21.4	40.7	
春	4/下—9/上	126	黄	黄	黄	20.0	圆	直立	亚	灰	紫	80.0	椭圆	21.2	37.5	
春	4/下—9/上	129	黄	黄	黄	21.6	椭圆	直立	亚	灰	紫	87.0	椭圆	21.3	37.7	

续表

总编号	品种名称	原产地或来源	保存单位（编号）
ZDD23789	吉农 15	吉林农业大学有性杂交育成	吉林省农科院(公第 2675)
ZDD23790	通农 10 号	吉林通化农科院有性杂交育成	吉林省农科院(公第 2676)
ZDD23791	通农 11	吉林通化农科院有性杂交育成	吉林省农科院(公第 2677)
ZDD23792	通农 13	吉林通化农科院有性杂交育成	吉林省农科院(公第 2678)
ZDD23793	通农 14	吉林通化农科院有性杂交育成	吉林省农科院(公第 2679)
ZDD23794	延农 7 号	吉林延边农科院有性杂交育成	吉林省农科院(公第 2680)
ZDD23795	延农 8 号	吉林延边农科院有性杂交育成	吉林省农科院(公第 2681)
ZDD23796	延农 9 号	吉林延边农科院有性杂交育成	吉林省农科院(公第 2682)
ZDD23797	延农 10 号	吉林延边农科院有性杂交育成	吉林省农科院(公第 2683)
ZDD23798	延农 11	吉林延边农科院有性杂交育成	吉林省农科院(公第 2684)
ZDD23799	白农 4 号	吉林白城农科院有性杂交育成	吉林省农科院(公第 2685)
ZDD23800	白农 6 号	吉林白城农科院有性杂交育成	吉林省农科院(公第 2686)
ZDD23801	白农 7 号	吉林白城农科院有性杂交育成	吉林省农科院(公第 2687)
ZDD23802	白农 8 号	吉林白城农科院有性杂交育成	吉林省农科院(公第 2688)
ZDD23803	白农 9 号	吉林白城农科院有性杂交育成	吉林省农科院(公第 2689)
ZDD23804	白农 10 号	吉林白城农科院有性杂交育成	吉林省农科院(公第 2690)
ZDD23805	平安豆 7 号	吉林平安农科院有性杂交育成	吉林省农科院(公第 2691)
ZDD23806	东师 94-1-1	东北师范大学有性杂交育成	吉林省农科院(公第 2692)
ZDD23807	东师 94-1-2	东北师范大学有性杂交育成	吉林省农科院(公第 2693)
ZDD23808	东师 94-1-5	东北师范大学有性杂交育成	吉林省农科院(公第 2694)
ZDD23809	东师 94-1-7	东北师范大学有性杂交育成	吉林省农科院(公第 2695)
ZDD23810	东师 94-1-8	东北师范大学有性杂交育成	吉林省农科院(公第 2696)
ZDD23811	东师 94-1-9	东北师范大学有性杂交育成	吉林省农科院(公第 2697)
ZDD23812	东师 94-1-10	东北师范大学有性杂交育成	吉林省农科院(公第 2698)
ZDD23813	东师 94-1-11	东北师范大学有性杂交育成	吉林省农科院(公第 2699)
ZDD23814	吉青 66	吉林省农科院有性杂交育成	吉林省农科院(公第 2700)
ZDD23815	吉青 68	吉林省农科院有性杂交育成	吉林省农科院(公第 2701)
ZDD23816	吉黑 61	吉林省农科院有性杂交育成	吉林省农科院(公第 2702)
ZDD23817	吉黑 69	吉林省农科院有性杂交育成	吉林省农科院(公第 2703)
ZDD23818	辽豆 11	辽宁省农科院作物所有性杂交育成	辽宁省农科院(辽 001)
ZDD23819	辽豆 13	辽宁省农科院作物所有性杂交育成	辽宁省农科院(辽 002)
ZDD23820	辽豆 14	辽宁省农科院作物所有性杂交育成	辽宁省农科院(辽 003)

类型	生育月份	生育日数/d	粒色	子叶色	脐色	百粒重/g	粒形	生育习性	结荚习性	茸毛色	花色	植株高度/cm	叶形	脂肪含量/%	蛋白质含量/%	备注
春	4/下—9/中	131	黄	黄	褐	23.0	圆	直立	亚	灰	紫	86.0	椭圆	20.6	39.1	
春	4/下—9/中	130	黄	黄	黄	18.0	圆	直立	有	灰	白	90.0	披针	18.4	46.2	
春	4/下—9/中	130	黄	黄	黄	22.4	圆	直立	有	灰	紫	85.0	披针	16.9	45.8	
春	4/下—9/中	130	黄	黄	黄	28.2	椭圆	直立	亚	灰	白	100.0	披针	19.4	45.5	
春	4/下—9/上	123	黄	黄	黄	9.5	扁圆	直立	有	灰	白	99.0	披针	16.6	45.5	
春	4/下—8/下	115	黄	黄	褐	18.0	圆	直立	亚	灰	紫	80.0	披针	20.2	39.5	
春	4/下—8/下	117	黄	黄	黄	21.0	圆	直立	亚	灰	白	75.0	椭圆	19.5	41.6	
春	4/下—9/上	120	黄	黄	黄	24.6	圆	直立	亚	灰	白	80.0	披针	21.3	40.2	
春	4/下—8/下	117	黄	黄	黄	22.0	圆	直立	亚	灰	紫	90.0	椭圆	20.2	40.9	
春	4/下—8/下	117	黄	黄	黄	20.0	圆	直立	亚	灰	紫	84.0	披针	20.0	41.6	
春	4/下—8/下	115	黄	黄	黄	19.0	圆	直立	无	灰	白	100.0	披针	19.9	42.7	
春	4/下—9/上	124	黄	黄	黄	21.5	长椭	直立	亚	灰	白	95.0	椭圆	16.4	40.5	
春	4/下—9/上	124	黄	黄	黄	18.2	长椭	直立	亚	灰	白	95.0	椭圆	19.3	41.4	
春	4/下—9/上	120	黄	黄	黄	20.1	圆	直立	亚	灰	紫	95.0	披针	19.6	40.5	
春	4/下—8/下	119	黄	黄	褐	18.4	椭圆	直立	无	灰	白	100.0	椭圆	22.3	39.9	
春	4/下—9/上	123	黄	黄	褐	20.4	圆	直立	无	灰	白	130.0	椭圆	20.2	40.8	
春	4/下—9/上	120	黄	黄	黄	18.5	圆	直立	亚	灰	紫	95.0	披针	22.4	37.6	
春	4/下—9/上	126	黄	黄	黄	18.2	椭圆	直立	有	灰	紫	75.0	披针	21.3	41.2	
春	4/下—9/上	125	黄	黄	黄	22.0	圆	直立	有	灰	紫	75.0	披针			
春	4/下—9/上	126	黄	黄	褐	18.0	圆	直立	有	灰	紫	70.0	披针	20.7	41.4	
春	4/下—9/上	126	黄	黄	黄	21.0	圆	直立	有	灰	紫	75.0	披针			
春	4/下—9/上	126	黄	黄	褐	19.0	圆	直立	有	灰	紫	75.0	披针			
春	4/下—9/上	125	黄	黄	黄	20.0	圆	直立	有	灰	白	80.0	披针	21.9	39.6	
春	4/下—9/上	126	黄	黄	黄	24.0	圆	直立	有	灰	白	75.0	披针			
春	4/下—9/上	126	黄	黄	黄	19.0	圆	直立	有	灰	紫	75.0	披针	20.6	40.1	
春	4/下—9/中	133	绿	绿	黄	27.1	圆	直立	亚	灰	白	73.0	椭圆	20.9	43.0	
春	4/下—9/上	125	绿	绿	黄	30.3	圆	直立	有	灰	白	80.0	椭圆	19.9	41.8	
春	4/下—9/中	132	黑	黄	黑	14.0	椭圆	直立	有	灰	紫	90.0	椭圆	19.2	40.1	
春	4/下—9/上	125	黑	黄	黑	14.6	椭圆	直立	有	灰	紫	80.0	椭圆			
春	5/上—9/下	133	黄	黄	黄	25.0	圆	直立	亚	灰	紫	100.8	椭圆	22.8	39.4	
春	5/上—9/下	133	黄	黄	黑	21.0	圆	直立	无	灰	紫	100.8	椭圆	21.5	37.5	
春	5/上—9/下	131	黄	黄	黑	16.0	圆	直立	无	灰	白	101.4	椭圆	22.0	37.5	

续表

总编号	品种名称	原产地或来源	保存单位 （编号）
ZDD23821	辽豆 15	辽宁省农科院作物所有性杂交育成	辽宁省农科院(辽 004)
ZDD23822	辽豆 16	辽宁省农科院作物所有性杂交育成	辽宁省农科院(辽 005)
ZDD23823	辽豆 17	辽宁省农科院作物所有性杂交育成	辽宁省农科院(辽 006)
ZDD23824	辽 8880	辽宁省农科院作物所有性杂交育成	辽宁省农科院(辽 007)
ZDD23825	辽豆 19	辽宁省农科院作物所有性杂交育成	辽宁省农科院(辽 008)
ZDD23826	辽豆 21	辽宁省农科院作物所有性杂交育成	辽宁省农科院(辽 009)
ZDD23827	辽豆 20	辽宁省农科院作物所有性杂交育成	辽宁省农科院(辽 010)
ZDD23828	铁丰 30	辽宁铁岭农科院有性杂交育成	辽宁省农科院(辽 011)
ZDD23829	铁丰 31	辽宁铁岭农科院有性杂交育成	辽宁省农科院(辽 012)
ZDD23830	铁丰 32	辽宁铁岭农科院有性杂交育成	辽宁省农科院(辽 013)
ZDD23831	铁丰 33	辽宁铁岭农科院有性杂交育成	辽宁省农科院(辽 014)
ZDD23832	铁丰 27	辽宁铁岭农科院有性杂交育成	辽宁省农科院(辽 015)
ZDD23833	铁丰 34	辽宁铁岭农科院有性杂交育成	辽宁省农科院(辽 016)
ZDD23834	铁 94078-8	辽宁铁岭农科院有性杂交育成	辽宁省农科院(辽 017)
ZDD23835	铁丰 35	辽宁铁岭农科院有性杂交育成	辽宁省农科院(辽 018)
ZDD23836	铁 95159-1-8	辽宁铁岭农科院有性杂交育成	辽宁省农科院(辽 019)
ZDD23837	铁 95169-1	辽宁铁岭农科院有性杂交育成	辽宁省农科院(辽 020)
ZDD23838	开育 11	辽宁开原农科所有性杂交育成	辽宁省农科院(辽 021)
ZDD23839	开育 12	辽宁开原农科所有性杂交育成	辽宁省农科院(辽 022)
ZDD23840	开 92107-2	辽宁开原农科所有性杂交育成	辽宁省农科院(辽 023)
ZDD23841	锦豆 37	辽宁锦州农科院有性杂交育成	辽宁省农科院(辽 024)
ZDD23842	抚垦 203	辽宁垦丰抚顺种业有限公司育成	辽宁省农科院(辽 025)
ZDD23843	K 新 D115A	辽宁东亚辽北作物所有性杂交育成	辽宁省农科院(辽 026)
ZDD23844	F27-2	辽宁沈阳市法库农科所系选育成	辽宁省农科院(辽 027)
ZDD23845	新育 1 号	辽宁新宾县农科所有性杂交育成	辽宁省农科院(辽 028)
ZDD23846	熊豆 1 号	辽宁农业职业技术学院有性杂交育成	辽宁省农科院(辽 029)
ZDD23847	岫 94-11	辽宁岫岩朝阳乡农科站育成	辽宁省农科院(辽 030)
ZDD23848	辽鲜一号	辽宁省农科院作物所有性杂交育成	辽宁省农科院(辽 031)
ZDD23849	K 新绿	辽宁东亚辽北作物所有性杂交育成	辽宁省农科院(辽 032)
ZDD23850	K 新黑宝	辽宁东亚辽北作物所有性杂交育成	辽宁省农科院(辽 033)
ZDD23851	熊 97-8	辽宁农业职业技术学院育成	辽宁省农科院(辽 034)
ZDD23852	内豆 4 号	内蒙古呼伦贝尔农科所诱变育成	内蒙古呼伦贝尔农科所(呼 001)

类型	生育月份	生育日数/d	粒色	子叶色	脐色	百粒重/g	粒形	生育习性	结荚习性	茸毛色	花色	植株高度/cm	叶形	脂肪含量/%	蛋白质含量/%	备注
春	5/上—9/下	134	黄	黄	黄	27.0	圆	直立	亚	灰	紫	102.6	椭圆	20.5	42.1	
春	5/上—9/下	134	黄	黄	黄	26.0	圆	直立	无	灰	紫	111.8	椭圆	19.3	46.3	
春	5/上—9/中	125	黄	黄	黄	24.0	圆	直立	有	棕	紫	60.0	椭圆	20.4	44.5	
春	5/上—9/下	133	黄	黄	黄	23.0	圆	直立	亚	灰	紫	99.8	椭圆	20.1	41.5	
春	5/上—9/下	132	黄	黄	黄	20.0	圆	直立	亚	灰	紫	101.2	椭圆	21.1	42.5	
春	5/上—9/下	130	黄	黄	黄	20.0	圆	直立	有	灰	紫	112.2	椭圆	21.5	40.8	
春	5/上—9/下	130	黄	黄	黄	30.0	椭圆	直立	无	灰	紫	101.4	椭圆	20.2	45.7	
春	5/上—9/下	131	黄	黄	黄	25.0	圆	直立	有	灰	紫	103.8	椭圆	19.9	45.5	
春	5/上—9/下	132	黄	黄	黑	18.0	圆	直立	无	棕	紫	83.6	椭圆	21.3	42.2	
春	5/上—9/下	133	黄	黄	黄	21.0	圆	直立	无	灰	紫	101.8	椭圆	21.4	42.1	
春	5/上—9/下	131	黄	黄	黄	21.0	圆	直立	亚	灰	紫	103.2	椭圆	19.9	42.6	
春	5/上—9/中	131	黄	黄	黄	22.0	椭圆	直立	有	棕	紫	90.0	椭圆	20.0	42.4	
春	5/上—9/中	129	黄	黄	黄	22.0	圆	直立	有	棕	白	101.6	椭圆	20.5	41.0	
春	5/上—9/下	130	黄	黄	黄	27.0	圆	直立	有	灰	紫	91.0	椭圆			
春	5/上—9/下	135	黄	黄	黄	21.0	圆	直立	有	灰	紫	93.4	椭圆	21.1	41.4	
春	5/上—9/下	133	黄	黄	黄	18.0	圆	直立	有	棕	紫	93.2	披针	21.6	38.7	
春	5/上—9/下	133	黄	黄	黄	17.0	圆	直立	有	灰	紫	80.4	椭圆			
春	5/上—9/中	131	黄	黄	黄	26.0	圆	直立	有	灰	紫	89.0	椭圆	19.7	41.5	
春	5/上—9/中	131	黄	黄	黄	25.0	圆	直立	有	灰	紫	104.2	椭圆	21.3	39.9	
春	5/上—9/中	130	黄	黄	黄	18.0	圆	直立	有	灰	紫	77.6	椭圆	21.0	39.7	
春	5/上—9/中	130	黄	黄	黄	24.0	圆	直立	亚	灰	紫	90.0	卵圆	20.0	45.1	
春	5/上—9/中	125	黄	黄	淡褐	24.0	圆	直立	有	灰	紫	70.8	椭圆	20.6	39.5	
春	5/上—9/中	130	黄	黄	黄	26.0	圆	直立	有	灰	紫	92.8	椭圆	20.2	39.6	
春	5/上—9/下	134	黄	黄	黄	19.0	圆	直立	有	灰	白	108.8	椭圆	20.8	40.5	
春	5/上—9/上	119	黄	黄	黄	18.0	圆	直立	有	灰	白	72.2	椭圆	21.8	38.8	
春	5/上—9/中	126	黄	黄	黄	20.0	椭圆	直立	亚	灰	白	90.0	披针	20.1	44.2	
春	5/上—9/下	136	黄	黄	黄	15.0	圆	直立	有	灰	白	99.2	椭圆	21.5	41.7	
春	5/上—9/上	117	绿	黄	褐	33.5	圆	直立	有	灰	紫	29.6	椭圆	20.8	42.6	
春	5/上—9/中	133	绿	绿	褐	28.0	圆	直立	有	灰	紫	87.2	椭圆	20.1	42.4	
春	5/上—9/上	117	黑	绿	黑	24.0	圆	直立	有	棕	紫	40.0	椭圆	17.4	49.6	
春	5/上—9/下	135	黑	绿	黑	20.0	圆	直立	无	棕	白	131.5	椭圆	18.4	44.4	
春	5/下—9/上	100	黄	黄	黄	19.5	圆	直立	无	灰	白	55.0	披针	21.0	42.0	

续表

总编号	品种名称	原产地或来源	保存单位（编号）
ZDD23853	蒙豆 5 号	内蒙古呼伦贝尔农科所诱变育成	内蒙古呼伦贝尔农科所(呼 002)
ZDD23854	蒙豆 6 号	内蒙古呼伦贝尔农科所有性杂交育成	内蒙古呼伦贝尔农科所(呼 003)
ZDD23855	蒙豆 7 号	内蒙古呼伦贝尔农科所有性杂交育成	内蒙古呼伦贝尔农科所(呼 004)
ZDD23856	蒙豆 9 号	内蒙古呼伦贝尔农科所系选育成	内蒙古呼伦贝尔农科所(呼 005)
ZDD23857	蒙豆 11	内蒙古呼伦贝尔农科所有性杂交育成	内蒙古呼伦贝尔农科所(呼 006)
ZDD23858	蒙豆 12	内蒙古呼伦贝尔农科所有性杂交育成	内蒙古呼伦贝尔农科所(呼 007)
ZDD23859	蒙豆 13	内蒙古呼伦贝尔农科所有性杂交育成	内蒙古呼伦贝尔农科所(呼 008)
ZDD23860	呼交 337	内蒙古呼伦贝尔农科所有性杂交育成	内蒙古呼伦贝尔农科所(呼 009)
ZDD23861	呼交 836	内蒙古呼伦贝尔农科所有性杂交育成	内蒙古呼伦贝尔农科所(呼 010)
ZDD23862	呼交 853	内蒙古呼伦贝尔农科所有性杂交育成	内蒙古呼伦贝尔农科所(呼 011)
ZDD23863	97-79	内蒙古呼伦贝尔农科所有性杂交育成	内蒙古呼伦贝尔农科所(呼 012)
ZDD23864	兴豆 4 号	内蒙古兴安盟农科所诱变育成	内蒙古呼伦贝尔农科所(呼 013)
ZDD23865	团结茶豆	内蒙古	内蒙古呼伦贝尔农科所(呼 014)
ZDD23866	科新 4 号	中科院遗传与发育所化学诱变育成	中国农科院作科所(98)
ZDD23867	科丰 14	中科院遗传与发育所有性杂交育成	中国农科院作科所(99)
ZDD23868	科丰 36	中科院遗传与发育所有性杂交育成	中国农科院作科所(100)
ZDD23869	科 8924-3	中科院遗传与发育所有性杂交育成	中国农科院作科所(101)
ZDD23870	中黄 7 号	中国农科院作科所有性杂交育成	中国农科院作科所(102)
ZDD23871	中黄 8 号	中国农科院作科所有性杂交育成	中国农科院作科所(103)
ZDD23872	中黄 9 号	中国农科院作科所有性杂交育成	中国农科院作科所(104)
ZDD23873	中黄 10 号	中国农科院作科所等有性杂交育成	中国农科院作科所(105)
ZDD23874	中黄 11	中国农科院作科所有性杂交育成	中国农科院作科所(106)
ZDD23875	中黄 12	中国农科院作科所有性杂交育成	中国农科院作科所(107)
ZDD23876	中黄 13	中国农科院作科所有性杂交育成	中国农科院作科所(108)
ZDD23877	中黄 14	中国农科院作科所有性杂交育成	中国农科院作科所(109)
ZDD23878	中黄 15	中国农科院作科所有性杂交育成	中国农科院作科所(110)
ZDD23879	中黄 16	中国农科院作科所有性杂交育成	中国农科院作科所(111)
ZDD23880	中黄 17	中国农科院作科所有性杂交育成	中国农科院作科所(112)
ZDD23881	中黄 18	中国农科院作科所有性杂交育成	中国农科院作科所(113)
ZDD23882	中黄 19	中国农科院作科所有性杂交育成	中国农科院作科所(114)
ZDD23883	中黄 20	中国农科院作科所有性杂交育成	中国农科院作科所(115)
ZDD23884	中黄 21	中国农科院作科所有性杂交育成	中国农科院作科所(116)

类型	生育月份	生育日数/d	粒色	子叶色	脐色	百粒重/g	粒形	生育习性	结荚习性	茸毛色	花色	植株高度/cm	叶形	脂肪含量/%	蛋白质含量/%	备注
春	5/下—9/中	112	黄	黄	黄	20.0	圆	直立	无	灰	白	80.0	披针	20.7	41.8	
春	5/下—9/中	114	黄	黄	黄	11.0	圆	直立	无	灰	紫	72.0	圆形	19.3	41.9	
春	5/下—9/上	99	黄	黄	淡褐	27.0	圆	直立	亚	灰	紫	61.0	圆形	21.2	39.5	
春	5/下—9/上	103	黄	黄	黄	20.0	圆	直立	亚	灰	白	70.0	披针	23.1	38.1	
春	5/下—9/上	101	黄	黄	黄	19.5	圆	直立	亚	灰	白	68.0	披针	17.2	45.3	
春	5/下—9/中	112	黄	黄	黄	21.0	圆	直立	亚	灰	紫	80.0	披针	22.9	38.6	
春	5/下—9/中	118	黄	黄	黄	19.8	圆	直立	无	灰	白	110.0	披针	19.3	43.8	
春	5/下—9/中	110	黄	黄	黄	20.5	圆	直立	亚	灰	白	77.0	披针	21.8	39.6	
春	5/下—9/中	106	黄	黄	黄	19.0	圆	直立	亚	灰	紫	65.0	披针	20.0	42.3	
春	5/下—9/中	115	黄	黄	黄	18.6	圆	直立	亚	灰	白	68.0	披针	19.8	44.3	
春	5/下—9/中	114	黄	黄	黄	8.2	圆	直立	亚	灰	白	65.0	披针	20.4	39.2	
春	5/中—9/中	120	黄	黄	黄	20.5	圆	直立	无	灰	白	105.0	圆形	18.8	36.1	
春	5/下—9/中	110	褐	黄	黄	12.0	扁椭	半直	亚	灰	紫	70.0	圆形			
春	5/上—9/下	136	黄	黄	褐	17.4	椭圆	直立	无	灰	紫	103.0	卵圆	20.6	41.7	
夏	6/中—10/上	105	黄	黄	褐	22.4	圆	直立	有	灰	白	73.0	披针	18.1	45.0	
春	5/上—9/下	139	黄	黄	褐	22.2	椭圆	直立	无	灰	白	104.0	椭圆	19.5	43.8	
春	6/下—10/上	105	黄	黄	黄	18.9	圆	直立	有	灰	白	67.6	椭圆			
夏	6/中—10/上	100	黄	黄	褐	21.4	圆	直立	无	灰	紫	82.0	卵圆	17.4	45.7	
夏	6/中—9/下	97	黄	黄	黑	16.3	椭圆	直立	有	灰	白	90.0	卵圆	19.6	44.7	
夏	6/中—9/下	97	黄	黄	褐	21.0	圆	直立	无	灰	紫	84.0	椭圆	18.1	47.0	
夏	6/中—9/下	96	黄	黄	黑	16.0	扁椭	直立	有	棕	白	78.0	椭圆	18.7	41.5	
夏	6/中—10/上	104	黄	黄	黄	21.7	椭圆	直立	亚	灰	紫	79.0	披针	19.9	42.4	
春	5/上—9/下	134	黄	黄	黄	18.8	圆	直立	亚	灰	白	103.0	椭圆	20.5	42.7	
春	5/上—9/下	133	黄	黄	褐	24.1	椭圆	直立	有	灰	紫	76.0	椭圆	18.7	42.8	
夏	6/中—9/下	94	黄	黄	褐	17.6	圆	直立	有	灰	紫	65.0	披针	21.1	40.8	
夏	6/中—10/上	101	黄	黄	褐	24.7	圆	直立	有	灰	白	79.0	卵圆	21.1	39.4	
夏	6/中—10/上	103	黄	黄	黑	20.5	扁椭	直立	无	灰	紫	97.0	椭圆	19.5	46.0	
夏	6/中—10/上	107	黄	黄	淡褐	18.8	圆	直立	有	灰	紫	81.0	卵圆	20.3	44.1	
夏	6/中—9/下	98	黄	黄	蓝	22.9	扁椭	直立	有	棕	白	47.0	椭圆	19.8	40.0	
夏	6/中—10/上	107	黄	黄	黄	22.7	圆	直立	有	灰	紫	72.0	椭圆	18.0	44.5	
夏	6/中—10/上	100	黄	黄	黄	17.2	椭圆	直立	有	灰	紫	73.0	椭圆	22.7	38.0	
夏	6/中—9/下	99	黄	黄	黄	18.0	圆	直立	亚	灰	白	66.0	圆形	20.5	40.4	

续表

总编号	品种名称	原产地或来源	保存单位（编号）
ZDD23885	中黄 22	中国农科院作科所有性杂交育成	中国农科院作科所(117)
ZDD23886	中黄 23	中国农科院作科所有性杂交育成	中国农科院作科所(118)
ZDD23887	中黄 24	中国农科院作科所有性杂交育成	中国农科院作科所(119)
ZDD23888	中黄 25	中国农科院作科所有性杂交育成	中国农科院作科所(120)
ZDD23889	中黄 26	中国农科院作科所有性杂交育成	中国农科院作科所(121)
ZDD23890	中黄 27	中国农科院作科所有性杂交育成	中国农科院作科所(122)
ZDD23891	中豆 27	中国农科院作科所有性杂交育成	中国农科院作科所(123)
ZDD23892	中豆 28	中国农科院作科所有性杂交育成	中国农科院作科所(124)
ZDD23893	中品 661	中国农科院作科所系选育成	中国农科院作科所(125)
ZDD23894	中品 662	中国农科院作科所有性杂交育成	中国农科院作科所(126)
ZDD23895	中品 95-5117	中国农科院作科所有性杂交育成	中国农科院作科所(127)
ZDD23896	中品 95-5383	中国农科院作科所有性杂交育成	中国农科院作科所(128)
ZDD23897	科新 8 号	中科院遗传与发育所化学诱变育成	中国农科院作科所(129)
ZDD23898	石大豆 1 号	新疆农垦科学院有性杂交育成	新疆农垦科学院(疆垦 001)
ZDD23899	石大豆 2 号	新疆农垦科学院有性杂交育成	新疆农垦科学院(疆垦 002)
ZDD23900	新大豆 1 号	新疆农垦科学院有性杂交育成	新疆农垦科学院(疆垦 003)
ZDD23901	沧豆 4 号	河北沧州农科院有性杂交育成	河北省农科院(851)
ZDD23902	沧豆 5 号	河北沧州农科院有性杂交育成	河北省农科院(852)
ZDD23903	沧 9401	河北沧州农科院有性杂交育成	河北省农科院(853)
ZDD23904	沧 9404	河北沧州农科院有性杂交育成	河北省农科院(854)
ZDD23905	沧 9405	河北沧州农科院有性杂交育成	河北省农科院(855)
ZDD23906	沧 9503	河北沧州农科院有性杂交育成	河北省农科院(856)
ZDD23907	沧 9504	河北沧州农科院有性杂交育成	河北省农科院(857)
ZDD23908	沧 9608	河北沧州农科院有性杂交育成	河北省农科院(858)
ZDD23909	沧 9116	河北沧州农科院有性杂交育成	河北省农科院(859)
ZDD23910	冀豆 15	河北省农科院有性杂交育成	河北省农科院(860)
ZDD23911	冀豆 12-2	河北省农科院有性杂交育成	河北省农科院(861)
ZDD23912	冀豆 12-2、3	河北省农科院有性杂交育成	河北省农科院(862)
ZDD23913	冀豆 12-3	河北省农科院有性杂交育成	河北省农科院(863)
ZDD23914	冀大粒 221	河北省农科院有性杂交育成	河北省农科院(864)
ZDD23915	五星 1 号	河北省农科院有性杂交育成	河北省农科院(865)
ZDD23916	五星 2 号	河北省农科院有性杂交育成	河北省农科院(866)

类型	生育月份	生育日数/d	粒色	子叶色	脐色	百粒重/g	粒形	生育习性	结荚习性	茸毛色	花色	植株高度/cm	叶形	脂肪含量/%	蛋白质含量/%	备注
夏	6/中—10/上	106	黄	黄	淡褐	22.5	圆	直立	亚	灰	紫	88.0	椭圆	17.4	47.1	
夏	6/中—9/下	90	黄	黄	淡褐	20.0	圆	直立	亚	棕	紫	65.0	圆形	20.2	43.1	
夏	6/中—10/上	107	黄	黄	褐	18.4	椭圆	直立	亚	棕	紫	94.0	披针	22.5	38.6	
夏	6/中—10/上	108	黄	黄	褐	22.3	椭圆	直立	亚	灰	紫	92.0	圆形	19.9	43.4	
春	5/上—9/下	137	黄	黄	黄	21.4	椭圆	直立	亚	灰	紫	109.0	椭圆	18.7	43.1	
夏	6/中—10/上	107	黄	黄	淡褐	19.2	圆	直立	有	灰	白	73.0	椭圆	20.1	44.9	
春	5/上—9/下	135	黄	黄	黑	22.0	扁椭	直立	亚	灰	白	105.0	椭圆	20.4	43.0	
夏	6/中—9/下	99	黄	黄	褐	15.9	椭圆	直立	亚	棕	紫	102.0	卵圆	21.5	38.1	
春	5/上—9/下	140	黄	黄	黑	18.2	椭圆	直立	无	棕	白	117.0	椭圆	21.9	41.3	
夏	6/中—10/上	103	黄	黄	褐	19.9	椭圆	直立	亚	棕	白	87.0	卵圆	18.3	43.5	
夏	6/中—10/上	120	黄	黄	淡褐	18.8	椭圆	直立	无	灰	白	138.0	卵圆			
夏	6/中—10/上	120	黄	黄	褐	19.6	椭圆	直立	无	灰	白	133.0	卵圆			
夏	6/中—9/下	102	黄	黄	黄	16.0	椭圆	直立	亚	灰	紫	72.0	椭圆	19.7	43.8	
春	4/下—9/中	132	黄	黄	黄	26.0	椭圆	直立	亚	灰	白	75.0	圆形	23.6	33.9	
春	4/下—9/上	120	黄	黄	黄	19.0	椭圆	直立	亚	灰	紫	93.0	披针	20.1	41.8	
春	4/下—9/上	128	黄	黄	黄	24.0	圆	直立	亚	灰	白	80.0	披针	21.3	41.0	
夏	6/下—9/下	92	黄	黄	褐	20.7	圆	直立	亚	棕	紫	80.0	椭圆	21.2	42.8	
夏	6/下—9/下	98	黄	黄	褐	21.6	椭圆	直立	亚	灰	紫	105.0	卵圆	22.2	39.4	
夏	6/下—9/下	95	黄	黄	褐	18.3	椭圆	直立	亚	棕	紫	105.0	卵圆	21.2	41.6	
夏	6/下—9/下	96	黄	黄	褐	23.2	椭圆	直立	亚	灰	紫	95.0	卵圆	20.4	44.1	
夏	6/下—9/下	95	黄	黄	褐	19.0	椭圆	直立	亚	棕	紫	105.0	卵圆	20.4	42.9	
夏	6/下—9/下	95	黄	黄	褐	21.2	椭圆	直立	亚	灰	紫	95.0	卵圆	20.6	42.4	
夏	6/下—10/上	100	黄	黄	褐	19.9	椭圆	直立	亚	灰	紫	100.0	卵圆	20.7	43.9	
夏	6/下—10/上	105	黄	黄	褐	19.7	椭圆	直立	亚	棕	紫	90.0	卵圆	20.8	42.6	
夏	6/下—10/上	102	黄	黄	淡褐	21.6	圆	直立	亚	灰	紫	105.0	卵圆			
夏	6/下—9/下	98	黄	黄	黄	22.5	椭圆	直立	有	灰	白	70.0	圆形	18.5	45.3	
夏	6/下—10/上	105	黄	黄	黄	22.7	椭圆	直立	亚	灰	紫	67.8	卵圆	19.7	44.4	Lox2 缺失
夏	6/下—10/上	109	黄	黄	黄	21.6	圆	直立	有	灰	紫	58.6	卵圆	19.3	44.9	Lox2、3 缺失
夏	6/下—10/中	110	黄	黄	黄	24.9	椭圆	直立	有	灰	紫	55.5	卵圆	19.0	46.2	Lox3 缺失
夏	6/下—10/中	113	黄	黄	黄	38.5	圆	直立	有	灰	紫	113.0	卵圆			
夏	6/下—10/上	104	黄	黄	褐	19.8	椭圆	直立	亚	棕	紫	95.2	卵圆	19.9	43.0	Lox-2.3
夏	6/下—10/上	102	黄	黄	黑	18.6	圆	直立	亚	棕	紫	97.5	卵圆	22.4	38.2	Lox2 缺失

续表

总编号	品种名称	原产地或来源	保存单位（编号）
ZDD23917	冀黄 13	河北省农科院有性杂交育成	河北省农科院(867)
ZDD23918	冀黄 104	河北省农科院、深县周华龙系选育成	河北省农科院(868)
ZDD23919	99 比 9	河北省农科院有性杂交育成	河北省农科院(869)
ZDD23920	99 比 10	河北省农科院有性杂交育成	河北省农科院(870)
ZDD23921	99 观 27	河北省农科院有性杂交育成	河北省农科院(871)
ZDD23922	99 观 52	河北省农科院有性杂交育成	河北省农科院(872)
ZDD23923	99 鉴 6	河北省农科院有性杂交育成	河北省农科院(873)
ZDD23924	鉴 7	河北省农科院有性杂交育成	河北省农科院(874)
ZDD23925	99 鉴 8	河北省农科院有性杂交育成	河北省农科院(875)
ZDD23926	99 鉴 9	河北省农科院有性杂交育成	河北省农科院(876)
ZDD23927	99 鉴 10	河北省农科院有性杂交育成	河北省农科院(877)
ZDD23928	99 鉴 11	河北省农科院有性杂交育成	河北省农科院(878)
ZDD23929	99 鉴 12	河北省农科院有性杂交育成	河北省农科院(879)
ZDD23930	99 鉴 13	河北省农科院有性杂交育成	河北省农科院(880)
ZDD23931	99 鉴 15	河北省农科院有性杂交育成	河北省农科院(881)
ZDD23932	99 鉴 16	河北省农科院有性杂交育成	河北省农科院(882)
ZDD23933	99nf7	河北省农科院有性杂交育成	河北省农科院(883)
ZDD23934	99nf40	河北省农科院有性杂交育成	河北省农科院(884)
ZDD23935	99nf50	河北省农科院有性杂交育成	河北省农科院(885)
ZDD23936	99nf79 早	河北省农科院有性杂交育成	河北省农科院(886)
ZDD23937	99nf91	河北省农科院有性杂交育成	河北省农科院(887)
ZDD23938	99nf107	河北省农科院有性杂交育成	河北省农科院(888)
ZDD23939	99nf127	河北省农科院有性杂交育成	河北省农科院(889)
ZDD23940	冀豆 12-3L	河北省农科院有性杂交育成	河北省农科院(890)
ZDD23941	nf1	河北省农科院有性杂交育成	河北省农科院(891)
ZDD23942	nf11	河北省农科院有性杂交育成	河北省农科院(892)
ZDD23943	nf36	河北省农科院有性杂交育成	河北省农科院(893)
ZDD23944	冀 nf37	河北省农科院有性杂交育成	河北省农科院(894)
ZDD23945	nf58	河北省农科院有性杂交育成	河北省农科院(895)
ZDD23946	nf102	河北省农科院有性杂交育成	河北省农科院(896)
ZDD23947	nf125	河北省农科院有性杂交育成	河北省农科院(897)
ZDD23948	nf134	河北省农科院有性杂交育成	河北省农科院(898)

类型	生育月份	生育日数/d	粒色	子叶色	脐色	百粒重/g	粒形	生育习性	结荚习性	茸毛色	花色	植株高度/cm	叶形	脂肪含量/%	蛋白质含量/%	备注
夏	6/下—10/上	101	黄	黄	黄	19.2	圆	直立	亚	灰	白	93.8	卵圆	24.1	39.8	
夏	6/下—10/上	100	黄	黄	淡褐	26.2	圆	直立	有	灰	紫	84.6	圆形			
夏	6/下—10/上	109	黄	黄	褐	21.2	椭圆	直立	亚	棕	紫	118.0	卵圆			Lox-2
夏	6/下—10/上	109	黄	黄	褐	18.5	椭圆	直立	亚	棕	紫	133.0	卵圆			Lox-2.3
夏	6/下—10/上	104	黄	黄	褐	17.6	椭圆	直立	亚	棕	紫	102.0	卵圆			Lox-2
夏	6/下—10/上	102	黄	黄	淡褐	17.9	椭圆	直立	亚	棕	紫	113.0	卵圆	22.0	38.3	Lox-2
夏	6/下—10/上	106	黄	黄	褐	21.0	椭圆	直立	亚	棕	紫	119.0	卵圆			Lox-2
夏	6/下—9/下	91	黄	黄	褐	16.0	椭圆	直立	亚	棕	紫	92.0	卵圆			Lox-2.3
夏	6/下—10/上	104	黄	黄	褐	21.8	椭圆	直立	亚	棕	紫	110.0	卵圆			Lox-2.3
夏	6/下—10/上	110	黄	黄	褐	19.6	椭圆	直立	亚	棕	紫	116.0	卵圆			Lox-2.3
夏	6/下—10/上	109	黄	黄	褐	22.5	椭圆	直立	亚	棕	紫	131.0	卵圆			Lox-2
夏	6/下—10/上	109	黄	黄	黑	18.7	圆	直立	亚	棕	紫	128.0	卵圆			Lox-2
夏	6/下—10/上	101	黄	黄	褐	17.9	椭圆	直立	亚	棕	紫	119.0	卵圆			Lox-2.3
夏	6/下—9/下	96	黄	黄	褐	16.9	椭圆	直立	亚	棕	紫	117.0	卵圆			Lox-2.3
夏	6/下—10/上	109	黄	黄	褐	22.9	椭圆	直立	亚	棕	紫	107.0	卵圆			Lox-2
夏	6/下—10/上	104	黄	黄	褐	21.3	椭圆	直立	亚	棕	紫	119.0	卵圆			Lox-2
夏	6/下—10/上	104	黄	黄	淡褐	21.4	椭圆	直立	亚	灰	白	101.0	卵圆			
夏	6/下—10/上	102	黄	黄	黑	19.8	椭圆	直立	亚	棕	白	93.2	卵圆	22.4	40.3	
夏	6/下—10/上	102	黄	黄	黑	18.9	椭圆	直立	亚	棕	紫	71.0	卵圆			
夏	6/下—10/上	109	黄	黄	淡褐	23.1	圆	直立	无	灰	紫	123.0	卵圆	21.1	42.7	
夏	6/下—10/上	109	黄	黄	淡褐	24.9	圆	直立	亚	灰	紫	94.6	卵圆	20.6	43.5	
夏	6/下—9/下	98	黄	黄	黄	16.7	椭圆	直立	亚	灰	紫	95.0	卵圆			
夏	6/下—10/上	107	黄	黄	褐	17.6	圆	直立	有	灰	白	64.8	卵圆	19.8	43.7	
夏	6/下—10/上	107	黄	黄	黄	23.0	椭圆	直立	亚	灰	紫	70.3	卵圆	18.1	46.1	Lox4 缺失
夏	6/下—9/下	99	黄	黄	蓝	18.2	圆	直立	亚	棕	白	120.0	披针			
夏	6/下—10/上	101	黄	黄	褐	20.1	圆	直立	亚	棕	紫	111.0	披针			
夏	6/下—10/上	103	黄	黄	黑	18.5	圆	直立	亚	棕	白	100.0	椭圆	21.4	41.2	
夏	6/下—9/下	96	黄	黄	黄	20.1	圆	直立	亚	棕	紫	93.0	圆形	20.7	42.3	
夏	6/下—10/上	108	黄	黄	褐	15.4	圆	直立	亚	棕	白	84.2	椭圆	22.1	38.5	
夏	6/下—10/上	101	黄	黄	褐	19.2	椭圆	直立	有	棕	紫	80.4	椭圆	20.6	42.2	
夏	6/下—9/下	99	黄	黄	蓝	14.2	圆	直立	亚	棕	白	100.0	披针			
夏	6/下—9/下	95	黄	黄	黄	24.5	圆	直立	亚	灰	白	97.0	圆形			

续表

总编号	品种名称	原产地或来源	保存单位（编号）
ZDD23949	nf142	河北省农科院有性杂交育成	河北省农科院(899)
ZDD23950	nf207	河北省农科院有性杂交育成	河北省农科院(900)
ZDD23951	nf231	河北省农科院有性杂交育成	河北省农科院(901)
ZDD23952	9724-2	河北省农科院有性杂交育成	河北省农科院(902)
ZDD23953	LD42	河北省农科院轮回选择育成	河北省农科院(903)
ZDD23954	化诱 446	中科院石家庄农业现代化所化学诱变育成	河北省农科院(904)
ZDD23955	化诱 542	中科院石家庄农业现代化所化学诱变育成	河北省农科院(905)
ZDD23956	化诱 4120	中科院石家庄农业现代化所化学诱变育成	河北省农科院(906)
ZDD23957	邯豆 3 号	河北邯郸农科院有性杂交育成	河北省农科院(927)
ZDD23958	邯豆 4 号	河北邯郸农科院有性杂交育成	河北省农科院(928)
ZDD23959	邯豆 5 号	河北邯郸农科院有性杂交育成	河北省农科院(929)
ZDD23960	科选 93	河北唐山农科所系选育成	河北省农科院(930)
ZDD23961	晋豆 29	山西省农科院经作所有性杂交育成	山西省农科院(新-351)
ZDD23962	汾豆 55	山西省农科院经作所有性杂交育成	山西省农科院(新-352)
ZDD23963	汾豆 56	山西省农科院经作所有性杂交育成	山西省农科院(新-353)
ZDD23964	汾豆 57	山西省农科院经作所有性杂交育成	山西省农科院(新-354)
ZDD23965	汾豆 58	山西省农科院经作所有性杂交育成	山西省农科院(新-355)
ZDD23966	汾豆 59	山西省农科院经作所有性杂交育成	山西省农科院(新-356)
ZDD23967	汾豆 61	山西省农科院经作所有性杂交育成	山西省农科院(新-357)
ZDD23968	汾豆 62	山西省农科院经作所有性杂交育成	山西省农科院(新-358)
ZDD23969	汾豆 63	山西省农科院经作所有性杂交育成	山西省农科院(新-359)
ZDD23970	汾豆 65	山西省农科院经作所有性杂交育成	山西省农科院(新-360)
ZDD23971	晋遗 29	山西省农科院遗传所有性杂交育成	山西省农科院(新-361)
ZDD23972	晋遗 30	山西省农科院遗传所有性杂交育成	山西省农科院(新-362)
ZDD23973	晋遗 31	山西省农科院遗传所有性杂交育成	山西省农科院(新-363)
ZDD23974	晋遗 33	山西省农科院遗传所有性杂交育成	山西省农科院(新-364)
ZDD23975	晋遗 34	山西省农科院遗传所有性杂交育成	山西省农科院(新-365)
ZDD23976	晋遗 35	山西省农科院遗传所有性杂交育成	山西省农科院(新-366)
ZDD23977	晋遗 36	山西省农科院遗传所有性杂交育成	山西省农科院(新-367)
ZDD23978	晋遗 37	山西省农科院遗传所有性杂交育成	山西省农科院(新-368)
ZDD23979	晋遗 38	山西省农科院遗传所有性杂交育成	山西省农科院(新-369)
ZDD23980	晋遗 39	山西省农科院遗传所有性杂交育成	山西省农科院(新-370)

类型	生育月份	生育日数/d	粒色	子叶色	脐色	百粒重/g	粒形	生育习性	结荚习性	茸毛色	花色	植株高度/cm	叶形	脂肪含量/%	蛋白质含量/%	备注
夏	6/下—9/下	93	黄	黄	褐	16.6	圆	直立	亚	棕	紫	97.3	圆形			
夏	6/下—10/上	103	黄	黄	褐	19.4	圆	直立	亚	灰	白	91.6	椭圆			
夏	6/下—10/上	108	黄	黄	褐	17.6	圆	直立	亚	棕	白	107.0	圆形			
夏	6/下—10/上	106	黄	黄	淡褐	20.7	椭圆	直立	有	灰	紫	50.2	卵圆			Lox2 缺失
夏	6/下—10/上	109	黄	黄	黑	22.6	椭圆	直立	亚	棕	白	95.0	卵圆	20.7	41.0	
夏	6/下—10/上	101	黄	黄	黑	19.1	圆	直立	亚	棕	紫	92.0	卵圆	18.9	41.9	
夏	6/下—10/上	102	黄	黄	黑	20.0	圆	直立	亚	棕	紫	94.3	卵圆	19.2	42.3	
夏	6/下—10/上	103	黄	黄	黑	18.9	圆	直立	亚	棕	紫	94.0	椭圆	18.9	42.6	
夏	6/下—10/上	100	黄	黄	褐	20.0	圆	直立	亚	灰	紫	80.0	圆形	21.0	41.3	
夏	6/下—10/上	103	黄	黄	黄	18.0	圆	直立	亚	棕	紫	100.0	披针	23.4	39.2	
夏	6/下—10/上	109	黄	黄	褐	23.3	圆	直立	无	棕	紫	98.1	椭圆	22.3	38.9	
夏	6/下—9/下	96	黄	黄	褐	17.7	圆	直立	亚	棕	紫	70.0	圆形	21.2	40.9	
春	5/上—9/下	130	黄	黄	淡褐	18.5	圆	直立	无	棕	紫	70.0	椭圆	22.3	38.2	
春	5/上—9/下	138	黄	黄	褐	20.6	椭圆	直立	无	灰	紫	86.5	披针	19.8	40.3	
春	5/上—9/下	133	黄	绿	黑	23.4	椭圆	直立	无	棕	紫	88.5	椭圆	21.0	41.1	
春	5/上—9/中	128	黄	黄	褐	14.6	椭圆	直立	无	灰	紫	85.2	椭圆	20.5	40.3	
春	5/上—9/下	135	黄	黄	淡褐	15.9	椭圆	直立	无	棕	紫	84.2	椭圆	19.8	40.1	
春	5/上—9/下	136	黄	黄	黑	21.6	椭圆	直立	无	棕	紫	90.0	椭圆	19.5	41.4	
春	5/上—9/下	143	黄	黄	黑	19.0	椭圆	直立	无	棕	紫	90.4	圆形	19.0	40.7	
春	5/上—9/下	141	黄	绿	褐	15.1	扁椭	半直	无	灰	白	121.2	披针	19.3	41.2	
春	5/上—9/下	135	黄	绿	褐	19.5	圆	直立	无	棕	紫	80.5	椭圆	21.1	41.1	
春	5/上—9/中	130	黄	黄	褐	20.2	椭圆	直立	无	棕	紫	67.4	椭圆	20.2	42.5	
春	5/上—9/中	128	黄	黄	淡褐	18.3	椭圆	直立	亚	灰	紫	66.7	卵圆	24.2	45.5	
春	5/上—9/下	131	黄	黄	蓝	22.2	椭圆	直立	亚	棕	紫	65.0	椭圆	22.7	42.6	
春	5/上—9/中	125	黄	黄	褐	18.3	圆	直立	亚	灰	白	80.3	椭圆	23.6	39.2	
春	5/上—9/上	115	黄	黄	黑	17.7	圆	直立	亚	棕	白	74.4	椭圆	23.9	38.1	
春	5/上—9/下	134	黄	黄	深褐	20.9	椭圆	直立	无	棕	紫	80.8	椭圆	20.8	40.6	
春	5/上—9/下	135	黄	黄	深褐	15.5	椭圆	直立	亚	棕	紫	73.4	椭圆	21.8	39.9	
春	5/上—9/下	138	黄	黄	深褐	10.0	椭圆	直立	亚	棕	紫	61.2	椭圆	22.1	41.6	
春	5/上—9/下	136	黄	黄	深褐	18.5	椭圆	直立	亚	棕	紫	66.5	椭圆	21.7	42.2	
春	5/上—9/下	132	黄	黄	褐	12.6	椭圆	直立	有	灰	白	71.7	椭圆	19.5	40.9	
春	5/上—9/下	141	黄	黄	黑	21.3	椭圆	直立	无	棕	紫	96.7	圆形	23.2	41.8	

续表

总编号	品种名称	原产地或来源	保存单位（编号）
ZDD23981	晋遗 40	山西省农科院遗传所有性杂交育成	山西省农科院(新-371)
ZDD23982	晋遗 32	山西省农科院遗传所有性杂交育成	山西省农科院(新-372)
ZDD23983	晋豆 27	山西农业大学有性杂交育成	山西省农科院(新-373)
ZDD23984	晋大 73	山西农业大学有性杂交育成	山西省农科院(新-374)
ZDD23985	晋大 74	山西农业大学有性杂交育成	山西省农科院(新-375)
ZDD23986	晋豆 20	山西省农科院遗传所有性杂交育成	山西省农科院(新-376)
ZDD23987	晋豆 21	山西省农科院经作所有性杂交育成	山西省农科院(新-377)
ZDD23988	晋豆 22	山西省农科院经作所有性杂交育成	山西省农科院(新-378)
ZDD23989	晋豆 23	山西省农科院经作所有性杂交育成	山西省农科院(新-379)
ZDD23990	晋豆 24	山西农业大学有性杂交育成	山西省农科院(新-380)
ZDD23991	晋豆 26	山西农业大学有性杂交育成	山西省农科院(新-381)
ZDD23992	晋豆 28	山西省农科院土肥所诱变育成	山西省农科院(新-382)
ZDD23993	喜豆 2 号	山西昔阳	山西省农科院(新-383)
ZDD23994	喜豆 3 号	山西昔阳	山西省农科院(新-384)
ZDD23995	0258-26	山西省农科院经作所有性杂交育成	山西省农科院(新-385)
ZDD23996	D 90	山西省种子公司系选育成	山西省农科院(新-386)
ZDD23997	太 97-191	山西省农科院作物所系选育成	山西省农科院(新-387)
ZDD23998	太 98-71	山西省农科院作物所有性杂交育成	山西省农科院(新-388)
ZDD23999	临黄 36	山西省农科院小麦所系选育成	山西省农科院(新-389)
ZDD24000	97N+-D11	山西省农科院土肥所氮离子注射法育成	山西省农科院(新-390)
ZDD24001	长豆 001	山西省农科院谷子所系选育成	山西省农科院(新-391)
ZDD24002	晋豆 25	山西省农科院经作所有性杂交育成	山西省农科院(新-392)
ZDD24003	田早 1 号	山西省种子公司系选育成	山西省农科院(新-393)
ZDD24004	田早 2 号	山西省种子公司系选育成	山西省农科院(新-394)
ZDD24005	田早 3 号	山西省种子公司系选育成	山西省农科院(新-395)
ZDD24006	临豆 99-6	山西省农科院小麦所有性杂交育成	山西省农科院(新-396)
ZDD24007	92110-1-1	山西省农科院经作所有性杂交育成	山西省农科院(新-397)
ZDD24008	鲁黄 1 号	山东圣丰种业公司有性杂交育成	山东省农科院(7252)
ZDD24009	8728-1511	山东烟台农科院有性杂交育成	山东省农科院(7253)
ZDD24010	8818-3113	山东烟台农科院有性杂交育成	山东省农科院(7254)
ZDD24011	9003-613	山东烟台农科院有性杂交育成	山东省农科院(7255)
ZDD24012	9204-1221	山东烟台农科院有性杂交育成	山东省农科院(7256)

类型	生育月份	生育日数/d	粒色	子叶色	脐色	百粒重/g	粒形	生育习性	结荚习性	茸毛色	花色	植株高度/cm	叶形	脂肪含量/%	蛋白质含量/%	备注
春	5/上—9/下	143	黄	绿	黑	18.5	椭圆	直立	无	灰	紫	101.6	圆形	21.7	41.1	
春	5/上—9/下	130	黑	黄	黑	23.0	圆	直立	亚	棕	白	75.0	椭圆	21.2	40.5	
春	5/上—9/下	130	黄	绿	褐	20.0	圆	直立	亚	棕	白	100.0	椭圆	21.0	40.6	
春	5/上—9/下	140	黄	绿	黑	18.3	椭圆	直立	无	棕	白	102.6	圆形	19.3	41.0	
春	5/上—9/下	138	黄	绿	黑	20.4	圆	直立	无	棕	白	101.3	椭圆	19.8	44.3	
春	5/上—9/下	140	黄	黄	黑	20.0	圆	直立	无	棕	白	110.0	圆形	17.6	34.1	
春	5/上—9/下	142	黄	黄	褐	16.4	长椭	半直	无	灰	紫	95.6	椭圆	17.9	42.5	
春	5/上—9/下	138	黄	黄	褐	22.1	椭圆	直立	无	棕	紫	86.3	椭圆	18.2	42.1	
春	5/上—9/下	140	黄	黄	黑	24.6	椭圆	直立	无	棕	白	88.7	椭圆	18.5	40.1	
春	5/上—9/中	125	黄	绿	淡褐	22.0	圆	直立	亚	棕	紫	80.0	披针	21.0	39.8	
春	5/上—9/中	125	黄	绿	淡褐	20.0	圆	直立	无	棕	白	95.0	椭圆	19.0	41.0	
春	5/上—9/下	137	黄	绿	黑	17.8	圆	直立	无	棕	白	98.7	椭圆	21.1	37.9	
春	5/上—9/中	120	黄	绿	黄	24.0	圆	直立	无	灰	紫	120.0	卵圆	20.7	38.9	
春	5/上—9/中	120	黄	绿	黄	24.5	圆	直立	无	灰	白	120.0	卵圆	20.4	39.0	
春	5/上—9/下	136	黄	绿	褐	20.0	圆	直立	无	棕	紫	69.2	椭圆	19.9	40.3	
春	5/上—9/中	120	黄	黄	黄	25.0	椭圆	直立	无	棕	紫	90.0	卵圆	21.3	40.5	
春	5/上—9/上	122	黄	黄	黑	24.2	圆	直立	亚	棕	紫	78.1	椭圆	20.8	39.6	
春	5/上—9/上	111	黄	黄	黑	18.9	椭圆	直立	亚	棕	紫	69.2	披针	20.3	38.2	
春	5/上—9/下	135	黄	绿	褐	25.2	圆	直立	无	灰	紫	92.5	圆形	19.5	40.1	
春	5/上—9/下	138	黄	绿	黑	21.5	圆	直立	无	棕	紫	102.4	椭圆	20.7	39.2	
春	5/上—9/下	135	黄	绿	褐	21.3	椭圆	直立	亚	棕	紫	90.2	椭圆	20.1	40.3	
夏	5/上—9/上	115	黄	黄	黑	22.0	圆	直立	无	棕	紫	80.0	圆形	21.8	41.5	
夏	5/上—8/中	90	黄	黄	黄	20.0	圆	直立	亚	灰	紫	50.0	椭圆	20.7	41.3	
夏	5/上—8/中	90	黄	黄	黄	20.0	圆	直立	亚	棕	白	55.0	椭圆	21.5	41.2	
夏	5/上—9/上	110	黄	黄	褐	22.0	圆	直立	无	棕	紫	75.0	圆形	21.8	41.5	
夏	5/上—8/中	95	黄	绿	黄	21.8	圆	直立	有	灰	白	90.0	圆形	19.8	41.6	
夏	5/上—8/中	90	黄	黄	黑	19.5	圆	直立	无	棕	紫	70.0	椭圆	20.5	39.7	
夏	6/中—10/上	111	黄	黄	褐	25.1	椭圆	直立	有	灰	白	77.2	披针	20.9	42.8	
夏	6/下—9/中	89	黄	黄	淡褐	18.5	椭圆	直立	有	灰	白	35.0	椭圆	20.8	42.3	
夏	6/下—9/下	93	黄	黄	褐	18.0	椭圆	直立	有	棕	白	47.0	卵圆	20.4	45.6	
夏	6/下—9/下	95	黄	黄	褐	19.2	圆	直立	有	灰	紫	36.0	卵圆	20.8	43.8	
夏	6/下—9/下	92	黄	黄	黑	18.3	圆	直立	有	棕	白	65.0	卵圆	19.2	44.1	

续表

总编号	品种名称	原产地或来源	保存单位（编号）
ZDD24013	9259-24671	山东烟台农科院有性杂交育成	山东省农科院(7257)
ZDD24014	9525-1311	山东烟台农科院有性杂交育成	山东省农科院(7258)
ZDD24015	圣豆 9 号	山东圣丰种业公司有性杂交育成	山东省农科院(7259)
ZDD24016	9613-112	山东烟台农科院有性杂交育成	山东省农科院(7260)
ZDD24017	9615-4234	山东烟台农科院有性杂交育成	山东省农科院(7261)
ZDD24018	齐黄 27	山东省农科院有性杂交育成	山东省农科院(7262)
ZDD24019	齐黄 28	山东省农科院有性杂交育成	山东省农科院(7263)
ZDD24020	齐黄 29	山东省农科院有性杂交育成	山东省农科院(7264)
ZDD24021	齐黄 30	山东省农科院有性杂交育成	山东省农科院(7265)
ZDD24022	齐黄 31	山东省农科院有性杂交育成	山东省农科院(7266)
ZDD24023	齐黄 32	山东省农科院有性杂交育成	山东省农科院(7267)
ZDD24024	鲁 99-6	山东省农科院有性杂交育成	山东省农科院(7268)
ZDD24025	鲁 99-8	山东省农科院有性杂交育成	山东省农科院(7269)
ZDD24026	鲁 99-9	山东省农科院有性杂交育成	山东省农科院(7270)
ZDD24027	鲁 99-11	山东省农科院有性杂交育成	山东省农科院(7271)
ZDD24028	鲁 99-12	山东省农科院有性杂交育成	山东省农科院(7272)
ZDD24029	鲁 99-15	山东省农科院有性杂交育成	山东省农科院(7273)
ZDD24030	鲁 99-17	山东省农科院有性杂交育成	山东省农科院(7274)
ZDD24031	鲁 93125-1	山东省农科院有性杂交育成	山东省农科院(7275)
ZDD24032	鲁 93747-2	山东省农科院有性杂交育成	山东省农科院(7276)
ZDD24033	济 99304	山东省农科院有性杂交育成	山东省农科院(7277)
ZDD24034	滨职豆 1 号	山东滨州市职业学院有性杂交育成	山东省农科院(7278)
ZDD24035	菏豆 12	山东菏泽农科院有性杂交育成	山东省农科院(7279)
ZDD24036	菏豆 13	山东菏泽农科院有性杂交育成	山东省农科院(7280)
ZDD24037	高丰 1 号	山东金乡大豆研究协会等系选育成	山东省农科院(7281)
ZDD24038	潍豆 6 号	山东潍坊农科院有性杂交育成	山东省农科院(7282)
ZDD24039	齐茶豆 2 号	山东省农科院有性杂交育成	山东省农科院(7283)
ZDD24040	豫豆 24	河南周口农科院有性杂交育成	河南省农科院(627)
ZDD24041	周 D9402-1	河南周口农科院花粉管导入育成	河南省农科院(628)
ZDD24042	周 D9502-6	河南周口农科院花粉管导入育成	河南省农科院(629)
ZDD24043	周 9521-3	河南周口农科院有性杂交育成	河南省农科院(630)
ZDD24044	许豆 3 号	河南许昌农科所有性杂交育成	河南省农科院(631)

类型	生育月份	生育日数/d	粒色	子叶色	脐色	百粒重/g	粒形	生育习性	结荚习性	茸毛色	花色	植株高度/cm	叶形	脂肪含量/%	蛋白质含量/%	备注
夏	6/下—9/下	94	黄	黄	淡褐	18.8	椭圆	直立	有	灰	白	58.0	椭圆	19.1	45.5	
夏	6/下—10/上	105	黄	黄	黑	23.8	椭圆	直立	亚	棕	白	107.0	卵圆	19.9	44.7	
夏	6/上—9/下	105	黄	黄	褐	25.0	椭圆	直立	有	灰	白	75.7	卵圆	20.8	42.8	
夏	6/下—9/下	93	黄	黄	蓝	19.4	椭圆	直立	有	棕	紫	78.0	卵圆	20.3	43.4	
夏	6/下—9/下	92	黄	黄	淡褐	17.7	圆	直立	有	棕	白	68.0	卵圆	19.4	46.0	
夏	6/中—10/上	103	黄	黄	褐	20.0	圆	直立	有	棕	白	70.0	披针	19.2	45.0	
夏	6/中—10/上	102	黄	黄	褐	19.0	椭圆	直立	有	棕	白	77.5	卵圆	22.6	40.0	
夏	6/中—10/上	103	黄	黄	褐	17.2	椭圆	直立	有	棕	紫	67.6	圆形	21.0	42.0	
夏	6/中—9/下	95	黄	黄	深褐	16.0	扁椭	直立	有	棕	白	74.0	圆形	22.8	43.6	
夏	6/中—10/上	109	黄	黄	褐	19.9	扁椭	直立	有	棕	白	74.0	卵圆	22.0	41.9	
夏	6/中—10/上	109	黄	黄	褐	21.0	扁椭	直立	有	棕	白	81.3	卵圆	20.9	40.8	
夏	6/中—10/上	107	黄	黄	褐	18.0	扁椭	直立	有	棕	紫	75.0	卵圆	22.0	46.7	
夏	6/中—10/上	107	黄	黄	褐	20.0	扁椭	直立	有	棕	紫	77.1	卵圆	21.2	46.3	
夏	6/中—10/上	106	黄	黄	褐	16.9	扁椭	直立	有	棕	紫	75.2	卵圆	21.5	42.4	
夏	6/中—10/上	110	黄	黄	褐	18.9	长椭	直立	有	棕	紫	78.5	卵圆	21.5	42.4	
夏	6/中—10/上	111	黄	黄	褐	17.7	椭圆	直立	有	棕	紫	79.1	卵圆	20.2	42.2	
夏	6/中—10/上	106	黄	黄	褐	18.0	扁椭	直立	有	棕	白	70.2	卵圆	22.3	40.4	
夏	6/中—10/上	104	黄	黄	深褐	18.0	扁椭	直立	有	棕	白	76.3	卵圆	22.7	45.1	
夏	6/中—9/下	95	黄	黄	深褐	16.0	椭圆	直立	有	棕	白	69.3	卵圆	20.0	41.0	Lox1 位点异位,Lox2、3 缺失
夏	6/中—10/上	107	黄	黄	褐	18.0	扁椭	直立	有	棕	白	95.0	圆形	22.7	41.2	
夏	6/中—9/下	94	黄	黄	淡褐	17.0	圆	直立	有	灰	白	72.0	椭圆	21.9	41.0	
夏	6/上—9/下	102	黄	黄	褐	19.2	椭圆	直立	亚	棕	紫	103.0	披针	19.7	38.6	
夏	6/上—9/下	101	黄	黄	褐	24.8	椭圆	直立	有	灰	紫	92.0	圆形	18.2	43.2	
夏	6/上—9/下	105	黄	黄	褐	23.3	椭圆	直立	有	灰	紫	67.1	圆形	19.2	40.4	
夏	6/中—10/上	106	黄	黄	黑	17.0	椭圆	直立	有	棕	白	109.0	圆形	21.6	38.6	
夏	6/中—10/上	105	黄	黄	深褐	21.0	圆	直立	有	棕	紫	68.0	卵圆	22.4	38.7	
夏	6/中—9/下	99	褐	黄	褐	15.9	椭圆	直立	有	棕	白	70.0	圆形	18.7	40.8	
夏	6/上—9/下	104	黄	黄	淡褐	23.0	椭圆	直立	有	灰	紫	73.0	卵圆	18.5	45.7	
夏	6/上—9/下	105	黄	黄	褐	23.7	椭圆	直立	有	灰	紫	71.3	椭圆	22.4	40.0	
夏	6/上—10/上	117	黄	黄	褐	21.5	圆	直立	有	灰	白	81.7	圆形	21.4	43.9	
夏	6/上—9/下	110	黄	黄	褐	18.9	圆	直立	有	灰	白	86.3	圆形	20.1	39.3	
夏	6/上—9/下	105	黄	黄	褐	17.0	圆	直立	有	灰	紫	90.0	卵圆	19.8	42.1	

续表

总编号	品种名称	原产地或来源	保存单位（编号）
ZDD24045	柏香 1 号	河南沁阳县柏香镇育成	河南省农科院(632)
ZDD24046	滑豆 20	河南滑县种子公司有性杂交育成	河南省农科院(633)
ZDD24047	驻豆 6 号	河南驻马店农科院有性杂交育成	河南省农科院(634)
ZDD24048	商豆 7 号	河南商丘农科院有性杂交育成	河南省农科院(635)
ZDD24049	郑 9525	河南省农科院有性杂交育成	河南省农科院(636)
ZDD24050	郑 9525-8	河南省农科院有性杂交育成	河南省农科院(637)
ZDD24051	郑交 107	河南省农科院有性杂交育成	河南省农科院(638)
ZDD24052	郑 59	河南省农科院有性杂交育成	河南省农科院(639)
ZDD24053	郑 196	河南省农科院有性杂交育成	河南省农科院(640)
ZDD24054	郑 98005	河南省农科院有性杂交育成	河南省农科院(641)
ZDD24055	郑豆 30	河南省农科院有性杂交育成	河南省农科院(642)
ZDD24056	郑 98130	河南省农科院有性杂交育成	河南省农科院(643)
ZDD24057	豫泛 963	河南黄泛区农场农科所有性杂交育成	河南省农科院(644)
ZDD24058	濮豆 6018	河南濮阳农科院有性杂交育成	河南省农科院(645)
ZDD24059	野选 157	西北农林科技大学系选育成	西北农林科技大学(1076)
ZDD24060	陕豆 125	西北农林科技大学有性杂交育成	西北农林科技大学(1077)
ZDD24061	秦豆 8 号	陕西省农垦科研中心有性杂交育成	西北农林科技大学(1078)
ZDD24062	黄沙豆选	陕西宝鸡农科所系选育成	西北农林科技大学(1079)
ZDD24063	徐豆 9 号	江苏徐州农科院有性杂交育成	江苏徐州农科院(续 38)
ZDD24064	徐豆 10 号	江苏徐州农科院有性杂交育成	江苏徐州农科院(续 39)
ZDD24065	徐豆 11	江苏徐州农科院有性杂交育成	江苏徐州农科院(续 40)
ZDD24066	徐豆 12	江苏徐州农科院有性杂交育成	江苏徐州农科院(续 41)
ZDD24067	徐豆 13	江苏徐州农科院有性杂交育成	江苏徐州农科院(续 42)
ZDD24068	淮豆 3 号	江苏淮阴农科所有性杂交育成	江苏淮阴农科所(405)
ZDD24069	淮豆 6 号	江苏淮阴农科所有性杂交育成	江苏淮阴农科所(406)
ZDD24070	淮 98-50	江苏淮阴农科所有性杂交育成	江苏淮阴农科所(407)
ZDD24071	淮 98-05	江苏淮阴农科所有性杂交育成	江苏淮阴农科所(408)
ZDD24072	淮 98-22	江苏淮阴农科所有性杂交育成	江苏淮阴农科所(409)
ZDD24073	淮 99-02	江苏淮阴农科所有性杂交育成	江苏淮阴农科所(410)
ZDD24074	淮 99-10	江苏淮阴农科所有性杂交育成	江苏淮阴农科所(411)
ZDD24075	淮 99-12	江苏淮阴农科所有性杂交育成	江苏淮阴农科所(412)
ZDD24076	淮 00-08	江苏淮阴农科所有性杂交育成	江苏淮阴农科所(413)

类型	生育月份	生育日数/d	粒色	子叶色	脐色	百粒重/g	粒形	生育习性	结荚习性	茸毛色	花色	植株高度/cm	叶形	脂肪含量/%	蛋白质含量/%	备注
夏	6/上—9/下	103	黄	黄	深褐	14.7	圆	直立	亚	灰	白	92.8	披针			
夏	6/上—9/下	103	黄	黄	褐	21.0	圆	直立	有	灰	紫	85.0	圆形	20.2	45.9	
夏	6/上—9/下	110	黄	黄	褐	17.2	椭圆	直立	有	灰	紫	71.4	卵圆	19.9	42.3	
夏	6/上—10/上	114	黄	黄	褐	19.7	圆	直立	有	灰	紫	97.0	圆形	20.2	42.7	
夏	6/上—9/下	102	黄	黄	褐	18.6	圆	直立	有	灰	紫	63.9	椭圆	18.1	45.3	
夏	6/上—10/上	111	黄	黄	褐	19.3	圆	直立	有	灰	紫	61.6	圆形	17.5	44.2	
夏	6/上—9/下	109	黄	黄	褐	21.0	椭圆	直立	有	灰	紫	74.0	椭圆	20.5	44.4	
夏	6/上—9/下	104	黄	黄	褐	16.9	圆	直立	有	灰	紫	86.0	圆形	22.1	42.6	
夏	6/上—9/下	104	黄	黄	褐	19.0	圆	直立	有	灰	紫	77.1	椭圆	18.7	42.8	
夏	6/上—9/下	106	黄	黄	褐	20.1	圆	直立	有	灰	紫	79.6	椭圆	20.3	43.2	
夏	6/上—10/上	117	黄	黄	褐	21.6	圆	直立	有	灰	紫	89.1	椭圆	19.1	45.4	
夏	6/上—10/上	111	黄	黄	褐	18.8	圆	直立	有	灰	紫	99.6	圆形	18.5	42.5	
夏	6/上—10/上	112	黄	黄	褐	21.4	圆	直立	有	灰	紫	87.7	圆形	20.0	42.1	
夏	6/上—10/上	111	黄	黄	褐	22.6	圆	直立	有	灰	白	87.2	圆形	21.3	43.2	
春/夏	6/上—10/中	135	黄	黄	淡褐	17.8	椭圆	直立	有	灰	白	67.9	披针	19.0	45.2	
夏	6/中—10/上	115	黄	黄	淡褐	22.5	圆	直立	有	灰	白	67.3	圆形	19.6	44.0	
夏	6/上—10/上	115	黄	黄	褐	18.9	椭圆	直立	亚	棕	紫	87.3	椭圆	21.9	44.3	
夏	6/中—10/上	115	黄	黄	黑	19.4	椭圆	直立	亚	棕	紫	86.4	披针	21.3	43.7	
夏	6/中—9/下	96	黄	黄	褐	23.5	扁椭	直立	有	灰	白	70.0	卵圆	18.0	46.3	
夏	6/中—10/上	104	黄	黄	深褐	23.0	椭圆	直立	亚	棕	白	96.3	卵圆	19.7	43.7	
夏	6/中—10/上	104	黄	黄	黑	22.0	椭圆	直立	亚	棕	白	90.0	卵圆	22.7	39.4	
夏	6/中—10/上	102	黄	黄	褐	20.0	椭圆	直立	亚	棕	白	90.0	卵圆	21.9	41.4	
夏	6/中—10/上	106	黄	黄	褐	21.5	扁椭	直立	亚	棕	白	85.0	卵圆	21.3	40.0	
夏	6/中—10/上	101	黄	黄	淡褐	22.0	椭圆	直立	亚	灰	紫	68.3	卵圆	19.3	41.5	
夏	6/中—10/上	105	黄	黄	淡褐	22.5	椭圆	直立	有	灰	紫	52.3	卵圆	21.2	41.9	
夏	6/中—10/上	106	黄	黄	淡褐	28.5	椭圆	直立	有	灰	紫	78.5	卵圆	20.7	42.9	
夏	6/中—10/上	107	黄	黄	淡褐	29.7	椭圆	直立	有	灰	白	53.0	披针	20.3	41.3	
夏	6/中—10/上	112	黄	黄	淡褐	19.9	椭圆	直立	有	棕	紫	35.8	卵圆	20.4	41.9	
夏	6/中—10/上	106	黄	黄	淡褐	19.3	椭圆	直立	有	灰	白	32.8	卵圆	20.8	41.7	
夏	6/中—10/上	107	黄	黄	淡褐	15.5	椭圆	直立	有	棕	白	56.0	卵圆	20.1	44.6	
夏	6/中—10/上	108	黄	黄	淡褐	18.9	椭圆	直立	有	灰	白	48.8	卵圆	21.5	42.9	
夏	6/中—10/上	106	黄	黄	淡褐	19.2	椭圆	直立	有	棕	紫	42.9	卵圆	21.1	40.7	

续表

总编号	品种名称	原产地或来源	保存单位（编号）
ZDD24077	涟水大粒豆	江苏淮阴农科所有性杂交育成	江苏淮阴农科所(414)
ZDD24078	泗豆 288	江苏泗阳棉花原种场有性杂交育成	江苏淮阴农科所(415)
ZDD24079	泗豆 13	江苏泗阳棉花原种场有性杂交育成	江苏淮阴农科所(416)
ZDD24080	泗豆 520	江苏泗阳棉花原种场有性杂交育成	江苏淮阴农科所(418)
ZDD24081	东辛 2 号	江苏东辛农场农科所有性杂交育成	江苏淮阴农科所(417)
ZDD24082	东辛 9712	江苏东辛农场农科所有性杂交育成	江苏淮阴农科所(419)
ZDD24083	苏豆 4 号	江苏省农科院经作所有性杂交育成	江苏省农科院(宁 66)
ZDD24084	苏豆 6 号(苏鲜 1 号)	江苏省农科院蔬菜所有性杂交育成	江苏省农科院(宁 67)
ZDD24085	苏鲜 3 号	江苏省农科院有性杂交育成	江苏省农科院(宁 68)
ZDD24086	苏豆 5 号(苏鲜 4 号)	江苏省农科院蔬菜所有性杂交育成	江苏省农科院(宁 69)
ZDD24087	绿领 1 号	江苏南京绿领种业公司系选育成	江苏省农科院(宁 70)
ZDD24088	早生翠鸟	江苏省农科院系选育成	江苏省农科院(宁 71)
ZDD24089	黑脐豆	江苏省农科院	江苏省农科院(宁 72)
ZDD24090	南农 98-8	南京农业大学有性杂交育成	江苏省农科院(宁 73)
ZDD24091	通豆 3 号	江苏沿江地区农科所有性杂交育成	江苏省农科院(宁 74)
ZDD24092	苏早 1 号	江苏省农科院蔬菜所系选育成	江苏省农科院(宁 75)
ZDD24093	涟水黑豆	江苏淮阴	江苏省农科院(宁 76)
ZDD24094	淮阴乌豆	江苏淮阴	江苏省农科院(宁 77)
ZDD24095	淮(黑)豆 5 号	江苏淮阴农科所系选育成	江苏省农科院(宁 78)
ZDD24096	乌皮青仁豆	江苏南通	江苏省农科院(宁 79)
ZDD24097	合 509	安徽省农科院作物所系选育成	安徽省农科院(M1200)
ZDD24098	蒙 96-10	安徽省农科院作物所有性杂交育成	安徽省农科院(M1197)
ZDD24099	蒙 96-13	安徽省农科院作物所有性杂交育成	安徽省农科院(M1198)
ZDD24100	六青丰	安徽	安徽省农科院(M1201)
ZDD24101	皖豆 16	安徽省农科院作物所等有性杂交育成	安徽省农科院(M1189)
ZDD24102	皖豆 17	安徽宿县地区紫芦湖良种场有性杂交育成	安徽省农科院(M0287)
ZDD24103	皖豆 19	安徽省农科院作物所有性杂交育成	安徽省农科院(M0294)
ZDD24104	皖豆 21	安徽省农科院作物所有性杂交育成	安徽省农科院(M1190)
ZDD24105	早熟 1 号	安徽	安徽省农科院(M0235)
ZDD24106	合豆 1 号	安徽省农科院作物所有性杂交育成	安徽省农科院(M1191)
ZDD24107	蒙 90-31-25	安徽省农科院作物所有性杂交育成	安徽省农科院(M1202)
ZDD24108	蒙 90-32	安徽省农科院作物所有性杂交育成	安徽省农科院(M0249)

类型	生育月份	生育日数/d	粒色	子叶色	脐色	百粒重/g	粒形	生育习性	结荚习性	茸毛色	花色	植株高度/cm	叶形	脂肪含量/%	蛋白质含量/%	备注
夏	6/中—11/上	135	黄	黄	淡褐	41.1	椭圆	直立	有	灰	紫	42.8	卵圆	20.1	46.1	
夏	6/中—10/上	103	黄	黄	深褐	20.6	椭圆	直立	亚	棕	紫	64.3	卵圆	17.7	48.1	
夏	6/中—10/上	109	黄	黄	深褐	23.5	椭圆	直立	有	棕	紫	40.8	卵圆	21.2	41.4	
夏	6/上—9/下	105	黄	黄	黑	21.0	椭圆	直立	亚	棕	紫	87.3	卵圆	19.2	39.2	
夏	6/上—9/下	107	黄	黄	淡褐	24.3	椭圆	直立	有	棕	紫	55.0	卵圆	21.6	41.6	
夏	6/上—9/下	105	黄	黄	淡褐	23.2	椭圆	直立	亚	棕	白	88.5	卵圆	21.7	41.9	
夏	6/中—10/中	123	黄	绿	淡褐	23.3	椭圆	直立	有	灰	白	87.2	椭圆	19.9	44.3	
夏	6/中—9/下	100	黄	黄	褐	63.8	圆	直立	有	灰	紫	68.5	卵圆			鲜粒重
春	3/下—6/下	84	绿	绿	淡褐	59.2	椭圆	直立	有	灰	白	35.1	卵圆	21.9	40.4	鲜粒重
春	3/下—6/下	92	黄	黄	褐	65.0	圆	直立	有	灰	紫	42.2	卵圆	19.5	46.8	鲜粒重
春	3/下—6/下	92	绿	黄	淡褐	64.1	圆	直立	有	灰	白	28.7	卵圆	21.1	43.7	鲜粒重
春	3/下—6/下	84	绿	绿	淡褐	63.8	椭圆	直立	有	灰	白	41.6	卵圆	19.0	48.3	鲜粒重
春	3/下—6/下	89		绿	淡褐	61.3	圆	直立	有	灰	紫	43.0	卵圆			鲜粒重
夏	6/中—10/下	120	黄	绿	淡褐	18.6	椭圆	直立	有	灰	紫	94.2	椭圆			
夏	6/中—10/下	125	黄	绿	淡褐	22.1	椭圆	直立	有	灰	白	92.5	卵圆	19.2	43.7	
春	4/上—7/上	85	绿	绿	淡褐	70.7	椭圆	直立	有	灰	白	27.3	卵圆	21.0	41.3	鲜粒重
夏	6/上—10/上	112	黑	黄	黑	33.8	椭圆	直立	有	棕	紫	35.0	卵圆	19.6	47.6	
夏	6/上—10/上	111	黑	绿	黑	39.8	椭圆	直立	有	棕	紫	72.8	卵圆	18.9	47.9	
夏	6/上—10/上	128	黑	绿	黑	21.3	椭圆	直立	有	灰	白	97.5	卵圆	18.9	44.1	
夏	6/上—10/中	137	黑	绿	黑	29.6	椭圆	直立	有	灰	紫	77.2	卵圆			
夏	6/上—9/中	100	黄	黄	淡褐	26.0	椭圆	直立	有	灰	紫	90.0	椭圆	18.7	44.9	
夏	6/上—9/中	101	黄	黄	褐	20.0	椭圆	直立	有	灰	紫	90.0	披针			
夏	6/上—9/中	103	黄	黄	淡褐	19.0	椭圆	直立	有	灰	紫	85.0	椭圆	20.1	45.0	
夏	6/上—9/中	100	绿	黄	淡褐	18.0	圆	直立	有	灰	紫	70.0	椭圆	19.7	43.0	
夏	6/上—9/中	100	黄	黄	淡褐	22.0	圆	直立	亚	灰	紫	96.0	椭圆	21.4	45.1	
夏	6/上—9/中	104	黄	黄	淡褐	16.0	椭圆	直立	有	灰	紫	85.0	椭圆	20.5	40.1	
夏	6/上—9/中	101	黄	黄	淡褐	17.0	椭圆	直立	有	灰	紫	75.0	椭圆	18.2	46.0	
夏	6/上—9/中	102	黄	黄	黑	22.0	圆	直立	有	棕	白	100.0	椭圆	21.7	43.9	
夏	6/上—9/中	94	黄	黄	淡褐	20.0	椭圆	直立	有	灰	紫	75.0	椭圆			
夏	6/上—9/中	97	黄	黄	淡褐	18.0	椭圆	直立	有	灰	紫	80.0	椭圆	20.4	41.6	
夏	6/上—9/中	103	黄	黄	淡褐	19.0	椭圆	直立	有	灰	紫	70.0	椭圆			
夏	6/上—9/中	103	黄	黄	深褐	19.0	椭圆	直立	有	灰	白	78.0	椭圆			

续表

总编号	品种名称	原产地或来源	保存单位 （编号）
ZDD24109	合豆 3 号	安徽省农科院作物所有性杂交育成	安徽省农科院(M1193)
ZDD24110	皖豆 24	安徽省农科院作物所有性杂交育成	安徽省农科院(M1194)
ZDD24111	蒙 91-490	安徽省农科院作物所有性杂交育成	安徽省农科院(M1195)
ZDD24112	蒙 91-190	安徽省农科院作物所有性杂交育成	安徽省农科院(M1196)
ZDD24113	合豆 2 号	安徽省农科院作物所有性杂交育成	安徽省农科院(M1192)
ZDD24114	皖豆 23	安徽涡阳农科所有性杂交育成	安徽省农科院(M1114)
ZDD24115	友谊豆	安徽	安徽省农科院(M0049)
ZDD24116	十月青	安徽	安徽省农科院(M1199)
ZDD24117	中豆 35	中国农科院油料所有性杂交育成	中国农科院油料所(原永 1856)
ZDD24118	油春 01-49	中国农科院油料所有性杂交育成	中国农科院油料所(原永 1857)
ZDD24119	油春 01-52	中国农科院油料所有性杂交育成	中国农科院油料所(原永 1858)
ZDD24120	油 97-3	中国农科院油料所有性杂交育成	中国农科院油料所(原永 1859)
ZDD24121	油 01-63	中国农科院油料所有性杂交育成	中国农科院油料所(原永 1860)
ZDD24122	中豆 33	中国农科院油料所有性杂交育成	中国农科院油料所(原永 1861)
ZDD24123	中豆 34	中国农科院油料所有性杂交育成	中国农科院油料所(原永 1862)
ZDD24124	贡豆 8 号	四川自贡农科所有性杂交育成	四川自贡农科所(1176)
ZDD24125	贡豆 9 号	四川自贡农科所有性杂交育成	四川自贡农科所(1177)
ZDD24126	贡豆 10 号	四川自贡农科所有性杂交育成	四川自贡农科所(1178)
ZDD24127	贡豆 12	四川自贡农科所有性杂交育成	四川自贡农科所(1179)
ZDD24128	贡豆 13	四川自贡农科所有性杂交育成	四川自贡农科所(1180)
ZDD24129	贡豆 15	四川自贡农科所有性杂交育成	四川自贡农科所(1181)
ZDD24130	贡豆 9824	四川自贡农科所有性杂交育成	四川自贡农科所(1182)
ZDD24131	贡豆 9838	四川自贡农科所有性杂交育成	四川自贡农科所(1183)
ZDD24132	贡豆 11	四川自贡农科所有性杂交育成	四川自贡农科所(1184)
ZDD24133	贡豆 14	四川自贡农科所有性杂交育成	四川自贡农科所(1185)
ZDD24134	贡豆 663	四川自贡农科所辐射系选育成	四川自贡农科所(1186)
ZDD24135	贡豆 667	四川自贡农科所辐射系选育成	四川自贡农科所(1187)
ZDD24136	荣县棕毛豆	四川自贡	四川自贡农科所(1188)
ZDD24137	浙春 5 号	浙江省农科院有性杂交育成	浙江省农科院(c-151)
ZDD24138	瑞丰 2 号	浙江省农科院有性杂交育成	浙江省农科院(c-161)
ZDD24139	浙鲜豆 1 号	浙江省农科院有性杂交育成	浙江省农科院(c-154)
ZDD24140	浙 3636	浙江省农科院有性杂交育成	浙江省农科院(c-156)

类型	生育月份	生育日数/d	粒色	子叶色	脐色	百粒重/g	粒形	生育习性	结荚习性	茸毛色	花色	植株高度/cm	叶形	脂肪含量/%	蛋白质含量/%	备注
夏	6/上—9/中	100	黄	黄	淡褐	24.0	圆	直立	有	灰	紫	78.0	圆形	20.3	43.4	
夏	6/上—9/中	101	黄	黄	淡褐	25.0	圆	直立	有	灰	紫	85.0	椭圆	21.2	46.2	
夏	6/上—9/中	102	黄	黄	淡褐	20.0	圆	直立	有	灰	白	80.0	椭圆			
夏	6/上—9/中	100	黄	黄	淡褐	18.0	椭圆	直立	有	灰	紫	90.0	椭圆			
夏	6/上—9/中	101	黄	黄	淡褐	20.0	椭圆	直立	有	灰	紫	80.0	椭圆	20.8	42.2	
夏	6/上—9/中	96	黄	黄	淡褐	24.0	椭圆	直立	有	灰	紫	80.0	披针	19.6	44.0	
夏	6/上—9/下	105	黄	黄	褐	32.0	椭圆	直立	有	棕	紫	78.0	圆形			
夏	6/上—10/上	111	绿	黄	褐	38.0	椭圆	直立	有	灰	紫	95.0	圆形	18.4	48.0	
春	3/下—7/下	114	黄	黄	淡褐	21.0	椭圆	直立	有	灰	白	57.5	椭圆	21.1	43.5	
春	3/下—6/下	89	黄	黄	淡褐	21.1	椭圆	直立	有	灰	白	36.1	椭圆	21.1	41.7	
春	3/下—7/中	110	黄	黄	淡褐	25.8	椭圆	直立	有	灰	白	52.7	椭圆	19.4	44.2	
夏	5/下—10/下	142	黄	黄	淡褐	20.1	椭圆	直立	有	灰	白	102.6	椭圆	19.9	42.9	
夏	5/下—9/下	114	黄	黄	淡褐	23.7	椭圆	直立	有	灰	白	72.0	椭圆	18.1	44.7	
夏	5/下—9/上	102	黄	黄	淡褐	19.7	椭圆	直立	有	灰	白	52.9	椭圆	18.7	46.2	
夏	5/下—9/上	99	黄	黄	淡褐	15.0	椭圆	直立	有	灰	白	67.6	椭圆	19.9	45.9	
春	4/上—7/中	104	黄	黄	黑	23.2	椭圆	直立	有	棕	白	49.6	卵圆	20.1	42.5	
春	4/上—7/中	105	黄	黄	褐	20.8	椭圆	直立	有	灰	白	40.8	卵圆	18.5	43.3	
春	4/上—7/中	102	黄	黄	褐	18.4	椭圆	直立	有	灰	白	54.4	卵圆	15.0	40.6	
春	4/上—7/上	100	黄	黄	褐	23.5	椭圆	直立	有	灰	白	45.1	卵圆	21.6	45.6	
春	4/上—7/中	104	黄	黄	黑	20.8	椭圆	直立	有	棕	紫	59.2	卵圆	20.8	42.4	
春	4/上—7/下	111	黄	黄	褐	20.0	长椭	直立	有	棕	紫	60.0	卵圆	22.2	45.0	
春	4/上—7/下	120	黄	黄	褐	21.9	椭圆	直立	有	棕	紫	58.5	卵圆	18.6	47.8	
春	4/上—8/上	121	黄	黄	褐	17.5	椭圆	直立	有	灰	紫	65.0	卵圆	17.7	45.6	
春	4/上—7/上	99	绿	黄	褐	20.6	椭圆	直立	有	棕	紫	49.9	卵圆	21.6	43.9	
春	4/上—7/下	119	绿	黄	深褐	20.2	椭圆	直立	有	棕	紫	61.6	卵圆	20.7	47.8	
春	4/上—10/下	206	黄	黄	褐	22.3	椭圆	直立	有	灰	白	90.6	椭圆	17.9	48.3	
春	4/上—10/下	210	黄	黄	褐	22.3	椭圆	直立	有	灰	白	58.8	椭圆			
春	4/上—10/下	200	黄	黄	黑	19.0	椭圆	直立	有	棕	白	86.0	卵圆	17.9	48.6	
春	4/上—7/下	100	黄	黄	淡褐	20.0	椭圆	直立	亚	灰	白	55.0	卵圆	20.9	46.8	
春	4/上—7/中	90	黄	黄	黄	30.0	圆	直立	有	灰	白	57.5	卵圆			
春	4/上—7/下	103	黄	黄	黄	32.0	圆	直立	有	灰	白	40.0	卵圆	17.1	40.9	
春	4/上—7/下	102	黄	黄	黑	21.0	椭圆	直立	有	棕	白	60.0	椭圆	17.7	50.0	

续表

总编号	品种名称	原产地或来源	保存单位（编号）
ZDD24141	浙 9703	浙江省农科院有性杂交育成	浙江省农科院(c-162)
ZDD24142	9813	浙江省农科院有性杂交育成	浙江省农科院(c-163)
ZDD24143	9814	浙江省农科院有性杂交育成	浙江省农科院(c-155)
ZDD24144	华春 18	浙江大学农学院有性杂交育成	浙江省农科院(c-152)
ZDD24145	台湾 75(Ryokkoh 75)	浙江省农科院引进	浙江省农科院(c-158)
ZDD24146	春丰早	浙江农业新品种引进开发中心引进	浙江省农科院(c-159)
ZDD24147	浙鲜豆 3 号	浙江省农科院有性杂交育成	浙江省农科院(c-153)
ZDD24148	引豆 9701	浙江省农业厅农作物管理局引进	浙江省农科院(c-157)
ZDD24149	瑞丰 1 号	浙江省农科院系选育成	浙江省农科院(c-160)
ZDD24150	浙秋豆 1 号	浙江省农科院有性杂交育成	浙江省农科院(Q-385)
ZDD24151	浙秋豆 2 号	浙江省农科院有性杂交育成	浙江省农科院(Q-388)
ZDD24152	浙秋豆 3 号	浙江省农科院有性杂交育成	浙江省农科院(Q-389)
ZDD24153	丽秋 2 号	浙江丽水农科所辐射育成	浙江省农科院(Q-386)
ZDD24154	夏绿	浙江省农科院引进	浙江省农科院(x-499)
ZDD24155	A1761	浙江省农科院有性杂交育成	浙江省农科院(x-498)
ZDD24156	衢秋 2 号	浙江衢州农科所有性杂交育成	浙江省农科院(Q-387)
ZDD24157	衢鲜 1 号	浙江衢州农科所有性杂交育成	浙江省农科院(Q-390)
ZDD24158	毛豆 24	福建三明	福建三明农科所(32043)
ZDD24159	福吉 181	福建福州	福建三明农科所(32044)
ZDD24160	福豆 310	福建省农科院有性杂交育成	福建三明农科所(32045)
ZDD24161	福豆 234	福建省农科院有性杂交育成	福建三明农科所(32046)
ZDD24162	长校八月黄	福建三明	福建三明农科所(32047)
ZDD24163	东华八月白	福建三明	福建三明农科所(32048)
ZDD24164	秋毛豆 1 号	福建三明	福建三明农科所(32049)
ZDD24165	毛豆 20	福建三明	福建三明农科所(32050)
ZDD24166	山豆	福建三明	福建三明农科所(32051)
ZDD24167	松溪黄小粒	福建三明	福建三明农科所(32052)
ZDD24168	八月黄	福建三明	福建三明农科所(32053)
ZDD24169	黄大豆	福建三明	福建三明农科所(32054)
ZDD24170	珍珠黄	福建三明	福建三明农科所(32055)
ZDD24171	黄白豆	福建三明	福建三明农科所(32056)
ZDD24172	八月黄	福建三明	福建三明农科所(32057)

类型	生育月份	生育日数/d	粒色	子叶色	脐色	百粒重/g	粒形	生育习性	结荚习性	茸毛色	花色	植株高度/cm	叶形	脂肪含量/%	蛋白质含量/%	备注
春	4/上—7/下	105	黄	黄	淡褐	21.0	椭圆	直立	亚	棕	白	60.0	椭圆		45.0	
春	4/上—7/中	97	黄	黄	黄	28.0	椭圆	直立	有	灰	白	60.0	椭圆			
春	4/上—7/中	95	黄	黄	黄	32.0	圆	直立	有	灰	白	40.0	椭圆	18.2	46.0	
春	3/下—6/下	90	黄	黄	黄	22.0	椭圆	直立	有	灰	白	40.0	椭圆	19.2	41.7	
春	4/上—7/下	100	绿	黄	淡褐	35.0	圆	直立	有	灰	白	67.0	卵圆	18.6	40.7	
春	4/上—7/上	90	绿	黄	淡褐	33.0	椭圆	直立	有	灰	白	35.0	卵圆	16.5	35.9	
春	4/上—7/中	95	绿	黄	黄	33.0	圆	直立	有	灰	白	55.0	卵圆			
春	4/上—7/上	85	绿	黄	淡褐	33.5	圆	直立	有	灰	白	33.0	卵圆	21.6	38.8	
春	4/上—7/下	100	褐	黄	褐	35.0	圆	直立	有	灰	白	65.0	卵圆	14.8	41.4	
秋	7/下—11/上	100	黄	黄	褐	24.0	椭圆	直立	有	灰	紫	60.0	卵圆	16.0	47.9	
秋	7/下—11/上	95	黄	黄	褐	27.9	圆	直立	有	灰	紫	49.4	卵圆	18.7	43.0	
秋	7/下—11/上	98	黄	黄	褐	30.7	椭圆	直立	有	灰	白	45.2	卵圆	18.3	46.6	
秋	7/下—11/上	110	黄	黄	淡褐	32.4	圆	直立	亚	灰	紫	60.0	卵圆	20.4	41.5	
夏	6/中—9/下	95	绿	黄	褐	30.0	圆	直立	有	灰	白	70.0	圆形			
夏	6/下—10/中	110	绿	黄	褐	32.0	椭圆	直立	有	灰	紫	70.0	卵圆	17.2	44.8	
秋	7/下—11/上	102	绿	黄	淡褐	31.0	椭圆	直立	有	灰	紫	54.8	椭圆	18.7	47.5	
秋	7/下—11/上	98	绿	黄	淡褐	34.6	椭圆	直立	有	灰	白	43.0	椭圆	17.9	46.1	
春	3/中—6/下	87	黄	黄	褐	18.6	椭圆	直立	有	棕	紫	36.3	卵圆	19.2	42.6	
春	3/中—6/下	89	黄	黄	褐	25.1	椭圆	直立	有	棕	白	50.1	椭圆	17.6	42.0	
春	3/中—6/下	91	黄	黄	褐	22.3	椭圆	直立	有	棕	紫	58.6	椭圆	18.5	46.0	
春	3/中—6/下	91	黄	黄	褐	23.5	椭圆	直立	有	棕	紫	56.5	椭圆	17.7	46.3	
夏	6/上—9/上	93	黄	黄	褐	19.2	椭圆	直立	有	灰	紫	41.6	卵圆			
夏	6/上—9/上	92	黄	黄	淡褐	23.9	椭圆	直立	有	灰	紫	53.3	卵圆			
夏	6/上—9/上	93	黄	黄	褐	29.1	椭圆	直立	有	灰	白	48.2	卵圆			
夏	6/上—9/上	95	黄	黄	褐	25.5	椭圆	直立	有	棕	紫	47.8	卵圆			
夏	6/上—9/上	94	黄	黄	深褐	17.1	椭圆	直立	有	棕	白	51.8	椭圆			
夏	6/上—9/中	99	黄	黄	褐	17.4	椭圆	直立	有	棕	紫	40.9	卵圆	21.8	39.4	
夏	6/上—9/中	94	黄	黄	褐	18.5	长椭	直立	有	棕	紫	37.7	卵圆	19.7	45.1	
夏	6/上—9/中	95	黄	黄	淡褐	23.1	椭圆	直立	有	灰	紫	45.6	卵圆	18.9	45.2	
夏	6/上—9/中	98	黄	黄	深褐	15.9	椭圆	直立	有	棕	紫	62.5	椭圆			
夏	6/上—9/中	97	黄	黄	淡褐	26.5	椭圆	直立	有	灰	紫	36.7	椭圆			
夏	6/上—9/中	96	黄	黄	褐	21.5	椭圆	直立	有	棕	紫	40.2	椭圆			

续表

总编号	品种名称	原产地或来源	保存单位（编号）
ZDD24173	八月豆	福建三明	福建三明农科所(32058)
ZDD24174	黄大粒	福建三明	福建三明农科所(32059)
ZDD24175	松溪八月豆	福建三明	福建三明农科所(32060)
ZDD24176	中山黄豆	福建三明	福建三明农科所(32061)
ZDD24177	新豆	福建三明	福建三明农科所(32062)
ZDD24178	夏黄	福建三明	福建三明农科所(32063)
ZDD24179	里田八月黄	福建三明	福建三明农科所(32064)
ZDD24180	青皮毛豆	福建三明	福建三明农科所(32065)
ZDD24181	青大豆	福建三明	福建三明农科所(32066)
ZDD24182	青皮豆	福建三明	福建三明农科所(32067)
ZDD24183	大青豆	福建三明	福建三明农科所(32068)
ZDD24184	埂青 82	福建三明	福建三明农科所(32069)
ZDD24185	石下黑大豆	福建三明	福建三明农科所(32070)
ZDD24186	东华小黑豆	福建三明	福建三明农科所(32071)
ZDD24187	大黑豆	福建三明	福建三明农科所(32072)
ZDD24188	赣豆 4 号	江西省农科院旱作所有性杂交育成	江西省农科院(001)
ZDD24189	赣豆 5 号	江西省农科院旱作所有性杂交育成	江西省农科院(002)
ZDD24190	44GN00013	江西考察	江西省农科院(003)
ZDD24191	44GN00003	江西考察	江西省农科院(004)
ZDD24192	44GN00025	江西考察	江西省农科院(005)
ZDD24193	44GN00076	江西考察	江西省农科院(006)
ZDD24194	湘春豆 10	湖南省农科院作物所有性杂交育成	湖南省作物所(0611)
ZDD24195	湘春豆 13	湖南省农科院作物所有性杂交育成	湖南省作物所(0612)
ZDD24196	湘春豆 15	湖南省农科院作物所有性杂交育成	湖南省作物所(0613)
ZDD24197	湘春豆 16	湖南衡阳农科所有性杂交育成	湖南省作物所(0614)
ZDD24198	湘春豆 18	湖南省农科院作物所有性杂交育成	湖南省作物所(0615)
ZDD24199	湘春豆 19	湖南省农科院作物所有性杂交育成	湖南省作物所(0616)
ZDD24200	湘春豆 20	湖南衡阳农科所诱变育成	湖南省作物所(0617)
ZDD24201	湘春豆 21	湖南省农科院作物所有性杂交育成	湖南省作物所(0618)
ZDD24202	湘春豆 22	湖南省农科院作物所有性杂交育成	湖南省作物所(0619)
ZDD24203	湘春豆 23	湖南衡阳农科所有性杂交育成	湖南省作物所(0620)
ZDD24204	湘春 219	湖南省农科院作物所有性杂交育成	湖南省作物所(0621)

类型	生育月份	生育日数/d	粒色	子叶色	脐色	百粒重/g	粒形	生育习性	结荚习性	茸毛色	花色	植株高度/cm	叶形	脂肪含量/%	蛋白质含量/%	备注
夏	6/上—9/中	101	黄	黄	深褐	16.5	椭圆	直立	有	棕	紫	71.1	椭圆			
夏	6/上—10/上	118	黄	黄	褐	17.5	椭圆	直立	有	棕	白	50.7	椭圆			
夏	6/上—10/中	123	黄	黄	深褐	16.2	椭圆	直立	有	棕	白	66.1	椭圆			
夏	6/上—10/上	117	黄	黄	淡褐	18.5	椭圆	直立	有	棕	紫	38.5	椭圆			
夏	6/上—10/上	117	黄	黄	褐	17.5	椭圆	直立	有	棕	紫	46.3	椭圆			
夏	6/上—10/上	118	黄	黄	淡褐	18.3	椭圆	直立	有	棕	紫	51.3	椭圆			
夏	6/上—10/中	126	黄	黄	淡褐	16.9	椭圆	直立	有	灰	紫	70.3	椭圆			
夏	6/上—9/中	98	绿	黄	褐	29.3	椭圆	直立	有	灰	紫	42.9	卵圆			
夏	6/上—9/中	98	绿	黄	深褐	24.1	长椭	直立	有	棕	紫	55.3	椭圆			
夏	6/上—9/中	98	绿	黄	深褐	26.5	椭圆	直立	有	棕	紫	65.2	卵圆	20.4	43.7	
夏	6/上—9/中	98	绿	黄	褐	28.5	椭圆	直立	有	棕	紫	50.4	卵圆	19.5	43.9	
夏	6/上—10/中	123	绿	绿	褐	24.3	椭圆	直立	有	棕	紫	55.3	椭圆	20.8	41.8	
夏	6/上—9/中	98	黑	黄	黑	20.1	椭圆	直立	有	棕	紫	37.8	卵圆			
夏	6/上—9/中	99	黑	黄	黑	18.2	椭圆	直立	有	棕	紫	33.5	卵圆	18.1	47.7	
夏	6/上—9/中	97	黑	黄	淡褐	27.3	椭圆	直立	有	棕	紫	38.5	椭圆			
秋	8/上—10/下	77	黄	黄	褐	14.9	椭圆	直立	亚	棕	白	41.0	椭圆	18.7	45.3	
秋	8/上—10/下	86	绿	黄	淡褐	20.5	扁圆	直立	亚	棕	紫	71.0	卵圆	20.2	47.3	
秋	8/上—11/上	93	绿	黄	褐	19.3	椭圆	直立	亚	棕	紫	72.0	卵圆	18.7	43.5	
秋	8/上—10/下	77	黑	黄	黑	7.8	椭圆	直立	亚	棕	紫	50.0	椭圆	18.3	43.1	
秋	8/上—10/下	77	黑	黄	黑	8.2	椭圆	半直	有	棕	紫	54.0	椭圆	18.1	42.6	
秋	8/上—11/上	93	黑	黄	黑	22.1	椭圆	半直	有	棕	紫	74.0	椭圆	18.4	44.1	
春	4/上—7/中	103	黄	黄	褐	18.3	椭圆	直立	有	灰	白	62.1	椭圆	20.0	41.1	
春	4/上—7/中	101	黄	黄	淡褐	22.0	椭圆	直立	有	灰	白	50.0	椭圆	20.0	41.3	
春	4/上—7/中	103	黄	黄	褐	18.3	椭圆	直立	有	灰	白	57.2	椭圆	22.3	42.5	
春	4/上—7/中	104	黄	黄	褐	19.6	椭圆	直立	有	灰	白	61.0	椭圆	21.6	41.6	
春	4/上—7/中	101	黄	黄	深褐	14.4	扁椭	直立	有	灰	白	65.8	椭圆	22.8	43.2	
春	4/上—7/中	99	黄	黄	深褐	17.3	扁椭	直立	有	灰	白	62.7	椭圆	22.2	40.8	
春	4/上—7/中	105	黄	黄	褐	19.7	椭圆	直立	有	灰	白	63.0	椭圆	20.0	42.7	
春	4/上—7/中	104	黄	黄	褐	19.0	椭圆	直立	有	灰	白	60.0	椭圆	22.6	38.8	
春	4/上—7/中	104	黄	黄	深褐	18.0	椭圆	直立	有	灰	白	63.0	椭圆	22.4	38.6	
春	4/上—7/中	105	黄	黄	褐	18.2	椭圆	直立	有	灰	白	61.0	椭圆	21.0	43.2	
春	4/上—7/上	89	黄	黄	褐	19.4	椭圆	直立	有	灰	白	56.3	椭圆			

续表

总编号	品种名称	原产地或来源	保存单位（编号）
ZDD24205	湘春 227	湖南省农科院作物所有性杂交育成	湖南省作物所(0622)
ZDD24206	湘春 229	湖南省农科院作物所有性杂交育成	湖南省作物所(0623)
ZDD24207	湘春 98-15	湖南省农科院作物所有性杂交育成	湖南省作物所(0624)
ZDD24208	湘春 98-17	湖南省农科院作物所有性杂交育成	湖南省作物所(0625)
ZDD24209	湘春 04-4	湖南省农科院作物所有性杂交育成	湖南省作物所(0626)
ZDD24210	湘春 01-11	湖南省农科院作物所有性杂交育成	湖南省作物所(0627)
ZDD24211	湘春 01-29	湖南省农科院作物所有性杂交育成	湖南省作物所(0628)
ZDD24212	湘春 01-91	湖南省农科院作物所有性杂交育成	湖南省作物所(0629)
ZDD24213	六月黄	湖南考察	湖南省作物所(m426)
ZDD24214	黄豆	湖南考察	湖南省作物所(m382)
ZDD24215	黄豆	湖南考察	湖南省作物所(m389)
ZDD24216	黄豆	湖南考察	湖南省作物所(m396)
ZDD24217	黄豆	湖南考察	湖南省作物所(m398)
ZDD24218	青荚豆	湖南考察	湖南省作物所(m402)
ZDD24219	五月豆	湖南考察	湖南省作物所(m408)
ZDD24220	早黄豆	湖南考察	湖南省作物所(m391)
ZDD24221	早豆	湖南考察	湖南省作物所(m430)
ZDD24222	灰豆	湖南考察	湖南省作物所(m393)
ZDD24223	早黄豆	湖南考察	湖南省作物所(m384)
ZDD24224	早黄豆	湖南考察	湖南省作物所(m419)
ZDD24225	青豆	湖南考察	湖南省作物所(m411)
ZDD24226	黄豆	湖南考察	湖南省作物所(m433)
ZDD24227	黑豆	湖南考察	湖南省作物所(m405)
ZDD24228	黑豆	湖南考察	湖南省作物所(m428)
ZDD24229	乌豆	湖南考察	湖南省作物所(m409)
ZDD24230	乌豆	湖南考察	湖南省作物所(m413)
ZDD24231	青豆	湖南考察	湖南省作物所(m420)
ZDD24232	红豆	湖南考察	湖南省作物所(m386)
ZDD24233	五月黄	湖南考察	湖南省作物所(m424)
ZDD24234	早黄豆	湖南考察	湖南省作物所(m434)
ZDD24235	赤豆	湖南考察	湖南省作物所(m429)
ZDD24236	桂春 1 号	广西农科院玉米所有性杂交育成	广西农科院(590)

类型	生育月份	生育日数/d	粒色	子叶色	脐色	百粒重/g	粒形	生育习性	结荚习性	茸毛色	花色	植株高度/cm	叶形	脂肪含量/%	蛋白质含量/%	备注
春	4/上—7/中	98	黄	黄	深褐	15.7	扁椭	直立	有	灰	白	61.6	椭圆			
春	4/上—7/上	88	黄	黄	黑	16.6	长椭	直立	有	灰	白	55.0	椭圆			
春	4/上—7/中	104	黄	黄	褐	18.9	椭圆	直立	有	灰	白	61.0	椭圆	22.8	40.8	
春	4/上—7/中	103	黄	黄	褐	18.1	椭圆	直立	有	灰	白	58.1	椭圆			
春	4/上—7/上	87	黄	黄	深褐	20.8	椭圆	直立	有	灰	白	54.5	椭圆			
春	4/上—7/上	88	黄	黄	深褐	17.2	扁椭	直立	有	灰	白	64.0	椭圆			
春	4/上—7/上	88	黄	黄	褐	20.0	椭圆	直立	有	灰	白	61.0	椭圆			
春	4/上—7/中	104	黄	黄	褐	21.4	椭圆	直立	有	灰	白	61.2	椭圆			
春	5/上—8/上	95	黄	黄	深褐	12.1	椭圆	直立	有	棕	紫	59.4	椭圆			
春	5/上—8/上	95	黄	黄	褐	14.5	椭圆	半直	有	棕	紫	96.8	椭圆			
春	5/上—8/中	98	黄	黄	褐	14.5	椭圆	直立	有	棕	白	73.6	椭圆			
春	5/上—8/上	92	黄	黄	深褐	12.6	椭圆	半直	亚	棕	紫	88.4	椭圆			
春	5/上—8/下	107	黄	黄	淡褐	13.7	椭圆	直立	有	灰	紫	51.0	椭圆			
春	5/上—8/下	105	黄	黄	褐	17.5	圆	半直	亚	灰	紫	97.0	椭圆			
春	5/上—8/上	95	黄	黄	深褐	12.4	椭圆	半直	亚	棕	紫	115.8	椭圆			
春	5/上—8/下	102	黄	黄	褐	11.4	扁圆	半直	有	棕	紫	75.1	椭圆			
春	5/上—8/上	95	绿	黄	深褐	8.7	椭圆	半直	有	棕	紫	85.2	椭圆			
春	5/上—8/上	92	褐	黄	褐	15.5	椭圆	半直	有	棕	紫	63.8	椭圆			
春	5/上—8/下	102	黄	黄	褐	11.6	椭圆	半直	有	棕	白	112.0	椭圆			
春	5/上—8/上	88	黄	黄	褐	12.5	椭圆	直立	有	棕	紫	60.5	椭圆			
春	5/上—8/上	95	绿	黄	褐	12.8	椭圆	直立	有	棕	紫	71.2	椭圆			
春	5/上—8/上	92	黄	黄	深褐	13.7	椭圆	半直	有	棕	紫	72.0	椭圆			
春	5/上—8/上	88	黑	黄	黑	9.6	扁椭	直立	亚	棕	紫	61.5	椭圆			
春	5/上—8/上	88	黑	黄	黑	13.4	椭圆	半直	有	棕	紫	69.4	椭圆			
春	5/上—8/上	88	黑	黄	黑	10.8	椭圆	半直	亚	棕	紫	88.6	椭圆			
春	5/上—8/上	95	黑	黄	黑	14.5	椭圆	半直	有	棕	紫	89.0	椭圆			
春	5/上—8/上	95	绿	黄	淡褐	8.1	扁椭	半直	有	棕	紫	73.2	椭圆			
春	5/上—8/上	95	褐	黄	褐	11.6	椭圆	半直	有	棕	紫	65.7	椭圆			
春	5/上—8/上	95	黄	黄	深褐	12.6	椭圆	半直	无	灰	紫	74.2	椭圆			
春	5/上—8/上	95	黄	黄	深褐	10.3	椭圆	半直	有	棕	紫	64.4	椭圆			
春	5/上—8/上	95	褐	黄	褐	11.8	椭圆	半直	有	棕	紫	59.0	卵圆			
春	2/下—6/上	96	黄	黄	褐	15.0	椭圆	直立	有	棕	紫	48.8	椭圆	18.8	45.6	

续表

总编号	品种名称	原产地或来源	保存单位（编号）
ZDD24237	桂春 2 号	广西农科院玉米所有性杂交育成	广西农科院(591)
ZDD24238	桂春 3 号	广西农科院玉米所有性杂交育成	广西农科院(592)
ZDD24239	桂早 2 号	广西农科院经作所系选育成	广西农科院(593)
ZDD24240	桂 98-1	广西农科院经作所系选育成	广西农科院(594)
ZDD24241	柳豆 1 号	广西柳州地区农科所有性杂交育成	广西农科院(595)
ZDD24242	密荚黄豆(早)	广西凤山	广西农科院(596)
ZDD24243	密荚黄豆(迟)	广西凤山	广西农科院(597)
ZDD24244	芋田大豆	广西凤山	广西农科院(598)
ZDD24245	金牙黄豆	广西凤山	广西农科院(599)
ZDD24246	金牙中黄	广西凤山	广西农科院(600)
ZDD24247	凤山大六月	广西凤山	广西农科院(601)
ZDD24248	靖西秋黄豆	广西靖西	广西农科院(602)
ZDD24249	河洲黄豆	广西防城	广西农科院(603)
ZDD24250	本地黄	广西防城	广西农科院(604)
ZDD24251	黄豆子	广西防城	广西农科院(605)
ZDD24252	扶隆豆	广西防城	广西农科院(606)
ZDD24253	坡稔黄豆	广西防城	广西农科院(607)
ZDD24254	瓦窑黄豆	广西防城	广西农科院(608)
ZDD24255	那北豆	广西防城	广西农科院(609)
ZDD24256	牛黄豆	广西防城	广西农科院(610)
ZDD24257	那坡黑眼豆	广西那坡	广西农科院(611)
ZDD24258	越南大黄豆	广西那坡	广西农科院(612)
ZDD24259	百南小黄豆	广西那坡	广西农科院(613)
ZDD24260	黑嘴黄豆	广西上思	广西农科院(614)
ZDD24261	公正黄豆	广西上思	广西农科院(615)
ZDD24262	天峨拉马豆	广西天峨	广西农科院(616)
ZDD24263	治安小黄豆(淡黄荚)	广西天峨	广西农科院(617)
ZDD24264	治安小黄豆(褐荚)	广西天峨	广西农科院(618)
ZDD24265	乐业春豆	广西乐业	广西农科院(619)
ZDD24266	革步小黄豆	广西隆林	广西农科院(620)
ZDD24267	克长黄豆	广西隆林	广西农科院(621)
ZDD24268	凤山立夏青豆	广西凤山	广西农科院(622)

类型	生育月份	生育日数/d	粒色	子叶色	脐色	百粒重/g	粒形	生育习性	结荚习性	茸毛色	花色	植株高度/cm	叶形	脂肪含量/%	蛋白质含量/%	备注
春	2/下—6/上	96	黄	黄	褐	18.2	椭圆	直立	有	棕	紫	48.7	卵圆	18.8	40.8	
春	2/下—6/上	93	黄	黄	褐	17.2	椭圆	直立	有	棕	紫	46.8	卵圆	18.9	46.5	
春	3/上—6/中	95	黄	黄	黄	15.1	椭圆	直立	有	灰	白	50.0	椭圆	19.6	42.5	
春	2/下—6/上	90	黄	黄	褐	19.0	椭圆	直立	有	棕	紫	46.9	椭圆			
春	3/上—6/中	96	黄	黄	深褐	17.9	椭圆	直立	有	棕	紫	57.9	椭圆			
春	3/上—6/上	86	黄	黄	淡褐	11.7	椭圆	直立	有	棕	白	36.3	椭圆			
春	3/上—6/上	89	黄	黄	褐	14.6	椭圆	直立	有	棕	紫	65.2	椭圆			
春	3/上—6/上	85	黄	黄	深褐	12.4	椭圆	直立	亚	棕	紫	51.2	椭圆			
春	3/上—6/上	88	黄	黄	褐	7.8	扁椭	直立	有	棕	紫	52.5	椭圆			
春	3/上—6/中	96	黄	黄	褐	9.2	椭圆	直立	有	棕	紫	54.0	椭圆			
春	3/上—6/中	98	黄	黄	褐	25.2	椭圆	直立	有	棕	紫	54.0	椭圆			
夏	6/上—10/上	120	黄	黄	褐	12.8	椭圆	直立	有	灰	紫	48.1	椭圆			
春	3/上—6/上	83	黄	黄	淡褐	9.8	椭圆	直立	有	棕	紫	33.0	椭圆			
春	3/上—6/上	85	黄	黄	褐	8.6	椭圆	直立	有	棕	紫	53.8	椭圆			
春	3/上—6/上	83	黄	黄	淡褐	7.9	椭圆	直立	有	棕	紫	46.4	披针			
春	3/上—6/上	83	黄	黄	褐	8.1	椭圆	直立	有	棕	紫	47.2	椭圆			
春	3/上—6/上	83	黄	黄	褐	8.0	椭圆	直立	有	棕	紫	47.5	椭圆			
春	3/上—6/中	96	黄	黄	褐	10.2	椭圆	直立	有	棕	紫	39.4	椭圆			
春	3/上—6/上	83	黄	黄	褐	8.6	椭圆	直立	有	棕	紫	42.2	椭圆			
春	3/上—6/上	88	黄	黄	深褐	8.6	椭圆	直立	亚	灰	紫	39.1	椭圆			
春	3/上—6/下	101	黄	黄	黑	10.8	椭圆	直立	有	棕	白	66.1	椭圆			
春	3/上—6/中	90	黄	黄	黑	19.5	扁椭	直立	有	棕	紫	43.4	椭圆			
春	3/上—6/下	111	黄	黄	黑	10.1	扁椭	直立	有	灰	白	58.0	卵圆	18.4	43.0	
春	3/上—6/上	83	黄	黄	黑	8.6	椭圆	直立	有	棕	紫	39.6	椭圆			
春	3/上—6/上	83	黄	黄	淡褐	7.5	椭圆	直立	有	棕	紫	49.8	椭圆			
春	3/上—6/下	100	黄	黄	淡褐	8.2	椭圆	直立	有	灰	白	60.4	椭圆			
春	4/上—7/中	100	黄	黄	淡褐	9.8	扁椭	直立	有	灰	白	56.0	卵圆	19.8	41.9	
春	4/上—7/中	102	黄	黄	深褐	10.1	椭圆	直立	有	灰	紫	55.0	椭圆	19.7	42.6	
春	3/上—6/下	100	黄	黄	褐	7.8	扁圆	直立	有	灰	白	73.2	椭圆			
春	3/上—6/中	96	黄	黄	黄	7.5	扁椭	直立	有	灰	白	61.2	椭圆			
春	3/上—6/中	97	黄	黄	褐	13.9	椭圆	直立	有	棕	紫	47.0	卵圆	18.7	44.0	
春	3/上—6/下	108	绿	黄	淡褐	15.4	椭圆	直立	亚	棕	紫	60.8	椭圆			

续表

总编号	品种名称	原产地或来源	保存单位（编号）
ZDD24269	东兴青皮豆	广西防城	广西农科院(623)
ZDD24270	防城那良青豆	广西防城	广西农科院(624)
ZDD24271	绿皮大豆	广西天峨	广西农科院(625)
ZDD24272	天峨青皮(黑脐)	广西天峨	广西农科院(626)
ZDD24273	环江六月黄	广西环江	广西农科院(627)
ZDD24274	花皮豆	广西凤山	广西农科院(628)
ZDD24275	文华黄豆	广西那坡	广西农科院(629)
ZDD24276	越南黑豆	广西靖西	广西农科院(630)
ZDD24277	迟熟黑豆	广西靖西	广西农科院(631)
ZDD24278	靖西春豆	广西靖西	广西农科院(632)
ZDD24279	褐大豆	广西隆林	广西农科院(633)
ZDD24280	在妙大豆	广西上思	广西农科院(634)
ZDD24281	百南秋黄豆	广西那坡	广西农科院(635)
ZDD24282	那坡小黄豆	广西那坡	广西农科院(636)
ZDD24283	永乐黄豆	广西那坡	广西农科院(637)
ZDD24284	达利黄豆	广西隆安	广西农科院(638)
ZDD24285	屏山黄豆	广西隆安	广西农科院(639)
ZDD24286	板公大豆	广西天峨	广西农科院(640)
ZDD24287	翻秋豆	广西天峨	广西农科院(641)
ZDD24288	东安黄豆(淡黄荚)	广西宁明	广西农科院(642)
ZDD24289	东安黄豆(黑荚)	广西宁明	广西农科院(643)
ZDD24290	东安黄豆(黄荚)	广西宁明	广西农科院(644)
ZDD24291	乐业六月黄豆	广西乐业	广西农科院(645)
ZDD24292	富川白毛八月豆	广西富川	广西农科院(646)
ZDD24293	凤山八月黄	广西凤山	广西农科院(647)
ZDD24294	新州黄豆(淡褐荚)	广西隆林	广西农科院(648)
ZDD24295	新州黄豆(深褐荚)	广西隆林	广西农科院(649)
ZDD24296	越南黄豆	广西龙州	广西农科院(650)
ZDD24297	隆安青豆(褐荚)	广西隆安	广西农科院(651)
ZDD24298	夏青豆	广西防城	广西农科院(652)
ZDD24299	柳城太平八月黄	广西柳城	广西农科院(653)
ZDD24300	靖西青皮豆	广西靖西	广西农科院(654)

类型	生育月份	生育日数/d	粒色	子叶色	脐色	百粒重/g	粒形	生育习性	结荚习性	茸毛色	花色	植株高度/cm	叶形	脂肪含量/%	蛋白质含量/%	备注
春	3/上—6/上	83	绿	黄	褐	8.9	扁椭	直立	有	棕	紫	39.6	椭圆			
春	3/上—6/中	96	绿	黄	淡褐	11.3	椭圆	直立	有	棕	紫	38.8	披针			
春	3/上—6/下	100	绿	黄	褐	13.5	椭圆	直立	亚	棕	紫	70.2	椭圆			
春	3/上—6/下	111	绿	黄	黑	13.8	扁椭	直立	有	棕	紫	42.0	卵圆			
春	3/上—6/中	98	绿	黄	淡褐	11.2	扁椭	半直	有	灰	紫	65.0	椭圆			
春	3/上—6/中	96	黑	黄	黑	12.5	扁椭	直立	有	棕	白	51.5	椭圆			
春	3/上—6/中	96	黑	黄	黑	12.7	扁椭	直立	有	棕	白	60.3	椭圆	18.9	48.7	
春	3/上—6/中	96	黑	黄	黑	8.9	椭圆	直立	有	棕	白	70.6	椭圆	18.6	47.9	
春	3/上—6/中	90	黑	黄	黑	10.7	椭圆	直立	亚	灰	紫	64.1	椭圆			
春	3/上—6/下	100	黑	黄	黑	7.5	扁圆	直立	有	棕	白	55.6	椭圆	18.7	48.7	
春	3/上—6/中	96	褐	黄	褐	12.3	扁椭	直立	有	棕	紫	47.2	椭圆	17.6	48.1	
夏	6/上—9/中	105	黄	黄	黄	14.2	扁椭	直立	有	灰	紫	69.3	椭圆			
夏	6/上—9/下	113	黄	黄	黄	17.8	扁椭	直立	有	灰	紫	53.8	椭圆			
夏	6/上—9/中	103	黄	黄	褐	9.5	椭圆	直立	亚	灰	紫	55.8	椭圆			
夏	6/上—9/下	113	黄	黄	深褐	12.3	椭圆	直立	亚	灰	紫	56.7	椭圆			
夏	6/上—9/中	105	黄	黄	淡褐	15.1	椭圆	直立	有	灰	白	48.2	椭圆			
夏	6/上—8/下	87	黄	黄	褐	12.7	椭圆	直立	亚	灰	紫	71.0	卵圆	19.6	41.3	
夏	6/上—9/上	91	黄	黄	黑	21.2	扁椭	直立	有	棕	紫	32.0	椭圆			
夏	6/上—8/下	82	黄	黄	淡褐	12.0	扁椭	直立	有	灰	白	27.0	椭圆	19.0	45.1	
夏	6/上—9/上	92	黄	黄	淡褐	14.8	椭圆	直立	有	灰	紫	50.0	卵圆	18.9	43.0	
夏	6/上—9/上	92	黄	黄	黑	12.3	扁椭	直立	有	棕	紫	67.0	椭圆	19.2	41.5	
夏	6/上—9/上	92	黄	黄	黑	12.2	椭圆	直立	有	棕	紫	63.0	椭圆			
夏	6/上—9/中	105	黄	黄	褐	14.0	扁椭	直立	有	棕	紫	77.1	椭圆			
夏	6/上—9/上	95	黄	黄	淡褐	7.2	扁椭	半直	有	灰	紫	53.7	椭圆			
夏	6/上—8/下	88	黄	黄	黄	10.8	椭圆	直立	有	灰	白	43.7	椭圆			
夏	6/上—9/上	98	黄	黄	淡褐	10.2	扁椭	直立	有	灰	白	69.0	卵圆			
夏	6/上—9/上	98	黄	黄	黑	12.0	椭圆	直立	有	棕	紫	61.0	卵圆	18.8	43.7	
夏	6/上—8/下	87	黄	黄	褐	12.7	扁椭	直立	有	灰	紫	68.0	卵圆	19.1	41.8	
夏	6/上—8/下	87	绿	黄	黑	14.2	椭圆	直立	有	棕	紫	68.0	椭圆	18.3	44.7	
夏	6/上—8/中	79	绿	黄	褐	14.2	圆	直立	有	棕	紫	57.0	椭圆	18.7	44.4	
夏	6/上—9/中	109	绿	黄	深褐	14.6	椭圆	半直	有	棕	紫	72.1	椭圆			
夏	6/上—8/下	88	绿	黄	淡褐	13.3	椭圆	直立	有	棕	紫	68.7	椭圆			

续表

总编号	品种名称	原产地或来源	保存单位（编号）
ZDD24301	金龙毛豆	广西龙州	广西农科院(655)
ZDD24302	龙州迟熟豆	广西龙州	广西农科院(656)
ZDD24303	金龙黑豆	广西龙州	广西农科院(657)
ZDD24304	龙州高杆豆	广西龙州	广西农科院(658)
ZDD24305	三联黑豆	广西龙州	广西农科院(659)
ZDD24306	东安黑豆	广西宁明	广西农科院(660)
ZDD24307	宁明高脚豆	广西宁明	广西农科院(661)
ZDD24308	英敏小黑豆	广西隆安	广西农科院(662)
ZDD24309	荣明黑豆	广西隆安	广西农科院(663)
ZDD24310	矮杆小豆	广西靖西	广西农科院(664)
ZDD24311	秋黑豆	广西上思	广西农科院(665)
ZDD24312	七门黑豆(黑荚)	广西上思	广西农科院(666)
ZDD24313	念井黑豆	广西那坡	广西农科院(667)
ZDD24314	那坡棕黄豆	广西那坡	广西农科院(668)
ZDD24315	黑河 32	黑龙江省农科院黑河分院辐射育成	黑龙江省农科院(黑第 1747)
ZDD24316	黑河 33	黑龙江省农科院黑河分院有性杂交育成	黑龙江省农科院(黑第 1748)
ZDD24317	黑河 34	黑龙江省农科院黑河分院有性杂交育成	黑龙江省农科院(黑第 1749)
ZDD24318	黑河 35	黑龙江省农科院黑河分院有性杂交育成	黑龙江省农科院(黑第 1750)
ZDD24319	黑河 37	黑龙江省农科院黑河分院有性杂交育成	黑龙江省农科院(黑第 1751)
ZDD24320	黑河 38	黑龙江省农科院黑河分院有性杂交育成	黑龙江省农科院(黑第 1752)
ZDD24321	黑河 39	黑龙江省农科院黑河分院有性杂交育成	黑龙江省农科院(黑第 1753)
ZDD24322	黑河 40	黑龙江省农科院黑河分院有性杂交育成	黑龙江省农科院(黑第 1754)
ZDD24323	黑河 41	黑龙江省农科院黑河分院有性杂交育成	黑龙江省农科院(黑第 1755)
ZDD24324	黑河 42	黑龙江省农科院黑河分院有性杂交育成	黑龙江省农科院(黑第 1756)
ZDD24325	黑河 43	黑龙江省农科院黑河分院有性杂交育成	黑龙江省农科院(黑第 1757)
ZDD24326	黑河 44	黑龙江省农科院黑河分院有性杂交育成	黑龙江省农科院(黑第 1758)
ZDD24327	黑河 45	黑龙江省农科院黑河分院有性杂交育成	黑龙江省农科院(黑第 1759)
ZDD24328	黑河 49	黑龙江省农科院黑河分院有性杂交育成	黑龙江省农科院(黑第 1760)
ZDD24329	黑河 50	黑龙江省农科院黑河分院有性杂交育成	黑龙江省农科院(黑第 1761)
ZDD24330	黑河 51	黑龙江省农科院黑河分院有性杂交育成	黑龙江省农科院(黑第 1762)
ZDD24331	北丰 9 号	黑龙江省农垦局北安科研所有性杂交育成	黑龙江省农科院(黑第 1763)
ZDD24332	北丰 11	黑龙江省农垦局北安科研所有性杂交育成	黑龙江省农科院(黑第 1764)

类型	生育月份	生育日数/d	粒色	子叶色	脐色	百粒重/g	粒形	生育习性	结荚习性	茸毛色	花色	植株高度/cm	叶形	脂肪含量/%	蛋白质含量/%	备注
夏	6/上—9/中	106	绿	黄	褐	11.9	扁椭	直立	有	棕	紫	59.5	披针			
夏	6/上—9/下	111	黑	黄	黑	10.2	扁椭	直立	无	棕	白	86.7	椭圆			
夏	6/上—9/下	112	黑	黄	黑	12.1	扁椭	半直	亚	棕	紫	65.2	椭圆			
夏	6/上—8/下	85	黑	黄	黑	13.5	扁椭	直立	亚	灰	紫	55.0	椭圆	19.2	43.7	
夏	6/上—9/中	105	黑	黄	黑	13.6	扁椭	直立	亚	棕	紫	70.1	椭圆			
夏	6/上—9/中	103	黑	黄	黑	13.4	椭圆	直立	亚	灰	紫	59.9	椭圆			
夏	6/上—8/下	87	黑	黄	黑	13.8	扁椭	直立	有	灰	紫	45.0	椭圆	19.1	45.2	
夏	6/上—9/下	110	黑	黄	黑	11.5	扁椭	直立	有	棕	紫	71.3	卵圆			
夏	6/上—8/下	87	黑	黄	黑	13.2	扁椭	直立	有	棕	紫	60.0	椭圆	17.2	45.5	
夏	6/上—8/下	85	黑	黄	黑	12.4	扁圆	直立	有	棕	白	62.5	椭圆			
夏	6/上—9/中	102	黑	黄	黑	13.3	椭圆	直立	亚	灰	紫	55.4	椭圆	18.9	44.9	
夏	6/上—8/下	85	黑	黄	黑	13.2	扁椭	直立	亚	灰	紫	58.0	卵圆	18.8	45.4	
夏	6/上—9/上	96	黑	黄	黑	15.3	扁圆	直立	亚	棕	紫	61.0	椭圆	18.3	45.7	
夏	6/上—9/上	97	褐	黄	褐	13.7	扁圆	直立	亚	棕	白	84.0	卵圆	19.9	43.2	
春	5/上—9/上	110	黄	黄	黄	21.0	圆	直立	亚	灰	白	70.0	披针	20.2	40.6	
春	5/上—8/下	100	黄	黄	黄	20.0	圆	直立	亚	灰	紫	70.0	披针	20.7	39.5	
春	5/上—8/中	95	黄	黄	黄	19.0	圆	直立	亚	灰	白	70.0	披针	17.6	44.9	
春	5/上—8/上	91	黄	黄	黄	18.0	圆	直立	亚	灰	紫	76.0	披针	20.1	38.0	
春	5/上—8/下	103	黄	黄	黄	18.0	圆	直立	亚	灰	紫	70.0	披针	19.6	41.5	
春	5/上—9/上	117	黄	黄	黄	19.0	圆	直立	亚	灰	紫	75.0	披针	20.5	39.7	
春	5/上—9/上	112	黄	黄	黄	20.0	圆	直立	亚	灰	紫	75.0	披针	19.3	41.4	
春	5/上—8/中	98	黄	黄	黄	20.0	圆	直立	亚	棕	紫	75.0	圆形	22.3	36.7	
春	5/上—8/上	88	黄	黄	黄	18.0	圆	直立	亚	灰	紫	70.0	披针	20.9	39.7	
春	5/上—9/上	110	黄	黄	黄	19.0	圆	直立	亚	灰	白	75.0	披针	21.9	37.7	
春	5/上—9/上	115	黄	黄	黄	20.0	圆	直立	亚	灰	紫	75.0	披针	19.0	41.8	
春	5/上—8/中	92	黄	黄	黄	18.0	圆	直立	亚	灰	紫	70.0	披针	21.1	39.3	
春	5/上—8/下	108	黄	黄	黄	20.0	圆	直立	亚	灰	紫	70.0	披针	19.4	42.2	
春	5/上—8/上	85	黄	黄	黄	20.0	圆	直立	亚	灰	白	70.0	圆形	20.7	41.9	
春	5/上—9/上	110	黄	黄	黄	20.0	圆	直立	亚	灰	紫	75.0	圆形	20.5	41.1	
春	5/上—8/下	105	黄	黄	黄	20.0	圆	直立	亚	灰	紫	75.0	披针	20.4	40.2	
春	5/上—9/上	117	黄	黄	黄	18.0	圆	直立	亚	灰	白	80.0	披针	18.5	40.3	
春	5/上—9/上	115	黄	黄	黄	18.0	圆	直立	亚	灰	白	80.0	披针	20.1	40.1	

续表

总编号	品种名称	原产地或来源	保存单位（编号）
ZDD24333	北丰 17	黑龙江省农垦局北安科研所等有性杂交育成	黑龙江省农科院(黑第 1765)
ZDD24334	华疆 1 号	黑龙江北安市华疆种业公司有性杂交育成	黑龙江省农科院(黑第 1766)
ZDD24335	华疆 2 号	黑龙江北安市华疆种业公司有性杂交育成	黑龙江省农科院(黑第 1767)
ZDD24336	华疆 4 号	黑龙江北安市华疆种业公司等有性杂交育成	黑龙江省农科院(黑第 1768)
ZDD24337	北疆 2 号	黑龙江生物科技职业学院有性杂交育成	黑龙江省农科院(黑第 1769)
ZDD24338	北疆 9 号	黑龙江生物科技职业学院等有性杂交育成	黑龙江省农科院(黑第 1770)
ZDD24339	九丰 9 号	黑龙江省农垦局九三科研所有性杂交育成	黑龙江省农科院(黑第 1771)
ZDD24340	九丰 10 号	黑龙江省农垦局九三科研所有性杂交育成	黑龙江省农科院(黑第 1772)
ZDD24341	垦丰 12	黑龙江省农垦科学院有性杂交育成	黑龙江省农科院(黑第 1773)
ZDD24342	垦丰 13	黑龙江省农垦科学院有性杂交育成	黑龙江省农科院(黑第 1774)
ZDD24343	垦丰 15	黑龙江省农垦科学院有性杂交育成	黑龙江省农科院(黑第 1775)
ZDD24344	垦丰 16	黑龙江省农垦科学院有性杂交育成	黑龙江省农科院(黑第 1776)
ZDD24345	垦丰 17	黑龙江省农垦科学院有性杂交育成	黑龙江省农科院(黑第 1777)
ZDD24346	垦丰 22	黑龙江省农垦科学院有性杂交育成	黑龙江省农科院(黑第 1778)
ZDD24347	垦丰 23	黑龙江省农垦科学院有性杂交育成	黑龙江省农科院(黑第 1779)
ZDD24348	垦农 20	黑龙江八一农垦大学有性杂交育成	黑龙江省农科院(黑第 1780)
ZDD24349	垦农 21	黑龙江八一农垦大学有性杂交育成	黑龙江省农科院(黑第 1781)
ZDD24350	垦农 22	黑龙江八一农垦大学有性杂交育成	黑龙江省农科院(黑第 1782)
ZDD24351	垦农 29	黑龙江八一农垦大学有性杂交育成	黑龙江省农科院(黑第 1783)
ZDD24352	垦农 31	黑龙江八一农垦大学有性杂交育成	黑龙江省农科院(黑第 1784)
ZDD24353	垦鉴豆 23	黑龙江省农垦科学院有性杂交育成	黑龙江省农科院(黑第 1785)
ZDD24354	垦鉴豆 31	黑龙江省农垦局九三科研所有性杂交育成	黑龙江省农科院(黑第 1786)
ZDD24355	垦鉴豆 33	黑龙江省农垦局九三科研所辐射育成	黑龙江省农科院(黑第 1787)
ZDD24356	垦鉴豆 34	黑龙江省农垦科学院有性杂交育成	黑龙江省农科院(黑第 1788)
ZDD24357	垦鉴豆 35	黑龙江省农垦科学院有性杂交育成	黑龙江省农科院(黑第 1789)
ZDD24358	垦豆 30	黑龙江省农垦科学院有性杂交育成	黑龙江省农科院(黑第 1790)
ZDD24359	北豆 1 号	黑龙江省农垦局北安科研所等有性杂交育成	黑龙江省农科院(黑第 1791)
ZDD24360	北豆 3 号	黑龙江省农垦科研育种中心等有性杂交育成	黑龙江省农科院(黑第 1792)
ZDD24361	北豆 4 号	黑龙江省农垦局北安科研所等有性杂交育成	黑龙江省农科院(黑第 1793)
ZDD24362	北豆 5 号	黑龙江省农垦局北安科研所等有性杂交育成	黑龙江省农科院(黑第 1794)
ZDD24363	北豆 16	黑龙江省农垦科研育种中心等有性杂交育成	黑龙江省农科院(黑第 1795)
ZDD24364	北豆 17	黑龙江省农垦科研育种中心等有性杂交育成	黑龙江省农科院(黑第 1796)

类型	生育月份	生育日数/d	粒色	子叶色	脐色	百粒重/g	粒形	生育习性	结荚习性	茸毛色	花色	植株高度/cm	叶形	脂肪含量/%	蛋白质含量/%	备注
春	5/上—8/下	104	黄	黄	黄	22.0	圆	直立	亚	灰	白	70.0	披针	21.5	39.1	
春	5/上—8/下	100	黄	黄	黄	20.0	圆	直立	亚	灰	紫	75.0	披针	20.9	39.9	
春	5/上—8/下	100	黄	黄	黄	22.0	圆	直立	无	灰	紫	85.0	披针	20.6	41.2	
春	5/上—8/下	108	黄	黄	黄	19.0	圆	直立	无	灰	紫	90.0	披针	21.2	38.1	
春	5/上—9/上	112	黄	黄	黄	20.0	圆	直立	亚	灰	白	80.0	披针	19.0	41.9	
春	5/上—9/上	110	黄	黄	黄	26.0	圆	直立	亚	灰	白	80.0	披针	20.5	39.7	
春	5/上—9/上	115	黄	黄	黄	19.0	圆	直立	亚	灰	紫	70.0	披针	20.3	40.9	
春	5/上—9/上	114	黄	黄	黄	18.0	圆	直立	亚	灰	紫	72.0	披针	21.4	37.1	
春	5/上—9/上	117	黄	黄	黄	22.0	圆	直立	无	灰	白	95.0	披针	19.4	41.3	
春	5/上—9/上	116	黄	黄	黄	18.0	圆	直立	无	灰	白	79.0	披针	21.9	38.0	
春	5/上—9/上	116	黄	黄	黄	18.0	圆	直立	亚	灰	紫	85.0	披针	22.8	36.7	
春	5/上—9/中	120	黄	黄	黄	18.0	圆	直立	亚	灰	白	65.0	披针	19.6	40.5	
春	5/上—9/上	115	黄	黄	黄	20.0	圆	直立	亚	灰	紫	90.0	披针	21.2	38.9	
春	5/上—9/上	114	黄	黄	黄	22.0	圆	直立	亚	灰	紫	85.0	披针	20.3	42.5	
春	5/上—9/上	117	黄	黄	黄	18.0	圆	直立	亚	灰	紫	80.0	披针	20.1	42.4	
春	5/上—9/上	115	黄	黄	黄	18.0	圆	直立	亚	灰	白	70.0	圆形	22.7	37.6	
春	5/上—9/上	118	黄	黄	黄	20.0	圆	直立	亚	灰	白	70.0	圆形	22.2	37.9	
春	5/上—9/中	120	黄	黄	黄	21.0	圆	直立	亚	灰	紫	80.0	披针	22.4	37.8	
春	5/上—9/上	117	黄	黄	黄	21.0	圆	直立	亚	灰	紫	80.0	披针	21.7	38.7	
春	5/上—9/上	117	黄	黄	黄	21.0	圆	直立	亚	灰	紫	80.0	披针	21.7	40.9	
春	5/上—9/中	120	黄	黄	黄	19.0	圆	直立	亚	灰	白	60.0	披针	19.6	40.5	
春	5/上—8/下	106	黄	黄	黄	18.0	圆	直立	亚	灰	白	70.0	披针	20.0	40.5	
春	5/上—9/上	118	黄	黄	黄	21.0	圆	直立	无	灰	紫	105.0	椭圆	22.7	37.9	
春	5/上—9/中	120	黄	黄	黄	21.5	圆	直立	亚	灰	白	100.0	披针	20.5	40.1	
春	5/上—9/上	118	黄	黄	黄	20.0	圆	直立	亚	灰	白	90.0	披针	20.1	39.7	
春	5/上—9/中	120	黄	黄	黄	19.0		直立	无	灰	白	85.0	披针	20.4	38.8	
春	5/上—8/下	101	黄	黄	黄	20.0	圆	直立	亚	灰	白	65.0	披针	19.1	42.0	
春	5/上—9/上	114	黄	黄	黄	17.0	圆	直立	亚	灰	紫	80.0	披针	19.0	42.1	
春	5/上—8/中	95	黄	黄	黄	20.0	圆	直立	亚	灰	白	65.0	披针	21.1	39.6	
春	5/上—9/上	115	黄	黄	黄	19.0	圆	直立	无	灰	紫	90.0	披针	21.4	37.3	
春	5/上—8/中	97	黄	黄	黄	18.0	圆	直立	无	灰	紫	57.0	披针	21.5	39.3	
春	5/上—9/上	114	黄	黄	黄	19.0	圆	直立	无	灰	紫	95.0	披针	20.4	41.3	

续表

总编号	品种名称	原产地或来源	保存单位（编号）
ZDD24365	北豆 23	黑龙江省农垦科研育种中心等有性杂交育成	黑龙江省农科院(黑第 1797)
ZDD24366	北豆 24	黑龙江省农垦科研育种中心等有性杂交育成	黑龙江省农科院(黑第 1798)
ZDD24367	北豆 26	黑龙江省农垦科研育种中心有性杂交育成	黑龙江省农科院(黑第 1799)
ZDD24368	北豆 30	黑龙江省农垦局红兴隆科研所有性杂交育成	黑龙江省农科院(黑第 1800)
ZDD24369	牡丰 7 号	黑龙江省农科院牡丹江分院系选育成	黑龙江省农科院(黑第 1801)
ZDD24370	嫩丰 18	黑龙江省农科院齐齐哈尔分院有性杂交育成	黑龙江省农科院(黑第 1802)
ZDD24371	嫩丰 19	黑龙江省农科院齐齐哈尔分院有性杂交育成	黑龙江省农科院(黑第 1803)
ZDD24372	嫩丰 20	黑龙江省农科院齐齐哈尔分院有性杂交育成	黑龙江省农科院(黑第 1804)
ZDD24373	合丰 49	黑龙江省农科院佳木斯分院有性杂交育成	黑龙江省农科院(黑第 1805)
ZDD24374	合丰 50	黑龙江省农科院佳木斯分院有性杂交育成	黑龙江省农科院(黑第 1806)
ZDD24375	合丰 51	黑龙江省农科院佳木斯分院有性杂交育成	黑龙江省农科院(黑第 1807)
ZDD24376	合丰 52	黑龙江省农科院佳木斯分院有性杂交育成	黑龙江省农科院(黑第 1808)
ZDD24377	合丰 54	黑龙江省农科院佳木斯分院有性杂交育成	黑龙江省农科院(黑第 1809)
ZDD24378	合丰 55	黑龙江省农科院佳木斯分院有性杂交育成	黑龙江省农科院(黑第 1810)
ZDD24379	合丰 56	黑龙江省农科院佳木斯分院有性杂交育成	黑龙江省农科院(黑第 1811)
ZDD24380	合丰 57	黑龙江省农科院佳木斯分院有性杂交育成	黑龙江省农科院(黑第 1812)
ZDD24381	丰收 24	黑龙江省农科院克山分院有性杂交育成	黑龙江省农科院(黑第 1813)
ZDD24382	丰收 25	黑龙江省农科院克山分院有性杂交育成	黑龙江省农科院(黑第 1814)
ZDD24383	丰收 27	黑龙江省农科院克山分院有性杂交育成	黑龙江省农科院(黑第 1815)
ZDD24384	广石绿大豆 1 号	黑龙江省农科院克山分院等有性杂交育成	黑龙江省农科院(黑第 1816)
ZDD24385	庆丰 1 号	黑龙江省农科院大庆分院有性杂交育成	黑龙江省农科院(黑第 1817)
ZDD24386	庆鲜豆 1 号	黑龙江大庆市庆农西瓜研究所有性杂交育成	黑龙江省农科院(黑第 1818)
ZDD24387	庆鲜豆 2 号	黑龙江庆发农业发展公司有性杂交育成	黑龙江省农科院(黑第 1819)
ZDD24388	抗线虫 3 号	黑龙江省农科院大庆分院有性杂交育成	黑龙江省农科院(黑第 1820)
ZDD24389	抗线虫 6 号	黑龙江省农科院大庆分院花粉管导入育成	黑龙江省农科院(黑第 1821)
ZDD24390	抗线虫 7 号	黑龙江省农科院大庆分院有性杂交育成	黑龙江省农科院(黑第 1822)
ZDD24391	抗线虫 8 号	黑龙江省农科院大庆分院有性杂交育成	黑龙江省农科院(黑第 1823)
ZDD24392	抗线虫 9 号	黑龙江省农科院大庆分院有性杂交育成	黑龙江省农科院(黑第 1824)
ZDD24393	绥小粒豆 2 号	黑龙江省农科院绥化分院有性杂交育成	黑龙江省农科院(黑第 1825)
ZDD24394	绥农 21	黑龙江省农科院绥化分院有性杂交育成	黑龙江省农科院(黑第 1826)
ZDD24395	绥农 22	黑龙江省农科院绥化分院有性杂交育成	黑龙江省农科院(黑第 1827)
ZDD24396	绥农 23	黑龙江省农科院绥化分院有性杂交育成	黑龙江省农科院(黑第 1828)

类型	生育月份	生育日数/d	粒色	子叶色	脐色	百粒重/g	粒形	生育习性	结荚习性	茸毛色	花色	植株高度/cm	叶形	脂肪含量/%	蛋白质含量/%	备注
春	5/上—8/中	98	黄	黄	黄	18.0	圆	直立	亚	灰	紫	75.0	披针	21.8	36.9	
春	5/上—8/上	91	黄	黄	黄	18.0	圆	直立	亚	灰	紫	75.0	披针	19.6	41.5	
春	5/上—8/中	98	黄	黄	黄	20.0	圆	直立	亚	灰	紫	80.0	披针	22.5	38.5	
春	5/上—9/上	118	黄	黄	黄	18.0	圆	直立	亚	灰	紫	100.0	披针	20.5	41.9	
春	5/上—9/中	125	黄	黄	黄	21.0	圆	直立	亚	灰	白	90.0	披针	20.3	41.7	
春	5/上—9/中	120	黄	黄	淡褐	21.0	圆	直立	无	灰	白	90.0	披针	22.7	38.2	
春	5/上—9/中	120	黄	黄	淡褐	18.0	圆	直立	无	灰	白	85.0	披针	22.1	37.9	
春	5/上—9/上	118	黄	黄	淡褐	21.7	圆	直立	亚	灰	白	88.0	圆形	19.8	41.7	
春	5/上—9/上	119	黄	黄	黄	18.0	圆	直立	无	灰	紫	87.5	披针	19.6	40.6	
春	5/上—9/上	116	黄	黄	黄	21.0	圆	直立	亚	灰	紫	87.5	披针	22.6	37.4	
春	5/上—9/上	113	黄	黄	黄	21.0	圆	直立	亚	灰	紫	82.5	披针	21.3	40.2	
春	5/上—9/上	116	黄	黄	褐	17.0	圆	直立	亚	灰	白	90.0	圆形	23.2	37.4	
春	5/上—9/上	115	黄	黄	黄	9.0	圆	直立	无	灰	白	92.5	披针	19.3	42.3	
春	5/上—9/上	117	黄	黄	黄	23.5	圆	直立	无	灰	紫	92.5	披针	22.6	39.4	
春	5/上—9/上	118	黄	黄	黄	19.5	圆	直立	无	灰	紫	97.5	披针	20.1	41.3	
春	5/上—9/上	117	黄	黄	褐	19.0	圆	直立	亚	灰	白	87.5	圆形	22.9	38.4	
春	5/上—9/上	112	黄	黄	黄	19.3	圆	直立	亚	灰	紫	73.5	披针	20.0	40.1	
春	5/上—9/上	116	黄	黄	黄	20.0	圆	直立	亚	灰	白	80.0	披针	21.3	39.0	
春	5/上—9/上	113	黄	黄	黄	19.0	圆	直立	无	灰	紫	94.0	披针	19.3	41.9	
春	5/上—9/上	113	绿	绿	无	20.0	圆	直立	无	灰	白	90.0	披针	19.8	42.9	
春	5/上—9/中	120	黄	黄	黄	19.0	圆	直立	亚	灰	白	90.0	圆形	20.2	43.7	
春	5/上—9/上	116	绿	绿	褐	30.0	圆	直立	有	棕	紫	70.0	圆形	19.8	38.7	
春	5/上—9/上	110	绿	绿	无	33.0	圆	直立	有	灰	白	60.0	圆形	19.8	38.9	
春	5/上—9/中	122	黄	黄	黄	22.0	圆	直立	无	灰	白	95.0	椭圆	21.8	37.7	
春	5/上—9/中	121	黄	黄	褐	20.0	圆	直立	无	灰	白	85.0	圆形	22.1	38.2	
春	5/上—9/中	121	黄	黄	褐	20.0	圆	直立	无	灰	白	85.0	圆形	20.0	39.0	
春	5/上—9/中	120	黄	黄	褐	21.0	圆	直立	亚	灰	白	85.0	圆形	20.4	40.4	
春	5/上—9/中	121	黄	黄	褐	20.0	圆	直立	亚	灰	白	82.0	圆形	21.2	40.1	
春	5/上—9/上	115	黄	黄	黄	9.5	圆	直立	亚	灰	紫	100.0	披针	16.7	45.5	
春	5/上—9/上	118	黄	黄	黄	19.0	圆	直立	无	灰	白	100.0	披针	20.6	40.4	
春	5/上—9/上	118	黄	黄	黄	22.0	圆	直立	亚	灰	紫	80.0	披针	20.1	39.7	
春	5/上—9/中	120	黄	黄	黄	21.0	圆	直立	无	灰	紫	90.0	披针	20.1	40.1	

续表

总编号	品种名称	原产地或来源	保存单位（编号）
ZDD24397	绥农 24	黑龙江省农科院绥化分院有性杂交育成	黑龙江省农科院(黑第 1829)
ZDD24398	绥农 25	黑龙江省农科院绥化分院等有性杂交育成	黑龙江省农科院(黑第 1830)
ZDD24399	绥农 26	黑龙江省农科院绥化分院有性杂交育成	黑龙江省农科院(黑第 1831)
ZDD24400	绥农 27	黑龙江省农科院绥化分院有性杂交育成	黑龙江省农科院(黑第 1832)
ZDD24401	绥农 28	黑龙江省农科院绥化分院系选育成	黑龙江省农科院(黑第 1833)
ZDD24402	绥农 29	黑龙江省农科院绥化分院有性杂交育成	黑龙江省农科院(黑第 1834)
ZDD24403	龙菽 1 号	黑龙江绥化市北林区种子公司有性杂交育成	黑龙江省农科院(黑第 1835)
ZDD24404	黑农 46	黑龙江省农科院大豆所有性杂交育成	黑龙江省农科院(黑第 1836)
ZDD24405	黑农 47	黑龙江省农科院大豆所有性杂交育成	黑龙江省农科院(黑第 1837)
ZDD24406	黑农 48	黑龙江省农科院大豆所有性杂交育成	黑龙江省农科院(黑第 1838)
ZDD24407	黑农 49	黑龙江省农科院大豆所有性杂交育成	黑龙江省农科院(黑第 1839)
ZDD24408	黑农 50	黑龙江省农科院大豆所有性杂交育成	黑龙江省农科院(黑第 1840)
ZDD24409	黑农 51	黑龙江省农科院大豆所有性杂交育成	黑龙江省农科院(黑第 1841)
ZDD24410	黑农 52	黑龙江省农科院大豆所有性杂交育成	黑龙江省农科院(黑第 1842)
ZDD24411	黑农 53	黑龙江省农科院大豆所有性杂交育成	黑龙江省农科院(黑第 1843)
ZDD24412	黑农 54	黑龙江省农科院大豆所有性杂交育成	黑龙江省农科院(黑第 1844)
ZDD24413	黑农 56	黑龙江省农科院大豆所有性杂交育成	黑龙江省农科院(黑第 1845)
ZDD24414	黑农 57	黑龙江省农科院大豆所有性杂交育成	黑龙江省农科院(黑第 1846)
ZDD24415	黑农 58	黑龙江省农科院大豆所有性杂交育成	黑龙江省农科院(黑第 1847)
ZDD24416	龙黑大豆 1 号	黑龙江省农科院作物育种所有性杂交育成	黑龙江省农科院(黑第 1848)
ZDD24417	龙黑大豆 2 号	黑龙江省农科院作物育种所有性杂交育成	黑龙江省农科院(黑第 1849)
ZDD24418	龙青大豆 1 号	黑龙江省农科院作物育种所有性杂交育成	黑龙江省农科院(黑第 1850)
ZDD24419	龙小粒豆 2 号	黑龙江省农科院作物育种所有性杂交育成	黑龙江省农科院(黑第 1851)
ZDD24420	东大 2 号	东北农业大学有性杂交育成	黑龙江省农科院(黑第 1852)
ZDD24421	东农 47	东北农业大学有性杂交育成	黑龙江省农科院(黑第 1853)
ZDD24422	东农 48	东北农业大学有性杂交育成	黑龙江省农科院(黑第 1854)
ZDD24423	东农 49	东北农业大学有性杂交育成	黑龙江省农科院(黑第 1855)
ZDD24424	东农 50	东北农业大学从加拿大引进	黑龙江省农科院(黑第 1856)
ZDD24425	东农 51	东北农业大学有性杂交育成	黑龙江省农科院(黑第 1857)
ZDD24426	东农 52	东北农业大学有性杂交育成	黑龙江省农科院(黑第 1858)
ZDD24427	东农 53	东北农业大学有性杂交育成	黑龙江省农科院(黑第 1859)
ZDD24428	东农 54	东北农业大学有性杂交育成	黑龙江省农科院(黑第 1860)

类型	生育月份	生育日数/d	粒色	子叶色	脐色	百粒重/g	粒形	生育习性	结荚习性	茸毛色	花色	植株高度/cm	叶形	脂肪含量/%	蛋白质含量/%	备注
春	5/上—9/上	113	黄	黄	黄	18.0	圆	直立	亚	灰	紫	100.0	披针	18.7	42.1	
春	5/上—9/上	116	黄	黄	黄	20.0	圆	直立	无	灰	紫	100.0	圆形	20.2	38.9	
春	5/上—9/中	120	黄	黄	黄	21.0	圆	直立	无	灰	紫	100.0	披针	21.6	38.8	
春	5/上—9/上	115	黄	黄	黄	28.0	圆	直立	无	灰	紫	90.0	披针	20.7	41.8	
春	5/上—9/中	120	黄	黄	黄	21.0	圆	直立	亚	灰	紫	90.0	披针	21.8	39.4	
春	5/上—9/中	120	黄	黄	黄	21.0	圆	直立	亚	灰	紫	80.0	披针	21.7	40.8	
春	5/上—8/下	105	黄	黄	黄	26.0	圆	直立	亚	灰	白	90.0	披针	19.7	40.8	
春	5/上—9/中	120	黄	黄	黄	18.0	圆	直立	亚	灰	白	80.0	椭圆	21.2	38.6	
春	5/上—9/中	126	黄	黄	黄	20.0	圆	直立	无	灰	紫	100.0	披针	20.0	40.2	
春	5/上—9/上	118	黄	黄	黄	25.0	圆	直立	亚	灰	紫	95.0	披针	19.1	44.7	
春	5/上—9/上	117	黄	黄	黄	22.0	圆	直立	亚	灰	紫	88.0	圆形	21.1	40.1	
春	5/上—9/上	112	黄	黄	黄	21.0	圆	直立	无	灰	紫	90.0	披针	20.6	39.7	
春	5/上—9/中	126	黄	黄	黄	19.0	圆	直立	亚	灰	白	105.0	披针	19.7	41.4	
春	5/上—9/中	124	黄	黄	黄	20.0	圆	直立	亚	灰	紫	100.0	圆形	19.3	40.7	
春	5/上—9/中	124	黄	黄	黄	24.0	圆	直立	无	灰	紫	115.0	披针	19.4	42.3	
春	5/上—9/中	120	黄	黄	黄	22.0	圆	直立	亚	灰	紫	95.0	披针	19.0	44.2	
春	5/上—9/上	119	黄	黄	黄	20.0	圆	直立	亚	灰	紫	80.0	圆形	22.1	38.1	
春	5/上—9/中	122	黄	黄	褐	22.0	圆	直立	亚	灰	白	80.0	披针	21.7	38.3	
春	5/上—9/上	118	黄	黄	黄	22.0	椭圆	直立	亚	灰	白	80.0	圆形	21.1	39.4	
春	5/上—9/上	113	黑	绿	黑	17.0	椭圆	直立	有	棕	白	75.0	圆形	20.0	41.3	
春	5/上—9/中	126	黑	绿	黑	20.0	圆	直立	无	灰	白	95.0	圆形	18.0	46.9	
春	5/上—9/中	125	绿	绿	淡褐	20.0	圆	直立	无	灰	紫	100.0	披针	19.8	42.9	
春	5/上—9/上	116	黄	黄	黄	10.6	圆	直立	亚	灰	白	80.0	披针	18.3	42.7	
春	5/上—8/上	82	黄	黄	黄	18.0	圆	直立	亚	灰	紫	85.0	披针	19.0	43.2	
春	5/上—9/上	115	黄	黄	淡褐	22.0	圆	直立	无	灰	白	80.0	披针	22.9	38.4	
春	5/上—9/上	115	黄	黄	黄	22.0	圆	直立	亚	灰	紫	90.0	披针	19.2	44.5	
春	5/上—8/下	107	黄	黄	黄	20.0	圆	直立	亚	灰	白	90.0	披针	22.6	39.7	
春	5/上—9/上	115	黄	黄	黄	6.5	圆	直立	亚	灰	白	106.0	披针	19.6	40.7	
春	5/上—9/上	116	黄	黄	黄	21.0	椭圆	直立	亚	灰	白	80.0	披针	20.8	39.6	
春	5/上—9/中	123	黄	黄	黄	21.0	圆	直立	无	灰	紫	120.0	披针	19.5	40.5	
春	5/上—9/上	116	黄	黄	黄	18.0	圆	直立	亚	灰	紫	85.0	披针	21.7	39.3	
春	5/上—9/中	124	黄	黄	黄	20.0	圆	直立	无	灰	紫	100.0	披针	20.5	40.6	

续表

总编号	品种名称	原产地或来源	保存单位（编号）
ZDD24429	东农 55	东北农业大学有性杂交育成	黑龙江省农科院(黑第 1861)
ZDD24430	丰豆 1 号	哈尔滨大田丰源农技开发公司有性杂交育成	黑龙江省农科院(黑第 1862)
ZDD24431	丰豆 3 号	哈尔滨大田丰源农技开发公司有性杂交育成	黑龙江省农科院(黑第 1863)
ZDD24432	东生 2 号	中科院东北地理与农业生态所有性杂交育成	黑龙江省农科院(黑第 1864)
ZDD24433	东生 4 号	中科院东北地理与农业生态所有性杂交育成	黑龙江省农科院(黑第 1865)
ZDD24434	龙选 1 号	国家大豆工程技术研究中心等系选育成	黑龙江省农科院(黑第 1866)
ZDD24435	东农青豆	东北农业大学	黑龙江省农科院(黑第 1867)
ZDD24436	白农 5 号	吉林白城农科院有性杂交育成	吉林省农科院(公第 2704)
ZDD24437	白农 11	吉林白城农科院有性杂交育成	吉林省农科院(公第 2705)
ZDD24438	延农小粒豆 1 号	吉林延边农科院有性杂交育成	吉林省农科院(公第 2706)
ZDD24439	延院 1 号	吉林延边农学院有性杂交育成	吉林省农科院(公第 2707)
ZDD24440	原育 20	吉林公主岭市吉原多种经营有限公司育成	吉林省农科院(公第 2708)
ZDD24441	四农 1 号	吉林四平农科院有性杂交育成	吉林省农科院(公第 2709)
ZDD24442	四农 2 号	吉林四平农科院有性杂交育成	吉林省农科院(公第 2710)
ZDD24443	长农 7 号	吉林长春农科院有性杂交育成	吉林省农科院(公第 2711)
ZDD24444	长农 18	吉林长春农科院有性杂交育成	吉林省农科院(公第 2712)
ZDD24445	长农 19	吉林长春农科院有性杂交育成	吉林省农科院(公第 2713)
ZDD24446	长农 20	吉林长春农科院有性杂交育成	吉林省农科院(公第 2714)
ZDD24447	长农 21	吉林长春农科院有性杂交育成	吉林省农科院(公第 2715)
ZDD24448	长农 22	吉林长春农科院有性杂交育成	吉林省农科院(公第 2716)
ZDD24449	长农 23	吉林长春农科院有性杂交育成	吉林省农科院(公第 2717)
ZDD24450	长农 24	吉林长春农科院有性杂交育成	吉林省农科院(公第 2718)
ZDD24451	吉育 65	吉林省农科院有性杂交育成	吉林省农科院(公第 2719)
ZDD24452	吉育 73	吉林省农科院有性杂交育成	吉林省农科院(公第 2720)
ZDD24453	吉育 74	吉林省农科院有性杂交育成	吉林省农科院(公第 2721)
ZDD24454	吉育 75	吉林省农科院有性杂交育成	吉林省农科院(公第 2722)
ZDD24455	吉育 76	吉林省农科院有性杂交育成	吉林省农科院(公第 2723)
ZDD24456	吉育 77	吉林省农科院有性杂交育成	吉林省农科院(公第 2724)
ZDD24457	吉育 79	吉林省农科院有性杂交育成	吉林省农科院(公第 2725)
ZDD24458	吉育 80	吉林省农科院有性杂交育成	吉林省农科院(公第 2726)
ZDD24459	吉育 81	吉林省农科院有性杂交育成	吉林省农科院(公第 2727)
ZDD24460	吉育 82	吉林省农科院有性杂交育成	吉林省农科院(公第 2728)

类型	生育月份	生育日数/d	粒色	子叶色	脐色	百粒重/g	粒形	生育习性	结荚习性	茸毛色	花色	植株高度/cm	叶形	脂肪含量/%	蛋白质含量/%	备注
春	5/上—9/中	123	黄	黄	黄	20.0	圆	直立	亚	灰	紫	120.0	披针	18.7	44.3	
春	5/上—9/上	117	黄	黄	褐	20.0	椭圆	直立	亚	灰	白	90.0	圆形	21.2	39.5	
春	5/上—9/中	120	黄	黄	褐	22.0	椭圆	直立	亚	灰	白	80.0	卵圆	21.2	39.6	
春	5/上—9/上	114	黄	黄	黄	20.0	圆	直立	亚	灰	紫	80.0	披针	20.1	41.6	
春	5/上—9/上	117	黄	黄	黄	20.0	圆	直立	亚	灰	紫	80.0	披针	20.2	42.5	
春	5/上—9/上	118	黄	黄	黄	20.0	圆	直立	亚	灰	白	110.0	披针	20.5	41.9	
春	4/上—7/中	100	绿	黄	淡褐	32.3	圆	直立	有	灰	白	26.2	卵圆	21.9	41.4	
春	5/上—9/上	115	黄	黄	黄	18.0	圆	直立	亚	灰	白	100.0	披针	20.1	41.4	
春	4/下—8/下	127	黄	黄	黄	18.1	圆	直立	亚	灰	白	99.4	披针	20.1	39.8	
春	5/上—9/上	117	黄	黄	无	8.4	圆	直立	亚	灰	白	85.0	披针	18.3	41.4	
春	5/上—9/中	129	黄	黄	黄	20.0	椭圆	直立	亚	灰	白	100.0	圆形	18.5	43.5	
春	5/上—9/中	127	黄	黄	黄	20.9	圆	直立	亚	灰	紫	91.0	披针	21.4	37.6	
春	5/上—9/下	135	黄	黄	黄	20.0	圆	直立	亚	灰	白	90.0	圆形	19.9	40.8	
春	5/上—9/下	133	黄	黄	黄	23.0	圆	直立	亚	灰	紫	90.0	圆形	21.7	40.3	
春	5/上—9/下	130	黄	黄	黄	20.0	椭圆	直立	亚	灰	白	105.0	披针	19.1	41.1	
春	5/上—9/下	133	黄	黄	黄	22.0	圆	直立	亚	灰	白	110.0	披针	21.9	37.1	
春	5/上—9/中	121	黄	黄	黄	20.0	椭圆	直立	亚	灰	白	97.0	椭圆	19.9	37.9	
春	5/上—9/中	120	黄	黄	黄	17.0	圆	直立	亚	灰	白	99.0	披针	22.5	37.9	
春	5/上—9/中	122	黄	黄	黄	18.5	圆	直立	亚	灰	白	97.2	椭圆	22.8	35.6	
春	5/上—9/下	133	黄	黄	黄	20.0	圆	直立	亚	灰	白	116.0	披针	19.5	39.1	
春	5/上—9/中	120	黄	黄	黄	17.9	圆	直立	亚	灰	白	98.0	椭圆	22.9	35.8	
春	5/上—8/下	107	黄	黄	黄	15.5	圆	直立	亚	灰	紫	70.0	披针	20.6	40.9	
春	5/上—9/下	131	黄	黄	淡褐	21.0	椭圆	直立	亚	灰	白	100.0	圆形	20.0	39.4	
春	5/上—9/上	122	黄	黄	黄	20.0	椭圆	直立	亚	灰	紫	90.0	披针	22.5	39.3	
春	5/上—9/下	133	黄	黄	黄	21.0	椭圆	直立	亚	灰	白	100.0	椭圆	18.6	41.0	
春	5/上—9/中	125	黄	黄	黄	20.7	椭圆	直立	亚	灰	紫	90.0	披针	18.7	42.5	
春	5/上—9/上	119	黄	黄	黄	19.0	椭圆	直立	亚	灰	紫	80.0	披针	19.5	41.5	
春	5/上—9/中	126	黄	黄	黄	22.0	椭圆	直立	亚	灰	白	95.0	披针	18.8	44.0	
春	5/上—9/上	118	黄	黄	黑	19.0	椭圆	直立	亚	棕	紫	80.0	椭圆	17.7	43.4	
春	5/上—9/中	126	黄	黄	黄	18.0	圆	直立	亚	灰	紫	85.0	椭圆	21.2	40.1	
春	5/上—9/中	126	黄	黄	深褐	18.0	椭圆	直立	亚	棕	紫	85.0	椭圆	22.0	39.7	
春	5/上—9/下	133	黄	黄	黄	21.4	圆	直立	亚	灰	紫	98.0	椭圆	22.1	39.3	

续表

总编号	品种名称	原产地或来源	保存单位（编号）
ZDD24461	吉育 83	吉林省农科院有性杂交育成	吉林省农科院(公第 2729)
ZDD24462	吉育 84	吉林省农科院有性杂交育成	吉林省农科院(公第 2730)
ZDD24463	吉育 85	吉林省农科院有性杂交育成	吉林省农科院(公第 2731)
ZDD24464	吉育 87	吉林省农科院有性杂交育成	吉林省农科院(公第 2732)
ZDD24465	吉育 88	吉林省农科院有性杂交育成	吉林省农科院(公第 2733)
ZDD24466	吉育 89	吉林省农科院有性杂交育成	吉林省农科院(公第 2734)
ZDD24467	吉育 90	吉林省农科院有性杂交育成	吉林省农科院(公第 2735)
ZDD24468	吉育 91	吉林省农科院有性杂交育成	吉林省农科院(公第 2736)
ZDD24469	吉育 92	吉林省农科院有性杂交育成	吉林省农科院(公第 2737)
ZDD24470	吉育 93	吉林省农科院有性杂交育成	吉林省农科院(公第 2738)
ZDD24471	吉育 94	吉林省农科院有性杂交育成	吉林省农科院(公第 2739)
ZDD24472	吉育 95	吉林省农科院有性杂交育成	吉林省农科院(公第 2740)
ZDD24473	吉育 96	吉林省农科院有性杂交育成	吉林省农科院(公第 2741)
ZDD24474	吉育 97	吉林省农科院有性杂交育成	吉林省农科院(公第 2742)
ZDD24475	吉育 99	吉林省农科院有性杂交育成	吉林省农科院(公第 2743)
ZDD24476	吉育 100	吉林省农科院有性杂交育成	吉林省农科院(公第 2744)
ZDD24477	吉育 101	吉林省农科院有性杂交育成	吉林省农科院(公第 2745)
ZDD24478	吉育 102	吉林省农科院有性杂交育成	吉林省农科院(公第 2746)
ZDD24479	吉育 301	吉林省农科院有性杂交育成	吉林省农科院(公第 2747)
ZDD24480	杂交豆 1 号	吉林省农科院有性杂交育成	吉林省农科院(公第 2748)
ZDD24481	杂交豆 2 号	吉林省农科院有性杂交育成	吉林省农科院(公第 2749)
ZDD24482	杂交豆 3 号	吉林省农科院有性杂交育成	吉林省农科院(公第 2750)
ZDD24483	吉原引 3 号	吉林省农科院引进意大利材料	吉林省农科院(公第 2751)
ZDD24484	岭引 1 号	吉林省农科院作物育种所引进	吉林省农科院(公第 2752)
ZDD24485	岭引 2 号	吉林省农科院作物育种所引进	吉林省农科院(公第 2753)
ZDD24486	吉密豆 1 号	吉林省农科院有性杂交育成	吉林省农科院(公第 2754)
ZDD24487	吉林小粒 8 号	吉林省农科院有性杂交育成	吉林省农科院(公第 2755)
ZDD24488	吉青 2 号	吉林省农科院有性杂交育成	吉林省农科院(公第 2756)
ZDD24489	吉青 3 号	吉林省农科院有性杂交育成	吉林省农科院(公第 2757)
ZDD24490	吉黑 1 号	吉林省农科院有性杂交育成	吉林省农科院(公第 2758)
ZDD24491	吉农 6 号	吉林农业大学有性杂交育成	吉林省农科院(公第 2759)
ZDD24492	吉农 7 号	吉林农业大学有性杂交育成	吉林省农科院(公第 2760)

类型	生育月份	生育日数/d	粒色	子叶色	脐色	百粒重/g	粒形	生育习性	结荚习性	茸毛色	花色	植株高度/cm	叶形	脂肪含量/%	蛋白质含量/%	备注
春	5/上—9/上	118	黄	黄	黄	20.7	椭圆	直立	亚	灰	白	80.0	披针	23.0	37.7	
春	5/上—9/中	123	黄	黄	黄	19.0	椭圆	直立	亚	灰	紫	100.0	披针	22.1	37.8	
春	5/上—9/上	119	黄	黄	黄	20.2	圆	直立	亚	灰	紫	95.0	披针	20.9	37.8	
春	5/上—9/中	122	黄	黄	黄	20.0	椭圆	直立	亚	灰	紫	90.0	披针	22.6	40.3	
春	5/上—9/中	129	黄	黄	黄	19.0	圆	直立	无	灰	紫	90.0	披针	20.2	39.8	
春	5/上—9/中	129	黄	黄	黑	16.8	椭圆	直立	亚	灰	紫	100.0	椭圆	21.4	35.4	
春	5/上—9/下	130	黄	黄	黄	21.0	圆	直立	无	灰	紫	115.0	椭圆	21.5	38.1	
春	5/上—9/下	131	黄	黄	黄	22.2	圆	直立	亚	灰	白	100.0	椭圆	20.9	38.0	
春	5/上—9/下	131	黄	黄	黑	17.5	圆	直立	亚	棕	紫	110.0	椭圆	22.8	35.5	
春	5/上—8/下	107	黄	黄	黑	16.4	圆	直立	亚	棕	紫	70.0	卵圆	22.3	39.4	
春	5/上—9/上	118	黄	黄	黄	18.0	椭圆	直立	亚	灰	白	90.0	椭圆	21.2	38.8	
春	5/上—9/中	129	黄	黄	黄	20.0	圆	直立	亚	灰	紫	91.1	圆形	21.3	37.9	
春	5/上—9/中	129	黄	黄	深褐	20.1	圆	直立	亚	灰	紫	92.5	圆形	21.3	38.0	
春	5/上—9/中	129	黄	黄	黄	21.1	椭圆	直立	亚	灰	白	97.0	圆形	21.1	38.3	
春	5/上—9/中	123	黄	黄	黄	19.6	圆	直立	亚	灰	紫	110.0	圆形	21.1	38.4	
春	5/上—9/中	121	黄	黄	黄	19.8	圆	直立	亚	灰	紫	95.0	卵圆	21.8	38.1	
春	5/上—9/中	127	黄	绿	黄	8.9	圆	直立	亚	灰	白	90.0	披针	17.3	47.9	
春	5/上—9/中	123	绿	绿	黄	8.6	圆	直立	亚	灰	白	95.0	披针	17.0	44.2	
春	5/上—9/中	120	黄	黄	黄	18.5	圆	直立	亚	灰	白	95.0	披针	20.1	40.2	
春	5/上—9/下	133	黄	黄	蓝	20.0	圆	直立	亚	棕	紫	90.0	圆形	21.1	39.2	
春	5/上—9/中	132	黄	黄	蓝	20.0	圆	直立	亚	棕	紫	103.0	圆形	20.5	40.8	
春	5/上—9/中	120	黄	黄	黄	19.8	圆	直立	亚	灰	紫	95.0	圆形	20.8	40.5	
春	5/上—9/中	125	黄	黄	黑	18.0	圆	直立	亚	棕	紫	60.0	卵圆	21.0	38.1	
春	5/上—7/下	75	黄	黄	黄	15.0	圆	直立	亚	灰	紫	60.0	披针	19.3	44.2	
春	5/上—7/下	70	黄	黄	黄	16.0	圆	直立	亚	灰	白	70.0	椭圆	19.9	43.1	
春	5/上—9/中	125	黄	黄	褐	15.0	圆	直立	有	棕	白	69.0	椭圆	20.6	36.3	
春	5/上—9/下	130	黄	黄	黄	8.8	圆	直立	亚	灰	白	100.0	披针	19.3	40.1	
春	5/上—9/中	130	绿	绿	黄	24.0	圆	直立	有	灰	白	60.0	椭圆	19.1	42.5	
春	5/上—9/中	126	绿	绿	淡褐	29.0	圆	直立	有	灰	白	65.0	椭圆	20.8	41.5	
春	5/上—9/中	130	黑	黄	黑	15.5	椭圆	直立	有	灰	紫	82.5	椭圆	21.2	41.3	
春	5/上—9/中	128	黄	黄	黄	19.0	圆	直立	亚	灰	白	95.0	圆形	19.9	40.8	
春	5/上—9/中	128	黄	黄	黄	20.0	圆	直立	亚	灰	白	105.0	圆形	19.9	41.2	

续表

总编号	品种名称	原产地或来源	保存单位（编号）
ZDD24493	吉农 8 号	吉林农业大学有性杂交育成	吉林省农科院(公第 2761)
ZDD24494	吉农 16	吉林农业大学有性杂交育成	吉林省农科院(公第 2762)
ZDD24495	吉农 17	吉林农业大学有性杂交育成	吉林省农科院(公第 2763)
ZDD24496	吉农 18	吉林农业大学有性杂交育成	吉林省农科院(公第 2764)
ZDD24497	吉农 19	吉林农业大学有性杂交育成	吉林省农科院(公第 2765)
ZDD24498	吉农 20	吉林农业大学有性杂交育成	吉林省农科院(公第 2766)
ZDD24499	吉农 21	吉林农业大学有性杂交育成	吉林省农科院(公第 2767)
ZDD24500	吉农 22	吉林农业大学有性杂交育成	吉林省农科院(公第 2768)
ZDD24501	吉农 23	吉林农业大学有性杂交育成	吉林省农科院(公第 2769)
ZDD24502	吉农 24	吉林农业大学有性杂交育成	吉林省农科院(公第 2770)
ZDD24503	吉农 26	吉林农业大学有性杂交育成	吉林省农科院(公第 2771)
ZDD24504	欧科豆 25	吉林农业大学有性杂交育成	吉林省农科院(公第 2772)
ZDD24505	相文 88-8	吉林奥林农业新技术开发公司有性杂交育成	吉林省农科院(公第 2773)
ZDD24506	相文 88-9	吉林奥林农业新技术开发公司有性杂交育成	吉林省农科院(公第 2774)
ZDD24507	相文 88-A	吉林奥林农业新技术开发公司有性杂交育成	吉林省农科院(公第 2775)
ZDD24508	金园 20	吉林长岭县金园种苗有限公司系选育成	吉林省农科院(公第 2776)
ZDD24509	九农 26	吉林省吉林市农科院有性杂交育成	吉林省农科院(公第 2777)
ZDD24510	九农 31	吉林省吉林市农科院有性杂交育成	吉林省农科院(公第 2778)
ZDD24511	九农 33	吉林省吉林市农科院有性杂交育成	吉林省农科院(公第 2779)
ZDD24512	九农 36	吉林省吉林市农科院有性杂交育成	吉林省农科院(公第 2780)
ZDD24513	吉丰 1 号	吉林省吉林市蔬菜种子公司系选育成	吉林省农科院(公第 2781)
ZDD24514	吉丰 4 号	吉林省吉林市宏业种子有限公司	吉林省农科院(公第 2782)
ZDD24515	吉新豆 1 号	吉林吉新种业公司系选育成	吉林省农科院(公第 2783)
ZDD24516	集 1005	吉林集安市种子公司有性杂交育成	吉林省农科院(公第 2784)
ZDD24517	临选 1 号	吉林临江市农业局系选育成	吉林省农科院(公第 2785)
ZDD24518	平安豆 8 号	吉林平安农科院有性杂交育成	吉林省农科院(公第 2786)
ZDD24519	平安豆 16	吉林平安农科院有性杂交育成	吉林省农科院(公第 2787)
ZDD24520	平安豆 49	吉林平安农科院有性杂交育成	吉林省农科院(公第 2788)
ZDD24521	吉利豆 1 号	吉林松原市利民种业公司有性杂交育成	吉林省农科院(公第 2789)
ZDD24522	吉利豆 2 号	吉林松原市利民种业公司系选育成	吉林省农科院(公第 2790)
ZDD24523	吉利豆 3 号	吉林松原市利民种业公司有性杂交育成	吉林省农科院(公第 2791)
ZDD24524	通农 12	吉林通化农科院有性杂交育成	吉林省农科院(公第 2792)

类型	生育月份	生育日数/d	粒色	子叶色	脐色	百粒重/g	粒形	生育习性	结荚习性	茸毛色	花色	植株高度/cm	叶形	脂肪含量/%	蛋白质含量/%	备注
春	5/上—9/下	132	黄	黄	黄	22.0	椭圆	直立	亚	灰	紫	105.0	圆形	19.1	41.1	
春	5/上—9/下	132	黄	黄	黄	22.6	椭圆	直立	亚	灰	白	115.0	椭圆	19.7	40.1	
春	5/上—9/下	130	黄	黄	褐	21.0	圆	直立	亚	棕	白	107.0	椭圆	20.8	39.3	
春	5/上—9/上	122	黄	黄	黑	17.0	圆	直立	亚	棕	紫	90.0	椭圆	23.4	37.1	
春	5/上—9/下	134	黄	黄	黄	23.2	圆	直立	亚	灰	白	115.0	椭圆	20.4	39.3	
春	5/上—9/下	135	黄	黄	褐	19.6	圆	直立	亚	棕	白	105.0	椭圆	22.2	39.1	
春	5/上—9/中	123	黄	黄	黑	18.9	圆	直立	亚	棕	紫	86.0	椭圆	20.6	41.2	
春	5/上—9/下	136	黄	黄	黄	18.6	圆	直立	无	灰	紫	122.0	椭圆	19.9	37.3	
春	5/上—9/下	135	黄	黄	黄	22.4	圆	直立	亚	棕	白	115.0	椭圆	21.0	36.4	
春	5/上—9/下	131	黄	黄	黄	22.2	圆	直立	亚	棕	白	105.0	椭圆	18.8	41.6	
春	5/上—9/中	132	黄	黄	褐	19.1	圆	直立	亚	棕	紫	81.3	椭圆	20.5	40.7	
春	5/上—9/中	123	黄	黄	黄	20.0	圆	直立	亚	棕	白	91.0	圆形	21.1	37.1	
春	5/上—9/上	115	黄	黄	黄	20.0	圆	直立	亚	灰	紫	120.0	披针	20.6	43.1	
春	5/上—9/中	125	黄	黄	黄	21.0	圆	直立	亚	灰	紫	130.0	圆形	19.8	43.1	
春	5/上—9/中	120	黄	黄	黄	20.0	圆	直立	亚	灰	紫	120.0	披针	20.1	43.0	
春	5/上—9/中	124	黄	黄	黄	19.3	圆	直立	亚	灰	紫	91.0	披针	22.0	39.4	
春	5/上—9/下	132	黄	黄	黄	20.0	圆	直立	亚	灰	白	90.0	圆形	22.2	38.5	
春	5/上—9/中	126	黄	黄	黄	16.0	圆	直立	亚	灰	白	93.0	披针	19.6	42.3	
春	5/上—9/下	132	黄	黄	黄	27.0	圆	直立	亚	灰	紫	115.0	圆形	19.4	41.0	
春	5/上—9/中	130	黄	黄	黄	15.6	椭圆	直立	亚	灰	白	80.0	椭圆	21.7	39.4	
春	5/上—9/上	117	黄	黄	黄	18.0	椭圆	直立	亚	灰	紫	100.0	披针	20.3	43.2	
春	5/上—9/中	124	黄	黄	黄	19.3	圆	直立	亚	灰	紫	108.0	披针	16.9	41.7	
春	5/上—9/中	123	黄	黄	淡褐	21.0	圆	直立	有	棕	紫	65.0	椭圆	19.4	43.9	
春	5/上—9/下	135	黄	黄	褐	30.0	圆	直立	有	灰	紫	100.0	圆形	20.7	43.2	
春	5/上—8/下	105	黄	黄	褐	21.0	圆	直立	有	灰	紫	100.0	披针	19.7	44.8	
春	5/上—9/下	132	黄	黄	黄	19.0	圆	直立	无	灰	紫	100.0	披针	20.3	39.9	
春	5/上—9/上	116	黄	黄	黄	22.0	长椭	直立	无	灰	紫	100.0	披针	18.7	41.9	
春	5/上—9/上	116	黄	黄	黄	20.0	圆	直立	无	灰	白	80.0	披针	20.0	37.8	
春	5/上—9/上	120	黄	黄	褐	21.0	圆	直立	有	灰	白	77.4	披针	20.6	38.8	
春	5/上—9/上	118	黄	黄	黄	21.4	圆	直立	亚	灰	紫	81.9	披针	22.1	37.7	
春	5/上—9/中	123	黄	黄	黄	20.6	圆	直立	有	灰	紫	84.0	披针	22.0	40.6	
春	5/上—9/下	133	黄	黄	黄	17.0	圆	直立	有	灰	紫	85.0	披针	19.3	44.8	

续表

总编号	品种名称	原产地或来源	保存单位（编号）
ZDD24525	丰交 2004	吉林东丰县种子管理站有性杂交育成	吉林省农科院(公第 2793)
ZDD24526	郝豆 2000	吉林郝育农科院有性杂交育成	吉林省农科院(公第 2794)
ZDD24527	吉大豆 1 号	吉林大学有性杂交育成	吉林省农科院(公第 2795)
ZDD24528	吉大豆 2 号	吉林大学有性杂交育成	吉林省农科院(公第 2796)
ZDD24529	通农 99-598	吉林通化农科院有性杂交育成	吉林省农科院(公第 2797)
ZDD24530	铁丰 28	辽宁铁岭农科院有性杂交育成	辽宁省农科院(辽 035)
ZDD24531	铁丰 29	辽宁铁岭农科院有性杂交育成	辽宁省农科院(辽 036)
ZDD24532	铁丰 34	辽宁铁岭农科院有性杂交育成	辽宁省农科院(辽 037)
ZDD24533	铁丰 35	辽宁铁岭农科院有性杂交育成	辽宁省农科院(辽 038)
ZDD24534	铁豆 36	辽宁铁岭农科院有性杂交育成	辽宁省农科院(辽 039)
ZDD24535	铁豆 37	辽宁铁岭农科院有性杂交育成	辽宁省农科院(辽 040)
ZDD24536	铁豆 38	辽宁铁岭农科院有性杂交育成	辽宁省农科院(辽 041)
ZDD24537	铁豆 39	辽宁铁岭农科院有性杂交育成	辽宁省农科院(辽 042)
ZDD24538	铁豆 40	辽宁铁岭农科院有性杂交育成	辽宁省农科院(辽 043)
ZDD24539	铁豆 41	辽宁铁岭农科院有性杂交育成	辽宁省农科院(辽 044)
ZDD24540	铁豆 42	辽宁铁岭农科院有性杂交育成	辽宁省农科院(辽 045)
ZDD24541	铁豆 43	辽宁铁岭农科院有性杂交育成	辽宁省农科院(辽 046)
ZDD24542	铁豆 44	辽宁铁岭农科院有性杂交育成	辽宁省农科院(辽 047)
ZDD24543	铁豆 45	辽宁铁岭农科院有性杂交育成	辽宁省农科院(辽 048)
ZDD24544	铁豆 46	辽宁铁岭农科院有性杂交育成	辽宁省农科院(辽 049)
ZDD24545	铁豆 47	辽宁铁岭农科院有性杂交育成	辽宁省农科院(辽 050)
ZDD24546	铁豆 48	辽宁铁岭农科院有性杂交育成	辽宁省农科院(辽 051)
ZDD24547	铁豆 49	辽宁铁岭农科院有性杂交育成	辽宁省农科院(辽 052)
ZDD24548	铁豆 50	辽宁铁岭农科院有性杂交育成	辽宁省农科院(辽 053)
ZDD24549	奎丰 1 号	辽宁铁岭市维奎大豆科学研究所有性杂交育成	辽宁省农科院(辽 054)
ZDD24550	永伟 6 号	辽宁铁岭市正大农科所系选育成	辽宁省农科院(辽 055)
ZDD24551	永伟 9 号	辽宁铁岭市正大农科所系选育成	辽宁省农科院(辽 056)
ZDD24552	抚 97-16 早	辽宁抚顺农科院有性杂交育成	辽宁省农科院(辽 057)
ZDD24553	抚豆 17	辽宁抚顺农科院有性杂交育成	辽宁省农科院(辽 058)
ZDD24554	抚豆 18	辽宁抚顺农科院有性杂交育成	辽宁省农科院(辽 059)
ZDD24555	抚豆 19	辽宁抚顺农科院有性杂交育成	辽宁省农科院(辽 060)
ZDD24556	抚豆 20	辽宁抚顺农科院有性杂交育成	辽宁省农科院(辽 061)

类型	生育月份	生育日数/d	粒色	子叶色	脐色	百粒重/g	粒形	生育习性	结荚习性	茸毛色	花色	植株高度/cm	叶形	脂肪含量/%	蛋白质含量/%	备注
春	5/上—9/中	129	黄	黄	黄	23.7	圆	直立	亚	灰	白	96.3	椭圆	19.2	38.8	
春	5/上—9/中	125	黄	黄	黄	20.5	椭圆	直立	亚	灰	白	80.0	披针	21.6	37.6	
春	5/上—9/上	118	黄	黄	黄	18.9	圆	直立	有	灰	白	100.0	披针	20.9	39.5	
春	5/上—9/中	120	黄	黄	黄	22.6	椭圆	直立	亚	灰	白	75.0	椭圆	21.4	38.4	
春	5/上—8/中	99	黄	黄	淡褐	29.3	圆	直立	有	灰	紫	33.0	卵圆	21.2	43.9	
春	5/上—9/中	133	黄	黄	黄	24.6	圆	直立	有	灰	紫	75.4	椭圆	18.8	44.5	
春	5/上—9/中	133	黄	黄	黄	23.5	圆	直立	有	灰	紫	68.0	椭圆	19.1	45.0	
春	5/上—9/中	133	黄	黄	黄	24.1	圆	直立	有	棕	白	76.9	椭圆	20.5	41.1	
春	5/上—9/中	134	黄	黄	黄	21.2	圆	直立	有	灰	紫	73.2	椭圆	21.1	41.4	
春	5/上—9/中	130	黄	黄	黄	25.8	椭圆	直立	有	灰	紫	78.4	椭圆	21.7	40.4	
春	5/上—9/中	130	黄	黄	黄	27.5	椭圆	直立	有	灰	白	73.2	椭圆	21.1	40.6	
春	5/上—9/中	128	黄	黄	黄	21.1	椭圆	直立	有	灰	紫	83.6	椭圆	21.5	40.1	
春	5/上—9/中	128	黄	黄	黄	23.2	椭圆	直立	有	灰	紫	81.8	椭圆	20.7	43.4	
春	5/上—9/中	132	黄	黄	黄	23.8	椭圆	直立	有	灰	紫	105.8	椭圆	20.8	42.0	
春	5/上—9/中	126	黄	黄	黄	20.9	椭圆	直立	有	灰	白	78.5	椭圆	20.7	43.9	
春	5/上—9/中	129	黄	黄	黄	25.4	圆	直立	有	灰	紫	84.9	椭圆	19.7	43.0	
春	5/上—9/中	123	黄	黄	黄	21.4	椭圆	直立	亚	灰	紫	80.3	椭圆	20.8	41.9	
春	5/上—9/中	123	黄	黄	淡褐	21.8	椭圆	直立	亚	灰	紫	77.6	椭圆	22.4	41.1	
春	5/上—9/中	127	黄	黄	褐	19.2	椭圆	直立	亚	灰	紫	97.3	椭圆	20.9	40.0	
春	5/上—9/中	126	黄	黄	黄	21.5	椭圆	直立	亚	灰	紫	91.4	椭圆	20.3	42.5	
春	5/上—9/中	126	黄	黄	黄	21.8	椭圆	直立	亚	棕	紫	97.2	椭圆	21.8	42.9	
春	5/上—9/中	128	黄	黄	黄	22.8	椭圆	直立	有	灰	紫	83.4	披针	21.7	40.8	
春	5/上—9/下	135	黄	黄	黄	23.1	椭圆	直立	有	灰	紫	84.3	椭圆	21.4	41.6	
春	5/上—9/中	129	黄	黄	黄	19.4	椭圆	直立	亚	灰	白	98.2	椭圆	22.9	39.1	
春	5/上—9/下	132	黄	黄	黄	21.8	椭圆	直立	亚	棕	紫	95.2	椭圆	20.8	42.5	
春	5/上—9/中	133	黄	黄	黄	26.9	椭圆	直立	亚	棕	紫	109.4	椭圆	20.4	44.9	
春	5/上—9/中	128	黄	黄	黄	25.0	椭圆	直立	亚	棕	紫	104.9	椭圆	20.5	44.5	
春	5/上—9/上	121	黄	黄	黄	24.1	圆	直立	有	灰	白	99.4	椭圆	20.2	38.8	
春	5/上—9/上	120	黄	黄	黄	18.4	圆	直立	有	灰	白	75.1	椭圆	24.1	36.7	
春	5/上—9/中	126	黄	黄	黄	18.3	圆	直立	亚	灰	紫	88.5	椭圆	21.8	39.3	
春	5/上—9/中	124	黄	黄	黄	18.5	圆	直立	亚	灰	白	92.8	披针	20.1	42.3	
春	5/上—9/中	123	黄	黄	黄	20.3	圆	直立	亚	灰	白	83.3	椭圆	22.9	38.2	

续表

总编号	品种名称	原产地或来源	保存单位（编号）
ZDD24557	清禾 1 号	辽宁抚顺市天禾种业有限公司系选育成	辽宁省农科院(辽 062)
ZDD24558	新育 1 号	辽宁新宾县农科所杂交育成	辽宁省农科院(辽 063)
ZDD24559	辽豆 18	辽宁省农科院作物所有性杂交育成	辽宁省农科院(辽 064)
ZDD24560	辽豆 19	辽宁省农科院作物所有性杂交育成	辽宁省农科院(辽 065)
ZDD24561	辽豆 20	辽宁省农科院作物所有性杂交育成	辽宁省农科院(辽 066)
ZDD24562	辽豆 21	辽宁省农科院作物所有性杂交育成	辽宁省农科院(辽 067)
ZDD24563	辽豆 23	辽宁省农科院作物所有性杂交育成	辽宁省农科院(辽 068)
ZDD24564	辽豆 25	辽宁省农科院作物所有性杂交育成	辽宁省农科院(辽 069)
ZDD24565	辽豆 26	辽宁省农科院作物所有性杂交育成	辽宁省农科院(辽 070)
ZDD24566	辽豆 28	辽宁省农科院作物所有性杂交育成	辽宁省农科院(辽 071)
ZDD24567	辽豆 29	辽宁省农科院作物所有性杂交育成	辽宁省农科院(辽 072)
ZDD24568	沈豆 4 号	辽宁沈阳农科院有性杂交育成	辽宁省农科院(辽 073)
ZDD24569	沈豆 5 号	辽宁沈阳农科院有性杂交育成	辽宁省农科院(辽 074)
ZDD24570	沈农 6 号	沈阳农业大学农学院有性杂交育成	辽宁省农科院(辽 075)
ZDD24571	沈农 7 号	沈阳农业大学农学院有性杂交育成	辽宁省农科院(辽 076)
ZDD24572	沈农 8 号	沈阳农业大学农学院有性杂交育成	辽宁省农科院(辽 077)
ZDD24573	沈农 10 号	沈阳农业大学农学院有性杂交育成	辽宁省农科院(辽 078)
ZDD24574	沈农 11	沈阳农业大学农学院有性杂交育成	辽宁省农科院(辽 079)
ZDD24575	沈农 8510	沈阳农业大学农学院有性杂交育成	辽宁省农科院(辽 080)
ZDD24576	新豆 1 号	辽宁沈阳市新城子区财落堡乡农科站系选育成	辽宁省农科院(辽 081)
ZDD24577	辽首 1 号	辽宁辽阳县农技推广中心有性杂交育成	辽宁省农科院(辽 082)
ZDD24578	辽首 2 号	辽宁辽阳县农技推广中心有性杂交育成	辽宁省农科院(辽 083)
ZDD24579	辽选 2 号	辽宁辽阳农科所有性杂交育成	辽宁省农科院(辽 084)
ZDD24580	辽阳 1 号	辽宁辽阳农科所系选育成	辽宁省农科院(辽 085)
ZDD24581	锦豆 36	辽宁锦州农科院有性杂交育成	辽宁省农科院(辽 086)
ZDD24582	丹豆 8 号	辽宁丹东农科院有性杂交育成	辽宁省农科院(辽 087)
ZDD24583	丹豆 9 号	辽宁丹东农科院有性杂交育成	辽宁省农科院(辽 088)
ZDD24584	丹豆 10 号	辽宁丹东农科院有性杂交育成	辽宁省农科院(辽 089)
ZDD24585	丹豆 11	辽宁丹东农科院有性杂交育成	辽宁省农科院(辽 090)
ZDD24586	丹豆 12	辽宁丹东农科院有性杂交育成	辽宁省农科院(辽 091)
ZDD24587	丹豆 13	辽宁丹东农科院有性杂交育成	辽宁省农科院(辽 092)
ZDD24588	丹豆 14	辽宁丹东农科院有性杂交育成	辽宁省农科院(辽 093)

类型	生育月份	生育日数/d	粒色	子叶色	脐色	百粒重/g	粒形	生育习性	结荚习性	茸毛色	花色	植株高度/cm	叶形	脂肪含量/%	蛋白质含量/%	备注
春	5/上—9/上	122	黄	黄	黄	22.8	圆	直立	有	灰	紫	69.6	椭圆	22.0	38.4	
春	5/上—9/中	124	黄	黄	黄	21.2	椭圆	直立	亚	灰	白	72.0	椭圆	21.8	38.4	
春	5/上—9/中	132	黄	黄	黄	23.9	圆	直立	亚	灰	白	93.7	椭圆	21.4	43.3	
春	5/上—9/中	125	黄	黄	黄	22.9	圆	直立	亚	灰	紫	89.4	圆形	21.1	42.5	
春	5/上—9/中	130	黄	黄	黄	27.3	圆	直立	亚	灰	紫	87.5	圆形	20.2	45.7	
春	5/上—9/中	128	黄	黄	黄	19.5	椭圆	直立	亚	灰	紫	87.6	圆形	21.5	40.8	
春	5/上—9/中	130	黄	黄	黄	22.7	圆	直立	有	灰	紫	73.9	椭圆	19.1	44.7	
春	5/上—9/中	127	黄	黄	黄	21.4	圆	直立	亚	灰	紫	102.2	椭圆	21.2	42.9	
春	5/上—9/中	129	黄	黄	黄	25.3	圆	直立	有	灰	紫	92.5	椭圆	20.5	42.7	
春	5/上—9/下	137	黄	黄	黄	22.0	圆	直立	有	灰	白	89.4	椭圆	21.3	41.8	
春	5/上—9/中	129	黄	黄	黄	21.8	圆	直立	有	灰	白	100.2	披针	20.5	42.7	
春	5/上—9/下	135	黄	黄	黄	20.0	椭圆	直立	亚	棕	白	139.0	卵圆	19.2	41.4	
春	5/上—9/中	128	黄	黄	黄	21.5	椭圆	直立	有	棕	白	69.3	椭圆	20.3	40.5	
春	5/上—9/下	138	黄	黄	黄	23.0	圆	直立	有	灰	白	100.0	椭圆	19.5	42.7	
春	5/上—9/中	131	黄	黄	褐	22.0	圆	直立	亚	灰	紫	120.0	圆形	18.7	42.4	
春	5/上—9/下	136	黄	黄	褐	25.0	圆	直立	有	灰	紫	66.4	椭圆	20.5	41.8	
春	5/上—9/中	129	黄	黄	淡褐	20.3	圆	直立	亚	灰	白	120.5	椭圆	19.5	42.8	
春	5/上—9/中	124	黄	黄	黑	20.3	椭圆	直立	亚	棕	紫	105.3	椭圆	22.4	40.7	
春	5/上—9/中	134	黄	黄	黄	21.8	圆	直立	亚	灰	紫	90.0	椭圆	19.1	45.5	
春	5/上—9/中	131	黄	黄	黄	22.1	椭圆	直立	亚	灰	紫	99.1	卵圆	19.9	42.5	
春	5/上—9/中	134	黄	黄	黄	24.1	椭圆	直立	有	灰	紫	80.0	椭圆	20.2	45.2	
春	5/上—9/下	138	黄	黄	黄	25.5	椭圆	直立	有	灰	紫	95.0	椭圆	19.6	42.4	
春	5/上—9/中	132	黄	黄	黄	22.5	圆	直立	亚	灰	白	98.3	椭圆	20.4	43.6	
春	5/上—9/中	133	黄	黄	黄	23.0	圆	直立	亚	灰	白	100.0	椭圆	19.5	45.0	
春	5/上—9/中	125	黄	黄	黄	27.0	椭圆	直立	有	灰	紫	90.0	椭圆	20.5	42.2	
春	5/上—9/中	125	黄	黄	黄	24.0	椭圆	直立	有	灰	白	90.0	椭圆	17.7	44.9	
春	5/上—9/下	135	黄	黄	黄	22.0	圆	直立	有	灰	白	90.0	椭圆	19.9	42.9	
春	5/上—9/下	137	黄	黄	褐	22.0	椭圆	直立	有	灰	白	66.5	椭圆	21.1	43.5	
春	5/上—9/中	132	黄	黄	黄	21.0	椭圆	直立	亚	灰	白	84.9	椭圆	20.1	42.7	
春	5/上—9/下	140	黄	黄	黄	20.6	椭圆	直立	亚	灰	紫	116.0	椭圆	20.4	40.7	
春	5/上—9/中	133	黄	黄	黄	20.4	椭圆	直立	有	灰	白	80.5	椭圆	19.0	42.5	
春	5/上—9/中	131	黄	黄	黄	20.7	椭圆	直立	有	灰	白	78.4	椭圆	20.5	41.0	

续表

总编号	品种名称	原产地或来源	保存单位（编号）
ZDD24589	东豆 1 号	辽宁东亚种业有限公司有性杂交育成	辽宁省农科院(辽 094)
ZDD24590	东豆 9 号	辽宁东亚种业有限公司系选育成	辽宁省农科院(辽 095)
ZDD24591	东豆 29	辽宁东亚种业有限公司有性杂交育成	辽宁省农科院(辽 096)
ZDD24592	东豆 50	辽宁东亚种业有限公司有性杂交育成	辽宁省农科院(辽 097)
ZDD24593	东豆 339	辽宁东亚种业有限公司有性杂交育成	辽宁省农科院(辽 098)
ZDD24594	开创豆 14	辽宁开原农科所有性杂交育成	辽宁省农科院(辽 099)
ZDD24595	开育 13	辽宁开原农科所有性杂交育成	辽宁省农科院(辽 100)
ZDD24596	连豆 1 号	辽宁瓦房店市农技推广中心有性杂交育成	辽宁省农科院(辽 101)
ZDD24597	新丰 1 号	辽宁新宾县红庙子乡农技站有性杂交育成	辽宁省农科院(辽 102)
ZDD24598	呼北豆 1 号	内蒙古呼伦贝尔市种子管理站有性杂交育成	内蒙古呼伦贝尔农科所(呼 015)
ZDD24599	呼丰 6 号	内蒙古呼伦贝尔农科所系选育成	内蒙古呼伦贝尔农科所(呼 016)
ZDD24600	蒙豆 10 号	内蒙古呼伦贝尔农科所有性杂交育成	内蒙古呼伦贝尔农科所(呼 017)
ZDD24601	蒙豆 14	内蒙古呼伦贝尔农科所有性杂交育成	内蒙古呼伦贝尔农科所(呼 018)
ZDD24602	蒙豆 15	内蒙古呼伦贝尔农科所有性杂交育成	内蒙古呼伦贝尔农科所(呼 019)
ZDD24603	蒙豆 16	内蒙古呼伦贝尔农科所有性杂交育成	内蒙古呼伦贝尔农科所(呼 020)
ZDD24604	蒙豆 17	内蒙古呼伦贝尔农科所有性杂交育成	内蒙古呼伦贝尔农科所(呼 021)
ZDD24605	蒙豆 18	内蒙古呼伦贝尔农科所有性杂交育成	内蒙古呼伦贝尔农科所(呼 022)
ZDD24606	蒙豆 19	内蒙古呼伦贝尔农科所有性杂交育成	内蒙古呼伦贝尔农科所(呼 023)
ZDD24607	蒙豆 20	内蒙古呼伦贝尔农科所有性杂交育成	内蒙古呼伦贝尔农科所(呼 024)
ZDD24608	蒙豆 21	内蒙古呼伦贝尔农科所有性杂交育成	内蒙古呼伦贝尔农科所(呼 025)
ZDD24609	蒙豆 24	内蒙古农技推广站系选育成	内蒙古呼伦贝尔农科所(呼 026)
ZDD24610	蒙豆 25	内蒙古农技推广站系选育成	内蒙古呼伦贝尔农科所(呼 027)
ZDD24611	蒙豆 26	内蒙古呼伦贝尔农科所有性杂交育成	内蒙古呼伦贝尔农科所(呼 028)
ZDD24612	蒙豆 28	内蒙古呼伦贝尔农科所有性杂交育成	内蒙古呼伦贝尔农科所(呼 029)
ZDD24613	蒙豆 30	内蒙古呼伦贝尔农科所有性杂交育成	内蒙古呼伦贝尔农科所(呼 030)
ZDD24614	蒙豆 31	内蒙古呼伦贝尔农科所有性杂交育成	内蒙古呼伦贝尔农科所(呼 031)
ZDD24615	兴豆 5 号	内蒙古兴安盟农科所有性杂交育成	内蒙古呼伦贝尔农科所(呼 032)
ZDD24616	兴抗线 1 号	内蒙古兴安盟农科所有性杂交育成	内蒙古呼伦贝尔农科所(呼 033)
ZDD24617	赤豆 1 号	内蒙古赤峰农科所系选育成	内蒙古呼伦贝尔农科所(呼 034)
ZDD24618	登科 1 号	内蒙古登科公司有性杂交育成	内蒙古呼伦贝尔农科所(呼 035)
ZDD24619	疆莫豆 1 号	黑龙江北疆农科所等有性杂交育成	内蒙古呼伦贝尔农科所(呼 036)
ZDD24620	科丰 15	中科院遗传与发育所有性杂交育成	中国农科院作科所(130)

类型	生育月份	生育日数/d	粒色	子叶色	脐色	百粒重/g	粒形	生育习性	结荚习性	茸毛色	花色	植株高度/cm	叶形	脂肪含量/%	蛋白质含量/%	备注
春	5/上—9/中	130	黄	黄	黄	26.0	椭圆	直立	有	灰	紫	80.0	圆形	20.2	40.2	
春	5/上—9/中	128	黄	黄	黄	21.9	圆	直立	有	灰	紫	73.4	椭圆	22.0	40.2	
春	5/上—9/中	126	黄	黄	蓝	22.6	圆	直立	有	灰	紫	73.2	椭圆	20.9	41.9	
春	5/上—9/上	122	黄	黄	黄	22.5	圆	直立	有	灰	紫	62.0	椭圆	21.2	40.7	
春	5/上—9/下	131	黄	黄	褐	24.9	椭圆	直立	有	灰	紫	61.3	圆形	20.4	42.3	
春	5/上—9/中	128	黄	黄	黄	25.6	圆	直立	有	灰	紫	80.0	椭圆	20.4	40.8	
春	5/上—9/中	125	黄	黄	黄	22.7	椭圆	直立	有	灰	紫	83.8	椭圆	20.9	40.5	
春	5/上—9/下	136	黄	黄	黄	23.0	圆	直立	有	灰	白	85.0	椭圆	18.9	44.1	
春	5/上—9/中	121	黄	黄	黄	20.0	椭圆	直立	有	灰	白	94.7	圆形	20.6	39.3	
春	5/中—9/中	115	黄	黄	黄	19.0	圆	直立	亚	灰	白	70.0	披针	19.9	40.4	
春	5/中—9/中	115	黄	黄	黄	19.0	圆	直立	亚	灰	紫	64.0	圆形	20.6	39.0	
春	5/中—9/中	118	黄	黄	黄	22.0	椭圆	直立	亚	灰	白	120.0	披针	18.8	40.3	
春	5/中—9/中	114	黄	黄	黄	19.0	圆	直立	无	灰	白	80.0	披针	22.2	38.4	
春	5/中—9/中	114	黄	黄	黄	24.0	圆	直立	亚	灰	白	70.0	披针	20.6	40.1	
春	5/中—9/上	106	黄	黄	黄	22.0	圆	直立	亚	灰	白	80.0	披针	20.0	39.2	
春	5/中—9/中	114	黄	黄	黄	19.0	圆	直立	亚	灰	白	80.0	披针	21.2	39.9	
春	5/中—9/中	113	黄	黄	黄	19.0	圆	直立	亚	灰	白	79.0	披针	20.7	38.9	
春	5/中—8/下	96	黄	黄	黄	26.0	圆	直立	亚	灰	紫	70.0	卵圆	22.4	37.9	
春	5/中—9/上	106	黄	黄	黄	22.0	圆	直立	亚	灰	紫	75.0	披针	19.7	41.7	
春	5/中—9/中	114	黄	黄	黄	16.0	圆	直立	亚	灰	白	91.0	披针	22.4	37.9	
春	5/中—9/中	124	黄	黄	深褐	16.0	圆	直立	无	灰	紫	80.0	椭圆	22.7	38.6	
春	5/中—9/中	118	黑	黄	黑	15.0	圆	直立	无	棕	紫	80.0	圆形	22.4	34.8	
春	5/中—9/中	114	黄	黄	黄	21.0	圆	直立	亚	灰	紫	85.0	披针	22.8	42.0	
春	5/中—9/上	109	黄	黄	黄	18.0	圆	直立	亚	灰	白	70.0	披针	22.0	38.4	
春	5/中—9/中	116	黄	黄	黄	20.0	圆	直立	亚	灰	白	106.0	披针	21.0	43.6	
春	5/中—9/上	105	黄	黄	淡褐	20.0	圆	直立	亚	灰	白	106.0	披针	21.0	43.6	
春	5/中—9/中	113	黄	黄	褐	20.0	圆	直立	无	灰	紫	100.0	卵圆	21.4	37.9	
春	5/中—9/中	120	黄	黄	淡褐	20.0	圆	直立	无	灰	白	110.0	卵圆	21.0	38.9	
春	5/中—9/下	132	黄	黄	黄	22.0	圆	直立	亚	灰	紫	130.0	披针	22.8	39.4	
春	5/中—9/中	111	黄	黄	黄	19.0	圆	直立	亚	灰	白	85.0	披针	22.2	37.7	
春	5/中—9/中	110	黄	黄	黄	19.0	圆	直立	无	灰	紫	80.0	披针	20.5	40.3	
夏	6/中—9/下	98	黄	黄	黄	25.0	椭圆	直立	有	灰	白	80.0	圆形	20.8	42.4	

续表

总编号	品种名称	原产地或来源	保存单位（编号）
ZDD24621	科丰 17	中科院遗传与发育所有性杂交育成	中国农科院作科所(131)
ZDD24622	科丰 34	中科院遗传与发育所有性杂交诱变育成	中国农科院作科所(132)
ZDD24623	科丰 35	中科院遗传与发育所有性杂交诱变育成	中国农科院作科所(133)
ZDD24624	科丰 37	中科院遗传与发育所有性杂交育成	中国农科院作科所(134)
ZDD24625	科丰 53	中科院遗传与发育所有性杂交育成	中国农科院作科所(135)
ZDD24626	科新 3 号	中科院遗传与发育所化学诱变育成	中国农科院作科所(136)
ZDD24627	科新 5 号	中科院遗传与发育所化学诱变育成	中国农科院作科所(137)
ZDD24628	科新 6 号	中科院遗传与发育所化学诱变育成	中国农科院作科所(138)
ZDD24629	科新 7 号	中科院遗传与发育所化学诱变育成	中国农科院作科所(139)
ZDD24630	中黄 28	中国农科院作科所有性杂交育成	中国农科院作科所(140)
ZDD24631	中黄 29	中国农科院作科所有性杂交育成	中国农科院作科所(141)
ZDD24632	中黄 30	中国农科院作科所有性杂交育成	中国农科院作科所(142)
ZDD24633	中黄 31	中国农科院作科所有性杂交育成	中国农科院作科所(143)
ZDD24634	中黄 33	中国农科院作科所有性杂交育成	中国农科院作科所(144)
ZDD24635	中黄 34	中国农科院作科所有性杂交育成	中国农科院作科所(145)
ZDD24636	中黄 35	中国农科院作科所有性杂交育成	中国农科院作科所(146)
ZDD24637	中黄 36	中国农科院作科所有性杂交育成	中国农科院作科所(147)
ZDD24638	中黄 37	中国农科院作科所有性杂交育成	中国农科院作科所(148)
ZDD24639	中黄 38	中国农科院作科所有性杂交育成	中国农科院作科所(149)
ZDD24640	中黄 39	中国农科院作科所有性杂交育成	中国农科院作科所(150)
ZDD24641	中黄 40	中国农科院作科所有性杂交育成	中国农科院作科所(151)
ZDD24642	中黄 41	中国农科院作科所有性杂交育成	中国农科院作科所(152)
ZDD24643	中黄 42	中国农科院作科所有性杂交育成	中国农科院作科所(153)
ZDD24644	中黄 43	中国农科院作科所有性杂交育成	中国农科院作科所(154)
ZDD24645	中黄 44	中国农科院作科所有性杂交育成	中国农科院作科所(155)
ZDD24646	中黄 45	中国农科院作科所有性杂交育成	中国农科院作科所(156)
ZDD24647	中黄 46	中国农科院作科所有性杂交育成	中国农科院作科所(157)
ZDD24648	中黄 47	中国农科院作科所有性杂交育成	中国农科院作科所(158)
ZDD24649	中黄 48	中国农科院作科所有性杂交育成	中国农科院作科所(159)
ZDD24650	中黄 49	中国农科院作科所有性杂交育成	中国农科院作科所(160)
ZDD24651	中黄 50	中国农科院作科所有性杂交育成	中国农科院作科所(161)
ZDD24652	中黄 52	中国农科院作科所有性杂交育成	中国农科院作科所(162)

类型	生育月份	生育日数/d	粒色	子叶色	脐色	百粒重/g	粒形	生育习性	结荚习性	茸毛色	花色	植株高度/cm	叶形	脂肪含量/%	蛋白质含量/%	备注
春	5/上—9/上	117	黄	黄	淡褐	28.0	椭圆	直立	亚	灰	白	92.0	圆形	19.1	42.9	
春	5/上—10/上	141	黄	黄	褐	23.0	圆	直立	亚	灰	紫	117.0	圆形	20.0	44.0	
春	5/上—10/上	146	黄	黄	淡褐	23.0	圆	直立	无	灰	紫	112.0	披针	19.5	43.8	
夏	6/中—9/下	101	黄	黄	黄	18.0	椭圆	直立	有	灰	白	80.0	圆形	18.9	42.4	
春	5/上—9/中	130	黄	黄	淡褐	25.0	圆	直立	亚	灰	紫	130.0	披针	19.0	45.3	
春	5/上—9/中	127	黄	黄	淡褐	23.0	圆	直立	亚	灰	紫	112.0	椭圆	18.1	50.0	
春	5/上—10/上	144	黄	黄	淡褐	19.0	椭圆	直立	亚	灰	白	98.0	椭圆	19.0	46.0	
春	5/上—9/下	134	黄	黄	淡褐	22.0	椭圆	直立	亚	灰	紫	111.0	椭圆	18.7	47.2	
春	5/上—10/上	144	黄	黄	淡褐	18.0	椭圆	直立	亚	灰	紫	135.0	椭圆	20.4	42.3	
夏	6/中—10/上	115	黄	黄	褐	22.0	圆	直立	亚	灰	紫	90.0	圆形	19.9	42.7	
夏	6/中—10/上	111	黄	黄	淡褐	20.8	椭圆	直立	亚	灰	紫	82.3	卵圆	18.7	45.0	
春	5/上—9/中	124	黄	黄	淡褐	18.1	圆	直立	有	棕	紫	64.0	圆形	21.4	39.5	
夏	6/中—10/上	114	黄	黄	淡褐	20.5	圆	直立	亚	灰	白	90.0	披针	20.4	42.4	
夏	6/中—10/上	113	黄	黄	黄	23.9	圆	直立	有	灰	白	77.8	圆形	20.3	40.5	
春	5/上—9/下	135	黄	黄	褐	21.5	椭圆	直立	有	灰	紫	80.0	椭圆	18.5	43.2	
夏	6/中—10/上	102	黄	黄	黄	17.0	圆	直立	亚	灰	白	78.0	圆形	23.5	38.9	
夏	6/中—10/上	102	黄	黄	黄	16.5	圆	直立	有	灰	白	76.6	卵圆	23.1	39.3	
夏	6/中—10/上	110	黄	黄	褐	27.3	椭圆	直立	亚	灰	白	80.0	卵圆	19.7	43.9	
夏	6/中—10/上	107	黄	黄	淡褐	22.0	圆	直立	亚	灰	白	86.4	椭圆	20.8	40.0	
夏	6/中—10/上	105	黄	黄	褐	21.0	椭圆	直立	有	灰	白	75.0	卵圆	20.9	40.5	
夏	6/中—10/上	104	黄	黄	淡褐	18.1	椭圆	直立	有	灰	白	78.0	圆形	21.0	37.4	
夏	6/中—10/上	108	黄	黄	褐	17.6	圆	直立	有	灰	白	72.0	卵圆	19.2	43.6	
夏	6/中—10/上	116	黄	黄	淡褐	27.2	圆	直立	有	灰	紫	71.0	椭圆	19.2	45.1	
夏	6/中—10/上	101	黄	黄	褐	17.5	圆	直立	亚	灰	紫	75.2	卵圆	19.1	39.3	
夏	6/中—10/上	107	黄	黄	褐	23.1	椭圆	直立	亚	灰	紫	87.8	卵圆	19.4	43.8	
夏	6/中—10/上	107	黄	黄	蓝	17.3	圆	直立	亚	棕	白	78.4	卵圆	23.7	36.0	
夏	6/中—10/上	106	黄	黄	淡褐	21.4	椭圆	直立	亚	灰	白	81.2	披针	22.2	38.4	
夏	6/中—10/上	108	黄	黄	褐	18.4	圆	直立	有	灰	白	92.1	椭圆	21.0	39.7	
夏	6/中—10/上	107	黄	黄	褐	22.3	圆	直立	亚	灰	紫	79.3	圆形	18.7	44.9	
夏	6/中—10/上	105	黄	黄	褐	20.2	圆	直立	亚	灰	紫	71.8	圆形	19.9	44.4	
夏	6/中—10/上	106	黄	黄	褐	23.4	圆	直立	亚	灰	紫	74.5	卵圆	18.4	45.2	
夏	6/中—10/上	104	黄	黄	黄	18.6	圆	直立	亚	灰	紫	71.6	卵圆	19.7	43.5	

续表

总编号	品种名称	原产地或来源	保存单位（编号）
ZDD24653	中黄 53	中国农科院作科所有性杂交育成	中国农科院作科所(163)
ZDD24654	中黄 55	中国农科院作科所有性杂交育成	中国农科院作科所(164)
ZDD24655	中黄 56	中国农科院作科所有性杂交育成	中国农科院作科所(165)
ZDD24656	中黄 57	中国农科院作科所有性杂交育成	中国农科院作科所(166)
ZDD24657	中黄 59	中国农科院作科所有性杂交育成	中国农科院作科所(167)
ZDD24658	中野 1 号	中国农科院作科所有性杂交育成	中国农科院作科所(168)
ZDD24659	中野 2 号	中国农科院作科所有性杂交育成	中国农科院作科所(169)
ZDD24660	中作引 1 号	中国农科院作科所系选育成	中国农科院作科所(170)
ZDD24661	豪彩 1 号	北京豪润彩虹公司等有性杂交育成	中国农科院作科所(171)
ZDD24662	京豆 2 号	北京农业信息技术研究中心系选育成	中国农科院作科所(172)
ZDD24663	京黄 1 号	北京草业与环境研究中心等有性杂交育成	中国农科院作科所(173)
ZDD24664	顺豆 92-51	北京顺义区张有义有性杂交育成	中国农科院作科所(174)
ZDD24665	中野 93-13	中国农科院作科所有性杂交育成	中国农科院作科所(175)
ZDD24666	宁豆 3 号	宁夏农林科学院作物所引入品系育成	宁夏农科院(108)
ZDD24667	宁豆 4 号	宁夏农林科学院作物所引入品系育成	宁夏农科院(109)
ZDD24668	宁豆 5 号	宁夏平罗县种子公司系选育成	宁夏农科院(110)
ZDD24669	新大豆 12	新疆农垦科学院系选育成	新疆农垦科学院(疆垦 004)
ZDD24670	东农 7018	新疆农科院粮作所从东农引进	新疆农垦科学院(疆垦 005)
ZDD24671	新大豆 2 号	新疆农垦科学院等有性杂交育成	新疆农垦科学院(疆垦 006)
ZDD24672	新大豆 7 号	新疆农垦科学院系选育成	新疆农垦科学院(疆垦 007)
ZDD24673	新大豆 8 号	新疆农垦科学院有性杂交育成	新疆农垦科学院(疆垦 008)
ZDD24674	新大豆 9 号	新疆农垦科学院有性杂交育成	新疆农垦科学院(疆垦 009)
ZDD24675	新大豆 10 号	新疆伊犁农科所等系选育成	新疆农垦科学院(疆垦 010)
ZDD24676	新大豆 11	新疆农垦科学院有性杂交育成	新疆农垦科学院(疆垦 011)
ZDD24677	新大豆 13	新疆农垦科学院有性杂交育成	新疆农垦科学院(疆垦 012)
ZDD24678	新大豆 14	新疆农垦科学院有性杂交育成	新疆农垦科学院(疆垦 013)
ZDD24679	伊大豆 1 号	新疆农垦科学院系选育成	新疆农垦科学院(疆垦 014)
ZDD24680	伊大豆 2 号	新疆农垦科学院系选育成	新疆农垦科学院(疆垦 015)
ZDD24681	王中王	新疆伊犁霍城县种子站系选育成	新疆农垦科学院(疆垦 016)
ZDD24682	冀豆 10 号	河北省农科院有性杂交育成	河北省农科院(931)
ZDD24683	冀豆 11	河北沧州农科院有性杂交育成	河北省农科院(932)
ZDD24684	冀豆 16	河北省农科院有性杂交育成	河北省农科院(907)

类型	生育月份	生育日数/d	粒色	子叶色	脐色	百粒重/g	粒形	生育习性	结荚习性	茸毛色	花色	植株高度/cm	叶形	脂肪含量/%	蛋白质含量/%	备注
春	5/上—9/下	131	黄	黄	黄	17.2	圆	直立	亚	灰	白	89.9	卵圆	21.2	42.3	
夏	6/中—10/上	110	黄	黄	褐	26.0	圆	直立	亚	灰	白	82.6	披针	20.3	43.1	
春	5/上—9/下	133	黄	黄	深褐	18.9	椭圆	直立	有	灰	紫	78.5	卵圆	21.7	40.6	
夏	6/中—10/上	106	黄	黄	深褐	18.3	椭圆	直立	有	灰	紫	54.1	椭圆	21.2	39.7	
夏	6/上—10/上	110	黄	黄	黄	27.3	椭圆	直立	亚	灰	白	83.8	卵圆	19.7	43.9	
春	5/上—9/下	138	黄	黄	褐	21.0	圆	直立	亚	灰	紫	111.0	卵圆	20.1	43.7	
春	5/上—10/上	141	黄	黄	褐	27.0	圆	直立	亚	灰	紫	98.0	披针	21.0	42.5	
春	5/上—9/中	127	黄	黄	黄	17.0	圆	直立	无	棕	紫	78.0	圆形	21.6	41.8	
夏	6/中—10/上	110	黄	黄	褐	18.0	椭圆	直立	有	棕	紫	82.0	椭圆	20.0	41.0	
春	5/上—9/下	133	黄	黄	褐	25.0	椭圆	直立	亚	灰	白	92.0	披针	20.8	46.9	
夏	6/中—10/上	114	黄	黄	淡褐	21.0	圆	直立	亚	灰	紫	80.0	椭圆	18.2	45.1	
春	5/上—9/下	135	黄	黄	淡褐	22.0	圆	直立	亚	灰	白	68.0	椭圆	19.7	42.5	
春	4/上—7/中	100	黄	黄	黄	21.1	椭圆	直立	有	灰	白	59.0	披针	21.2	45.6	
春	5/上—9/下	135	黄	黄	褐	24.0	圆	直立	亚	灰	白	90.0	卵圆	17.8	38.3	
春	5/上—9/下	133	黄	黄	褐	16.0	圆	直立	无	灰	白	85.0	披针	16.3	36.9	
春	4/下—9/下	145	黄	黄	淡褐	22.0	圆	直立	无	灰	紫	110.0	圆形	17.5	42.2	
春	4/中—8/中	119	黄	黄	黄	22.0	圆	直立	亚	灰	紫	70.0	披针	22.0	39.8	
春	4/中—8/中	124	黄	黄	黄	19.4	圆	直立	亚	灰	紫	103.0	披针	22.1	38.8	
春	4/中—8/下	130	黄	黄	黄	21.0	圆	直立	亚	灰	白	85.0	披针	22.6	37.2	
春	5/上—9/上	112	黄	黄	黄	19.4	椭圆	直立	亚	灰	紫	78.2	卵圆	23.7	38.2	
春	4/下—9/上	120	黄	黄	黄	22.0	椭圆	直立	亚	灰	紫	70.0	圆形	21.4	39.3	
春	4/下—9/上	124	黄	黄	黄	21.5	圆	直立	亚	灰	紫	85.0	披针	22.1	38.2	
春	4/下—9/上	122	黄	黄	褐	21.0	圆	直立	亚	灰	紫	95.0	披针	22.5	39.2	
春	4/下—9/上	125	黄	黄	黄	18.7	圆	直立	无	灰	紫	101.4	披针	23.1	38.8	
春	4/下—9/上	124	黄	黄	黄	19.4	圆	直立	亚	灰	紫	60.5	圆形	22.9	37.0	
春	4/下—8/中	112	黄	黄	黄	19.0	圆	直立	亚	灰	紫	62.6	披针	21.8	39.4	
夏	7/上—9/下	87	黄	黄	褐	21.0	椭圆	直立	亚	棕	紫	58.6	圆形	19.6	30.6	
春	4/中—8/中	115	黄	黄	黄	22.0	圆	直立	亚	灰	紫	85.0	披针	19.5	34.0	
春	4/中—8/中	120	黄	黄	黄	20.0	圆	直立	亚	棕	紫	90.0	披针	19.7	35.6	
夏	6/中—9/中	93	黄	黄	黄	22.0	圆	直立	亚	灰	白	80.0	卵圆	21.6	40.4	
夏	6/中—9/中	90	黄	黄	淡褐	20.0	椭圆	直立	有	灰	紫	60.0	卵圆	20.1	41.7	
夏	6/中—10/上	112	黄	黄	淡褐	23.3	圆	直立	有	灰	紫	89.2	圆形	20.1	43.6	

续表

总编号	品种名称	原产地或来源	保存单位（编号）
ZDD24685	冀豆 17	河北省农科院有性杂交育成	河北省农科院(908)
ZDD24686	冀豆 18	河北省农科院有性杂交育成	河北省农科院(909)
ZDD24687	冀豆 19	河北省农科院有性杂交育成	河北省农科院(910)
ZDD24688	冀豆 20	河北省农科院有性杂交育成	河北省农科院(911)
ZDD24689	五星 3 号	河北省农科院有性杂交育成	河北省农科院(912)
ZDD24690	五星 4 号	河北省农科院有性杂交育成	河北省农科院(913)
ZDD24691	石豆 1 号	河北石家庄农科院化学诱变育成	河北省农科院(914)
ZDD24692	石豆 2 号	河北石家庄农科院化学诱变育成	河北省农科院(915)
ZDD24693	石豆 3 号	河北石家庄农科院有性杂交育成	河北省农科院(916)
ZDD24694	石豆 4 号	河北石家庄农科院化学诱变育成	河北省农科院(917)
ZDD24695	石豆 5 号	河北石家庄农科院化学诱变育成	河北省农科院(918)
ZDD24696	化诱 5 号	中科院石家庄农业现代化所等化学诱变育成	河北省农科院(919)
ZDD24697	邯豆 6 号	河北邯郸农科院有性杂交育成	河北省农科院(920)
ZDD24698	邯豆 7 号	河北邯郸农科院有性杂交育成	河北省农科院(921)
ZDD24699	邯豆 8 号	河北邯郸农科院等有性杂交育成	河北省农科院(922)
ZDD24700	沧豆 6 号	河北沧州农科院有性杂交育成	河北省农科院(923)
ZDD24701	沧豆 7 号	河北沧州农科院有性杂交育成	河北省农科院(924)
ZDD24702	青选 1 号	河北省青县原种场系选育成	河北省农科院(925)
ZDD24703	易豆 2 号	河北省青县原种场系选育成	河北省农科院(926)
ZDD24704	晋豆 30	山西省农科院高寒区作物所有性杂交育成	山西省农科院(新-398)
ZDD24705	晋豆 31	山西省农科院经作所有性杂交育成	山西省农科院(新-399)
ZDD24706	晋豆 32	山西省农科院经作所有性杂交育成	山西省农科院(新-400)
ZDD24707	晋豆 33	山西省农科院玉米所系选育成	山西省农科院(新-401)
ZDD24708	晋豆 34	山西省农科院经作所有性杂交育成	山西省农科院(新-402)
ZDD24709	晋豆 35	山西省农科院高寒区作物所有性杂交育成	山西省农科院(新-403)
ZDD24710	晋豆 36	山西临汾市尧都区种子公司等系选育成	山西省农科院(新-404)
ZDD24711	晋豆 37	山西省农科院小麦所有性杂交育成	山西省农科院(新-405)
ZDD24712	晋豆 38	山西省农科院玉米所有性杂交育成	山西省农科院(新-406)
ZDD24713	晋豆 39	山西省农科院经作所有性杂交育成	山西省农科院(新-407)
ZDD24714	晋豆 40	山西省农科院经作所有性杂交育成	山西省农科院(新-408)
ZDD24715	晋豆 41	山西省农科院高寒区作物所有性杂交育成	山西省农科院(新-409)
ZDD24716	晋遗 31	山西省农科院遗传所有性杂交育成	山西省农科院(新-410)

类型	生育月份	生育日数/d	粒色	子叶色	脐色	百粒重/g	粒形	生育习性	结荚习性	茸毛色	花色	植株高度/cm	叶形	脂肪含量/%	蛋白质含量/%	备注
夏	6/中—10/上	111	黄	黄	黑	18.0	圆	直立	亚	棕	白	101.2	椭圆	23.4	36.7	
夏	6/中—10/上	117	黄	黄	淡褐	23.9	圆	直立	有	灰	白	63.1	圆形	19.1	44.1	
夏	6/中—10/上	106	黄	黄	深褐	17.2	圆	直立	亚	灰	白	82.3	椭圆	21.1	40.6	
夏	6/中—9/下	105	黄	黄	黄	21.8	圆	直立	亚	灰	紫	79.1	卵圆	18.2	41.3	
夏	6/中—10/上	112	黄	黄	褐	23.3	椭圆	直立	有	棕	紫	89.9	圆形	19.0	42.9	
夏	6/中—10/上	106	黄	黄	黄	21.8	圆	直立	有	灰	紫	54.4	卵圆	18.7	39.7	
夏	6/中—10/上	105	黄	黄	深褐	21.4	圆	直立	亚	灰	紫	80.1	卵圆	20.4	40.5	
夏	6/中—10/上	108	黄	黄	深褐	21.1	圆	直立	亚	灰	紫	79.3	卵圆	21.1	38.0	
春	5/上—9/下	135	黄	黄	褐	20.7	圆	直立	亚	灰	紫	117.5	卵圆	18.1	46.2	
夏	6/中—10/上	107	黄	黄	深褐	21.9	圆	直立	亚	灰	紫	79.3	卵圆	22.1	40.0	
春	5/上—9/下	132	黄	黄	蓝	21.9	圆	直立	亚	棕	白	116.0	卵圆	20.4	41.1	
夏	6/中—10/上	109	黄	黄	黄	27.2	椭圆	直立	亚	棕	白	89.8	椭圆	19.6	43.9	
夏	6/中—10/上	107	黄	黄	黄	21.3	圆	直立	亚	灰	白	88.8	披针	17.7	42.4	
夏	5/上—9/下	132	黄	黄	褐	22.0	圆	直立	亚	棕	紫	92.8	卵圆	19.7	44.0	
夏	6/中—10/上	105	黄	黄	褐	21.9	圆	直立	亚	棕	紫	86.4	圆形	21.9	39.7	
夏	6/中—9/下	98	黄	黄	淡褐	19.4	圆	直立	有	棕	紫	83.6	卵圆	21.9	36.2	
春	5/下—10/上	125	黄	黄	深褐	18.4	椭圆	直立	有	棕	紫	85.3	卵圆	19.9	43.4	
春	5/上—9/下	141	黄	黄	褐	17.2	椭圆	直立	无	灰	紫	101.0	椭圆	17.8	43.8	
夏	6/中—10/上	101	黄	黄	褐	20.9	圆	直立	亚	灰	白	70.7	卵圆	22.9	36.5	
春	5/上—9/中	123	黄	绿	黑	18.0	椭圆	直立	亚	棕	紫	90.0	披针	20.5	40.3	
春	5/上—9/中	125	黄	绿	褐	22.5	椭圆	直立	无	灰	白	105.0	圆形	20.5	40.3	
春	5/上—9/下	135	黄	绿	黑	22.5	圆	直立	无	棕	紫	95.0	圆形	19.5	41.4	
春	5/上—9/上	115	绿	黄	褐	39.0	椭圆	直立	有	灰	白	30.0	椭圆	20.3	40.2	
夏	6/上—9/下	112	黄	绿	淡褐	18.7	圆	直立	亚	棕	紫	77.0	圆形	21.1	41.2	
春	5/上—8/下	105	黄	绿	褐	20.5	椭圆	直立	亚	棕	紫	80.0	椭圆	19.2	43.3	
夏	6/上—9/中	95	黄	绿	淡褐	22.0	圆	直立	有	灰	白	65.0	卵圆	18.9	43.4	
春	5/上—9/中	130	黄	绿	黑	20.0	椭圆	直立	亚	棕	白	90.0	披针	21.2	38.8	
春	5/上—9/上	110	黄	黄	黄	32.0	椭圆	直立	有	灰	白	40.0	椭圆	16.5	48.5	
春	5/下—9/上	115	黄	绿	褐	42.3	圆	直立	亚	灰	白	95.0	圆形	17.9	42.3	
夏	6/下—10/上	91	黄	绿	黑	22.4	圆	直立	亚	棕	紫	75.0	圆形	20.7	40.6	
春	5/上—9/上	117	黄	绿	淡褐	19.0	椭圆	直立	亚	棕	紫	75.0	披针	19.1	40.7	
春	5/上—9/下	134	黄	绿	褐	19.0	椭圆	直立	无	灰	白	91.0	圆形	20.7	41.6	

续表

总编号	品种名称	原产地或来源	保存单位（编号）
ZDD24717	晋遗 34	山西省农科院遗传所有性杂交育成	山西省农科院(新-411)
ZDD24718	晋遗 38	山西省农科院遗传所有性杂交育成	山西省农科院(新-412)
ZDD24719	汾豆 60	山西省农科院经作所有性杂交育成	山西省农科院(新-413)
ZDD24720	汾豆 72	山西省农科院经作所有性杂交育成	山西省农科院(新-414)
ZDD24721	长豆 003	山西省农科院谷子所有性杂交育成	山西省农科院(新-415)
ZDD24722	长豆 006	山西省农科院谷子所有性杂交育成	山西省农科院(新-416)
ZDD24723	晋大 70	山西农业大学有性杂交育成	山西省农科院(新-417)
ZDD24724	晋大 78	山西农业大学有性杂交育成	山西省农科院(新-418)
ZDD24725	晋 1265(茶)	山西省农科院品资所有性杂交育成	山西省农科院(新-419)
ZDD24726	晋 1267(黑)	山西省农科院品资所有性杂交育成	山西省农科院(新-420)
ZDD24727	德豆 99-16	山东德州农科所有性杂交育成	山东省农科院(7284)
ZDD24728	齐黄 25	山东省农科院有性杂交育成	山东省农科院(7285)
ZDD24729	齐黄 33	山东省农科院有性杂交育成	山东省农科院(7286)
ZDD24730	齐茶豆 1 号	山东省农科院有性杂交育成	山东省农科院(7287)
ZDD24731	齐毛豆 1 号	山东省农科院有性杂交育成	山东省农科院(7288)
ZDD24732	鲁黑豆 2 号	山东省农科院有性杂交育成	山东省农科院(7289)
ZDD24733	潍豆 7 号	山东潍坊农科院有性杂交育成	山东省农科院(7290)
ZDD24734	山宁 7 号	山东济宁农科院有性杂交育成	山东省农科院(7291)
ZDD24735	山宁 8 号	山东济宁农科院有性杂交育成	山东省农科院(7292)
ZDD24736	山宁 9 号	山东济宁农科院有性杂交育成	山东省农科院(7293)
ZDD24737	鲁宁 1 号	山东济宁农科院等有性杂交育成	山东省农科院(7294)
ZDD24738	山宁 11	山东济宁农科院有性杂交育成	山东省农科院(7295)
ZDD24739	山宁 12	山东济宁农科院有性杂交育成	山东省农科院(7296)
ZDD24740	山宁 14	山东济宁农科院有性杂交育成	山东省农科院(7297)
ZDD24741	山宁 15	山东济宁农科院有性杂交育成	山东省农科院(7298)
ZDD24742	山宁 16	山东济宁农科院有性杂交育成	山东省农科院(7299)
ZDD24743	鲁豆 12	山东济宁农科院等有性杂交育成	山东省农科院(7300)
ZDD24744	鲁豆 13	山东滨州农科院有性杂交育成	山东省农科院(7301)
ZDD24745	菏豆 14	山东菏泽农科院有性杂交育成	山东省农科院(7302)
ZDD24746	菏豆 15	山东菏泽农科院有性杂交育成	山东省农科院(7303)
ZDD24747	菏豆 16	山东菏泽农科院有性杂交育成	山东省农科院(7304)
ZDD24748	菏豆 18	山东菏泽农科院有性杂交育成	山东省农科院(7305)

类型	生育月份	生育日数/d	粒色	子叶色	脐色	百粒重/g	粒形	生育习性	结荚习性	茸毛色	花色	植株高度/cm	叶形	脂肪含量/%	蛋白质含量/%	备注
春	5/上—9/下	134	黄	绿	黑	20.5	椭圆	直立	亚	棕	紫	80.8	椭圆	20.7	39.7	
春	5/上—9/下	131	黄	绿	褐	20.0	椭圆	直立	亚	灰	白	80.0	椭圆	19.5	40.9	
夏	6/上—9/中	102	黄	绿	黑	20.1	圆	直立	亚	棕	紫	72.9	圆形	21.8	41.0	
春	5/上—9/中	130	黄	绿	褐	25.0	圆	直立	无	棕	紫	95.0	圆形	20.8	41.8	
夏	6/下—9/下	90	黄	绿	黄	18.0	圆	直立	有	灰	紫	65.0	椭圆	21.9	38.5	
夏	6/下—9/下	90	黑	绿	黑	22.0	椭圆	直立	有	棕	紫	70.0	椭圆	19.0	41.8	
夏	6/下—10/上	106	黄	绿	褐	16.6	圆	直立	有	棕	白	80.0	椭圆	22.1	41.2	
春	5/上—9/中	125	黄	绿	淡褐	21.0	圆	直立	亚	灰	白	90.0	圆形	21.0	40.5	
夏	6/下—10/上	104	褐	黄	褐	14.2	长椭	半直	无	灰	紫	140.5	椭圆	16.9	50.0	
夏	6/下—9/下	96	黑	黄	黑	14.4	扁椭	半直	无	灰	紫	138.6	圆形	18.9	43.1	
夏	6/中—10/上	108	黑	黄	黑	17.4	椭圆	直立	亚	棕	白	106.4	卵圆	22.3	39.1	
夏	6/中—9/下	98	黄	黄	褐	12.0	椭圆	直立	有	棕	紫	70.0	椭圆	18.9	42.2	
夏	6/中—10/上	107	黄	黄	褐	20.7	长椭	直立	有	棕	紫	68.8	椭圆	23.2	40.7	
夏	6/中—10/上	100	褐	黄	褐	14.0	椭圆	直立	有	棕	白	70.0	卵圆	20.4	44.9	
春/夏	4/上—7/下	85	黄	黄	黄	26.3	椭圆	直立	有	灰	白	45.0	椭圆	19.5	42.5	
夏	6/中—9/下	97	黑	黄	黑	13.0	扁椭	直立	有	棕	白	70.0	椭圆	17.6	43.4	
夏	6/中—9/下	99	黄	黄	褐	16.4	椭圆	直立	有	棕	紫	84.0	卵圆	20.7	35.2	
夏	6/中—9/下	95	黄	黄	黄	24.0	椭圆	直立	有	棕	紫	90.0	披针	18.8	46.8	
夏	6/中—10/上	112	绿	绿	淡褐	30.0	圆	直立	有	灰		103.0	椭圆	18.0	45.2	
夏	6/中—10/上	100	黄	黄	黄	25.0	圆	直立	有	灰	白	90.0	椭圆	20.2	40.3	
夏	6/中—10/上	100	黄	黄	褐	14.0	圆	直立	有	灰	白	90.0	圆形	19.4	45.9	
夏	6/上—9/下	109	黄	黄	褐	25.1	椭圆	直立	有	灰	白	81.0	披针	21.4	42.3	
夏	6/中—10/上	100	黄	黄	淡褐	17.0	圆	直立	有	灰	紫	80.0	披针	21.4	42.0	
夏	6/上—9/下	101	黄	黄	淡褐	18.0	椭圆	直立	亚	灰	白	103.0	披针	21.4	37.3	
夏	6/上—9/中	95	黄	黄	淡褐	15.7	椭圆	直立	有	棕	白	47.5	椭圆	18.3	37.8	
夏	6/上—9/下	105	黄	黄	褐	23.4	椭圆	直立	有	灰	白	74.3	椭圆	17.9	42.5	
夏	6/中—10/上	105	黄	黄	淡褐	20.0	圆	直立	有	灰	白	75.0	卵圆	18.8	45.0	
夏	6/中—10/上	100	黄	黄	褐	17.0	圆	直立	有	棕	白	80.0	圆形	20.8	45.3	
夏	6/上—9/下	105	黄	黄	褐	19.7	椭圆	直立	亚	灰	白	89.7	圆形	21.3	38.6	
夏	6/上—9/下	108	黄	黄	褐	21.2	椭圆	直立	有	灰	紫	83.0	卵圆	17.9	40.0	
夏	6/上—9/下	106	黄	黄	褐	16.7	椭圆	直立	亚	灰	白	98.0	卵圆	21.2	35.7	
夏	6/上—9/下	106	黄	黄	淡褐	19.6	椭圆	直立	有	棕	紫	96.3	卵圆	21.5	40.3	

续表

总编号	品种名称	原产地或来源	保存单位（编号）
ZDD24749	菏豆 19	山东菏泽农科院有性杂交育成	山东省农科院(7306)
ZDD24750	菏豆 20	山东菏泽农科院有性杂交育成	山东省农科院(7307)
ZDD24751	跃进 10 号	山东菏泽农科院有性杂交育成	山东省农科院(7308)
ZDD24752	临豆 9 号	山东临沂农科院有性杂交育成	山东省农科院(7309)
ZDD24753	临 502	山东临沂农科院有性杂交育成	山东省农科院(7310)
ZDD24754	安豆 1 号(河南)	河南省安阳农科院系选育成	河南省农科院(646)
ZDD24755	泛豆 4 号	河南黄泛区地神种业农科所有性杂交育成	河南省农科院(647)
ZDD24756	泛豆 5 号	河南黄泛区地神种业农科所有性杂交育成	河南省农科院(648)
ZDD24757	濮海 10 号	河南濮阳农科院有性杂交育成	河南省农科院(649)
ZDD24758	濮豆 129	河南濮阳农科院有性杂交育成	河南省农科院(650)
ZDD24759	濮豆 206	河南濮阳农科院有性杂交育成	河南省农科院(651)
ZDD24760	开豆 4 号	河南开封农科院辐射诱变系选育成	河南省农科院(652)
ZDD24761	开豆 41	河南开封农科院天然杂株选育	河南省农科院(653)
ZDD24762	商豆 6 号	河南商丘农科院有性杂交育成	河南省农科院(654)
ZDD24763	郑 59	河南省农科院有性杂交育成	河南省农科院(655)
ZDD24764	郑 120	河南省农科院有性杂交育成	河南省农科院(656)
ZDD24765	许豆 6 号	河南许昌农科所有性杂交育成	河南省农科院(657)
ZDD24766	平豆 1 号	河南平顶山农科院系选育成	河南省农科院(658)
ZDD24767	平豆 2 号	河南平顶山农科院系选育成	河南省农科院(659)
ZDD24768	周豆 11	河南周口农科院有性杂交育成	河南省农科院(660)
ZDD24769	周豆 16	河南周口农科院有性杂交育成	河南省农科院(661)
ZDD24770	周豆 17	河南周口农科院有性杂交育成	河南省农科院(662)
ZDD24771	周豆 18	河南周口农科院有性杂交育成	河南省农科院(663)
ZDD24772	驻豆 5 号	河南驻马店农科院有性杂交育成	河南省农科院(664)
ZDD24773	丁村 93-1 药黑豆	河南获嘉县丁村农技站有性杂交育成	河南省农科院(665)
ZDD24774	秦豆 10	陕西杂交油菜研究中心有性杂交育成	西北农林科技大学(1080)
ZDD24775	秦豆 11	陕西杂交油菜研究中心有性杂交育成	西北农林科技大学(1081)
ZDD24776	汾豆 5 号	陕西延安农科所引进	西北农林科技大学(1082)
ZDD24777	东辛 3 号	江苏连云港农垦农科所有性杂交育成	南京农业大学(N27201.000)
ZDD24778	徐春 1 号	江苏徐州农科院系选育成	南京农业大学(N27202.000)
ZDD24779	徐春 2 号	江苏徐州农科院系选育成	南京农业大学(N27203.000)
ZDD24780	徐豆 13	江苏徐州农科院有性杂交育成	南京农业大学(N27204.000)

类型	生育月份	生育日数/d	粒色	子叶色	脐色	百粒重/g	粒形	生育习性	结荚习性	茸毛色	花色	植株高度/cm	叶形	脂肪含量/%	蛋白质含量/%	备注
夏	6/中—10/上	105	黄	黄	褐	21.5	椭圆	直立	有	灰	紫	66.9	卵圆	19.7	41.9	
夏	6/中—10/上	103	黄	黄	褐	25.9	椭圆	直立	有	棕	紫	75.0	卵圆	17.8	38.7	
夏	6/中—10/上	101	黄	黄	褐	17.0	椭圆	直立	有	灰	紫	90.0	椭圆	19.9	41.2	
夏	6/上—10/上	113	黄	黄	褐	16.6	椭圆	直立	有	棕	紫	71.5	卵圆	19.2	43.8	
夏	6/中—10/上	103	黄	黄	褐	23.0	圆	直立	有	棕	紫	80.0	圆形	19.8	43.1	
夏	6/上—9/下	107	黄	黄	褐	18.6	椭圆	直立	有	灰	紫	87.5	卵圆	21.3	42.4	
夏	6/上—9/下	107	黄	黄	褐	15.7	椭圆	直立	有	棕	紫	80.5	椭圆	19.5	41.9	
夏	6/上—9/下	107	黄	黄	褐	16.5	圆	直立	有	棕	紫	82.9	卵圆	20.3	38.8	
夏	6/上—9/下	106	黄	黄	淡褐	20.0	椭圆	直立	有	灰	紫	87.0	椭圆	18.4	42.4	
夏	6/上—9/下	105	黄	黄	淡褐	18.1	圆	直立	有	灰	紫	75.5	圆形	19.5	43.3	
夏	6/上—9/下	113	黄	黄	褐	21.7	椭圆	直立	有	灰	紫	80.4	卵圆	20.3	40.6	
夏	6/上—10/上	121	黄	黄	深褐	15.0	椭圆	直立	有	棕	白	74.0	卵圆	22.9	33.3	
夏	6/上—9/下	106	黄	黄	淡褐	18.0	椭圆	直立	有	灰	紫	74.0	卵圆	21.0	39.9	
夏	6/上—9/下	107	黄	黄	淡褐	16.5	椭圆	直立	有	灰	紫	72.6	卵圆	19.4	43.0	
夏	6/上—9/下	104	黄	黄	褐	16.8	圆	直立	有	棕	紫	85.6	圆形	22.0	42.6	
夏	6/上—9/下	116	黄	黄	褐	21.8	圆	直立	有	灰	紫	79.7	椭圆	19.8	43.8	
夏	6/上—9/下	104	黄	黄	褐	15.5	椭圆	直立	有	灰	紫	93.4	卵圆	22.8	40.3	
夏	6/上—9/下	109	黄	黄	褐	21.1	椭圆	直立	有	灰	白	68.0	卵圆	21.9	39.0	
夏	6/上—9/下	105	黄	黄	褐	18.2	圆	直立	有	灰	白	82.5	卵圆	20.9	41.2	
夏	6/上—9/下	107	黄	黄	褐	22.5	圆	直立	有	灰	白	79.4	卵圆	20.6	40.4	
夏	6/上—9/下	113	黄	黄	褐	21.0	椭圆	直立	有	灰	紫	90.0	卵圆	20.0	43.5	
夏	6/上—9/下	106	黄	黄	淡褐	20.3	椭圆	直立	有	灰	紫	75.0	卵圆	20.8	37.6	
夏	6/上—9/下	103	黄	黄	淡褐	18.9	圆	直立	有	灰	紫	85.0	卵圆	21.8	40.2	
夏	6/上—9/下	106	黄	黄	淡褐	21.0	圆	直立	有	灰	紫	83.8	卵圆	20.2	42.3	
夏	6/上—10/上	121	黑	绿	黑	30.3	圆	直立	有	棕	白	78.5	椭圆	18.1	43.8	
夏	6/中—10/中	112	黄	黄	褐	19.0	椭圆	直立	亚	棕	白	104.6	椭圆	21.2	40.0	
夏	6/中—10/上	103	黄	黄	褐	20.0	椭圆	直立	亚	棕	紫	104.5	椭圆	21.6	41.1	
夏	6/中—10/上	105	黄	黄	黑	22.5	圆	直立	无	棕	白	100.0	圆形	18.5	40.1	
夏	6/上—9/中	109	黄	黄	深褐	28.6	椭圆	直立	亚	棕	白	78.5	卵圆	21.9	38.7	
春	4/上—7/中	92	黄	黄	淡褐	62.0	圆	直立	有	灰	紫	32.7	卵圆			鲜粒重
春	4/上—7/中	94	绿	黄	深褐	65.0	椭圆	直立	有	灰	白	28.2	卵圆			鲜粒重
夏	6/上—9/中	106	黄	黄	褐	21.5	扁椭	直立	亚	棕	白	84.4	卵圆	21.3	40.0	

续表

总编号	品种名称	原产地或来源	保存单位（编号）
ZDD24781	徐豆 14	江苏徐州农科院有性杂交育成	南京农业大学(N27205.000)
ZDD24782	徐豆 15	江苏徐州农科院有性杂交育成	南京农业大学(N27206.000)
ZDD24783	徐豆 16	江苏徐州农科院有性杂交育成	南京农业大学(N27207.000)
ZDD24784	徐豆 17	江苏徐州农科院有性杂交育成	南京农业大学(N27208.000)
ZDD24785	淮豆 4 号	江苏淮阴农科所有性杂交育成	南京农业大学(N27209.000)
ZDD24786	淮豆 7 号	江苏淮阴农科所有性杂交育成	南京农业大学(N27210.000)
ZDD24787	淮豆 8 号	江苏淮阴农科所有性杂交育成	南京农业大学(N27211.000)
ZDD24788	淮豆 9 号	江苏淮阴农科所有性杂交育成	南京农业大学(N27212.000)
ZDD24789	淮豆 10 号	江苏淮阴农科所有性杂交育成	南京农业大学(N27213.000)
ZDD24790	淮阴 75	江苏淮阴农科所系选育成	南京农业大学(N27214.000)
ZDD24791	日本晴 3 号	江苏省农科院蔬菜所系选育成	南京农业大学(N27215.000)
ZDD24792	南农 28	南京农业大学有性杂交育成	南京农业大学(N27216.000)
ZDD24793	南农 26	南京农业大学从互交群体选株育成	南京农业大学(N27217.000)
ZDD24794	南农 31	南京农业大学有性杂交育成	南京农业大学(N27218.000)
ZDD24795	南农 32	南京农业大学有性杂交育成	南京农业大学(N27219.000)
ZDD24796	南农 33	南京农业大学有性杂交育成	南京农业大学(N27220.000)
ZDD24797	南农 34	南京农业大学有性杂交育成	南京农业大学(N27221.000)
ZDD24798	南农 242	南京农业大学从不育系可育单株育成	南京农业大学(N27222.000)
ZDD24799	南农 508	南京农业大学有性杂交育成	南京农业大学(N27223.000)
ZDD24800	南农 99-10	南京农业大学有性杂交育成	南京农业大学(N27224.000)
ZDD24801	南农 99-6	南京农业大学有性杂交育成	南京农业大学(N27225.000)
ZDD24802	南农菜豆 1 号	南京农业大学有性杂交育成	南京农业大学(N27226.000)
ZDD24803	南农菜豆 3 号	南京农业大学有性杂交育成	南京农业大学(N27227.000)
ZDD24804	南农菜豆 4 号	南京农业大学有性杂交育成	南京农业大学(N27228.000)
ZDD24805	南农菜豆 5 号	南京农业大学系选育成	南京农业大学(N27229.000)
ZDD24806	南农菜豆 6 号	南京农业大学有性杂交育成	南京农业大学(N27230.000)
ZDD24807	南农黑珍珠	南京农业大学系选育成	南京农业大学(N27231.000)
ZDD24808	灌豆 2 号	江苏灌云县大豆原种场系选育成	南京农业大学(南农 L1201)
ZDD24809	海选大黄豆	江苏海门农科院系选育成	南京农业大学(N27232.000)
ZDD24810	启隆乌豆	江苏启东市良种繁育场有性杂交育成	南京农业大学(N27233.000)
ZDD24811	青酥 4 号	上海动植物引种研究中心等育成	南京农业大学(南农 L1202)
ZDD24812	通豆 2006	江苏沿江地区农科所有性杂交育成	南京农业大学(N27234.000)

类型	生育月份	生育日数/d	粒色	子叶色	脐色	百粒重/g	粒形	生育习性	结荚习性	茸毛色	花色	植株高度/cm	叶形	脂肪含量/%	蛋白质含量/%	备注
夏	6/上—9/下	111	黄	黄	淡褐	21.7	圆	直立	亚	棕	紫	60.9	卵圆	20.0	42.0	
夏	6/上—9/中	104	黄	黄	淡褐	21.5	椭圆	直立	有	棕	紫	63.0	卵圆	19.6	43.9	
夏	6/上—9/中	108	黄	黄	深褐	21.8	椭圆	直立	有	棕	紫	62.5	卵圆	20.2	42.6	
夏	6/上—9/中	105	黄	黄	褐	22.5	椭圆	直立	有	灰	白	59.2	卵圆	19.3	41.2	
夏	6/上—9/中	105	黄	黄	淡褐	22.0	椭圆	直立	有	灰	紫	75.0	卵圆	19.0	45.8	
夏	6/上—9/中	105	黄	黄	褐	18.5	椭圆	直立	亚	灰	紫	83.8	卵圆	20.1	41.5	
夏	6/上—9/中	107	黄	黄	淡褐	22.0	椭圆	直立	亚	灰	白	78.0	椭圆	22.3	40.0	
夏	6/上—9/中	106	黄	黄	黑	22.7	椭圆	直立	亚	棕	白	69.7	卵圆	19.9	40.6	
夏	6/上—9/中	91	绿	黄	褐	51.8	椭圆	直立	有	灰	紫	63.0	卵圆			
春	4/上—7/上	89	绿	黄	淡褐	64.1	圆	直立	有	灰	白	34.8	卵圆			鲜粒重
春	4/上—7/中	100	绿	黄	淡褐	37.0	圆	直立	有	灰	白	28.0	卵圆	22.0	39.4	
夏	6/上—10/中	139	黄	黄	褐	32.2	圆	直立	亚	灰	紫	91.9	卵圆	18.6	45.3	
夏	6/上—10/中	129	黑	黄	黑	20.5	圆	直立	有	棕	白	83.6	椭圆	18.8	45.0	
夏	6/上—9/中	95	黄	黄	淡褐	19.6	圆	直立	有	棕	白	70.8	椭圆	20.2	40.9	
夏	6/上—10/中	126	黄	黄	褐	33.0	圆	直立	有	灰	紫	75.0	卵圆	19.3	44.9	
夏	6/上—10/中	127	黑	黄	黑	23.7	椭圆	直立	亚	棕	白	83.1	卵圆	18.6	45.0	
夏	6/上—10/上	119	黄	黄	褐	20.4	圆	直立	有	灰	白	84.9	卵圆	19.9	41.6	
夏	6/上—10/中	125	黄	黄	淡褐	26.0	圆	直立	亚	灰	紫	75.0	椭圆	19.1	43.8	
夏	6/上—10/上	118	黄	黄	淡褐	17.9	圆	直立	有	灰	白	71.8	椭圆	19.5	38.4	
夏	6/上—10/上	120	黄	黄	褐	30.0	椭圆	直立	有	灰	白	100.0	椭圆	19.2	46.3	
夏	6/上—10/中	125	黄	黄	淡褐	21.0	圆	直立	亚	棕	白	115.0	椭圆	19.9	41.8	
夏	6/上—9/中	104	黄	黄	褐	31.0	椭圆	直立	有	棕	紫	70.0	椭圆	17.9	47.0	
夏	6/上—10/上	115	绿	绿	黑	35.0	椭圆	直立	无	灰	紫	100.0	椭圆	18.6	48.5	
夏	6/上—10/上	112	绿	绿	褐	20.0	椭圆	直立	亚	棕	白	80.0	椭圆	17.1	47.9	
夏	6/上—9/中	108	黄	黄	黑	24.0	长椭	直立	有	棕	紫	70.0	椭圆	18.2	46.6	
夏	6/上—9/中	100	绿	黄	褐	59.6	椭圆	直立	有	灰	白	74.1	卵圆	18.2	45.3	鲜粒重
夏	6/上—10/下	145	黑	黄	黑	49.0	圆	直立	有	棕	紫	48.4	卵圆	20.5	38.2	
夏	6/上—9/中	109	黄	黄	淡褐	21.8	椭圆	直立	有	灰	紫	57.0	卵圆	19.8	42.1	
夏	6/上—10/中	121	黄	黄	褐	40.0	椭圆	直立	有	灰	紫	68.0	椭圆	18.0	48.2	
夏	6/上—10/中	130	黑	绿	黑	32.0	椭圆	直立	亚	棕	紫	70.0	卵圆	18.0	46.1	
春	4/上—7/上	87	绿	黄	淡褐	65.4	椭圆	直立	有	灰	白	23.7	卵圆			鲜粒重
夏	6/上—9/中	100	黄	黄	淡褐	65.9	椭圆	直立	有	灰	白	76.3	卵圆	20.0	41.0	鲜粒重

续表

总编号	品种名称	原产地或来源	保存单位（编号）
ZDD24813	通豆 4 号	江苏沿江地区农科所有性杂交育成	南京农业大学(N27235.000)
ZDD24814	通豆 5 号	江苏沿江地区农科所有性杂交育成	南京农业大学(N27236.000)
ZDD24815	通豆 6 号	江苏沿江地区农科所系选育成	南京农业大学(N27237.000)
ZDD24816	通豆 7 号	江苏沿江地区农科所有性杂交育成	南京农业大学(N27238.000)
ZDD24817	通酥 1 号	江苏沿江地区农科所系选育成	南京农业大学(N27239.000)
ZDD24818	宁蔬 60 日	江苏南京市蔬菜公司系选育成	南京农业大学(南农 L1203)
ZDD24819	丰豆 103	中科院等离子所诱变育成	安徽省农科院(M2268)
ZDD24820	安逸 13	安徽阜阳农科院有性杂交育成	安徽省农科院(M2272)
ZDD24821	阜豆 9 号	安徽阜阳农科院有性杂交育成	安徽省农科院(M2275)
ZDD24822	阜豆 11	安徽阜阳农科院有性杂交育成	安徽省农科院(M2278)
ZDD24823	阜豆 9765	安徽阜阳农科院有性杂交育成	安徽省农科院(M2269)
ZDD24824	合豆 5 号	安徽省农科院作物所有性杂交育成	安徽省农科院(M2286)
ZDD24825	蒙 9449	安徽省农科院作物所有性杂交育成	安徽省农科院(M2271)
ZDD24826	蒙 9801	安徽省农科院作物所有性杂交育成	安徽省农科院(M2274)
ZDD24827	皖豆 13	安徽农业大学有性杂交育成	安徽省农科院(M1988)
ZDD24828	皖豆 14	安徽涡阳农科所有性杂交育成	安徽省农科院(M1989)
ZDD24829	皖豆 25	安徽省农科院作物所有性杂交育成	安徽省农科院(M2267)
ZDD24830	皖豆 26	安徽省农科院作物所有性杂交育成	安徽省农科院(M2003)
ZDD24831	皖豆 27	安徽宿州市种子公司有性杂交育成	安徽省农科院(M2008)
ZDD24832	皖豆 28	安徽省农科院作物所有性杂交育成	安徽省农科院(M2277)
ZDD24833	皖垦 96-1	安徽潘村湖农场有性杂交育成	安徽省农科院(M2273)
ZDD24834	濉科 928	安徽濉溪县科技开发中心有性杂交育成	安徽省农科院(M2270)
ZDD24835	濉科 998	安徽濉溪县科技开发中心有性杂交育成	安徽省农科院(M2276)
ZDD24836	上 04	上海市农科院蔬菜所育成	上海市农科院(860151)
ZDD24837	上 88	上海市农科院蔬菜所育成	上海市农科院(860152)
ZDD24838	上 951	上海市农科院蔬菜所育成	上海市农科院(860153)
ZDD24839	恩豆 31	湖北恩施农科院等有性杂交育成	中国农科院油料所(原永 1863)
ZDD24840	荆豆 1 号	湖北荆州农科院有性杂交育成	中国农科院油料所(原永 1864)
ZDD24841	中豆 26	中国农科院油料所有性杂交育成	中国农科院油料所(原永 1865)
ZDD24842	中豆 31	中国农科院油料所有性杂交育成	中国农科院油料所(原永 1866)
ZDD24843	中豆 32	中国农科院油料所有性杂交育成	中国农科院油料所(原永 1867)
ZDD24844	中豆 36	中国农科院油料所有性杂交育成	中国农科院油料所(原永 1868)

类型	生育月份	生育日数/d	粒色	子叶色	脐色	百粒重/g	粒形	生育习性	结荚习性	茸毛色	花色	植株高度/cm	叶形	脂肪含量/%	蛋白质含量/%	备注
夏	6/上—10/上	120	黄	黄	深褐	19.6	椭圆	直立	有	棕	白	60.2	椭圆	20.3	41.9	
夏	6/上—9/中	107	黄	黄	褐	78.2	椭圆	直立	有	灰	紫	83.0	卵圆			鲜粒重
夏	6/上—9/中	98	绿	黄	淡褐	70.2	椭圆	直立	有	灰	紫	69.9	卵圆	19.4	46.4	鲜粒重
夏	6/上—9/下	117	黄	黄	淡褐	18.4	圆	直立	有	灰	紫	75.8	椭圆	19.1	37.9	
春	4/上—7/上	91	绿	黄	淡褐	58.0	扁椭	直立	有	棕	白	30.6	卵圆			鲜粒重
春	4/上—7/中	100	黄	黄	黄	25.0	圆	直立	有	灰	紫	28.2	卵圆	21.3	41.9	
夏	6/上—10/下	142	黄	黄	褐	22.8	扁圆	直立	有	灰	紫	64.8	椭圆	19.5	41.5	
夏	6/上—9/中	99	黄	黄	褐	18.4	圆	直立	有	灰	紫	75.0	圆形	21.1	40.8	
夏	6/上—9/中	107	黄	黄	褐	16.3	圆	直立	有	灰	紫	80.0	卵圆	18.6	41.3	
夏	6/上—9/中	106	黄	黄	褐	16.1	圆	直立	有	灰	紫	75.0	卵圆	18.5	42.9	
夏	6/上—9/中	106	黄	黄	淡褐	17.4	圆	直立	有	灰	紫	80.0	卵圆	18.6	41.3	
夏	6/上—9/中	106	黄	黄	褐	15.6	椭圆	直立	有	棕	紫	69.5	椭圆	21.8	40.4	
夏	6/上—9/中	104	黄	黄	褐	21.9	圆	直立	有	灰	紫	80.4	圆形	22.7	39.8	
夏	6/上—9/中	101	黄	黄	褐	17.5	椭圆	直立	有	灰	白	63.9	卵圆	20.1	45.0	
夏	6/上—9/中	105	黄	黄	褐	20.0	椭圆	直立	亚	灰	紫	70.0	椭圆	20.0	41.9	
夏	6/上—9/中	102	黄	黄	淡褐	18.0	椭圆	直立	亚	灰	紫	80.0	椭圆	20.0	40.9	
夏	6/上—9/中	108	黄	黄	褐	20.0	椭圆	直立	有	棕	白	60.0	椭圆	19.0	43.6	
夏	6/上—9/中	102	黄	黄	褐	22.4	圆	直立	有	灰	紫	72.2	卵圆	20.2	42.9	
夏	6/上—9/中	104	黄	黄	褐	17.2	椭圆	直立	亚	棕	白	104.1	卵圆	20.2	43.3	
夏	6/上—9/中	106	黄	黄	淡褐	22.1	椭圆	直立	有	灰	紫	79.6	卵圆	19.9	45.8	
夏	6/上—9/中	101	黄	黄	褐	22.0	椭圆	直立	有	灰	紫	70.4	卵圆	21.1	41.5	
夏	6/上—9/中	98	黄	黄	淡褐	16.3	圆	直立	有	灰	紫	62.8	卵圆	17.5	44.9	
夏	6/上—9/中	103	黄	黄	淡褐	15.4	圆	直立	有	灰	紫	53.7	圆形	20.1	41.5	
春	4/上—7/中	100	黄	黄	淡褐	24.8	圆	直立	有	灰	紫	29.8	卵圆	20.7	41.9	
春	4/上—7/中	100	黄	黄	黄	26.7	椭圆	直立	有	灰	紫	31.6	卵圆	20.5	41.0	
春	4/上—7/中	100	绿	黄	褐	23.8	长椭	直立	有	灰	白	19.0	卵圆	18.9	42.4	
春	4/上—7/下	118	黄	黄	褐	23.4	圆	直立	有	灰	白	57.0	椭圆	23.2	39.2	
夏	5/下—9/下	114	黄	黄	褐	21.6	圆	直立	有	棕	紫	68.0	椭圆	20.8	39.1	
夏	6/上—9/中	99	黄	黄	淡褐	17.0	圆	直立	有	棕	白	64.0	椭圆	20.0	43.2	
夏	6/上—9/下	105	黄	黄	淡褐	17.0	圆	直立	有	棕	白	90.0	椭圆	17.5	45.5	
春	4/上—7/下	112	黄	黄	淡褐	20.0	圆	直立	有	灰	白	60.0	椭圆	22.3	40.9	
春	4/上—7/上	97	黄	黄	淡褐	22.6	圆	直立	有	灰	白	50.0	椭圆	18.7	45.2	

续表

总编号	品种名称	原产地或来源	保存单位（编号）
ZDD24845	中豆 37	中国农科院油料所有性杂交育成	中国农科院油料所(原永 1869)
ZDD24846	中豆 38	中国农科院油料所有性杂交育成	中国农科院油料所(原永 1870)
ZDD24847	天隆 1 号	中国农科院油料所有性杂交育成	中国农科院油料所(原永 1871)
ZDD24848	天隆 2 号	中国农科院油料所有性杂交育成	中国农科院油料所(原永 1872)
ZDD24849	鄂豆 7 号	湖北仙桃九合垸原种场有性杂交育成	中国农科院油料所(原永 1873)
ZDD24850	鄂豆 8 号	湖北仙桃九合垸原种场有性杂交育成	中国农科院油料所(原永 1874)
ZDD24851	成豆 8 号	四川省农科院作物所有性杂交育成	四川南充农科所(001)
ZDD24852	成豆 9 号	四川省农科院作物所有性杂交育成	四川南充农科所(002)
ZDD24853	成豆 10 号	四川省农科院作物所有性杂交育成	四川南充农科所(003)
ZDD24854	成豆 13	四川省农科院作物所有性杂交育成	四川南充农科所(004)
ZDD24855	川豆 3 号	四川农业大学有性杂交育成	四川南充农科所(005)
ZDD24856	川豆 4 号	四川农业大学有性杂交育成	四川南充农科所(006)
ZDD24857	川豆 5 号	四川农业大学有性杂交育成	四川南充农科所(007)
ZDD24858	川豆 6 号	四川农业大学有性杂交育成	四川南充农科所(008)
ZDD24859	川豆 7 号	四川农业大学有性杂交育成	四川南充农科所(009)
ZDD24860	川豆 8 号	四川农业大学系选育成	四川南充农科所(010)
ZDD24861	川豆 9 号	四川农业大学有性杂交育成	四川南充农科所(011)
ZDD24862	川豆 10 号	四川农业大学有性杂交育成	四川南充农科所(012)
ZDD24863	川豆 11	四川农业大学有性杂交育成	四川南充农科所(013)
ZDD24864	川豆 12	四川农业大学有性杂交育成	四川南充农科所(014)
ZDD24865	富豆 1 号	四川茂县福顺乡农技站系选育成	四川南充农科所(015)
ZDD24866	富豆 2 号	四川茂县福顺乡农技站有性杂交育成	四川南充农科所(016)
ZDD24867	富豆 3 号	四川茂县福顺乡农技站有性杂交育成	四川南充农科所(017)
ZDD24868	富豆 4 号	四川茂县福顺乡农技站有性杂交育成	四川南充农科所(018)
ZDD24869	乐豆 1 号	四川乐山农科所有性杂交育成	四川南充农科所(019)
ZDD24870	贡豆 5 号	四川自贡农科所有性杂交育成	四川自贡农科所(1189)
ZDD24871	贡豆 6 号	四川自贡农科所有性杂交育成	四川自贡农科所(1190)
ZDD24872	贡豆 15	四川自贡农科所有性杂交育成	四川自贡农科所(1191)
ZDD24873	贡豆 16	四川自贡农科所有性杂交育成	四川自贡农科所(1192)
ZDD24874	贡豆 18	四川自贡农科所有性杂交育成	四川自贡农科所(1193)
ZDD24875	贡秋豆 3 号	四川自贡农科所有性杂交育成	四川自贡农科所(1194)
ZDD24876	南豆 3 号	四川南充农科所系选育成	四川南充农科所(020)

类型	生育月份	生育日数/d	粒色	子叶色	脐色	百粒重/g	粒形	生育习性	结荚习性	茸毛色	花色	植株高度/cm	叶形	脂肪含量/%	蛋白质含量/%	备注
夏	5/下—9/上	103	绿	黄	淡褐	58.7	圆	直立	有	灰	紫	54.0	椭圆	19.0	50.7	
夏	5/下—9/下	112	黄	黄	淡褐	19.1	圆	直立	有	灰	紫	74.0	椭圆	20.1	46.3	
春	4/上—7/下	110	黄	黄	淡褐	18.1	圆	直立	有	灰	白	56.0	椭圆	20.7	42.8	
春	4/上—7/下	109	黄	黄	淡褐	17.5	圆	直立	有	灰	白	56.0	披针	21.2	42.7	
春	4/上—7/中	97	黄	黄	淡褐	22.0	圆	直立	有	灰	白	40.0	椭圆	17.2	50.0	
春	4/上—7/中	102	黄	黄	淡褐	19.9	圆	直立	有	灰	白	45.0	椭圆	19.7	43.1	
春	4/上—7/下	105	黄	黄	淡褐	18.0	椭圆	直立	有	灰	白	45.0	椭圆	20.2	44.4	
春	4/上—7/中	100	黄	黄	褐	20.0	椭圆	直立	有	灰	白	50.0	披针	17.3	45.6	
春	4/上—7/中	100	黄	黄	黑	25.0	椭圆	直立	有	灰	白	60.0	卵圆	17.4	45.6	
春	4/上—8/上	114	黄	黄	深褐	17.4	椭圆	直立	有	灰	白	57.4	椭圆	20.9	41.9	
春	4/上—8/上	117	黄	黄	褐	18.0	椭圆	直立	有	灰	白	40.0	椭圆	19.5	45.1	
春	4/上—7/下	100	黄	黄	褐	22.0	椭圆	直立	有	棕	紫	50.0	椭圆	18.7	50.7	
春	4/上—7/下	105	黄	黄	褐	22.0	椭圆	直立	有	灰	白	47.0	椭圆	19.5	45.1	
春	4/上—7/中	100	黄	黄	褐	22.0	椭圆	直立	有	棕	紫	48.0	椭圆	20.3	43.7	
春	4/上—7/中	100	黄	黄	褐	21.0	椭圆	直立	有	灰	紫	50.0	椭圆	19.6	43.4	
春	4/上—8/上	120	黄	黄	褐	32.0	椭圆	直立	有	棕	白	65.0	椭圆	18.3	48.8	
春	4/上—7/下	110	黄	黄	褐	20.0	椭圆	直立	有	灰	白	55.0	椭圆	20.1	45.5	
春	4/上—7/下	112	黄	黄	褐	24.0	椭圆	直立	有	灰	白	56.0	椭圆	20.0	42.2	
春	4/上—8/上	117	黄	黄	褐	21.0	椭圆	直立	有	灰	白	58.0	椭圆	18.5	47.2	
春	4/上—7/下	108	黄	黄	褐	23.0	椭圆	直立	有	棕	紫	50.0	椭圆	21.1	42.3	
春	4/上—7/中	90	黄	黄	褐	35.0	圆	直立	有	灰	紫	30.0	椭圆	22.3	39.4	
春	4/上—8/上	126	黄	黄	黑	26.2	椭圆	直立	有	灰	紫	71.0	卵圆	17.9	46.1	
春	4/上—7/下	109	黄	黄	淡褐	21.9	圆	直立	有	灰	白	62.0	卵圆	18.0	43.5	
春	4/上—7/下	112	黄	黄	深褐	20.2	椭圆	直立	有	灰	白	68.3	椭圆	20.8	42.7	
春	4/上—8/上	120	黄	黄	黄	22.0	圆	直立	有	灰	紫	60.0	披针	19.9	47.0	
春	4/上—6/下	80	黄	黄	褐	20.0	椭圆	直立	有	灰	紫	40.0	卵圆	20.9	40.5	
春	4/上—8/上	120	黄	黄	淡褐	19.0	椭圆	直立	有	棕	紫	55.0	卵圆	20.5	43.7	
春	4/上—8/上	123	黄	黄	褐	26.1	椭圆	直立	有	棕	紫	62.4	卵圆	21.1	42.7	
春	4/上—7/下	108	黄	黄	深褐	20.7	椭圆	直立	有	灰	白	54.8	卵圆	20.2	43.5	
春	4/上—7/下	103	黄	黄	褐	25.0	椭圆	直立	有	灰	白	46.8	椭圆	19.8	47.0	
夏	6/上—10/下	149	绿	黄	黑	26.6	椭圆	直立	有	棕	紫	74.6	椭圆	20.7	47.8	
春	4/上—7/中	100	绿	黄	褐	28.0	椭圆	直立	有	棕	白	46.0	卵圆	17.9	47.3	

续表

总编号	品种名称	原产地或来源	保存单位（编号）
ZDD24877	南豆 5 号	四川南充农科所有性杂交育成	四川南充农科所(021)
ZDD24878	南豆 7 号	四川南充农科所有性杂交育成	四川南充农科所(022)
ZDD24879	南豆 8 号	四川南充农科所有性杂交育成	四川南充农科所(023)
ZDD24880	南豆 9 号	四川南充农科所有性杂交育成	四川南充农科所(024)
ZDD24881	南豆 10 号	四川南充农科所有性杂交育成	四川南充农科所(025)
ZDD24882	南豆 11	四川南充农科所有性杂交育成	四川南充农科所(026)
ZDD24883	南豆 12	四川南充农科所有性杂交育成	四川南充农科所(027)
ZDD24884	南豆 14	四川南充农科所有性杂交育成	四川南充农科所(028)
ZDD24885	南豆 15	四川南充农科所有性杂交育成	四川南充农科所(029)
ZDD24886	南豆 16	四川南充农科所有性杂交育成	四川南充农科所(030)
ZDD24887	南豆 17	四川南充农科所辐射系选育成	四川南充农科所(031)
ZDD24888	南豆 19	四川南充农科所有性杂交育成	四川南充农科所(032)
ZDD24889	南豆 21	四川南充农科所有性杂交育成	四川南充农科所(033)
ZDD24890	南豆 22	四川南充农科所辐射系选育成	四川南充农科所(034)
ZDD24891	南豆 99	四川南充农科所系选育成	四川南充农科所(035)
ZDD24892	南充十月黄	四川南充农科所地方种征集	四川南充农科所(036)
ZDD24893	荣县冬豆	四川南充农科所地方种征集	四川南充农科所(037)
ZDD24894	六月豆	四川	四川自贡农科所(KC4427)
ZDD24895	无名豆〈1〉	四川	四川自贡农科所(KC4584)
ZDD24896	小黄豆	四川	四川自贡农科所(KC4847)
ZDD24897	大七月黄	四川	四川自贡农科所(KC4524)
ZDD24898	早小黄豆	四川	四川自贡农科所(KC4400)
ZDD24899	黄豆-2	四川	四川自贡农科所(KC4415-2)
ZDD24900	小黄豆	四川	四川自贡农科所(KC4468)
ZDD24901	尺绿豆	四川	四川自贡农科所(KC4562)
ZDD24902	白黄豆	四川	四川自贡农科所(KC4563)
ZDD24903	六月黄	四川	四川自贡农科所(KC4564)
ZDD24904	大黄豆	四川	四川自贡农科所(KC4606)
ZDD24905	白黄豆	四川	四川自贡农科所(KC4669)
ZDD24906	小黄豆	四川	四川自贡农科所(KC4686)
ZDD24907	黄豆	四川	四川自贡农科所(KC4705)
ZDD24908	八月小黄豆	四川	四川自贡农科所(KC4725)

类型	生育月份	生育日数/d	粒色	子叶色	脐色	百粒重/g	粒形	生育习性	结荚习性	茸毛色	花色	植株高度/cm	叶形	脂肪含量/%	蛋白质含量/%	备注
春	4/上—7/中	100	黄	黄	淡褐	22.4	椭圆	直立	有	灰	白	50.0	披针	16.9	48.5	
春	4/上—7/下	106	绿	黄	褐	25.0	椭圆	直立	亚	灰	紫	51.0	披针	19.4	41.9	
春	4/上—7/下	106	黄	黄	淡褐	22.0	椭圆	直立	有	棕	白	52.0	披针	18.2	45.2	
春	4/上—7/下	108	黄	黄	淡褐	25.0	椭圆	直立	有	棕	白	49.0	披针	17.4	46.8	
春	4/上—8/上	117	黄	黄	褐	24.0	椭圆	直立	有	棕	白	51.0	披针	18.8	42.7	
春	4/上—7/下	107	黄	黄	褐	23.4	椭圆	直立	有	棕	白	47.3	披针	18.7	44.1	
夏	6/上—10/下	147	黄	黄	深褐	18.1	椭圆	直立	有	棕	白	64.0	椭圆	17.6	51.8	
夏	6/上—10/下	145	黄	黄	淡褐	16.9	椭圆	直立	有	灰	白	68.0	椭圆	16.8	50.8	
春	4/上—7/下	105	黄	黄	褐	25.0	椭圆	直立	有	棕	白	43.0	卵圆	20.7	44.4	
夏	6/上—10/下	146	黄	黄	褐	16.1	椭圆	直立	有	棕	紫	79.7	卵圆	17.6	50.3	
夏	6/中—10/下	143	黄	黄	褐	18.5	椭圆	直立	有	灰	白	87.7	椭圆	16.3	47.2	
夏	6/中—10/下	149	黄	黄	褐	20.0	椭圆	直立	亚	灰	白	87.9	椭圆	15.8	46.9	
春	4/上—7/下	113	黄	黄	褐	22.6	椭圆	直立	有	灰	白	63.3	卵圆	20.3	46.2	
夏	6/中—10/下	128	黄	黄	褐	20.1	椭圆	直立	有	灰	紫	70.3	卵圆	18.4	42.3	
春	4/上—8/上	115	黄	黄	深褐	20.0	圆	直立	有	灰	紫	60.0	披针	18.4	42.7	
夏	5/中—10/下	150	黄	黄	褐	11.0	圆	直立	有	灰	紫	80.0	卵圆	19.7	40.5	
夏	5/下—11/上	160	黄	黄	淡褐	21.0	椭圆	直立	有	棕	白	80.0	卵圆	17.5	45.2	
春	5/下—8/上	85	黄	黄	褐	16.4	椭圆	直立	有	灰	紫	80.0	椭圆	17.4	48.7	
春	5/下—9/下	115	黄	黄	深褐	10.4	椭圆	直立	有	灰	白	60.0	椭圆	20.5	42.5	
春	6/上—9/上	90	黄	黄	褐	9.9	扁圆	直立	有	棕	白	60.0	椭圆	19.3	44.6	
春	5/下—9/中	113	黄	黄	褐	18.4	扁圆	直立	有	灰	白	31.0	椭圆	18.7	47.2	
夏	5/下—10/上	131	黄	黄	褐	9.9	长椭	直立	有	棕	白	50.0	卵圆	19.7	45.9	
夏	5/下—9/上	96	黄	黄	褐	11.0	圆	直立	有	灰	紫	63.0	椭圆	18.8	44.8	
夏	5/下—10/上	126	黄	黄	褐	7.4	椭圆	直立	亚	灰	白	100.0	椭圆	21.5	37.3	
夏	5/下—10/中	142	黄	黄	褐	10.6	扁圆	直立	有	灰	白	48.0	椭圆	20.8	40.6	
夏	5/下—10/中	142	黄	黄	深褐	10.5	扁圆	直立	有	灰	白	50.0	椭圆	20.6	41.0	
夏	5/下—9/中	109	黄	黄	深褐	12.6	椭圆	直立	有	棕	白	57.0	椭圆	18.8	43.8	
夏	5/下—10/中	142	黄	黄	褐	16.9	扁圆	直立	有	棕	紫	65.0	卵圆	19.3	46.2	
夏	5/下—10/中	142	黄	黄	褐	12.7	扁圆	直立	有	灰	白	48.0	椭圆	19.8	42.8	
夏	5/下—9/中	110	黄	黄	淡褐	8.6	圆	直立	亚	灰	紫	66.0	椭圆	20.2	40.9	
夏	5/下—10/中	142	黄	黄	褐	11.9	扁圆	直立	有	灰	白	60.0	椭圆	17.9	47.3	
夏	5/下—9/上	101	黄	黄	褐	13.3	扁圆	直立	有	灰	白	73.0	卵圆	20.2	41.5	

续表

总编号	品种名称	原产地或来源	保存单位（编号）
ZDD24909	早黄豆	四川	四川自贡农科所(KC4738)
ZDD24910	洛曲	四川	四川自贡农科所(KC4746)
ZDD24911	白豆子	四川	四川自贡农科所(KC4752)
ZDD24912	小白豆	四川	四川自贡农科所(KC4755)
ZDD24913	川北黄豆 5	四川	四川自贡农科所(KC4770)
ZDD24914	川北黄豆 10	四川	四川自贡农科所(KC4786)
ZDD24915	小黄豆	四川	四川自贡农科所(KC4788)
ZDD24916	小黄豆	四川	四川自贡农科所(KC4789)
ZDD24917	菊黄	四川	四川自贡农科所(KC7326)
ZDD24918	黄豆	四川	四川自贡农科所(KC7350)
ZDD24919	黄豆	四川	四川自贡农科所(KC7369)
ZDD24920	小粒黄豆	四川	四川自贡农科所(KC7370)
ZDD24921	黄豆	四川	四川自贡农科所(KC8735)
ZDD24922	牛毛黄	四川	四川自贡农科所(KC8736)
ZDD24923	迟黄豆	四川	四川自贡农科所(KC8737)
ZDD24924	黄豆	四川	四川自贡农科所(KC8739)
ZDD24925	黄豆	四川	四川自贡农科所(KC8740-1)
ZDD24926	黄豆	四川	四川自贡农科所(KC8740-2)
ZDD24927	六月爆	四川	四川自贡农科所(KC8742)
ZDD24928	黄豆	四川	四川自贡农科所(KC8743)
ZDD24929	二籽黄	四川	四川自贡农科所(KC8744)
ZDD24930	六月爆	四川	四川自贡农科所(KC8745-1)
ZDD24931	六月爆-1	四川	四川自贡农科所(KC8745-2)
ZDD24932	黄豆	四川	四川自贡农科所(KC8746)
ZDD24933	黄豆	四川	四川自贡农科所(KC8749)
ZDD24934	黄豆	四川	四川自贡农科所(KC8750)
ZDD24935	早黄豆-1	四川	四川自贡农科所(KC8754-1)
ZDD24936	早黄豆-2	四川	四川自贡农科所(KC8754-2)
ZDD24937	青皮豆	四川	四川自贡农科所(KC4506)
ZDD24938	青豆	四川	四川自贡农科所(KC8731)
ZDD24939	绿黄豆	四川	四川自贡农科所(KC8734)
ZDD24940	大豆	四川	四川自贡农科所(KC8738)

类型	生育月份	生育日数/d	粒色	子叶色	脐色	百粒重/g	粒形	生育习性	结荚习性	茸毛色	花色	植株高度/cm	叶形	脂肪含量/%	蛋白质含量/%	备注
夏	5/下—9/上	101	黄	黄	褐	10.2	椭圆	直立	有	棕	白	65.0	卵圆	19.8	43.4	
夏	5/下—9/中	110	黄	黄	褐	12.2	椭圆	直立	有	棕	白	63.0	椭圆	20.5	42.1	
夏	5/下—10/中	141	黄	黄	淡褐	11.9	扁圆	直立	有	灰	白	61.0	卵圆	19.5	44.3	
夏	5/下—9/上	101	黄	黄	褐	9.0	圆	直立	有	棕	白	79.0	卵圆	19.5	43.0	
夏	5/下—10/上	131	黄	黄	淡褐	9.9	圆	直立	有	灰	白	51.0	卵圆	21.5	42.6	
夏	5/下—9/中	105	黄	黄	淡褐	11.0	圆	直立	有	灰	白	78.0	椭圆	20.8	41.0	
夏	5/下—10/上	126	黄	黄	褐	8.8	椭圆	直立	有	灰	白	85.0	椭圆	20.3	42.2	
夏	5/下—10/上	126	黄	黄	褐	8.6	椭圆	直立	有	灰	白	87.0	卵圆	18.2	43.7	
夏	6/上—10/上	120	黄	黄	深褐	19.5	椭圆	直立	有	棕	紫	65.0	椭圆	18.7	46.5	
夏	6/上—10/上	120	黄	黄	褐	8.9	长椭	直立	有	灰	紫	88.0	椭圆	18.6	43.3	
夏	6/上—10/下	147	黄	黄	褐	7.6	椭圆	直立	有	灰	白	40.0	卵圆	20.2	41.8	
夏	6/上—10/中	136	黄	黄	深褐	19.5	圆	直立	有	灰	紫	82.0	卵圆	19.2	46.5	
夏	6/上—9/中	99	黄	黄	黄	13.5	扁圆	直立	有	灰	紫	43.0	披针	21.9	39.8	
夏	6/上—10/中	136	黄	黄	深褐	14.4	椭圆	直立	有	棕	白	45.0	椭圆	17.7	50.1	
夏	6/上—10/中	136	黄	黄	褐	14.6	扁圆	直立	有	棕	白	42.0	椭圆	18.5	45.0	
夏	6/上—10/中	131	黄	黄	褐	13.1	扁圆	直立	有	灰	白	87.0	椭圆	18.9	44.6	
夏	6/上—10/上	120	黄	黄	淡褐	14.4	圆	直立	有	灰	白	64.0	卵圆	19.3	46.0	
夏	6/上—10/上	120	黄	黄	深褐	7.9	椭圆	直立	有	棕	白	82.0	椭圆	20.2	40.7	
夏	6/上—9/中	99	黄	黄	褐	13.0	圆	直立	有	灰	白	55.0	披针	17.5	49.4	
夏	6/上—9/中	104	黄	黄	黄	11.0	圆	直立	有	灰	白	77.0	椭圆	17.3	46.5	
夏	6/上—10/上	120	黄	黄	深褐	9.3	圆	直立	有	棕	白	85.0	椭圆	20.2	42.2	
夏	6/上—10/上	120	黄	黄	褐	8.8	圆	直立	有	棕	白	65.0	椭圆	20.2	42.4	
夏	6/上—10/上	125	黄	黄	褐	8.5	扁圆	直立	有	灰	白	90.0	椭圆	19.3	41.8	
夏	6/上—10/上	120	黄	黄	深褐	15.1	圆	直立	有	棕	白	45.0	椭圆	18.7	46.7	
夏	6/上—9/上	90	黄	黄	褐	11.0	圆	直立	有	棕	白	55.0	披针	18.2	47.3	
夏	6/上—9/中	99	黄	黄	淡褐	12.3	圆	直立	有	灰	白	51.0	披针	19.8	42.9	
夏	6/上—9/中	99	黄	黄	褐	11.8	圆	直立	有	灰	紫	83.0	披针	18.1	44.5	
夏	6/上—9/中	99	黄	黄	淡褐	13.3	圆	直立	有	灰	白	71.0	椭圆	18.7	41.9	
夏	5/下—10/中	141	绿	黄	黑	17.3	椭圆	直立	有	棕	白	65.0	卵圆	19.6	46.0	
夏	6/上—10/中	136	绿	黄	褐	12.4	椭圆	直立	有	灰	紫	58.0	椭圆	19.2	42.9	
夏	6/上—10/中	136	绿	绿	褐	19.2	圆	直立	有	棕	白	52.0	椭圆	18.7	46.1	
夏	6/上—10/中	131	绿	黄	褐	16.8	椭圆	直立	有	灰	白	55.0	卵圆	18.3	46.9	

续表

总编号	品种名称	原产地或来源	保存单位（编号）
ZDD24941	绿黄豆	四川	四川自贡农科所(KC8741)
ZDD24942	乌黄豆	四川	四川自贡农科所(KC4296)
ZDD24943	褐黄豆	四川	四川自贡农科所(KC4399)
ZDD24944	小黄豆	四川	四川自贡农科所(KC4429)
ZDD24945	红黄豆	四川	四川自贡农科所(KC4440)
ZDD24946	红黄豆	四川	四川自贡农科所(KC4451)
ZDD24947	茶黄豆	四川	四川自贡农科所(KC4483)
ZDD24948	花黄豆	四川	四川自贡农科所(KC4526)
ZDD24949	茶色豆	四川	四川自贡农科所(KC4605)
ZDD24950	棕色豆	四川	四川自贡农科所(KC4639)
ZDD24951	棕色豆	四川	四川自贡农科所(KC4683)
ZDD24952	茶豆	四川	四川自贡农科所(KC4730)
ZDD24953	黑黄豆	四川	四川自贡农科所(KC4387)
ZDD24954	黑豆	四川	四川自贡农科所(KC4496)
ZDD24955	黑黄豆	四川	四川自贡农科所(KC4548)
ZDD24956	黑豆子	四川	四川自贡农科所(KC4592)
ZDD24957	黑黄豆	四川	四川自贡农科所(KC4649)
ZDD24958	黑豆	四川	四川自贡农科所(KC4685)
ZDD24959	黑豆	四川	四川自贡农科所(KC4704)
ZDD24960	黑豆	四川	四川自贡农科所(KC4733)
ZDD24961	黑豆	四川	四川自贡农科所(KC4756)
ZDD24962	广元黑豆	四川	四川自贡农科所(KC4776)
ZDD24963	黑大豆	四川	四川自贡农科所(KC4794)
ZDD24964	黑黄豆	四川	四川自贡农科所(KC4841)
ZDD24965	崖州小黄黑豆	四川	四川自贡农科所(KC7397)
ZDD24966	涪陵大豆	重庆涪陵	重庆市农科院(433)
ZDD24967	黔江濯水豆	重庆黔江	重庆市农科院(434)
ZDD24968	黔江 1 号	重庆黔江	重庆市农科院(435)
ZDD24969	黔豆 1 号-1	重庆黔江	重庆市农科院(436)
ZDD24970	黔江 5 号	重庆黔江	重庆市农科院(437)
ZDD24971	黔江小南海豆	重庆黔江	重庆市农科院(442)
ZDD24972	秀山雅江豆	重庆秀山	重庆市农科院(371-1)

类型	生育月份	生育日数/d	粒色	子叶色	脐色	百粒重/g	粒形	生育习性	结荚习性	茸毛色	花色	植株高度/cm	叶形	脂肪含量/%	蛋白质含量/%	备注
夏	6/上—10/中	131	绿	黄	褐	18.3	椭圆	直立	有	棕	白	75.0	椭圆	19.2	44.2	
夏	5/下—10/上	131	褐	黄	褐	15.9	椭圆	直立	有	棕	白	50.0	椭圆	19.6	43.5	
夏	5/下—10/中	137	褐	黄	褐	11.7	圆	直立	有	棕	紫	81.0	椭圆	18.2	44.2	
夏	5/下—10/上	131	褐	黄	褐	9.6	椭圆	直立	有	灰	白	72.0	椭圆	18.0	47.0	
夏	5/下—10/上	126	褐	黄	褐	9.1	圆	半直	亚	棕	白	145.0	卵圆	17.3	48.7	
夏	5/下—10/上	126	褐	黄	褐	8.4	椭圆	半直	亚	棕	白	110.0	圆形	17.1	48.6	
夏	5/下—10/中	137	褐	黄	褐	15.7	圆	直立	有	棕	紫	84.0	卵圆	19.3	44.9	
夏	5/下—10/中	142	褐	黄	褐	19.0	圆	直立	有	灰	白	45.0	卵圆	18.5	44.3	
夏	5/下—10/中	142	褐	黄	褐	8.9	椭圆	半直	亚	棕	紫	115.0	椭圆	18.6	43.1	
夏	5/下—10/上	131	褐	黄	褐	10.6	椭圆	直立	有	灰	紫	60.0	椭圆	19.4	45.5	
夏	5/下—10/中	137	褐	黄	褐	13.2	椭圆	直立	亚	棕	白	98.0	披针	19.0	41.9	
夏	5/下—9/中	109	褐	黄	褐	16.3	扁圆	直立	有	棕	白	70.0	圆形	19.9	45.1	
夏	5/下—10/上	131	黑	黄	黑	12.9	椭圆	直立	有	棕	白	57.0	椭圆	19.7	43.5	
夏	5/下—10/中	137	黑	黄	深褐	10.8	椭圆	直立	有	棕	紫	65.0	卵圆			
夏	5/下—10/上	125	黑	黄	黑	10.9	扁椭	直立	有	灰	紫	43.0	椭圆	18.6	47.2	
夏	5/下—10/中	143	黑	黄	黑	14.8	椭圆	半直	亚	棕	白	105.0	椭圆	16.5	50.0	
夏	5/下—9/上	101	黑	黄	黑	9.5	扁圆	直立	有	棕	紫	86.0	椭圆	17.7	47.2	
夏	5/下—10/上	125	黑	黄	黑	10.3	椭圆	直立	有	灰	白	51.0	椭圆	18.9	44.3	
夏	5/下—9/上	96	黑	黄	黑	10.1	椭圆	直立	有	棕	紫	57.0	椭圆	18.7	44.6	
夏	5/下—10/中	137	黑	黄	黑	12.7	扁圆	半直	亚	棕	白	105.0	披针	20.0	39.6	
夏	5/下—10/上	131	黑	黄	黑	15.2	椭圆	直立	有	棕	紫	35.0	卵圆	17.4	50.5	
夏	5/下—9/中	105	黑	黄	黑	9.3	椭圆	直立	有	棕	白	81.0	椭圆	17.5	47.5	
夏	5/下—10/中	137	黑	黄	黑	12.7	扁椭	直立	有	灰	白	85.0	椭圆	18.1	46.2	
夏	5/下—9/下	115	黑	黄	深褐	9.0	扁圆	直立	亚	棕	白	80.0	卵圆	17.7	45.5	
夏	6/上—10/下	147	黑	黄	黑	8.7	椭圆	半直	亚	棕	紫	102.0	椭圆	16.5	47.7	
春	4/上—7/下	120	黄	黄	褐	19.8	扁椭	直立	有	灰	紫	57.0	椭圆	20.0	44.0	
春	4/上—7/下	120	黄	黄	深褐	19.8	扁椭	直立	有	灰	紫	58.0	椭圆	21.7	41.7	
春	4/上—7/下	120	黄	黄	深褐	18.9	扁椭	直立	有	灰	白	61.0	卵圆	21.3	40.1	
春	4/上—7/下	120	黄	黄	深褐	19.0	扁椭	直立	有	灰	白	60.0	卵圆			
春	4/上—7/下	120	黄	黄	深褐	20.6	扁椭	直立	有	灰	白	61.0	卵圆			
春	4/上—7/下	120	黄	黄	深褐	21.1	扁椭	直立	有	灰	白	48.0	卵圆			
春	4/上—7/下	116	黄	黄	深褐	12.6	扁圆	直立	有	灰	白	54.0	卵圆	19.5	42.9	

续表

总编号	品种名称	原产地或来源	保存单位（编号）
ZDD24973	秀山清平豆	重庆秀山	重庆市农科院(423)
ZDD24974	秀山雅江豆-1	重庆秀山	重庆市农科院(424)
ZDD24975	秀山清溪豆-1	重庆秀山	重庆市农科院(品比-5)
ZDD24976	秀山力大豆	重庆秀山	重庆市农科院(320)
ZDD24977	秀山力大豆-1	重庆秀山	重庆市农科院(321)
ZDD24978	秀山中平豆	重庆秀山	重庆市农科院(450)
ZDD24979	秀山丰联豆	重庆秀山	重庆市农科院(431-1)
ZDD24980	秀山清溪豆	重庆秀山	重庆市农科院(431-2)
ZDD24981	永川青峰早豆	重庆永川	重庆市农科院(453)
ZDD24982	永川来苏早豆	重庆永川	重庆市农科院(479)
ZDD24983	忠县甘田豆	重庆忠县	重庆市农科院(315)
ZDD24984	忠县新生果梁豆	重庆忠县	重庆市农科院(316-1)
ZDD24985	忠县新生果梁豆-1	重庆忠县	重庆市农科院(316-2)
ZDD24986	忠县新生果梁豆-2	重庆忠县	重庆市农科院(319)
ZDD24987	忠县大豆 5	重庆忠县	重庆市农科院(445)
ZDD24988	忠县大豆 3	重庆忠县	重庆市农科院(446)
ZDD24989	忠县乌杨南木豆	重庆忠县	重庆市农科院(451)
ZDD24990	忠县甘田豆-1	重庆忠县	重庆市农科院(452)
ZDD24991	黔江青豆	重庆黔江	重庆市农科院(440)
ZDD24992	黔江白石青豆	重庆黔江	重庆市农科院(373)
ZDD24993	黔江中塘豆	重庆黔江	重庆市农科院(421)
ZDD24994	永川南大街青皮豆	重庆永川	重庆市农科院(443)
ZDD24995	酉阳青豆-1	重庆酉阳	重庆市农科院(429-1)
ZDD24996	酉阳青豆	重庆酉阳	重庆市农科院(429-2)
ZDD24997	秀山黑豆	重庆秀山	重庆市农科院(291)
ZDD24998	秀山高田黑豆	重庆秀山	重庆市农科院(454)
ZDD24999	璧山广普豆	重庆璧山	重庆市农科院(157)
ZDD25000	璧山永兴豆	重庆璧山	重庆市农科院(151)
ZDD25001	璧山广普豆	重庆璧山	重庆市农科院(5)
ZDD25002	璧山广普豆-1	重庆璧山	重庆市农科院(228)
ZDD25003	长寿云台豆	重庆长寿	重庆市农科院(140)
ZDD25004	长寿湖豆-3	重庆长寿	重庆市农科院(132)

类型	生育月份	生育日数/d	粒色	子叶色	脐色	百粒重/g	粒形	生育习性	结荚习性	茸毛色	花色	植株高度/cm	叶形	脂肪含量/%	蛋白质含量/%	备注
春	4/上—8/上	124	黄	黄	深褐	14.0	扁椭	直立	亚	棕	白	97.0	椭圆			
春	4/上—8/上	124	黄	黄	褐	14.6	扁椭	直立	亚	棕	白	97.0	椭圆	19.6	44.6	
春	4/上—8/上	127	黄	黄	淡褐	14.8	扁椭	直立	有	灰	白	75.0	椭圆	19.7	44.5	
春	4/上—8/中	131	黄	黄	淡褐	14.9	扁椭	直立	有	灰	白	63.0	卵圆	19.6	45.0	
春	4/上—8/中	131	黄	黄	淡褐	12.9	扁圆	直立	有	灰	紫	69.0	卵圆	19.8	44.8	
春	4/上—8/中	131	黄	黄	褐	12.7	圆	直立	亚	灰	白	72.0	卵圆	19.8	44.3	
春	4/上—8/中	134	黄	黄	淡褐	15.3	扁圆	直立	有	灰	白	59.0	卵圆	19.4	45.7	
春	4/上—8/中	134	黄	黄	淡褐	15.3	扁圆	直立	有	灰	白	59.0	卵圆	19.1	44.1	
春	4/上—8/上	127	黄	黄	褐	24.4	扁椭	直立	亚	棕	紫	83.0	卵圆	19.3	46.8	
春	4/上—8/上	127	黄	黄	褐	24.6	扁椭	直立	亚	棕	紫	93.0	卵圆	19.6	46.3	
春	4/上—7/下	117	黄	黄	深褐	14.0	扁椭	直立	亚	灰	白	88.0	卵圆	19.9	42.0	
春	4/上—7/下	117	黄	黄	褐	20.7	扁椭	直立	有	灰	白	65.0	卵圆	20.2	43.4	
春	4/上—7/下	117	黄	黄	深褐	20.7	扁椭	直立	有	灰	白	65.0	卵圆			
春	4/上—7/下	117	黄	黄	深褐	20.4	扁椭	直立	有	灰	白	69.0	卵圆	20.3	42.3	
春	4/上—7/下	120	黄	黄	深褐	20.1	扁椭	直立	有	灰	白	59.0	卵圆	21.0	42.7	
春	4/上—7/下	120	黄	黄	深褐	22.0	扁椭	直立	有	灰	白	61.0	卵圆	20.3	45.1	
春	4/上—7/下	120	黄	黄	褐	17.5	扁椭	直立	有	灰	紫	66.0	卵圆			
春	4/上—8/上	124	黄	黄	深褐	13.2	扁椭	直立	亚	灰	白	88.0	卵圆	19.2	46.2	
春	4/上—8/上	124	绿	黄	淡褐	15.2	扁圆	直立	有	灰	白	50.0	卵圆	19.9	44.1	
春	4/上—8/上	127	绿	黄	淡褐	18.3	扁椭	直立	有	灰	白	58.0	卵圆	19.7	45.5	
春	4/上—8/中	134	绿	黄	黄	12.3	椭圆	直立	亚	灰	白	87.0	椭圆			
春	4/上—7/下	120	绿	黄	深褐	12.0	扁椭	直立	亚	灰	紫	98.0	卵圆			
春	4/上—8/上	127	绿	黄	褐	18.3	扁圆	直立	有	灰	白	72.0	卵圆	19.2	47.2	
春	4/上—8/上	127	绿	黄	褐	18.3	扁圆	直立	有	灰	白	72.0	卵圆			
春	4/上—8/上	121	黑	黄	黑	9.5	扁圆	直立	有	灰	白	65.0	卵圆			
春	4/上—8/上	127	黑	黄	黑	9.0	扁圆	直立	有	灰	白	60.0	卵圆	16.8	48.9	
夏	5/下—10/下	151	黄	黄	深褐	21.5	扁椭	直立	亚	灰	紫	71.0	卵圆			
夏	5/下—10/下	153	黄	黄	淡褐	16.2	扁圆	直立	亚	灰	紫	63.0	卵圆			
夏	5/下—11/上	155	黄	黄	淡褐	11.8	扁圆	直立	亚	棕	紫	95.0	卵圆	16.6	49.9	
夏	5/下—10/下	151	黄	黄	淡褐	17.8	扁圆	直立	亚	灰	紫	73.0	卵圆			
夏	5/下—10/下	153	黄	黄	褐	23.5	扁椭	直立	亚	棕	紫	65.0	椭圆			
夏	5/下—10/下	154	黄	黄	淡褐	24.1	扁椭	直立	有	棕	紫	80.0	卵圆			

续表

总编号	品种名称	原产地或来源	保存单位（编号）
ZDD25005	长寿云台豆-1	重庆长寿	重庆市农科院(139)
ZDD25006	长寿三台豆	重庆长寿	重庆市农科院(182)
ZDD25007	长寿湖冬豆	重庆长寿	重庆市农科院(167)
ZDD25008	长寿湖豆-1	重庆长寿	重庆市农科院(117)
ZDD25009	长寿湖豆-2	重庆长寿	重庆市农科院(121)
ZDD25010	城口大豆	重庆城口	重庆市农科院(173)
ZDD25011	大足黄豆	重庆大足	重庆市农科院(96)
ZDD25012	奉节大豆	重庆奉节	重庆市农科院(109)
ZDD25013	奉节永乐豆	重庆奉节	重庆市农科院(106)
ZDD25014	奉节永乐豆-1	重庆奉节	重庆市农科院(107)
ZDD25015	奉节永乐豆-2	重庆奉节	重庆市农科院(145)
ZDD25016	奉节永乐豆-3	重庆奉节	重庆市农科院(163)
ZDD25017	涪陵冬豆	重庆涪陵	重庆市农科院(138)
ZDD25018	涪陵江北豆	重庆涪陵	重庆市农科院(202)
ZDD25019	涪陵江南豆	重庆涪陵	重庆市农科院(111)
ZDD25020	涪陵江北-1	重庆涪陵	重庆市农科院(118)
ZDD25021	涪陵江北-2	重庆涪陵	重庆市农科院(47)
ZDD25022	涪陵黄豆	重庆涪陵	重庆市农科院(129)
ZDD25023	合川涞滩板堰豆	重庆合川	重庆市农科院(11)
ZDD25024	合川涞滩杜坝豆	重庆合川	重庆市农科院(162)
ZDD25025	合川云门中林豆	重庆合川	重庆市农科院(217)
ZDD25026	合川大石百丈豆	重庆合川	重庆市农科院(168)
ZDD25027	合川云门大碑豆	重庆合川	重庆市农科院(215)
ZDD25028	合川大石盆古豆	重庆合川	重庆市农科院(136)
ZDD25029	合川涞滩正觉大豆	重庆合川	重庆市农科院(142)
ZDD25030	合川涞滩板堰豆-1	重庆合川	重庆市农科院(205)
ZDD25031	合川涞滩板堰豆-2	重庆合川	重庆市农科院(214)
ZDD25032	合川云门中林豆-1	重庆合川	重庆市农科院(230)
ZDD25033	合川涞滩白云黄豆	重庆合川	重庆市农科院(19)
ZDD25034	合川涞滩杜坝豆-1	重庆合川	重庆市农科院(171)
ZDD25035	合川大石楼子豆	重庆合川	重庆市农科院(195)
ZDD25036	合川云门大碑豆-1	重庆合川	重庆市农科院(213)

类型	生育月份	生育日数/d	粒色	子叶色	脐色	百粒重/g	粒形	生育习性	结荚习性	茸毛色	花色	植株高度/cm	叶形	脂肪含量/%	蛋白质含量/%	备注
夏	5/下—10/下	154	黄	黄	褐	18.4	扁椭	直立	亚	棕	紫	120.0	卵圆	17.9	47.0	
夏	5/下—10/下	154	黄	黄	褐	23.8	扁椭	直立	亚	棕	白	48.0	卵圆			
夏	5/下—11/上	157	黄	黄	淡褐	23.6	扁椭	直立	亚	棕	白	78.0	卵圆			
夏	5/下—11/上	158	黄	黄	褐	22.8	椭圆	直立	亚	棕	紫	82.0	卵圆			
夏	5/下—11/上	159	黄	黄	淡褐	22.2	扁椭	直立	亚	棕	紫	93.0	卵圆			
夏	5/下—10/下	154	黄	黄	褐	12.2	圆	直立	无	棕	紫	116.0	卵圆	18.9	43.5	
夏	5/下—11/上	162	黄	黄	深褐	15.6	扁椭	直立	有	棕	紫	95.0	卵圆	17.3	49.7	
夏	5/下—10/下	143	黄	黄	淡褐	20.9	扁圆	直立	亚	灰	白	100.0	卵圆	21.2	40.5	
夏	5/下—11/上	157	黄	黄	淡褐	12.1	椭圆	直立	无	棕	紫	86.0	卵圆			
夏	5/下—11/上	157	黄	黄	淡褐	13.9	圆	直立	无	棕	紫	90.0	卵圆			
夏	5/下—11/上	159	黄	黄	淡褐	14.1	扁圆	直立	亚	灰	白	115.0	卵圆	19.2	42.2	
夏	5/下—11/上	159	黄	黄	淡褐	13.7	椭圆	直立	无	灰	紫	110.0	卵圆			
夏	5/下—10/下	151	黄	黄	褐	17.3	椭圆	直立	亚	棕	紫	90.0	卵圆	17.3	49.5	
夏	5/下—10/下	153	黄	黄	褐	18.3	扁椭	直立	亚	棕	紫	78.0	卵圆	18.1	45.6	
夏	5/下—10/下	154	黄	黄	褐	18.9	圆	直立	亚	棕	紫	71.0	卵圆	17.7	48.3	
夏	5/下—10/下	154	黄	黄	褐	17.4	扁椭	直立	亚	棕	紫	81.0	卵圆	17.8	48.1	
夏	5/下—11/上	155	黄	黄	褐	15.4	扁椭	直立	有	棕	紫	100.0	椭圆	18.2	46.8	
夏	5/下—11/上	157	黄	黄	淡褐	13.8	扁椭	直立	亚	棕	紫	81.0	卵圆			
夏	5/下—10/下	143	黄	黄	深褐	15.0	扁椭	直立	有	棕	白	90.0	卵圆	17.9	48.3	
夏	5/下—10/下	151	黄	黄	深褐	21.6	扁椭	直立	亚	棕	白	82.0	卵圆	18.4	46.3	
夏	5/下—10/下	151	黄	黄	深褐	18.7	扁椭	直立	亚	棕	白	88.0	卵圆	17.8	46.9	
夏	5/下—10/下	153	黄	黄	深褐	22.6	扁椭	直立	亚	棕	白	69.0	卵圆			
夏	5/下—10/下	153	黄	黄	褐	16.1	扁圆	直立	无	棕	白	114.0	卵圆	17.9	46.3	
夏	5/下—10/下	154	黄	黄	深褐	14.7	扁椭	直立	亚	棕	白	100.0	卵圆	19.1	44.0	
夏	5/下—10/下	154	黄	黄	淡褐	15.9	扁椭	直立	亚	灰	白	90.0	椭圆			
夏	5/下—10/下	154	黄	黄	淡褐	18.4	扁椭	直立	无	棕	白	130.0	卵圆	19.2	44.3	
夏	5/下—10/下	154	黄	黄	深褐	19.1	扁圆	直立	亚	棕	白	110.0	椭圆	18.8	45.3	
夏	5/下—10/下	154	黄	黄	深褐	20.7	扁圆	直立	亚	灰	白	83.0	卵圆	19.1	45.9	
夏	5/下—11/上	155	黄	黄	深褐	19.9	扁圆	直立	无	棕	白	138.0	卵圆			
夏	5/下—11/上	156	黄	黄	淡褐	19.6	扁椭	直立	亚	灰	紫	98.0	椭圆	19.1	45.9	
夏	5/下—11/上	157	黄	黄	深褐	15.5	扁圆	直立	无	棕	白	111.0	卵圆	18.3	44.6	
夏	5/下—11/上	157	黄	黄	褐	16.6	扁椭	直立	亚	灰	紫	115.0	卵圆			

续表

总编号	品种名称	原产地或来源	保存单位（编号）
ZDD25037	合川涞滩白云豆	重庆合川	重庆市农科院(201)
ZDD25038	合川涞滩杜坝豆-2	重庆合川	重庆市农科院(82)
ZDD25039	合川涞滩白云豆-1	重庆合川	重庆市农科院(164)
ZDD25040	江津吴滩豆	重庆江津	重庆市农科院(35)
ZDD25041	江津龙华新店豆	重庆江津	重庆市农科院(57)
ZDD25042	江津德感豆	重庆江津	重庆市农科院(110)
ZDD25043	江津龙华新店豆-1	重庆江津	重庆市农科院(221)
ZDD25044	江津吴滩豆-1	重庆江津	重庆市农科院(198)
ZDD25045	开县大豆	重庆开县	重庆市农科院(59)
ZDD25046	梁平柏家玉皇豆	重庆梁平	重庆市农科院(156)
ZDD25047	黔江冬豆	重庆黔江	重庆市农科院(422)
ZDD25048	潼南花岩龙怀豆	重庆潼南	重庆市农科院(66)
ZDD25049	潼南桂林高庙豆	重庆潼南	重庆市农科院(70)
ZDD25050	潼南花岩龙怀豆-2	重庆潼南	重庆市农科院(122)
ZDD25051	潼南 9753	重庆潼南	重庆市农科院(115)
ZDD25052	潼南古溪喜马豆	重庆潼南	重庆市农科院(147)
ZDD25053	潼南别口花院豆	重庆潼南	重庆市农科院(150)
ZDD25054	潼南花岩豆	重庆潼南	重庆市农科院(165)
ZDD25055	潼南 9753-1	重庆潼南	重庆市农科院(176)
ZDD25056	潼南花岩豆-1	重庆潼南	重庆市农科院(199)
ZDD25057	潼南桂林高庙豆-1	重庆潼南	重庆市农科院(204)
ZDD25058	潼南古溪喜马豆-1	重庆潼南	重庆市农科院(123)
ZDD25059	潼南别口老君豆	重庆潼南	重庆市农科院(124)
ZDD25060	潼南 9723	重庆潼南	重庆市农科院(133)
ZDD25061	潼南别口花坡豆	重庆潼南	重庆市农科院(137)
ZDD25062	潼南古溪喜马豆-2	重庆潼南	重庆市农科院(80)
ZDD25063	潼南花岩水桥豆	重庆潼南	重庆市农科院(218)
ZDD25064	潼南别口花坡豆-1	重庆潼南	重庆市农科院(148)
ZDD25065	万州天城豆	重庆万州	重庆市农科院(159)
ZDD25066	万州天城豆-1	重庆万州	重庆市农科院(160)
ZDD25067	巫山大豆	重庆巫山	重庆市农科院(155-2)
ZDD25068	巫山大豆-1	重庆巫山	重庆市农科院(114)

类型	生育月份	生育日数/d	粒色	子叶色	脐色	百粒重/g	粒形	生育习性	结荚习性	茸毛色	花色	植株高度/cm	叶形	脂肪含量/%	蛋白质含量/%	备注
夏	5/下—11/上	158	黄	黄	褐	13.0	扁椭	直立	无	棕	白	150.0	卵圆			
夏	5/下—11/上	159	黄	黄	淡褐	13.8	椭圆	直立	无	棕	白	150.0	椭圆	20.4	44.4	
夏	5/下—11/上	159	黄	黄	褐	13.7	椭圆	直立	无	灰	白	122.0	椭圆			
夏	5/下—10/下	143	黄	黄	深褐	20.9	扁圆	直立	无	棕	白	102.0	卵圆	19.0	48.0	
夏	5/下—10/下	143	黄	黄	深褐	19.5	椭圆	直立	亚	棕	白	93.0	椭圆			
夏	5/下—10/下	151	黄	黄	深褐	20.5	扁椭	直立	亚	棕	白	92.0	卵圆			
夏	5/下—10/下	151	黄	黄	深褐	22.8	扁椭	直立	亚	棕	白	70.0	卵圆	19.1	45.4	
夏	5/下—10/下	153	黄	黄	深褐	20.4	扁圆	直立	亚	棕	白	90.0	卵圆	18.5	46.9	
夏	5/下—10/下	143	黄	黄	深褐	20.0	扁圆	直立	亚	棕	白	101.0	椭圆	19.2	46.0	
夏	5/下—10/下	154	黄	黄	褐	12.5	扁椭	直立	无	棕	紫	170.0	卵圆			
夏	5/下—11/上	160	黄	黄	褐	10.1	椭圆	直立	亚	灰	白	190.0	卵圆			
夏	5/下—10/下	143	黄	黄	深褐	20.1	扁椭	直立	无	棕	白	100.0	卵圆	18.1	47.5	
夏	5/下—10/下	143	黄	黄	深褐	19.5	扁圆	直立	亚	棕	白	95.0	椭圆	19.1	45.6	
夏	5/下—10/下	143	黄	黄	深褐	16.2	扁圆	直立	亚	棕	白	87.0	卵圆	16.9	50.7	
夏	5/下—10/下	152	黄	黄	深褐	17.7	扁圆	直立	亚	棕	白	80.0	卵圆	18.9	46.0	
夏	5/下—10/下	153	黄	黄	淡褐	17.0	扁椭	直立	无	灰	白	94.0	椭圆	18.9	45.7	
夏	5/下—10/下	153	黄	黄	褐	16.5	椭圆	直立	无	灰	白	132.0	椭圆	17.4	47.8	
夏	5/下—10/下	153	黄	黄	褐	18.4	椭圆	直立	亚	棕	白	81.0	卵圆	18.3	47.4	
夏	5/下—10/下	153	黄	黄	深褐	18.5	扁圆	直立	无	棕	白	91.0	卵圆	19.3	44.8	
夏	5/下—10/下	153	黄	黄	深褐	23.2	扁椭	直立	亚	棕	白	89.0	卵圆			
夏	5/下—10/下	153	黄	黄	深褐	17.1	扁椭	直立	亚	棕	白	76.5	卵圆	18.3	47.5	
夏	5/下—10/下	154	黄	黄	淡褐	15.4	扁椭	直立	亚	棕	白	108.0	卵圆	18.4	47.9	
夏	5/下—10/下	154	黄	黄	深褐	20.5	扁椭	直立	亚	棕	紫	82.0	披针			
夏	5/下—10/下	154	黄	黄	淡褐	13.9	扁椭	直立	无	灰	紫	110.0	卵圆	19.0	44.0	
夏	5/下—10/下	154	黄	黄	褐	14.2	扁椭	直立	无	灰	紫	120.0	卵圆	18.5	45.4	
夏	5/下—11/上	155	黄	黄	淡褐	14.9	扁圆	直立	亚	棕	白	112.0	椭圆			
夏	5/下—11/上	157	黄	黄	淡褐	18.8	扁圆	直立	亚	棕	白	73.0	卵圆	18.7	46.8	
夏	5/下—11/中	167	黄	黄	褐	12.9	椭圆	直立	亚	灰	紫	145.0	卵圆	18.6	45.7	
夏	5/下—10/下	153	黄	黄	褐	17.8	扁椭	直立	亚	棕	紫	82.0	卵圆			
夏	5/下—10/下	153	黄	黄	褐	16.8	扁圆	直立	亚	棕	紫	89.0	卵圆			
夏	5/下—10/下	154	黄	黄	淡褐	13.8	扁圆	直立	无	棕	紫	140.0	卵圆	18.7	44.9	
夏	5/下—11/上	158	黄	黄	淡褐	12.3	椭圆	直立	无	棕	白	131.0	卵圆			

续表

总编号	品种名称	原产地或来源	保存单位（编号）
ZDD25069	巫山冬豆	重庆巫山	重庆市农科院(31)
ZDD25070	巫溪大豆-1	重庆巫溪	重庆市农科院(146)
ZDD25071	巫溪大豆	重庆巫溪	重庆市农科院(108)
ZDD25072	武隆汉口豆	重庆武隆	重庆市农科院(43)
ZDD25073	秀山海洋小坪豆	重庆秀山	重庆市农科院(170)
ZDD25074	秀山大溪力大豆	重庆秀山	重庆市农科院(185)
ZDD25075	秀山大溪丰联豆	重庆秀山	重庆市农科院(184)
ZDD25076	秀山冬豆	重庆秀山	重庆市农科院(188)
ZDD25077	秀山清溪茫洞豆	重庆秀山	重庆市农科院(152)
ZDD25078	永川双石豆-1	重庆永川	重庆市农科院(56)
ZDD25079	永川宝峰伍家坡豆	重庆永川	重庆市农科院(84)
ZDD25080	永川宝峰伍家坡豆-1	重庆永川	重庆市农科院(85)
ZDD25081	永川宝峰伍家坡豆-2	重庆永川	重庆市农科院(86)
ZDD25082	永川青峰豆	重庆永川	重庆市农科院(125)
ZDD25083	永川三教利民豆-3	重庆永川	重庆市农科院(212)
ZDD25084	永川三教利民豆-4	重庆永川	重庆市农科院(227)
ZDD25085	永川宝峰伍家坡豆-4	重庆永川	重庆市农科院(87)
ZDD25086	永川区青峰林阁唐豆	重庆永川	重庆市农科院(144)
ZDD25087	永川三教利民豆-1	重庆永川	重庆市农科院(177)
ZDD25088	永川黄瓜山豆	重庆永川	重庆市农科院(200)
ZDD25089	永川双石豆	重庆永川	重庆市农科院(143)
ZDD25090	永川三教利民豆-2	重庆永川	重庆市农科院(178)
ZDD25091	永川青峰林楠唐豆	重庆永川	重庆市农科院(119)
ZDD25092	永川三教利民豆	重庆永川	重庆市农科院(23)
ZDD25093	永川宝峰伍家坡豆-5	重庆永川	重庆市农科院(88)
ZDD25094	永川宝峰伍家坡豆-3	重庆永川	重庆市农科院(89)
ZDD25095	永川松溉豆	重庆永川	重庆市农科院(93)
ZDD25096	酉阳丁市豆	重庆酉阳	重庆市农科院(120)
ZDD25097	酉阳冬豆	重庆酉阳	重庆市农科院(216)
ZDD25098	璧城豆	重庆璧山	重庆市农科院(149)
ZDD25099	涪陵青豆	重庆涪陵	重庆市农科院(126)
ZDD25100	涪陵青豆-1	重庆涪陵	重庆市农科院(191)

类型	生育月份	生育日数/d	粒色	子叶色	脐色	百粒重/g	粒形	生育习性	结荚习性	茸毛色	花色	植株高度/cm	叶形	脂肪含量/%	蛋白质含量/%	备注
夏	5/下—11/上	159	黄	黄	褐	17.4	圆	直立	亚	棕	紫	135.0	椭圆	19.5	43.3	
夏	5/下—10/下	153	黄	黄	褐	13.2	圆	直立	亚	棕	紫	110.0	椭圆	18.2	46.6	
夏	5/下—10/下	154	黄	黄	褐	13.7	圆	直立	亚	棕	紫	92.0	卵圆	18.0	48.1	
夏	5/下—11/上	159	黄	黄	深褐	18.4	扁圆	直立	无	棕	白	164.0	披针			
夏	5/下—9/下	115	黄	黄	淡褐	12.0	扁圆	直立	有	灰	白	65.0	卵圆	20.8	41.8	
夏	5/下—9/下	115	黄	黄	淡褐	13.0	扁圆	直立	有	灰	白	52.0	卵圆	20.1	42.4	
夏	5/下—10/上	127	黄	黄	深褐	14.9	圆	直立	有	灰	白	48.0	卵圆	20.4	43.4	
夏	5/下—9/下	115	黄	黄	淡褐	10.4	扁圆	直立	有	灰	白	75.0	卵圆	21.2	39.2	
夏	5/下—10/上	127	黄	黄	淡褐	18.5	圆	直立	有	灰	白	64.0	卵圆			
夏	5/下—10/下	143	黄	黄	深褐	20.0	扁圆	直立	亚	棕	白	100.0	椭圆	18.0	48.1	
夏	5/下—10/下	143	黄	黄	深褐	18.1	扁椭	直立	亚	棕	白	111.0	卵圆	19.3	46.0	
夏	5/下—10/下	143	黄	黄	深褐	17.3	扁圆	直立	亚	棕	白	100.5	卵圆	19.7	44.4	
夏	5/下—10/下	143	黄	黄	深褐	18.8	扁椭	直立	亚	棕	白	106.0	卵圆	18.3	47.5	
夏	5/下—10/下	143	黄	黄	淡褐	20.9	扁椭	直立	亚	灰	紫	100.0	卵圆	19.8	44.9	
夏	5/下—10/下	144	黄	黄	淡褐	22.7	扁椭	直立	亚	灰	紫	78.0	卵圆	20.1	43.8	
夏	5/下—10/下	144	黄	黄	淡褐	24.2	扁圆	直立	亚	灰	紫	89.0	卵圆	19.6	46.2	
夏	5/下—10/下	151	黄	黄	深褐	19.2	扁椭	直立	亚	棕	白	98.0	卵圆	18.3	46.9	
夏	5/下—10/下	151	黄	黄	深褐	20.3	椭圆	直立	有	棕	白	80.0	卵圆			
夏	5/下—10/下	151	黄	黄	深褐	20.7	扁椭	直立	亚	棕	白	70.0	卵圆	19.2	44.9	
夏	5/下—10/下	151	黄	黄	深褐	19.4	扁圆	直立	亚	棕	白	80.0	卵圆	17.9	48.9	
夏	5/下—10/下	152	黄	黄	深褐	20.8	扁椭	直立	亚	棕	白	60.0	卵圆	18.9	45.2	
夏	5/下—10/下	152	黄	黄	褐	16.8	椭圆	直立	亚	棕	紫	85.0	椭圆			
夏	5/下—10/下	154	黄	黄	深褐	17.2	扁圆	直立	亚	棕	白	90.0	卵圆	19.1	46.1	
夏	5/下—11/上	155	黄	黄	淡褐	19.9	扁圆	直立	亚	棕	紫	123.0	卵圆			
夏	5/下—11/上	155	黄	黄	深褐	19.3	扁椭	直立	亚	棕	白	91.0	卵圆			
夏	5/下—11/上	155	黄	黄	深褐	19.7	扁椭	直立	亚	棕	白	98.0	卵圆	18.5	47.1	
夏	5/下—11/上	155	黄	黄	褐	25.3	扁椭	直立	亚	棕	紫	115.0	卵圆			
夏	5/下—11/上	159	黄	黄	褐	11.8	椭圆	直立	无	棕	白	135.0	披针			
夏	5/下—11/上	159	黄	黄	褐	13.9	椭圆	直立	无	棕	白	153.0	卵圆			
夏	5/下—11/上	157	绿	黄	淡褐	26.7	扁椭	直立	亚	棕	白	115.0	椭圆			
夏	5/下—10/下	154	绿	黄	褐	24.9	扁圆	直立	亚	棕	白	95.0	卵圆			
夏	5/下—11/上	156	绿	黄	深褐	30.4	扁圆	直立	无	棕	紫	130.0	卵圆	19.6	43.9	

续表

总编号	品种名称	原产地或来源	保存单位（编号）
ZDD25101	合川涞滩板塘青豆	重庆合川	重庆市农科院(197)
ZDD25102	江津青皮豆	重庆江津	重庆市农科院(187)
ZDD25103	梁平曲水中丰青豆	重庆梁平	重庆市农科院(207)
ZDD25104	秀山大溪力大青皮豆	重庆秀山	重庆市农科院(158)
ZDD25105	合川云门大碑黑豆	重庆合川	重庆市农科院(166)
ZDD25106	合川涞滩正觉黑豆	重庆合川	重庆市农科院(169)
ZDD25107	潼南花岩龙怀豆-1	重庆潼南	重庆市农科院(180)
ZDD25108	潼南花岩黑豆	重庆潼南	重庆市农科院(68)
ZDD25109	永川松溉黑大豆	重庆永川	重庆市农科院(179-1)
ZDD25110	永川松溉黑大豆-1	重庆永川	重庆市农科院(179-2)
ZDD25111	永川松溉豆-1	重庆永川	重庆市农科院(175)
ZDD25112	合川涞滩杜坝褐豆	重庆合川	重庆市农科院(189)
ZDD25113	合川涞滩白云褐色豆	重庆合川	重庆市农科院(193)
ZDD25114	秀山钟灵豆	重庆秀山	重庆市农科院(153)
ZDD25115	浙鲜豆 2 号	浙江省农科院有性杂交育成	浙江省农科院(c-164)
ZDD25116	浙鲜豆 4 号	浙江省农科院有性杂交育成	浙江省农科院(c-165)
ZDD25117	浙鲜豆 5 号	浙江省农科院有性杂交育成	浙江省农科院(c-166)
ZDD25118	浙鲜豆 6 号	浙江省农科院有性杂交育成	浙江省农科院(c-167)
ZDD25119	浙农 6 号	浙江省农科院蔬菜所有性杂交育成	浙江省农科院(c-168)
ZDD25120	浙农 8 号	浙江省农科院蔬菜所有性杂交育成	浙江省农科院(c-169)
ZDD25121	太湖春早	浙江湖州农科院等有性杂交育成	浙江省农科院(c-170)
ZDD25122	夏丰 2008	浙江农业新品种引进开发中心引进	浙江省农科院(x-500)
ZDD25123	萧农越秀	浙江省农业厅农作物管理局系选育成	浙江省农科院(Q-391)
ZDD25124	黑香毛豆	浙江宁波市种子公司系选育成	浙江省农科院(c-171)
ZDD25125	新选 88	浙江宁波市种子公司有性杂交育成	浙江省农科院(c-172)
ZDD25126	早生 75	浙江宁波市种子公司有性杂交育成	浙江省农科院(c-173)
ZDD25127	衢秋 1 号	浙江衢州农科所系选育成	浙江省农科院(Q-392)
ZDD25128	衢鲜 2 号	浙江衢州农科所有性杂交育成	浙江省农科院(x-501)
ZDD25129	衢鲜 3 号	浙江衢州农科所有性杂交育成	浙江省农科院(x-502)
ZDD25130	丽秋 1 号	浙江丽水农科所系选育成	浙江省农科院(Q-393)
ZDD25131	S-30-1	浙江省农科院有性杂交育成	浙江省农科院(c-174)
ZDD25132	S-31-2	浙江省农科院有性杂交育成	浙江省农科院(c-175)

类型	生育月份	生育日数/d	粒色	子叶色	脐色	百粒重/g	粒形	生育习性	结荚习性	茸毛色	花色	植株高度/cm	叶形	脂肪含量/%	蛋白质含量/%	备注
夏	5/下—11/上	157	绿	黄	淡褐	25.0	扁圆	直立	无	棕	白	123.0	卵圆			
夏	5/下—11/上	159	绿	黄	淡褐	26.5	扁圆	直立	亚	棕	白	87.0	卵圆			
夏	5/下—11/上	158	绿	黄	褐	12.4	扁椭	直立	无	棕	白	102.0	卵圆			
夏	5/下—10/上	127	绿	黄	淡褐	17.2	椭圆	直立	有	棕	紫	67.0	卵圆	19.4	45.5	
夏	5/下—11/上	159	黑	黄	黑	22.3	椭圆	直立	无	棕	白	143.0	卵圆			
夏	5/下—11/上	159	黑	黄	黑	12.4	椭圆	直立	亚	棕	白	162.0	椭圆			
夏	5/下—10/下	154	黄	黄	褐	19.7	扁椭	直立	亚	棕	白	71.0	卵圆	19.1	45.2	
夏	5/下—11/上	155	黑	黄	黑	18.0	扁椭	直立	有	棕	白	82.0	椭圆			
夏	5/下—10/下	154	黑	黄	黑	9.3	扁椭	直立	无	棕	紫	102.0	卵圆	14.9	50.1	
夏	5/下—10/下	154	黑	黄	黑	9.3	扁椭	直立	无	棕	紫	102.0	卵圆	18.4	44.5	
夏	5/下—11/上	156	黑	黄	黑	18.7	扁椭	直立	无	棕	白	100.0	卵圆	18.2	46.8	
夏	5/下—11/上	157	褐	黄	褐	24.1	椭圆	直立	无	棕	白	140.0	卵圆	17.1	50.0	
夏	5/下—11/上	159	褐	黄	褐	13.9	扁椭	直立	无	棕	紫	140.0	卵圆	16.2	50.9	
夏	5/下—10/上	127	褐	黄	褐	10.7	扁椭	直立	有	灰	白	74.0	卵圆	18.2	46.6	
春	4/上—7/上	85	黄	黄	无	60.4	圆	直立	有	灰	白	29.5	卵圆	17.6	47.7	鲜粒重
春	4/上—6/下	81	黄	黄	黄	59.6	圆	直立	有	灰	紫	32.4	卵圆	21.1	39.3	鲜粒重
春	4/上—7/上	91	绿	黄	淡褐	66.0	圆	直立	有	灰	白	34.9	卵圆	19.0	45.9	鲜粒重
春	4/上—7/上	85	黄	黄	黄	68.1	圆	直立	有	灰	白	37.5	卵圆	20.2	43.6	鲜粒重
春	4/上—7/上	86	绿	黄	淡褐	76.8	圆	直立	有	灰	白	36.5	卵圆	20.8	42.1	鲜粒重
春	4/上—7/上	85	绿	黄	淡褐	70.3	圆	直立	有	灰	白	27.2	卵圆	21.8	41.1	鲜粒重
春	4/上—6/下	83	黄	黄	淡褐	61.0	圆	直立	有	灰	白	35.3	卵圆	18.7	45.8	鲜粒重
夏	6/中—9/上	80	绿	黄	淡褐	26.0	圆	直立	有	灰	紫	60.0	卵圆	17.1	45.9	
秋	7/中—10/中	90	黄	黄	淡褐	34.0	椭圆	直立	亚	灰	紫	65.0	卵圆	18.6	44.2	
春	4/上—7/上	92	黑	黄	黑	40.0	椭圆	直立	有	棕	紫	65.0	椭圆	21.1	43.4	
春	4/上—6/下	78	黄	黄	淡褐	35.0	椭圆	直立	有	灰	紫	50.0	圆形	22.3	38.3	
春	4/上—6/下	82	绿	绿	淡褐	40.0	椭圆	直立	有	灰	白	65.0	椭圆	20.7	46.0	
秋	7/下—11/中	110	绿	黄	淡褐	35.0	长椭	直立	亚	棕	紫	70.0	椭圆	15.8	48.2	
夏	6/下—9/下	82	黄	黄	淡褐	69.0	圆	直立	有	灰	白	56.7	卵圆	18.9	42.0	鲜粒重
夏	6/下—9/下	89	黄	黄	淡褐	67.4	圆	直立	有	灰	白	78.2	卵圆	19.6	47.0	鲜粒重
秋	7/下—11/上	100	黄	黄	深褐	21.0	椭圆	直立	有	棕	紫	55.0	卵圆	17.4	48.5	
春	4/上—7/下	100	黄	黄	黄	25.6	圆	直立	有	灰	白	28.6	卵圆	20.6	44.8	
春	4/上—7/下	105	黄	黄	黄	18.9	椭圆	直立	有	灰	白	28.6	披针	20.7	45.7	

续表

总编号	品种名称	原产地或来源	保存单位（编号）
ZDD25133	S-32-2	浙江省农科院有性杂交育成	浙江省农科院(c-176)
ZDD25134	S-35-1	浙江省农科院有性杂交育成	浙江省农科院(c-177)
ZDD25135	S-47	浙江省农科院有性杂交育成	浙江省农科院(c-178)
ZDD25136	S-29-2	浙江省农科院有性杂交育成	浙江省农科院(x-503)
ZDD25137	黑大粒	浙江	浙江省农科院(c-179)
ZDD25138	9813	浙江省农科院有性杂交育成	浙江省农科院(c-180)
ZDD25139	大黑豆	浙江	浙江省农科院(c-181)
ZDD25140	黑豆	浙江	浙江省农科院(x-504)
ZDD25141	毛豆 1 号	浙江	浙江省农科院(c-182)
ZDD25142	毛豆 2808	福建省农科院从台湾省引进	福建泉州农科所(H223)
ZDD25143	莆豆 10 号	福建莆田农科所有性杂交育成	福建泉州农科所(H224)
ZDD25144	泉豆 6 号	福建泉州农科所有性杂交育成	福建泉州农科所(H225)
ZDD25145	青仁乌 2 号	福建大田县科技开发中心等有性杂交育成	福建泉州农科所(H226)
ZDD25146	赣豆 2 号	江西新余农科所系选育成	江西省农科院(007)
ZDD25147	赣豆 3 号	江西吉安农科所有性杂交育成	江西省农科院(008)
ZDD25148	44GN00004	江西考察	江西省农科院(009)
ZDD25149	44GN00005	江西考察	江西省农科院(010)
ZDD25150	44GN00008	江西考察	江西省农科院(011)
ZDD25151	44GN00011	江西考察	江西省农科院(012)
ZDD25152	44GN00020	江西考察	江西省农科院(013)
ZDD25153	44GN00031	江西考察	江西省农科院(014)
ZDD25154	44GN00032	江西考察	江西省农科院(015)
ZDD25155	44GN00034	江西考察	江西省农科院(016)
ZDD25156	44GN00044	江西考察	江西省农科院(017)
ZDD25157	44GN00051	江西考察	江西省农科院(018)
ZDD25158	44GN00059	江西考察	江西省农科院(019)
ZDD25159	44GN00060	江西考察	江西省农科院(020)
ZDD25160	44GN00064	江西考察	江西省农科院(021)
ZDD25161	44GN00065	江西考察	江西省农科院(022)
ZDD25162	44GN00068	江西考察	江西省农科院(023)
ZDD25163	44GN00069	江西考察	江西省农科院(024)
ZDD25164	44GN00070	江西考察	江西省农科院(025)

类型	生育月份	生育日数/d	粒色	子叶色	脐色	百粒重/g	粒形	生育习性	结荚习性	茸毛色	花色	植株高度/cm	叶形	脂肪含量/%	蛋白质含量/%	备注
春	4/上—7/下	100	黄	黄	黄	26.0	圆	直立	有	灰	紫	30.6	卵圆	20.9	43.9	
春	4/上—7/下	105	黄	黄	褐	24.4	椭圆	直立	有	棕	紫	25.6	卵圆	21.9	42.1	
春	4/上—7/下	105	黄	黄	淡褐	20.8	圆	直立	有	灰	紫	22.8	卵圆	20.9	41.2	
夏	6/中—9/下	110	黄	黄	黄	22.2	椭圆	直立	亚	灰	紫		披针	21.5	43.6	
春	4/上—7/下	105	黑	黄	黑	31.7	圆	直立	有	棕	白	30.8	卵圆	21.8	44.1	
春	4/上—7/下	100	黄	黄	黄	24.8	椭圆	直立	有	灰	白	49.8	卵圆	19.5	47.1	
春	4/上—7/中	105	黑	黄	黑	32.7	圆	直立	有	棕	白	38.6	卵圆	20.7	41.8	
夏	6/中—9/下	108	黑	黄	黑	21.6	长椭	直立	有	棕	紫	62.6	披针	21.6	48.0	
春	4/上—7/中	105	黄	黄	黄	26.5	圆	直立	有	灰	紫	23.6	卵圆	20.5	40.1	
春	2/下—5/下	80	黄	黄	无	35.0	椭圆	直立	有	灰	紫	45.0	椭圆	5.20(鲜)	12.80(鲜)	
春	3/上—6/下	102	黄	黄	褐	23.6	椭圆	直立	有	棕	紫	56.0	椭圆	19.2	38.4	
春	2/下—6/上	100	黄	黄	褐	22.7	圆	直立	亚	棕	白	55.0	披针	17.3	42.8	
春	2/下—6/上	100	黑	绿	黑	20.0	椭圆	直立	亚	棕	白	50.0	椭圆	15.5	36.2	
秋	7/下—11/上	107	绿	黄	深褐	24.0	椭圆	直立	有	棕	紫	45.0	卵圆	15.7	51.6	
秋	7/下—11/上	105	黄	黄	褐	24.0	椭圆	直立	有	棕	紫	57.0	卵圆	15.0	42.5	
夏	6/上—10/下	136	黄	黄	褐	11.4	扁圆	半直	无	灰	紫	110.7	椭圆	18.7	46.4	
夏	6/上—10/下	136	黄	黄	褐	10.9	圆	半直	无	灰	紫	122.4	椭圆	19.5	44.6	
夏	6/上—11/上	157	黄	黄	深褐	11.8	椭圆	半直	亚	棕	紫	97.4	椭圆	19.2	44.7	
夏	6/上—10/下	136	黄	黄	褐	10.6	长椭	半直	无	灰	紫	91.1	卵圆	17.6	46.4	
夏	6/上—11/上	157	黄	黄	褐	17.9	椭圆	半直	亚	灰	紫	103.9	椭圆	19.0	48.1	
夏	6/上—11/上	150	黄	黄	褐	11.6	椭圆	半直	亚	灰	紫	139.7	椭圆	18.5	46.6	
夏	6/上—11/上	150	黄	黄	深褐	15.6	椭圆	直立	亚	棕	白	80.6	卵圆	18.8	46.0	
夏	6/上—11/上	150	黄	黄	黑	12.4	椭圆	半直	亚	棕	白	67.6	卵圆	18.3	46.6	
夏	6/上—8/下	78	黄	黄	深褐	15.2	椭圆	直立	有	棕	白	42.1	椭圆	17.9	51.2	
夏	6/上—11/上	150	黄	黄	褐	10.2	扁圆	半直	无	棕	紫	109.0	卵圆	17.9	47.2	
夏	6/上—9/上	88	黄	黄	深褐	15.6	长椭	直立	有	灰	白	46.7	椭圆	19.9	46.1	
夏	6/上—8/中	73	黄	黄	褐	10.2	椭圆	直立	有	灰	紫	64.4	椭圆	16.8	49.0	
夏	6/上—10/中	131	黄	黄	褐	20.2	椭圆	直立	有	灰	紫	66.6	椭圆	19.1	45.3	
夏	6/上—11/上	150	黄	黄	褐	17.4	椭圆	直立	有	棕	白	97.3	卵圆	17.8	47.5	
夏	6/上—11/上	150	黄	黄	褐	11.9	圆	半直	有	灰	白	97.8	椭圆	17.6	46.8	
夏	6/上—10/中	131	黄	黄	褐	17.3	椭圆	直立	有	灰	紫	60.0	椭圆	18.7	45.6	
夏	6/上—10/中	131	黄	黄	褐	16.3	椭圆	直立	有	灰	紫	58.0	椭圆	18.2	46.7	

续表

总编号	品种名称	原产地或来源	保存单位（编号）
ZDD25165	44GN00071	江西考察	江西省农科院(026)
ZDD25166	44GN00079	江西考察	江西省农科院(027)
ZDD25167	44GN00088	江西考察	江西省农科院(028)
ZDD25168	44GN00089	江西考察	江西省农科院(029)
ZDD25169	44GN00091	江西考察	江西省农科院(030)
ZDD25170	44GN00099	江西考察	江西省农科院(031)
ZDD25171	44GN00102	江西考察	江西省农科院(032)
ZDD25172	44GN00103	江西考察	江西省农科院(033)
ZDD25173	44GN00105	江西考察	江西省农科院(034)
ZDD25174	44GN00107	江西考察	江西省农科院(035)
ZDD25175	44GN00112	江西考察	江西省农科院(036)
ZDD25176	44GN00114	江西考察	江西省农科院(037)
ZDD25177	44GN00117	江西考察	江西省农科院(038)
ZDD25178	44GN00127	江西考察	江西省农科院(039)
ZDD25179	44GN00132	江西考察	江西省农科院(040)
ZDD25180	44GN00012	江西考察	江西省农科院(041)
ZDD25181	44GN00017	江西考察	江西省农科院(042)
ZDD25182	44GN00019	江西考察	江西省农科院(043)
ZDD25183	44GN00055	江西考察	江西省农科院(044)
ZDD25184	44GN00061	江西考察	江西省农科院(045)
ZDD25185	44GN00078	江西考察	江西省农科院(046)
ZDD25186	44GN00086	江西考察	江西省农科院(047)
ZDD25187	44GN00087	江西考察	江西省农科院(048)
ZDD25188	44GN00093	江西考察	江西省农科院(049)
ZDD25189	44GN00106	江西考察	江西省农科院(050)
ZDD25190	44GN00006	江西考察	江西省农科院(051)
ZDD25191	44GN00030	江西考察	江西省农科院(052)
ZDD25192	44GN00038	江西考察	江西省农科院(053)
ZDD25193	44GN00041	江西考察	江西省农科院(054)
ZDD25194	44GN00052	江西考察	江西省农科院(055)
ZDD25195	44GN00053	江西考察	江西省农科院(056)
ZDD25196	44GN00058	江西考察	江西省农科院(057)

类型	生育月份	生育日数/d	粒色	子叶色	脐色	百粒重/g	粒形	生育习性	结荚习性	茸毛色	花色	植株高度/cm	叶形	脂肪含量/%	蛋白质含量/%	备注
夏	6/上—10/中	131	黄	黄	褐	17.3	椭圆	直立	亚	灰	白	47.3	椭圆	19.3	42.9	
夏	6/上—11/上	150	黄	黄	褐	18.1	椭圆	直立	有	灰	白	62.9	椭圆	17.5	45.6	
夏	6/上—11/上	150	黄	黄	褐	14.3	圆	直立	亚	棕	紫	94.5	椭圆	20.5	43.2	
夏	6/上—11/中	158	黄	黄	褐	14.0	椭圆	半直	无	棕	紫	131.8	椭圆	18.3	46.9	
夏	6/上—9/中	102	黄	黄	褐	18.1	椭圆	半直	亚	灰	紫	79.0	椭圆	16.3	50.0	
夏	6/上—11/中	160	黄	黄	褐	11.9	椭圆	半直	无	灰	紫	100.8	椭圆	18.8	47.5	
夏	6/上—11/中	158	黄	黄	褐	15.8	椭圆	直立	无	灰	紫	88.2	卵圆	19.0	47.0	
夏	6/上—11/中	158	黄	黄	黑	16.4	椭圆	直立	有	棕	白	74.4	卵圆	19.2	45.6	
夏	6/上—8/下	75	黄	黄	黑	14.4	椭圆	直立	有	棕	白	33.7	椭圆			
夏	6/上—9/中	93	黄	黄	褐	10.7	椭圆	直立	有	灰	紫	44.2	椭圆			
夏	6/上—8/下	78	黄	黄	褐	10.3	椭圆	直立	有	灰	紫	54.7	椭圆	19.1	46.2	
夏	6/上—10/中	131	黄	黄	深褐	14.8	扁椭	直立	无	棕	紫	134.0	椭圆	16.1	50.1	
夏	6/上—11/中	158	黄	黄	褐	20.0	椭圆	直立	亚	灰	紫	115.6	卵圆	17.2	48.0	
夏	6/上—8/下	86	黄	黄	褐	11.2	椭圆	半直	无	棕	紫	80.3	椭圆			
夏	6/上—9/中	100	黄	黄	褐	15.2	椭圆	直立	有	灰	白	63.5	椭圆	20.2	42.0	
夏	6/上—11/中	158	绿	黄	褐	13.5	椭圆	半直	亚	棕	紫	122.6	椭圆	17.1	47.4	
夏	6/上—11/中	158	绿	黄	褐	12.7	圆	直立	亚	灰	白	73.5	圆形	17.9	46.6	
夏	6/上—11/上	157	绿	黄	褐	17.8	椭圆	半直	无	棕	紫	122.0	卵圆	18.4	46.4	
夏	6/上—11/上	150	绿	黄	褐	13.6	扁椭	半直	无	棕	紫	96.6	卵圆	18.8	43.8	
夏	6/上—11/上	150	绿	黄	褐	10.7	椭圆	直立	有	棕	紫	62.9	卵圆	19.6	45.7	
夏	6/上—11/中	158	绿	黄	褐	16.7	圆	半直	亚	棕	紫	100.2	卵圆	18.8	43.4	
夏	6/上—11/中	158	绿	黄	褐	13.5	椭圆	半直	亚	棕	白	118.3	椭圆	17.4	48.8	
夏	6/上—11/中	157	绿	黄	深褐	17.3	椭圆	半直	无	棕	紫	104.1	卵圆	18.1	47.1	
夏	6/上—11/上	150	绿	黄	深褐	16.8	椭圆	半直	亚	棕	白	101.7	椭圆	21.4	42.6	
夏	6/上—11/中	158	绿	黄	深褐	13.9	长椭	直立	无	棕	紫	99.4	卵圆	16.0	51.0	
夏	6/上—10/下	136	黑	黄	褐	11.5	椭圆	半直	无	棕	紫	122.9	椭圆	17.2	46.7	
夏	6/上—8/中	73	黑	黄	黑	8.5	椭圆	半直	亚	棕	紫	75.3	椭圆	18.7	44.3	
夏	6/上—8/下	78	黑	黄	黑	9.7	椭圆	直立	无	棕	紫	70.4	椭圆	17.6	46.7	
夏	6/上—8/下	78	黑	黄	黑	9.5	椭圆	直立	无	棕	紫	98.9	卵圆	17.4	48.4	
夏	6/上—10/下	136	黑	黄	褐	9.7	圆	直立	亚	棕	白	75.6	椭圆	17.3	49.0	
夏	6/上—8/下	82	黑	黄	褐	10.4	圆	直立	有	棕	紫	68.9	椭圆	18.0	48.8	
夏	6/上—11/上	150	黑	黄	褐	9.7	椭圆	直立	亚	棕	白	66.8	椭圆	17.1	50.4	

续表

总编号	品种名称	原产地或来源	保存单位（编号）
ZDD25197	44GN00074	江西考察	江西省农科院(058)
ZDD25198	44GN00075	江西考察	江西省农科院(059)
ZDD25199	44GN00085	江西考察	江西省农科院(060)
ZDD25200	44GN00095	江西考察	江西省农科院(061)
ZDD25201	44GN00101	江西考察	江西省农科院(062)
ZDD25202	44GN00121	江西考察	江西省农科院(063)
ZDD25203	44GN00126	江西考察	江西省农科院(064)
ZDD25204	44GN00014	江西考察	江西省农科院(065)
ZDD25205	44GN00018	江西考察	江西省农科院(066)
ZDD25206	44GN00021	江西考察	江西省农科院(067)
ZDD25207	44GN00027	江西考察	江西省农科院(068)
ZDD25208	44GN00028	江西考察	江西省农科院(069)
ZDD25209	44GN00009	江西考察	江西省农科院(070)
ZDD25210	44GN00113	江西考察	江西省农科院(071)
ZDD25211	44GN00119	江西考察	江西省农科院(072)
ZDD25212	湘春豆 24	湖南省农科院作物所有性杂交育成	湖南省作物所(0630)
ZDD25213	湘春豆 26	湖南省农科院作物所有性杂交育成	湖南省作物所(0631)
ZDD25214	考察豆〈1〉	湖南	湖南省作物所(g562)
ZDD25215	考察豆〈2〉	湖南	湖南省作物所(m37)
ZDD25216	考察豆〈3〉	湖南	湖南省作物所(m72)
ZDD25217	考察豆〈4〉	湖南	湖南省作物所(m360)
ZDD25218	考察豆〈5〉	湖南	湖南省作物所(m371)
ZDD25219	黄豆	湖南	湖南省作物所(m390)
ZDD25220	考察豆〈6〉	湖南	湖南省作物所(m400)
ZDD25221	考察豆〈7〉	湖南	湖南省作物所(m404)
ZDD25222	考察豆〈8〉	湖南	湖南省作物所(m406)
ZDD25223	早豆	湖南	湖南省作物所(m414)
ZDD25224	考察豆〈9〉	湖南	湖南省作物所(m416)
ZDD25225	早黄豆	湖南	湖南省作物所(m422)
ZDD25226	考察豆〈10〉	湖南	湖南省作物所(m427)
ZDD25227	考察豆〈11〉	湖南	湖南省作物所(m212)
ZDD25228	考察豆〈12〉	湖南	湖南省作物所(m316)

类型	生育月份	生育日数/d	粒色	子叶色	脐色	百粒重/g	粒形	生育习性	结荚习性	茸毛色	花色	植株高度/cm	叶形	脂肪含量/%	蛋白质含量/%	备注
夏	6/上—11/上	149	黑	黄	褐	12.2	圆	直立	无	棕	紫	121.0	椭圆	18.4	45.3	
夏	6/上—11/上	150	黑	黄	褐	11.2	扁圆	半直	无	棕	紫	118.9	椭圆	17.7	47.9	
夏	6/上—8/下	86	黑	黄	黑	10.6	椭圆	直立	有	棕	紫	53.4	椭圆	18.1	47.4	
夏	6/上—8/下	82	黑	黄	黑	10.1	圆	直立	无	棕	紫	93.6	椭圆	16.2	47.7	
夏	6/上—11/中	161	黑	黄	黑	21.8	椭圆	半直	无	棕	紫	112.9	卵圆	16.8	51.4	
夏	6/上—8/下	78	黑	黄	黑	11.2	圆	直立	有	灰	紫	79.8	椭圆	17.4	48.1	
夏	6/上—11/上	150	黑	黄	褐	13.6	椭圆	半直	亚	棕	白	93.4	椭圆	17.6	48.3	
夏	6/上—11/中	158	褐	黄	褐	12.5	扁椭	半直	无	棕	紫	141.9	椭圆	16.6	49.7	
夏	6/上—11/中	158	褐	黄	褐	13.6	椭圆	半直	无	棕	紫	130.5	椭圆	17.8	47.8	
夏	6/上—11/上	149	褐	黄	褐	11.4	椭圆	半直	无	棕	紫	133.3	椭圆	16.9	48.6	
夏	6/上—11/中	158	褐	黄	褐	13.3	椭圆	半直	亚	棕	紫	143.4	椭圆	16.4	49.8	
夏	6/上—11/中	158	褐	黄	褐	14.0	扁圆	半蔓	无	棕	紫	142.9	椭圆	16.5	48.8	
夏	6/上—11/中	158	双	黄	褐	15.0	椭圆	半直	亚	棕	紫	112.8	卵圆	16.7	49.4	
夏	6/上—11/中	158	双	黄	褐	16.4	椭圆	直立	无	棕	紫	132.9	椭圆			
夏	6/上—11/中	158	双	黄	褐	23.0	扁椭	半直	亚	棕	紫	108.1	卵圆	17.5	50.3	
春	4/上—7/中	98	黄	黄	褐	21.0	椭圆	直立	有	灰	白	63.0	椭圆	22.8	40.8	
春	4/上—7/上	95	黄	黄	深褐	19.0	椭圆	直立	有	灰	白	49.0	椭圆	21.6	41.9	
春	5/上—8/上	88	黄	黄	褐	14.0	椭圆	直立	有	灰	白	60.0	椭圆	21.9	39.6	
春	5/上—8/下	101	黄	黄	褐	13.9	扁椭	直立	有	灰	白	84.0	椭圆	18.4	48.7	
春	5/上—8/下	107	黄	黄	淡褐	8.4	扁椭	直立	有	灰	紫	95.0	椭圆	17.2	48.4	
春	5/上—8/下	101	黄	黄	淡褐	12.8	椭圆	半直	有	棕	白	64.1	椭圆	19.8	48.2	
春	5/上—8/下	107	黄	黄	淡褐	12.6	扁圆	直立	有	灰	紫	75.0	椭圆	20.7	44.9	
春	5/上—8/下	101	黄	黄	淡褐	13.0	椭圆	直立	有	灰	紫	50.2	椭圆	17.5	51.1	
春	5/上—8/中	98	黄	黄	褐	15.7	椭圆	半直	有	灰	紫	70.8	椭圆	18.6	46.8	
春	5/上—8/下	102	黄	黄	深褐	14.0	椭圆	直立	有	棕	白	77.2	椭圆	20.3	44.4	
春	5/上—8/上	95	黄	黄	褐	13.8	椭圆	直立	有	棕	紫	70.0	椭圆	18.3	48.3	
春	5/上—8/下	107	黄	黄	褐	15.5	椭圆	半直	亚	灰	紫	121.0	椭圆	19.7	45.9	
春	5/上—8/上	95	黄	黄	淡褐	14.0	椭圆	直立	有	灰	紫	56.8	椭圆	19.2	46.2	
春	5/上—8/下	101	黄	黄	淡褐	14.3	椭圆	半直	无	灰	紫	56.2	椭圆	17.7	53.0	
春	5/上—8/下	102	黄	黄	淡褐	14.1	椭圆	直立	有	灰	紫	86.8	椭圆	19.2	45.8	
春	5/上—8/下	105	黄	黄	深褐	13.3	圆	直立	有	棕	白	45.2	椭圆	19.0	46.2	
春	5/上—8/中	96	绿	黄	淡褐	11.7	扁圆	直立	有	灰	白	65.6	椭圆	18.5	50.8	

续表

总编号	品种名称	原产地或来源	保存单位（编号）
ZDD25229	青豆	湖南	湖南省作物所(m380)
ZDD25230	考察豆〈13〉	湖南	湖南省作物所(m417)
ZDD25231	考察豆〈14〉	湖南	湖南省作物所(m425)
ZDD25232	黑皮青豆	湖南	湖南省作物所(m388)
ZDD25233	五月黑	湖南	湖南省作物所(m403)
ZDD25234	乌豆	湖南	湖南省作物所(m415)
ZDD25235	考察豆〈15〉	湖南	湖南省作物所(m418)
ZDD25236	扁乌豆	湖南	湖南省作物所(m432)
ZDD25237	乌豆	湖南	湖南省作物所(m435)
ZDD25238	考察豆〈16〉	湖南	湖南省作物所(m320)
ZDD25239	考察豆〈17〉	湖南	湖南省作物所(m387)
ZDD25240	考察豆〈18〉	湖南	湖南省作物所(m397)
ZDD25241	考察豆〈19〉	湖南	湖南省作物所(m423)
ZDD25242	考察豆〈20〉	湖南	湖南省作物所(m431)
ZDD25243	考察豆〈21〉	湖南	湖南省作物所(m260)
ZDD25244	考察豆〈22〉	湖南	湖南省作物所(m330)
ZDD25245	白咀	湖南	湖南省作物所(m385)
ZDD25246	黄豆	湖南	湖南省作物所(m392)
ZDD25247	考察豆〈23〉	湖南	湖南省作物所(m399)
ZDD25248	早黄豆	湖南	湖南省作物所(m410)
ZDD25249	黔豆 3 号	贵州省农科院油料所有性杂交育成	贵州省农科院(黔 001)
ZDD25250	黔豆 4 号	贵州省农科院油料所有性杂交育成	贵州省农科院(黔 002)
ZDD25251	黔豆 5 号	贵州省农科院油料所有性杂交育成	贵州省农科院(黔 003)
ZDD25252	黔豆 6 号	贵州省农科院油料所有性杂交育成	贵州省农科院(黔 004)
ZDD25253	安豆 1 号	贵州安顺农科所系选育成	贵州省农科院(黔 005)
ZDD25254	安豆 2 号	贵州安顺农科所系选育成	贵州省农科院(黔 006)
ZDD25255	安豆 3 号	贵州安顺农科所系选育成	贵州省农科院(黔 007)
ZDD25256	毕豆 2 号	贵州毕节农科所系选育成	贵州省农科院(黔 008)
ZDD25257	华春 1 号	华南农业大学有性杂交育成	华南农业大学(华南 001)
ZDD25258	华春 2 号	华南农业大学有性杂交育成	华南农业大学(华南 002)
ZDD25259	华春 3 号	华南农业大学有性杂交育成	华南农业大学(华南 003)
ZDD25260	华春 5 号	华南农业大学有性杂交育成	华南农业大学(华南 004)

类型	生育月份	生育日数/d	粒色	子叶色	脐色	百粒重/g	粒形	生育习性	结荚习性	茸毛色	花色	植株高度/cm	叶形	脂肪含量/%	蛋白质含量/%	备注
春	5/上—8/上	95	绿	黄	深褐	11.3	椭圆	半直	有	灰	紫	71.1	椭圆	18.6	47.5	
春	5/上—8/上	95	绿	黄	深褐	12.3	椭圆	直立	有	棕	紫	72.3	椭圆	21.1	41.0	
春	5/上—8/中	98	绿	黄	深褐	11.2	椭圆	半直	有	棕	紫	72.4	椭圆	19.4	45.6	
春	5/上—8/上	95	黑	黄	黑	11.1	长椭	直立	有	棕	白	69.0	椭圆	19.3	46.0	
春	5/上—8/上	90	黑	黄	黑	10.3	椭圆	直立	有	棕	紫	67.4	椭圆	18.4	46.1	
春	5/上—8/上	88	黑	黄	黑	12.5	椭圆	直立	有	棕	紫	60.5	椭圆	18.9	45.6	
春	5/上—8/中	98	黑	黄	黑	12.8	椭圆	半直	有	灰	紫	111.4	椭圆	18.8	47.8	
春	5/上—8/上	94	黑	黄	黑	14.7	椭圆	直立	有	棕	紫	70.4	椭圆	17.1	49.6	
春	5/上—8/上	95	黑	黄	黑	11.9	椭圆	直立	有	棕	白	58.2	椭圆	17.4	50.0	
春	5/上—8/下	107	褐	黄	褐	15.1	扁圆	半直	有	灰	紫	107.2	椭圆	20.8	47.9	
春	5/上—8/上	95	褐	黄	褐	14.4	扁圆	直立	有	棕	白	90.4	椭圆	17.6	48.1	
春	5/上—8/下	105	褐	黄	褐	11.6	椭圆	直立	有	棕	紫	49.2	椭圆	20.1	41.3	
春	5/上—8/下	113	褐	黄	褐	11.5	椭圆	直立	有	棕	紫	53.6	椭圆	20.1	40.2	
春	5/上—8/上	95	褐	黄	褐	14.5	椭圆	半直	有	棕	白	80.0	椭圆	17.6	48.4	
夏	5/上—9/中	124	黄	黄	淡褐	19.0	椭圆	直立	有	灰	白	74.0	椭圆			
夏	5/上—8/下	116	黄	黄	淡褐	7.3	扁椭	半直	有	灰	白	94.2	椭圆			
夏	5/上—9/上	130	黄	黄	褐	17.2	圆	半蔓	亚	灰	紫	90.2	椭圆	17.8	50.3	
夏	5/上—9/上	110	黄	黄	褐	18.9	椭圆	半蔓	亚	灰	紫	130.6	椭圆	18.3	48.8	
夏	5/上—9/上	130	黄	黄	黑	18.4	椭圆	直立	有	棕	紫	65.6	椭圆	18.9	46.6	
夏	5/上—9/上	110	黄	黄	淡褐	13.5	扁圆	直立	有	灰	紫	55.6	椭圆	19.3	48.0	
春	4/中—7/中	105	黄	黄	褐	15.0	椭圆	直立	有	灰	白	45.0	椭圆	17.0	42.7	
春	4/中—7/下	110	黄	黄	褐	16.0	椭圆	直立	有	棕	白	53.0	椭圆	17.1	46.1	
春	4/中—7/下	110	黄	黄	深褐	19.0	椭圆	直立	有	灰	白	50.0	椭圆	19.6	40.3	
春	4/中—8/上	120	黄	黄	褐	15.0	椭圆	直立	有	棕	紫	51.0	椭圆	19.6	40.3	
春	4/中—7/下	110	黄	黄	褐	10.1	椭圆	直立	有	棕	白	55.0	椭圆	18.9	46.9	
春	4/中—8/上	120	黄	黄	褐	9.5	椭圆	直立	有	棕	紫	61.0	椭圆	21.6	40.9	
春	4/中—7/下	110	黄	黄	黑	15.0	椭圆	直立	有	棕	白	66.0	卵圆	17.6	48.0	
春	4/中—7/下	110	黄	黄	褐	15.0	椭圆	直立	有	棕	紫	48.0	椭圆		42.0	
春	2/下—6/中	114	黄	黄	淡褐	18.9	椭圆	直立	有	棕	紫	69.2	卵圆	21.2	42.2	耐酸铝低磷
春	2/下—6/上	106	黄	黄	淡褐	18.9	椭圆	直立	有	棕	白	54.7	卵圆	21.3	41.6	耐酸铝低磷
春	2/下—6/上	96	黄	黄	深褐	19.9	肾形	直立	有	棕	白	51.9	披针	19.5	44.5	耐酸铝低磷
春	2/下—6/上	108	黄	黄	褐	20.8	椭圆	直立	有	棕	白	39.6	卵圆	20.2	44.0	耐酸铝低磷

续表

总编号	品种名称	原产地或来源	保存单位（编号）
ZDD25261	华春 6 号	华南农业大学有性杂交育成	华南农业大学(华南 005)
ZDD25262	华夏 1 号	华南农业大学有性杂交育成	华南农业大学(华南 006)
ZDD25263	华夏 2 号	华南农业大学有性杂交育成	华南农业大学(华南 007)
ZDD25264	华夏 3 号	华南农业大学有性杂交育成	华南农业大学(华南 008)
ZDD25265	华夏 4 号	华南农业大学有性杂交育成	华南农业大学(华南 009)
ZDD25266	华夏 5 号	华南农业大学有性杂交育成	华南农业大学(华南 010)
ZDD25267	桂鲜豆 1 号	广西农科院经作所有性杂交育成	广西农科院(669)
ZDD25268	桂春 5 号	广西农科院玉米所有性杂交育成	广西农科院(670)
ZDD25269	桂春 6 号	广西农科院玉米所有性杂交育成	广西农科院(671)
ZDD25270	桂春 8 号	广西农科院玉米所有性杂交育成	广西农科院(672)
ZDD25271	桂春 9 号	广西农科院玉米所有性杂交育成	广西农科院(673)
ZDD25272	桂春 11	广西农科院玉米所有性杂交育成	广西农科院(674)
ZDD25273	桂早 1 号	广西农科院玉米所有性杂交育成	广西农科院(675)
ZDD25274	桂春豆 1 号	广西农科院经作所有性杂交育成	广西农科院(676)
ZDD25275	柳豆 3 号	广西柳州地区农科所有性杂交育成	广西农科院(677)
ZDD25276	桂夏 1 号	广西农科院玉米所有性杂交育成	广西农科院(678)
ZDD25277	桂夏 2 号	广西农科院玉米所有性杂交育成	广西农科院(679)
ZDD25278	桂夏 3 号	广西农科院玉米所有性杂交育成	广西农科院(680)
ZDD25279	桂夏 4 号	广西农科院玉米所有性杂交育成	广西农科院(681)
ZDD25280	桂夏豆 2 号	广西农科院经作所等有性杂交育成	广西农科院(682)
ZDD25281	滇 86-4	云南省农科院粮作所有性杂交育成	云南省农科院(E1485)
ZDD25282	滇 86-5	云南省农科院粮作所有性杂交育成	云南省农科院(E1486)
ZDD25283	滇丰 1 号	云南省农科院粮作所有性杂交育成	云南省农科院(E1484)
ZDD25284	滇豆 4 号	云南省农科院粮作所有性杂交育成	云南省农科院(E1487)
ZDD25285	滇豆 6 号	云南省农科院粮作所有性杂交育成	云南省农科院(E1488)
ZDD25286	黄豆	云南剑川	云南省农科院(E1621)
ZDD25287	豆腐豆	云南屏边	云南省农科院(E1622)
ZDD25288	本地黄豆	云南屏边	云南省农科院(E1626)
ZDD25289	毛豆	云南泸水	云南省农科院(E1627)
ZDD25290	黄豆	云南泸水	云南省农科院(E1628)
ZDD25291	大白豆	云南勐海	云南省农科院(E1630)
ZDD25292	地方黄豆	云南宁蒗	云南省农科院(E1631)

类型	生育月份	生育日数/d	粒色	子叶色	脐色	百粒重/g	粒形	生育习性	结荚习性	茸毛色	花色	植株高度/cm	叶形	脂肪含量/%	蛋白质含量/%	备注
春	2/下—6/上	103	黄	黄	褐	19.9	肾形	直立	有	棕	紫	46.0	披针	19.2	45.8	耐酸铝低磷
夏	7/上—10/上	97	黄	黄	淡褐	19.4	椭圆	直立	有	棕	白	49.2	卵圆	20.6	42.4	耐酸铝低磷
夏	7/上—10/上	92	黄	黄	淡褐	18.8	椭圆	直立	有	棕	白	52.4	卵圆	21.8	40.7	耐酸铝低磷
夏	7/上—10/下	113	黄	黄	淡褐	17.5	椭圆	直立	有	棕	白	84.7	卵圆	20.4	42.2	耐酸铝低磷
夏	7/上—10/上	93	黄	黄	褐	20.5	椭圆	直立	有	棕	白	47.3	卵圆	18.8	46.2	耐酸铝低磷
夏	7/上—10/下	104	黄	黄	褐	14.4	椭圆	直立	有	棕	紫	68.9	卵圆	18.2	44.2	耐酸铝低磷
春	3/上—6/中	99	黄	黄	褐	57.2	椭圆	直立	有	灰	紫	67.5	椭圆	19.8	44.8	鲜粒重
春	3/上—6/中	95	黄	黄	褐	18.2	椭圆	直立	有	棕	紫	50.0	卵圆	18.0	45.4	
春	3/上—6/中	95	黄	黄	褐	17.8	椭圆	直立	有	棕	紫	44.3	卵圆	19.2	46.1	
春	3/上—6/中	97	黄	黄	淡褐	16.1	圆	直立	有	灰	白	56.7	卵圆	18.7	38.8	
春	3/上—6/中	94	黄	黄	褐	15.6	椭圆	直立	有	棕	紫	51.4	卵圆	18.7	45.8	
春	3/上—6/下	102	黄	黄	褐	14.7	椭圆	直立	有	棕	紫	50.5	卵圆	15.8	45.5	
春	3/上—6/中	90	黄	黄	褐	18.0	椭圆	直立	有	棕	白	58.0	椭圆	17.1	47.3	
春	3/上—6/下	103	黄	黄	褐	18.6	圆	直立	有	灰	白	55.8	椭圆	19.5	39.9	
春	3/上—6/中	95	黄	黄	褐	18.0	圆	直立	有	棕	白	40.0	椭圆	17.9	40.4	
夏	6/中—10/中	110	黄	黄	褐	17.0	椭圆	直立	有	灰	紫	68.0	卵圆	18.4	46.9	
夏	6/中—10/上	96	黄	黄	淡褐	16.0	椭圆	直立	有	棕	紫	65.0	卵圆	18.8	45.9	
夏	6/中—10/上	108	绿	黄	淡褐	17.6	椭圆	直立	有	棕	紫	59.9	椭圆	20.1	43.6	
夏	6/中—9/下	96	黄	黄	褐	15.7	椭圆	直立	有	棕	紫	69.2	卵圆	16.9	43.7	
夏	6/中—10/上	104	黄	黄	淡褐	14.0	椭圆	直立	有	棕	紫	55.6	椭圆	19.1	41.7	
夏	5/中—9/中	122	黄	黄	黑	19.0	椭圆	直立	有	灰	紫	50.0	卵圆	19.4	40.6	
夏	5/中—9/中	124	黄	黄	深褐	24.0	椭圆	直立	有	棕	紫	50.0	卵圆	20.7	39.6	
夏	5/中—9/中	125	黄	黄	褐	20.0	椭圆	直立	有	棕	白	70.0	披针	19.0	40.3	
夏	5/中—9/中	120	黄	黄	黑	22.3	椭圆	直立	有	棕	白	60.0	卵圆	20.3	42.3	
夏	5/中—9/中	127	黄	黄	黑	15.5	椭圆	直立	无	棕	白	68.0	卵圆	19.6	44.5	
夏	6/上—10/上	122	黄	黄	深褐	18.5	扁椭	直立	无	灰	紫	62.9	椭圆	22.6	37.4	
夏	6/上—10/上	122	黄	黄	深褐	19.5	椭圆	直立	无	棕	紫	59.9	卵圆	19.1	44.1	
夏	6/上—10/中	131	黄	黄	褐	16.0	椭圆	直立	无	棕	紫	62.6	卵圆	20.0	42.3	
夏	6/上—9/下	112	黄	黄	黑	13.0	扁椭	直立	有	棕	紫	46.4	椭圆	20.3	42.6	
夏	6/上—10/中	137	黄	黄	深褐	11.5	椭圆	直立	有	棕	白	52.6	椭圆	18.7	42.5	
夏	6/上—10/上	127	黄	黄	淡褐	14.5	椭圆	直立	无	棕	紫	57.4	卵圆	19.5	45.4	
夏	6/上—10/中	132	黄	黄	褐	26.0	椭圆	直立	有	棕	紫	66.4	圆形	22.9	38.6	

续表

总编号	品种名称	原产地或来源	保存单位（编号）
ZDD25293	本地黄豆	云南宁蒗	云南省农科院(E1632)
ZDD25294	本地黄豆-1	云南贡山	云南省农科院(E1633)
ZDD25295	本地黄豆-2	云南贡山	云南省农科院(E1634)
ZDD25296	腊月豆	云南元阳	云南省农科院(E1635)
ZDD25297	腊月豆	云南元阳	云南省农科院(E1636)
ZDD25298	六月豆	云南元阳	云南省农科院(E1637)
ZDD25299	大豆	云南元阳	云南省农科院(E1638)
ZDD25300	大豆	云南元阳	云南省农科院(E1639)
ZDD25301	黄豆	云南元阳	云南省农科院(E1641)
ZDD25302	六月豆	云南元阳	云南省农科院(E1642)
ZDD25303	黄豆	云南元阳	云南省农科院(E1643)
ZDD25304	黄豆	云南贡山	云南省农科院(E1645)
ZDD25305	Lubinie	云南贡山	云南省农科院(E1646)
ZDD25306	Lubinie	云南贡山	云南省农科院(E1647)
ZDD25307	黄豆	云南贡山	云南省农科院(E1649)
ZDD25308	Nvbilie-1	云南贡山	云南省农科院(E1650)
ZDD25309	Nvbilie-2	云南贡山	云南省农科院(E1651)
ZDD25310	黄豆	云南香格里拉	云南省农科院(E1652)
ZDD25311	哈巴黄豆	云南香格里拉	云南省农科院(E1653)
ZDD25312	安乐黄豆-1	云南香格里拉	云南省农科院(E1654)
ZDD25313	安乐黄豆-2	云南香格里拉	云南省农科院(E1655)
ZDD25314	蛮胆小黄豆	云南盈江	云南省农科院(E1660)
ZDD25315	火山黄豆	云南大姚	云南省农科院(E1661)
ZDD25316	三岔河黄豆	云南大姚	云南省农科院(E1662)
ZDD25317	三台绿皮腐豆	云南大姚	云南省农科院(E1664)
ZDD25318	拖拉大黄豆	云南德钦	云南省农科院(E1665)
ZDD25319	白黄豆	云南河口	云南省农科院(E1667)
ZDD25320	梁子黄豆	云南河口	云南省农科院(E1668)
ZDD25321	黄豆-1	云南澜沧	云南省农科院(E1669)
ZDD25322	黄豆-2	云南澜沧	云南省农科院(E1670)
ZDD25323	大六月黄	云南巧家	云南省农科院(E1673)
ZDD25324	大豆-1	云南西盟	云南省农科院(E1675)

类型	生育月份	生育日数/d	粒色	子叶色	脐色	百粒重/g	粒形	生育习性	结荚习性	茸毛色	花色	植株高度/cm	叶形	脂肪含量/%	蛋白质含量/%	备注
夏	6/上—10/中	137	黄	黄	褐	19.5	扁椭	直立	有	棕	紫	46.7	椭圆	21.3	41.6	
夏	6/上—9/下	120	黄	黄	褐	15.5	扁椭	直立	有	灰	白	40.1	卵圆			
夏	6/上—9/下	120	黄	黄	褐	13.0	椭圆	直立	有	棕	紫	60.1	卵圆			
夏	6/上—10/中	132	黄	黄	褐	16.5	椭圆	直立	有	棕	紫	51.6	卵圆	19.7	43.9	
夏	6/上—10/上	124	黄	黄	褐	15.5	椭圆	直立	有	棕	紫	67.0	卵圆	19.7	43.6	
夏	6/上—10/中	132	黄	黄	褐	16.0	椭圆	直立	有	棕	紫	60.8	卵圆	19.9	43.9	
夏	6/上—10/下	152	黄	黄	褐	11.0	椭圆	直立	有	灰	紫	53.5	卵圆	19.0	44.8	
夏	6/上—9/下	119	黄	黄	褐	13.0	椭圆	直立	有	棕	白	57.2	卵圆	19.8	43.7	
夏	6/上—10/中	132	黄	黄	褐	18.5	椭圆	直立	有	棕	紫	61.4	卵圆	18.4	44.6	
夏	6/上—10/下	152	黄	黄	褐	9.0	椭圆	直立	无	灰	紫	53.2	卵圆	16.1	47.1	
夏	6/上—10/中	132	黄	黄	黑	14.5	椭圆	直立	无	棕	紫	75.3	卵圆	19.5	43.5	
夏	6/上—10/上	127	黄	黄	褐	20.5	椭圆	直立	无	灰	紫	27.8	卵圆	18.5	45.8	
夏	6/上—10/上	122	黄	黄	深褐	17.5	椭圆	直立	无	棕	紫	63.2	椭圆	19.4	43.1	
夏	6/上—10/上	122	黄	黄	淡褐	14.5	椭圆	直立	无	灰	白	49.9	卵圆	19.8	41.3	
夏	6/上—10/上	125	黄	黄	淡褐	15.0	椭圆	直立	无	灰	紫	51.4	卵圆	19.0	45.3	
夏	6/上—10/上	122	黄	黄	褐	20.5	扁椭	直立	无	棕	白	43.9	卵圆	20.4	41.1	
夏	6/上—10/上	122	黄	黄	褐	16.0	椭圆	直立	无	棕	紫	48.8	卵圆			
夏	6/上—10/上	122	黄	黄	褐	18.5	椭圆	直立	有	棕	紫	53.3	卵圆	21.0	40.3	
夏	6/上—9/下	120	黄	黄	深褐	17.0	扁椭	直立	有	棕	紫	45.0	椭圆	20.2	43.4	
夏	6/上—10/上	122	黄	黄	褐	19.0	椭圆	直立	无	棕	紫	45.7	卵圆	19.3	44.2	
夏	6/上—10/上	122	黄	黄	褐	17.5	扁椭	直立	无	棕	白	46.0	卵圆			
夏	6/上—10/上	122	黄	黄	褐	8.0	椭圆	直立	有	棕	白	65.1	卵圆	18.3	44.6	
夏	6/上—10/上	122	黄	黄	淡褐	18.0	扁椭	直立	有	灰	白	45.8	卵圆	20.7	42.7	
夏	6/上—10/上	122	黄	黄	褐	17.5	扁椭	直立	有	灰	紫	67.9	卵圆	20.3	40.8	
夏	6/上—10/上	129	黄	黄	蓝	17.0	扁椭	直立	有	灰	紫	59.0	卵圆	20.6	40.4	
夏	6/上—10/上	122	黄	黄	褐	20.5	椭圆	直立	无	灰	白	46.9	卵圆	19.8	40.6	
夏	6/上—10/下	152	黄	黄	褐	15.0	椭圆	直立	有	棕	紫	84.8	卵圆	18.6	44.7	
夏	6/上—10/下	152	黄	黄	褐	16.0	椭圆	直立	有	棕	紫	59.3	卵圆	18.9	44.5	
夏	6/上—10/上	124	黄	黄	淡褐	12.5	扁椭	直立	无	灰	紫	58.9	卵圆			
夏	6/上—10/上	124	黄	黄	淡褐	14.0	椭圆	直立	无	灰	白	56.6	卵圆	19.3	42.3	
夏	6/上—9/中	108	黄	黄	褐	19.0	椭圆	直立	亚	棕	紫	44.4	卵圆	19.0	45.6	
夏	6/上—9/下	120	黄	黄	黑	12.0	扁椭	直立	有	棕	白	67.2	椭圆			

续表

总编号	品种名称	原产地或来源	保存单位（编号）
ZDD25325	大豆-2	云南西盟	云南省农科院(E1676)
ZDD25326	大豆	云南西盟	云南省农科院(E1677)
ZDD25327	本地黄豆(小)-1	云南孟连	云南省农科院(E1678)
ZDD25328	本地黄豆(小)-2	云南孟连	云南省农科院(E1679)
ZDD25329	(勐外)黄豆	云南孟连	云南省农科院(E1680)
ZDD25330	腊福小黄豆	云南孟连	云南省农科院(E1681)
ZDD25331	傣族小黄豆	云南孟连	云南省农科院(E1682)
ZDD25332	本地黄豆	云南鹤庆	云南省农科院(E1683)
ZDD25333	黄豆	云南江城	云南省农科院(E1684)
ZDD25334	平甸黄豆	云南新平	云南省农科院(E1685)
ZDD25335	黄豆	云南永德	云南省农科院(E1690)
ZDD25336	细黄豆	云南罗平	云南省农科院(E1692)
ZDD25337	猫眼豆	云南罗平	云南省农科院(E1696)
ZDD25338	猫眼豆	云南罗平	云南省农科院(E1697)
ZDD25339	绿豆	云南屏边	云南省农科院(E1624)
ZDD25340	绿豆	云南屏边	云南省农科院(E1625)
ZDD25341	黄豆	云南贡山	云南省农科院(E1644)
ZDD25342	Amulou	云南贡山	云南省农科院(E1648)
ZDD25343	本地黄豆(绿皮)	云南金平	云南省农科院(E1659)
ZDD25344	三台绿皮腐豆	云南大姚	云南省农科院(E1663)
ZDD25345	绿皮黄豆	云南麻栗坡	云南省农科院(E1687)
ZDD25346	黑豆-1	云南巧家	云南省农科院(E1671)
ZDD25347	黑豆-2	云南巧家	云南省农科院(E1672)
ZDD25348	黑大豆	云南永德	云南省农科院(E1691)
ZDD25349	糊皮豆	云南屏边	云南省农科院(E1623)
ZDD25350	红皮大豆	云南泸水	云南省农科院(E1629)
ZDD25351	黄豆	云南元阳	云南省农科院(E1640)
ZDD25352	本地黄豆(茶色)	云南金平	云南省农科院(E1658)
ZDD25353	褐皮大豆	云南德钦	云南省农科院(E1666)
ZDD25354	粽子豆	云南巧家	云南省农科院(E1674)
ZDD25355	黄豆	云南新平	云南省农科院(E1686)
ZDD25356	本地黄豆	云南永德	云南省农科院(E1688)

类型	生育月份	生育日数/d	粒色	子叶色	脐色	百粒重/g	粒形	生育习性	结荚习性	茸毛色	花色	植株高度/cm	叶形	脂肪含量/%	蛋白质含量/%	备注
夏	6/上—9/下	120	黄	黄	深褐	11.0	扁椭	直立	有	棕	紫	64.0	椭圆			
夏	6/上—10/上	124	黄	黄	淡褐	13.5	椭圆	直立	有	灰	白	70.6	卵圆	20.4	40.2	
夏	6/上—10/上	122	黄	黄	黑	12.0	椭圆	直立	有	棕	紫	72.4	卵圆	17.9	43.6	
夏	6/上—10/上	122	黄	黄	深褐	12.5	扁椭	直立	有	棕	白	65.3	卵圆			
夏	6/上—10/中	134	黄	黄	淡褐	13.4	椭圆	直立	无	灰	白	58.7	卵圆	19.8	42.3	
夏	6/上—10/中	132	黄	黄	深褐	13.5	椭圆	直立	无	棕	白	57.9	卵圆	18.5	45.0	
夏	6/上—10/上	130	黄	黄	淡褐	8.0	扁椭	直立	有	灰	紫	73.9	卵圆	17.1	47.7	
夏	6/上—10/上	124	黄	黄	黑	18.5	椭圆	直立	无	棕	紫	62.1	卵圆	18.7	43.4	
夏	6/上—10/上	130	黄	黄	淡褐	13.5	椭圆	直立	无	棕	白	64.7	卵圆	18.4	43.6	
夏	6/上—10/上	130	黄	黄	褐	17.5	椭圆	直立	无	棕	紫	71.7	卵圆	18.0	45.9	
夏	6/上—10/上	122	黄	黄	深褐	15.0	椭圆	直立	无	棕	紫	45.7	卵圆	18.2	44.2	
夏	6/上—10/上	127	黄	黄	褐	9.0	椭圆	直立	有	灰	紫	65.1	卵圆	16.8	46.4	
夏	6/上—10/上	122	黄	黄	深褐	19.0	椭圆	直立	无	棕	紫	70.4	卵圆	18.8	46.6	
夏	6/上—10/上	122	黄	黄	深褐	17.5	扁椭	直立	无	棕	紫	69.1	卵圆	18.8	45.7	
夏	6/上—10/上	122	绿	黄	深褐	11.5	扁椭	直立	有	棕	紫	57.1	椭圆	18.7	44.3	
夏	6/上—9/下	120	绿	黄	深褐	12.0	扁椭	直立	无	棕	紫	61.7	椭圆	19.4	42.9	
夏	6/上—10/上	124	绿	黄	黑	15.5	椭圆	直立	无	棕	紫	52.1	卵圆	19.5	42.9	
夏	6/上—10/下	152	绿	绿	深褐	13.5	扁椭	直立	无	棕	紫	48.8	椭圆	20.1	42.5	
夏	6/上—10/上	122	绿	黄	深褐	16.0	椭圆	直立	有	棕	紫	67.1	卵圆	19.9	42.8	
夏	6/上—10/上	129	绿	黄	深褐	16.0	椭圆	直立	有	棕	紫	50.3	卵圆	19.2	42.5	
夏	6/上—10/上	130	绿	黄	黑	14.0	扁椭	直立	无	棕	紫	78.7	卵圆	19.0	42.6	
夏	6/上—9/下	111	黑	黄	黑	18.5	扁椭	直立	无	棕	紫	60.3	椭圆			
夏	6/上—9/下	111	黑	黄	黑	19.0	扁椭	直立	无	棕	白	42.0	椭圆	17.7	46.8	
夏	6/上—10/上	122	黑	黄	黑	17.5	扁椭	直立	无	棕	紫	58.1	卵圆	16.8	48.1	
夏	6/上—10/上	122	褐	黄	褐	18.5	椭圆	直立	有	棕	紫	57.7	卵圆	18.2	46.3	
夏	6/上—9/下	112	褐	黄	褐	16.5	扁椭	直立	有	棕	白	39.5	椭圆	19.2	44.0	
夏	6/上—9/下	120	褐	黄	褐	16.0	扁椭	直立	有	棕	紫	66.2	卵圆	18.5	45.9	
夏	6/上—10/上	130	褐	黄	褐	16.0	扁椭	直立	无	棕	紫	59.3	卵圆	18.2	45.6	
夏	6/上—10/上	127	褐	黄	褐	13.0	椭圆	直立	有	棕	白	63.7	卵圆	18.0	44.0	
夏	6/上—9/下	111	褐	黄	褐	16.5	扁椭	直立	有	棕	白	59.4	卵圆	19.7	43.3	
夏	6/上—10/上	130	褐	黄	褐	21.5	扁椭	直立	无	棕	紫	71.1	卵圆	17.6	48.1	
夏	6/上—9/中	104	褐	黄	褐	15.5	扁椭	直立	有	棕	白	41.5	椭圆	19.5	44.3	

续表

总编号	品种名称	原产地或来源	保存单位（编号）
ZDD25357	拉巴豆	云南永德	云南省农科院(E1689)
ZDD25358	豆腐豆	云南永德	云南省农科院(E1693)
ZDD25359	乌大豆-1	云南罗平	云南省农科院(E1694)
ZDD25360	乌大豆-2	云南罗平	云南省农科院(E1695)
ZDD25361	台 9802	台湾省引入	浙江省农科院(c-183)

类型	生育月份	生育日数/d	粒色	子叶色	脐色	百粒重/g	粒形	生育习性	结荚习性	茸毛色	花色	植株高度/cm	叶形	脂肪含量/%	蛋白质含量/%	备注
夏	6/上—9/中	104	褐	黄	褐	16.0	圆	直立	有	棕	白	51.4	椭圆	18.6	46.4	
夏	6/上—9/下	119	褐	黄	褐	17.0	扁椭	直立	有	棕	白	44.5	卵圆	18.9	47.0	
夏	6/上—9/下	120	褐	黄	褐	17.5	椭圆	直立	有	棕	紫	54.1	卵圆	19.0	45.8	
夏	6/上—9/下	120	褐	黄	褐	19.0	扁椭	直立	有	棕	白	55.6	卵圆	19.5	44.6	
春	4/上—7/中	105	黄	黄	黄	25.3	圆	半直	有	灰	紫	27.6	卵圆	21.1	41.2	

国外引进
大豆品种资源目录表

国外引进大豆品种

总编号	品种名称	原产地或来源	保存单位（编号）	类型	生育月份
WDD01947	Accomac	美国	中国农科院作科所(引 1186)	春	5/上—10/中
WDD01948	Athow	美国	中国农科院作科所(引 1187)	春	5/上—9/下
WDD01949	D0001	美国	中国农科院作科所(引 1188)	春	5/上—10/上
WDD01950	D0002	美国	中国农科院作科所(引 1189)	春	5/上—10/中
WDD01951	A2305	美国	中国农科院作科所(引 1190)	夏	6/中—9/下
WDD01952	A3322	美国	中国农科院作科所(引 1191)	夏	6/中—10/上
WDD01953	BARC-6	美国	中国农科院作科所(引 1192)	春	5/上—9/中
WDD01954	BARC-7	美国	中国农科院作科所(引 1193)	春	5/上—10/上
WDD01955	BARC-9	美国	中国农科院作科所(引 1194)	春	5/上—10/中
WDD01956	Blackjack	美国	中国农科院作科所(引 1195)	夏	6/中—9/下
WDD01957	Bronson	美国	中国农科院作科所(引 1196)	春	5/上—9/下
WDD01958	CF461	美国	中国农科院作科所(引 1197)	春	5/上—9/下
WDD01959	CF492	美国	中国农科院作科所(引 1198)	春	5/上—10/上
WDD01960	Chiquita	美国	中国农科院作科所(引 1199)	春	5/上—10/中
WDD01961	Cisne	美国	中国农科院作科所(引 1200)	夏	6/中—10/上
WDD01962	Council	美国	中国农科院作科所(引 1201)	夏	6/中—9/中
WDD01963	Croton3. 9	美国	中国农科院作科所(引 1202)	春	5/上—9/下
WDD01964	Cx494	美国	中国农科院作科所(引 1203)	春	5/上—10/上
WDD01965	Cx510C	美国	中国农科院作科所(引 1204)	春	5/上—10/中
WDD01966	Danatto	美国	中国农科院作科所(引 1205)	夏	6/中—9/中
WDD01967	Defiance	美国	中国农科院作科所(引 1206)	春	5/上—9/上
WDD01968	Dp3480	美国	中国农科院作科所(引 1207)	春	5/上—9/下
WDD01969	DSR	美国	中国农科院作科所(引 1208)	夏	6/中—9/下
WDD01970	Dwight	美国	中国农科院作科所(引 1209)	夏	6/中—10/上
WDD01971	D83-3349	美国	中国农科院作科所(引 1210)	春	5/上—10/中
WDD01972	Fariboult	美国	中国农科院作科所(引 1211)	夏	6/中—9/中
WDD01973	Freeborn	美国	中国农科院作科所(引 1212)	夏	6/中—9/下
WDD01974	Flint	美国	中国农科院作科所(引 1213)	夏	6/中—9/下
WDD01975	Glacier	美国	中国农科院作科所(引 1214)	夏	6/中—9/中
WDD01976	General	美国	中国农科院作科所(引 1215)	春	5/上—9/中
WDD01977	Glanite	美国	中国农科院作科所(引 1216)	夏	6/中—9/下

资源目录表

生育日数/d	粒色	子叶色	脐色	百粒重/g	粒形	生育习性	结荚习性	茸毛色	花色	植株高度/cm	叶形	脂肪含量/%	蛋白质含量/%	备注
158	黄	黄	黑	12.6	圆	直立	有	棕	紫	48.0	椭圆	22.9	34.6	
137	黄	黄	黑	12.6	圆	直立	无	棕	紫	61.0	椭圆	22.5	38.1	
143	黄	黄	黑	13.2	圆	直立	无	棕	紫	72.0	卵圆	21.8	38.7	
152	黄	黄	褐	11.2	圆	直立	无	棕	紫	96.0	卵圆	22.7	34.9	
102	黄	黄	褐	10.2	圆	直立	无	棕	紫	65.0	卵圆	17.2	43.9	
106	黄	黄	黑	12.3	圆	直立	无	灰	白	65.0	卵圆	20.5	40.9	
137	黄	黄	黑	13.9	圆	直立	无	棕	紫	108.0	椭圆	19.6	44.1	
145	黄	黄	黑	14.8	圆	直立	有	棕	紫	78.0	卵圆	16.8	47.2	
158	黄	黄	黑	11.5	椭圆	直立	无	棕	白	144.0	卵圆	15.3	50.2	
96	黄	黄	黑	12.8	圆	直立	亚	棕	紫	74.0	椭圆	21.1	42.2	
135	黄	黄	黑	12.7	椭圆	直立	无	棕	白	77.0	椭圆	22.8	39.7	
138	黄	黄	黑	11.2	圆	直立	无	棕	白	56.0	椭圆	22.4	37.1	
147	黄	黄	褐	10.9	圆	直立	有	灰	白	37.0	卵圆	23.4	37.5	
165	黑	黄	黑	13.3	长椭	直立	亚	棕	紫	85.0	椭圆	18.2	43.3	
109	黄	黄	黑	17.5	椭圆	直立	无	棕	紫	74.0	圆	22.2	40.0	
85	黄	黄	黄	11.8	椭圆	直立	无	灰	紫	61.0	卵圆	22.8	40.1	
137	黄	黄	黑	11.9	椭圆	直立	亚	棕	紫	56.0	椭圆	22.2	38.8	
142	黄	黄	黑	13.5	圆	直立	无	棕	紫	79.0	卵圆	22.4	33.2	
157	黄	黄	黑	13.5	圆	直立	无	棕	紫	96.0	卵圆	22.4	35.8	
85	黄	黄	黄	7.3	圆	直立	无	灰	紫	50.0	卵圆	21.7	38.7	
115	黄	黄	黑	14.8	椭圆	直立	无	棕	白	81.0	卵圆			
132	黄	黄	黑	16.3	圆	直立	无	棕	紫	92.0	卵圆	22.6	36.1	
102	黄	黄	黑	14.3	椭圆	直立	亚	棕	白	81.0	卵圆			
114	黄	黄	黑	14.6	椭圆	直立	无	棕	紫	90.0	卵圆			
158	黄	黄	黑	12.3	椭圆	直立	有	棕	白	45.0	椭圆	22.0	39.7	
90	黄	黄	淡褐	11.6	椭圆	直立	无	棕	白	57.0	卵圆	22.2	40.3	
96	黄	黄	黑	13.3	圆	直立	无	棕	白	57.0	椭圆	21.9	41.9	
101	黄	黄	黑	11.3	椭圆	直立	有	棕	紫	18.0	卵圆	21.6	40.8	
85	黄	黄	黄	11.3	椭圆	直立	亚	棕	紫	56.0	圆	21.1	40.8	
137	黄	黄	黑	13.3	圆	直立	无	灰	紫	98.0	椭圆	22.7	39.2	
96	黄	黄	蓝	12.6	椭圆	直立	无	灰	紫	57.0	椭圆	22.2	40.6	

续表

总编号	品种名称	原产地或来源	保存单位（编号）	类型	生育月份
WDD01978	HC83-193	美国	中国农科院作科所(引 1217)	春	5/上—9/下
WDD01979	Hendricks	美国	中国农科院作科所(引 1218)	夏	6/中—9/中
WDD01980	Holmberg751-2	美国	中国农科院作科所(引 1219)	夏	6/中—9/中
WDD01981	D0003	美国	中国农科院作科所(引 1220)	春	5/上—10/上
WDD01982	D0004	美国	中国农科院作科所(引 1221)	春	5/上—10/中
WDD01983	IA2021	美国	中国农科院作科所(引 1222)	夏	6/中—9/下
WDD01984	Ina	美国	中国农科院作科所(引 1223)	夏	6/中—10/上
WDD01985	Iroquois	美国	中国农科院作科所(引 1224)	春	5/上—9/下
WDD01986	Kaohsiung No. 1	美国	中国农科院作科所(引 1225)	夏	6/中—9/下
WDD01987	K1304	美国	中国农科院作科所(引 1226)	春	5/上—9/下
WDD01988	LN89-5621	美国	中国农科院作科所(引 1227)	春	5/上—9/中
WDD01989	LN89-5717	美国	中国农科院作科所(引 1228)	春	5/上—9/上
WDD01990	Macon	美国	中国农科院作科所(引 1229)	春	5/上—9/下
WDD01991	Mercury	美国	中国农科院作科所(引 1230)	春	5/上—9/下
WDD01992	Mustang	美国	中国农科院作科所(引 1231)	春	5/上—9/下
WDD01993	Mycogen5430	美国	中国农科院作科所(引 1232)	春	5/上—9/中
WDD01994	M87-1569	美国	中国农科院作科所(引 1233)	夏	6/中—9/下
WDD01995	Nemaha	美国	中国农科院作科所(引 1234)	春	5/上—9/下
WDD01996	Odell	美国	中国农科院作科所(引 1235)	春	5/上—9/下
WDD01997	Ohio FG1	美国	中国农科院作科所(引 1236)	春	5/上—9/下
WDD01998	Ohio FG2	美国	中国农科院作科所(引 1237)	春	5/上—9/下
WDD01999	Pana	美国	中国农科院作科所(引 1238)	夏	6/中—9/下
WDD02000	Pearl	美国	中国农科院作科所(引 1239)	春	5/上—10/中
WDD02001	PN9362	美国	中国农科院作科所(引 1240)	春	5/上—9/中
WDD02002	PN9394	美国	中国农科院作科所(引 1241)	春	5/上—9/上
WDD02003	Probst	美国	中国农科院作科所(引 1242)	春	5/上—9/下
WDD02004	P9421	美国	中国农科院作科所(引 1243)	春	5/上—9/下
WDD02005	P9482	美国	中国农科院作科所(引 1244)	春	5/上—9/下
WDD02006	P9552	美国	中国农科院作科所(引 1245)	春	5/上—10/上
WDD02007	P9594	美国	中国农科院作科所(引 1246)	春	5/上—10/上
WDD02008	RCAT Columbus	美国	中国农科院作科所(引 1247)	夏	6/中—9/下
WDD02009	RCAT Calico	美国	中国农科院作科所(引 1248)	夏	6/中—9/下

生育日数/d	粒色	子叶色	脐色	百粒重/g	粒形	生育习性	结荚习性	茸毛色	花色	植株高度/cm	叶形	脂肪含量/%	蛋白质含量/%	备注
135	黄	黄	黑	16.1	圆	直立	有	棕	紫	32.0	卵圆	21.7	41.6	
87	黄	黄	黄	11.5	圆	直立	无	灰	紫	59.0	卵圆	22.3	39.8	
85	黄	黄	黄	18.6	椭圆	直立	无	灰	紫	61.0	卵圆	21.4	42.6	
147	黄	黄	黑	13.2	圆	直立	无	棕	紫	83.0	卵圆	22.4	34.3	H4994
155	黄	黄	黑	10.6	圆	直立	无	棕	紫	96.0	卵圆	21.7	37.2	H4995
95	黄	黄	黑	11.6	长椭	直立	无	棕	白	53.0	卵圆	22.2	39.2	
106	黄	黄	褐	9.6	椭圆	直立	无	灰	白	89.0	椭圆	17.6	43.9	
137	黄	黄	黑	11.5	圆	直立	无	灰	紫	72.0	披针	22.9	35.5	
95	黄	黄	黄	20.8	圆	直立	有	灰	紫	34.0	卵圆	21.8	40.2	
141	黄	黄	黑	10.0	圆	直立	有	灰	紫	82.0	椭圆	22.5	36.2	
125	黄	黄	黑	12.1	椭圆	直立	无	灰	白	60.0	椭圆	23.8	37.1	
120	黄	黄	黑	16.3	椭圆	直立	无	棕	白	102.0	椭圆	21.9	41.1	
137	黄	黄	黑	12.9	圆	直立	无	棕	白	70.0	椭圆	22.9	37.1	
137	黄	黄	黄	7.0	圆	直立	有	棕	紫	28.0	椭圆	23.5	35.4	
142	黄	黄	褐	12.4	椭圆	直立	无	灰	白	100.0	披针	22.5	37.6	
131	黄	黄	黑	13.9	圆	直立	无	棕	紫	98.0	卵圆	23.3	34.1	
96	黄	黄	黑	12.8	椭圆	直立	无	棕	紫	69.0	卵圆	20.3	40.3	
137	黄	黄	褐	12.7	圆	直立	无	灰	白	79.0	椭圆	23.6	37.5	
142	黄	黄	淡褐	13.7	圆	直立	无	灰	紫	95.0	椭圆	24.8	36.7	
137	黄	黄	黄	18.6	圆	直立	无	灰	紫	46.0	椭圆	22.6	34.2	
137	黄	黄	蓝	20.1	椭圆	直立	无	灰	紫	49.0	椭圆	23.3	38.8	
102	黄	黄	淡褐	11.0	椭圆	直立	无	灰	紫	101.0	圆	19.8	42.4	
162	黄	黄	淡褐	8.2	圆	直立	有	灰	白	52.0	圆	18.7	39.4	
137	黄	黄	深褐	12.4	圆	直立	有	灰	白	68.0	椭圆	23.1	38.1	
115	黄	黄	黑	12.9	椭圆	直立	有	棕	白	87.0	椭圆	24.4	37.7	
137	黄	黄	黑	11.7	圆	直立	无	棕	紫	65.0	圆	24.0	35.8	
135	黄	黄	黑	15.1	圆	直立	无	棕	白	79.0	卵圆	23.9	35.2	
138	黄	黄	黑	13.5	圆	直立	无	棕	白	87.0	卵圆	22.5	36.1	
152	黄	黄	深褐	11.2	圆	直立	无	棕	紫	97.0	卵圆	22.7	36.9	
147	黄	黄	褐	11.2	圆	直立	无	棕	紫	98.0	椭圆	21.9	36.4	
112	黄	黄	黑	11.1	椭圆	直立	亚	棕	紫	71.0	椭圆	20.8	42.5	
112	黄	黄	黄	11.3	圆	直立	亚	灰	紫	52.0	椭圆	20.4	43.5	

续表

总编号	品种名称	原产地或来源	保存单位（编号）	类型	生育月份
WDD02010	Rend	美国	中国农科院作科所(引 1249)	夏	6/中—9/下
WDD02011	Saturn	美国	中国农科院作科所(引 1250)	春	5/上—9/上
WDD02012	Savoy	美国	中国农科院作科所(引 1251)	夏	6/中—9/下
WDD02013	Stressland	美国	中国农科院作科所(引 1252)	春	5/上—9/中
WDD02014	Sundusky	美国	中国农科院作科所(引 1253)	夏	6/中—9/下
WDD02015	TBD	美国	中国农科院作科所(引 1254)	夏	6/中—9/中
WDD02016	TN5-95	美国	中国农科院作科所(引 1255)	春	5/上—10/上
WDD02017	Toyopro	美国	中国农科院作科所(引 1256)	夏	6/中—9/中
WDD02018	Yale	美国	中国农科院作科所(引 1257)	春	5/上—9/下
WDD02019	9234	美国	中国农科院作科所(引 1258)	夏	6/中—9/下
WDD02020	9254	美国	中国农科院作科所(引 1259)	夏	6/中—9/下
WDD02021	9273	美国	中国农科院作科所(引 1260)	夏	6/中—9/下
WDD02022	9341	美国	中国农科院作科所(引 1261)	夏	6/中—10/上
WDD02023	OAC Bayfield	加拿大	中国农科院作科所(引 1262)	夏	6/中—9/中
WDD02024	OAC Exeter	加拿大	中国农科院作科所(引 1263)	夏	6/中—9/下
WDD02025	OAC Shire	加拿大	中国农科院作科所(引 1264)	夏	6/中—9/下
WDD02026	OAC Salem	加拿大	中国农科院作科所(引 1265)	夏	6/中—9/中
WDD02027	L72-1950	美国	中国农科院作科所(引 1266)	春	5/上—9/上
WDD02028	L72-1971	美国	中国农科院作科所(引 1267)	春	5/上—9/上
WDD02029	L74-854	美国	中国农科院作科所(引 1268)	春	5/上—9/上
WDD02030	L76-1162	美国	中国农科院作科所(引 1269)	春	5/上—9/上
WDD02031	L81-5122	美国	中国农科院作科所(引 1270)	春	5/上—9/上
WDD02032	L82-951	美国	中国农科院作科所(引 1271)	春	5/上—9/上
WDD02033	L82-1657	美国	中国农科院作科所(引 1272)	春	5/上—9/上
WDD02034	L82-2249	美国	中国农科院作科所(引 1273)	春	5/上—9/上
WDD02035	L84-2112	美国	中国农科院作科所(引 1274)	春	5/上—9/上
WDD02036	L87-0174	美国	中国农科院作科所(引 1275)	春	5/上—9/下
WDD02037	L88-8470	美国	中国农科院作科所(引 1276)	春	5/上—9/下
WDD02038	L89-1541	美国	中国农科院作科所(引 1277)	春	5/上—9/下
WDD02039	L89-1581	美国	中国农科院作科所(引 1278)	春	5/上—9/中
WDD02040	L89-2435	美国	中国农科院作科所(引 1279)	春	5/上—9/中
WDD02041	L89-2621	美国	中国农科院作科所(引 1280)	春	5/上—9/中

生育日数/d	粒色	子叶色	脐色	百粒重/g	粒形	生育习性	结荚习性	茸毛色	花色	植株高度/cm	叶形	脂肪含量/%	蛋白质含量/%	备注
102	黄	黄	褐	9.2	圆	直立	无	灰	白	89.0	卵圆	18.5	43.8	
115	黄	黄	黄	18.7	圆	直立	有	灰	白	32.0	椭圆	23.5	38.5	
96	黄	黄	黑	12.0	圆	直立	无	棕	紫	49.0	椭圆	20.9	42.3	
125	黄	黄	黑	10.7	圆	直立	无	棕	紫	81.0	椭圆	23.8	39.1	
94	黄	黄	褐	13.3	圆	直立	无	灰	紫	58.0	卵圆	22.4	40.3	
89	黄	黄	褐	11.7	椭圆	直立	无	棕	紫	40.0	椭圆	21.8	41.6	
147	黄	黄	黑	11.8	圆	直立	无	棕	紫	120.0	椭圆	20.5	37.2	
87	黄	黄	黄	10.4	圆	直立	亚	灰	紫	59.0	卵圆	20.8	42.4	
142	黄	黄	褐	12.2	圆	直立	无	灰	白	72.0	披针	25.2	39.0	
96	黄	黄	褐	11.9	椭圆	直立	亚	棕	紫	58.0	卵圆	23.1	40.9	
97	黄	黄	黑	11.6	圆	直立	亚	棕	紫	62.0	圆	22.6	39.6	
96	黄	黄	黑	10.4	圆	直立	亚	棕	紫	59.0	圆	23.1	38.8	
104	黄	黄	褐	12.1	圆	直立	亚	棕	白	75.0	卵圆	21.5	41.1	
85	黄	黄	褐	15.7	圆	直立	无	棕	紫	69.0	椭圆	23.6	41.2	
97	黄	黄	黄	15.9	圆	直立	亚	灰	紫	60.0	椭圆	21.9	42.2	
96	黄	黄	黑	11.2	椭圆	直立	有	棕	紫	46.0	卵圆	21.6	42.3	
85	黄	黄	黄	13.6	圆	直立	亚	棕	紫	65.0	椭圆	18.7	44.8	
115	黑	黄	黑	14.5	圆	直立	无	棕	紫	121.0	卵圆	23.1	37.7	基因型 R Rps1 rxp
115	黄	黄	黑	13.2	圆	直立	无	棕	紫	129.0	卵圆	22.6	38.1	基因型 R Rps1 rxp
113	黄	黄	黑	13.9	圆	直立	无	棕	紫	108.0	椭圆	22.5	40.9	基因型 d1
115	绿	黄	黑	14.8	圆	直立	无	棕	紫	134.0	椭圆	22.3	39.9	基因型 G1
113	褐	黄	褐	14.0	圆	直立	无	灰	白	117.0	椭圆	22.4	40.2	基因型 i tr wl
112	黄	黄	蓝	15.3	圆	直立	亚	棕	白	70.0	椭圆	22.3	40.5	基因型 Dt2 Rsv1m
115	黄	黄	黑	14.7	圆	直立	亚	棕	白	78.0	椭圆	23.0	40.3	基因型 Rpml Rps1 Rps2 Rmd^c Rj2
115	黄	黄	黑	13.6	圆	直立	有	灰	紫	51.0	卵圆	22.3	41.2	基因型 dt1 E1 t e2 e3 Rps1 rxp
112	黄	黄	黑	16.8	圆	直立	无	棕	白	130.0	椭圆	23.5	39.4	基因型 Psy1m
137	黄	黄	黑	16.0	圆	直立	无	棕	白	132.0	椭圆	22.9	40.8	基因型 Rpm2
137	黄	黄	黑	15.5	圆	直立	有	棕	白	118.0	椭圆	23.1	39.8	基因型 Rps1
137	黄	黄	黑	15.1	圆	直立	无	棕	白	133.0	椭圆	23.2	39.6	基因型 Rps3-b
125	黄	黄	黑	12.5	圆	直立	有	棕	白	55.0	披针	23.6	38.4	
127	黄	黄	蓝	13.1	圆	直立	有	棕	白	32.0	椭圆	24.0	38.9	基因型 I
127	黄	黄	黑	11.0	圆	直立	无	棕	白	57.0	披针	23.2	37.6	基因型 SP1-an Rps1-k

续表

总编号	品种名称	原产地或来源	保存单位（编号）	类型	生育月份
WDD02042	L89-2634	美国	中国农科院作科所(引 1281)	春	5/上—9/上
WDD02043	L90-7978	美国	中国农科院作科所(引 1282)	春	5/上—9/下
WDD02044	L90-8003	美国	中国农科院作科所(引 1283)	春	5/上—9/下
WDD02045	L90-8047	美国	中国农科院作科所(引 1284)	春	5/上—9/下
WDD02046	L91-8052	美国	中国农科院作科所(引 1285)	春	5/上—9/上
WDD02047	L91-8060	美国	中国农科院作科所(引 1286)	春	5/上—9/上
WDD02048	L91-8347	美国	中国农科院作科所(引 1287)	春	5/上—9/上
WDD02049	L91-8520	美国	中国农科院作科所(引 1288)	春	5/上—9/上
WDD02050	L91-8558	美国	中国农科院作科所(引 1289)	春	5/上—9/上
WDD02051	L91-8765	美国	中国农科院作科所(引 1290)	春	5/上—8/下
WDD02052	L91-8839	美国	中国农科院作科所(引 1291)	春	5/上—8/下
WDD02053	L91-8915	美国	中国农科院作科所(引 1292)	春	5/上—8/下
WDD02054	L92-1195	美国	中国农科院作科所(引 1293)	春	5/上—9/上
WDD02055	L92-1600	美国	中国农科院作科所(引 1294)	春	5/上—9/中
WDD02056	L92-7229	美国	中国农科院作科所(引 1295)	春	5/上—8/下
WDD02057	L92-7857	美国	中国农科院作科所(引 1296)	春	5/上—9/中
WDD02058	L92-7963	美国	中国农科院作科所(引 1297)	春	5/上—9/中
WDD02059	L92-8580	美国	中国农科院作科所(引 1298)	春	5/上—8/下
WDD02060	L92-9511	美国	中国农科院作科所(引 1299)	春	5/上—8/下
WDD02061	L92-9515	美国	中国农科院作科所(引 1300)	春	5/上—8/下
WDD02062	L93-2740	美国	中国农科院作科所(引 1301)	春	5/上—9/上
WDD02063	L93-2748	美国	中国农科院作科所(引 1302)	春	5/上—9/上
WDD02064	L93-3103	美国	中国农科院作科所(引 1303)	春	5/上—9/上
WDD02065	L93-3258	美国	中国农科院作科所(引 1304)	春	5/上—9/中
WDD02066	L93-3312	美国	中国农科院作科所(引 1305)	春	5/上—8/下
WDD02067	L93-3327	美国	中国农科院作科所(引 1306)	春	5/上—8/下
WDD02068	L93-3423	美国	中国农科院作科所(引 1307)	春	5/上—9/上
WDD02069	L93-3539	美国	中国农科院作科所(引 1308)	春	5/上—8/下
WDD02070	L93-7290	美国	中国农科院作科所(引 1309)	春	5/上—9/中
WDD02071	L93-7333	美国	中国农科院作科所(引 1310)	春	5/上—9/中
WDD02072	L94-1110	美国	中国农科院作科所(引 1311)	春	5/上—9/上
WDD02073	L94-1365	美国	中国农科院作科所(引 1312)	春	5/上—9/上

生育日数/d	粒色	子叶色	脐色	百粒重/g	粒形	生育习性	结荚习性	茸毛色	花色	植株高度/cm	叶形	脂肪含量/%	蛋白质含量/%	备注
119	黄	黄	黑	13.8	圆	直立	无	棕	白	79.0	披针	23.2	38.9	基因型 i Sp1-an Rps1-k
142	黄	黄	黑	12.3	圆	直立	无	棕	白	60.0	椭圆	22.2	39.6	基因型 rmd
142	黄	黄	黑	11.5	圆	直立	无	棕	白	63.0	披针	22.6	37.3	基因型 Sp1 Rps1-k
137	黄	黄	黑	13.0	圆	直立	无	棕	白	64.0	椭圆	23.1	39.3	基因型 le Rps1-k
115	黄	黄	黑	15.8	圆	直立	亚	棕	紫	61.0	卵圆	22.3	39.3	基因型 dt-? Rps1 rxp
115	黄	黄	黑	15.4	圆	直立	无	棕	紫	60.0	卵圆	21.4	38.7	基因型 dt-? Rps1 rxp
118	黄	黄	黑	12.1	圆	直立	无	棕	白	60.0	椭圆	23.8	37.9	基因型 Rps3-b
118	黄	黄	黑	11.0	圆	直立	无	棕	白	60.0	椭圆	23.0	38.0	基因型 Eu1a Rps1-k
115	黄	黄	黑	15.2	圆	直立	无	棕	白	85.0	椭圆	22.7	39.9	基因型 sun ti Rps1-k
112	黄	黄	黑	14.9	圆	直立	无	棕	白	100.0	椭圆	22.3	39.4	基因型 rps2 rmd rj2
112	黄	黄	黑	14.6	圆	直立	无	棕	白	118.0	椭圆	22.8	38.5	基因型 rps2 rmd^{c} rj2
112	黄	黄	黑	15.4	圆	直立	无	棕	白	140.0	椭圆	22.8	39.8	基因型 Rps2 rmd rj2
115	黄	黄	黑	13.1	圆	直立	无	棕	紫	142.0	卵圆	20.2	40.1	基因型 Es
123	黄	黄	黑	12.7	圆	直立	无	棕	紫	130.0	卵圆	23.0	39.0	基因型 W1
112	黄	黄	黑	12.7	圆	直立	无	棕	紫	130.0	卵圆	22.3	40.1	基因型 rmd
123	黄	黄	黑	11.8	圆	直立	无	棕	白	60.0	椭圆	23.1	37.6	基因型 Rps3-c
123	黄	黄	黑	16.3	圆	直立	无	棕	白	112.0	椭圆	22.3	41.1	基因型 rmd Rps3
110	黄	黄	黑	15.7	圆	直立	无	棕	白	121.0	椭圆	23.2	41.6	基因型 Rsr2
112	黄	黄	黑	14.8	圆	直立	有	棕	紫	114.0	卵圆	21.2	41.4	基因型 K1 K2
112	黑	黄	黑	14.5	圆	直立	无	棕	紫	115.0	卵圆	22.1	39.2	基因型 i K2
121	绿	绿	黑	11.7	圆	直立	无	棕	紫	109.0	卵圆	20.8	39.9	基因型 d1 d2 y3
115	绿	绿	黑	14.7	圆	直立	无	棕	紫	135.0	卵圆	21.9	41.2	基因型 G1 d1 d2 cyt G1
119	绿	黄	黑	13.4	圆	直立	无	棕	白	79.0	椭圆	22.7	38.5	基因型 G2
125	黄	黄	黑	12.0	圆	直立	无	棕	白	59.0	椭圆	22.7	38.0	基因型 Rps2
110	黄	黄	黑	17.9	圆	直立	无	棕	白	112.0	椭圆	22.9	41.6	基因型 Rps1-d
110	黄	黄	黑	16.7	圆	直立	无	棕	白	114.0	椭圆	22.8	40.6	基因型 rsy1t
113	绿	黄	黑	12.1	圆	直立	无	棕	白	85.0	椭圆	23.1	36.4	基因型 G1 Rps1-k
112	黄	黄	黄	12.5	圆	直立	无	棕	白	77.0	椭圆	23.0	38.3	基因型 Ir Rsv2 Rps2 Rmd^{c} Rj2
127	黄	黄	黑	10.4	圆	直立	无	棕	白	59.0	披针	21.1	39.3	基因型 Ix3 Rps1-k
125	黄	黄	黄	13.3	圆	直立	无	棕	白	61.0	椭圆	23.0	41.2	基因型 Ir Rsv2
115	黄	黄	黑	12.2	圆	直立	无	棕	紫	127.0	卵圆	21.2	40.0	基因型 e2 E3
115	褐	黄	褐	13.7	圆	直立	无	灰	紫	97.0	卵圆	22.7	39.6	基因型 i k2 r t

续表

总编号	品种名称	原产地或来源	保存单位（编号）	类型	生育月份
WDD02074	L74-102	美国	中国农科院作科所(引 1313)	夏	6/中—9/下
WDD02075	L84-2157	美国	中国农科院作科所(引 1314)	夏	6/中—9/下
WDD02076	L88-8153	美国	中国农科院作科所(引 1315)	夏	6/中—9/下
WDD02077	L88-8629	美国	中国农科院作科所(引 1316)	夏	6/中—9/下
WDD02078	L89-1550	美国	中国农科院作科所(引 1317)	夏	6/中—9/下
WDD02079	L89-1553	美国	中国农科院作科所(引 1318)	夏	6/中—9/下
WDD02080	L90-4683	美国	中国农科院作科所(引 1319)	夏	6/中—9/下
WDD02081	L90-4711	美国	中国农科院作科所(引 1320)	夏	6/中—9/下
WDD02082	L90-7656	美国	中国农科院作科所(引 1321)	夏	6/中—9/下
WDD02083	L92-2405	美国	中国农科院作科所(引 1322)	夏	6/中—9/下
WDD02084	L92-3301	美国	中国农科院作科所(引 1323)	夏	6/中—9/下
WDD02085	L92-3486	美国	中国农科院作科所(引 1324)	夏	6/中—9/下
WDD02086	L92-7259	美国	中国农科院作科所(引 1325)	夏	6/中—9/下
WDD02087	L92-7647	美国	中国农科院作科所(引 1326)	夏	6/中—9/下
WDD02088	L92-7677	美国	中国农科院作科所(引 1327)	夏	6/中—9/下
WDD02089	L93-2589	美国	中国农科院作科所(引 1328)	夏	6/中—9/下
WDD02090	L93-5559	美国	中国农科院作科所(引 1329)	夏	6/中—9/下
WDD02091	L93-5623	美国	中国农科院作科所(引 1330)	夏	6/中—9/中
WDD02092	L94-5606	美国	中国农科院作科所(引 1331)	夏	6/中—9/下
WDD02093	L94-5648	美国	中国农科院作科所(引 1332)	夏	6/中—9/下
WDD02094	L94-5717	美国	中国农科院作科所(引 1333)	夏	6/中—9/下
WDD02095	L95-2819	美国	中国农科院作科所(引 1334)	夏	6/中—9/下
WDD02096	L95-5743	美国	中国农科院作科所(引 1335)	夏	6/中—9/下
WDD02097	L95-5827	美国	中国农科院作科所(引 1336)	夏	6/中—9/下
WDD02098	L96-3300	美国	中国农科院作科所(引 1337)	夏	6/中—9/下
WDD02099	L96-3113	美国	中国农科院作科所(引 1338)	夏	6/中—9/下
WDD02100	L96-3312	美国	中国农科院作科所(引 1339)	夏	6/中—9/下
WDD02101	PI86024	美国	中国农科院作科所(引 1340)	春	5/上—9/下
WDD02102	PI90763	美国	中国农科院作科所(引 1341)	春	5/上—9/下
WDD02103	PI297550	美国	中国农科院作科所(引 1342)	春	5/上—8/中
WDD02104	PI416795	美国	中国农科院作科所(引 1343)	春	5/上—10/中
WDD02105	PI437477B	美国	中国农科院作科所(引 1344)	春	5/上—9/下

生育日数/d	粒色	子叶色	脐色	百粒重/g	粒形	生育习性	结荚习性	茸毛色	花色	植株高度/cm	叶形	脂肪含量/%	蛋白质含量/%	备注
106	黄	黄	黄	10.4	椭圆	直立	有	棕	紫	40.0	椭圆	18.8	42.4	基因型 dt1 E1 T e3
104	黄	黄	黑	14.0	圆	直立	无	棕	白	71.0	椭圆	21.4	43.0	基因型 e2 Rsv1m
106	黄	黄	黑	12.9	圆	直立	无	棕	白	66.0	椭圆	21.1	43.9	基因型 e2
106	黄	黄	黑	13.1	圆	直立	有	棕	白	45.0	卵圆	21.3	42.3	基因型 Dt2 e2 Rsvm
106	黄	黄	黑	13.8	圆	直立	无	棕	白	80.0	椭圆	22.0	41.7	基因型 e2 Rps3-b
106	黄	黄	黄	13.4	圆	直立	无	棕	紫	67.0	椭圆	21.6	42.7	基因型 e2
106	黄	黄	黄	14.5	椭圆	直立	无	灰	紫	82.0	椭圆	21.9	41.9	基因型 Rps2 Rmd^c rj2
96	黄	黄	黄	14.5	椭圆	直立	无	灰	紫	82.0	椭圆	21.0	43.9	基因型 rps2 Rmd cRj2
98	绿	绿	无	11.7	椭圆	直立	无	灰	紫	74.0	椭圆	21.1	41.1	基因型 G1
96	黄	黄	黄	20.8	圆	直立	有	灰	紫	42.0	椭圆	19.5	43.7	
96	黄	黄	黄	16.5	圆	直立	亚	灰	紫	73.0	椭圆	19.1	42.3	
96	黄	黄	黄	16.9	圆	直立	有	棕	紫	51.0	椭圆	22.8	39.6	
96	黄	黄	黑	13.9	圆	直立	无	棕	紫	64.0	卵圆	21.7	41.6	
96	黄	黄	黑	13.4	圆	直立	无	棕	白	67.0	椭圆	22.7	42.0	基因型 e2
96	黄	黄	黑	13.1	圆	直立	无	棕	白	65.0	椭圆	22.6	41.5	基因型 e2 Rps1-k
97	黄	黄	黄	12.6	椭圆	直立	无	灰	紫	94.0	椭圆	21.1	42.2	
96	黄	黄	黄	20.5	椭圆	直立	无	灰	紫	71.0	椭圆	22.4	43.6	
90	黄	黄	黄	19.7	圆	直立	有	灰	紫	45.0	卵圆	22.6	39.7	
96	黄	黄	黄	22.2	椭圆	直立	亚	灰	紫	76.0	椭圆	21.9	45.6	
96	黄	黄	黄	22.1	圆	直立	有	灰	紫	46.0	椭圆	20.6	43.2	
96	黄	黄	黄	23.2	椭圆	直立	有	灰	白	78.0	椭圆	19.9	45.9	
96	黄	黄	黑	17.2	椭圆	直立	亚	灰	紫	73.0	椭圆	21.1	42.2	
102	黄	黄	黄	19.5	圆	直立	亚	灰	白	67.0	椭圆	20.4	42.0	
96	绿	黄	无	24.8	圆	直立	有	灰	紫	52.0	椭圆	19.4	42.9	
102	黄	黄	黄	18.6	圆	直立	无	灰	白	87.0	椭圆	18.7	43.0	
102	黄	黄	黄	16.8	圆	直立	亚	灰	紫	90.0	椭圆	22.8	41.3	
95	黄	黄	黄	24.5	圆	直立	亚	灰	白	75.0	椭圆	20.8	44.2	
135	黄	黄	黄	18.2	椭圆	直立	有	棕	白	36.0	椭圆			
142	黑	黄	褐	8.3	扁椭	蔓生	无	棕	紫	243.0	椭圆			
99	黄	黄	褐	10.2	椭圆	直立	亚	灰	紫	44.5	卵圆			
165	黄	黄	黄	18.5	圆	直立	亚	灰	紫	82.0	卵圆			
135	黄	黄	褐	8.0	椭圆	直立	亚	棕	紫	98.0	披针			

续表

总编号	品种名称	原产地或来源	保存单位（编号）	类型	生育月份
WDD02106	PI576145	美国	中国农科院作科所(引 1345)	春	5/上—9/下
WDD02107	MN1301	美国	中国农科院作科所(引 1346)	夏	6/中—10/上
WDD02108	D85-10412	美国	中国农科院作科所(引 1347)	春	5/上—10/上
WDD02109	Traill	美国	中国农科院作科所(引 1348)	夏	6/中—10/上
WDD02110	Apollo	美国	中国农科院作科所(引 1349)	夏	6/中—10/上
WDD02111	Au86-23970	美国	中国农科院作科所(引 1350)	春	5/上—10/中
WDD02112	Au86-23971	美国	中国农科院作科所(引 1351)	春	5/上—10/中
WDD02113	Stride	美国	中国农科院作科所(引 1352)	夏	6/中—10/上
WDD02114	Surge	美国	中国农科院作科所(引 1353)	夏	6/中—10/上
WDD02115	Dumpu8	美国	中国农科院作科所(引 1354)	夏	6/中—10/上
WDD02116	Norpro	美国	中国农科院作科所(引 1355)	夏	6/中—10/上
WDD02117	Jim	美国	中国农科院作科所(引 1356)	夏	6/中—9/下
WDD02118	Daksoy (D90-7256)	美国	中国农科院作科所(引 1357)	夏	6/中—10/上
WDD02119	PI590579	美国	中国农科院作科所(引 1358)	春	5/上—10/上
WDD02120	PI594301	美国	中国农科院作科所(引 1359)	春	5/上—8/中
WDD02121	PI596540	美国	中国农科院作科所(引 1360)	春	5/上—9/下
WDD02122	Kwangan Kong(广安)	韩国	中国农科院作科所(引 1361)	春	5/上—9/下
WDD02123	Pureun Kong(青豆)	韩国	中国农科院作科所(引 1362)	春	5/上—9/中
WDD02124	Geomjeong Kong(黑豆)	韩国	中国农科院作科所(引 1363)	春	5/上—9/下
WDD02125	Hwaeomput Kong	韩国	中国农科院作科所(引 1364)	春	5/上—8/下
WDD02126	Duyu Kong(豆乳豆)	韩国	中国农科院作科所(引 1365)	春	5/上—9/中
WDD02127	Eunhe Kong(银河)	韩国	中国农科院作科所(引 1366)	春	5/上—9/下
WDD02128	Samnam Kong(三南)	韩国	中国农科院作科所(引 1367)	春	5/上—9/下
WDD02129	Dankyeong Kong(短茎)	韩国	中国农科院作科所(引 1368)	春	5/上—9/中
WDD02130	Namhae Kong(南海)	韩国	中国农科院作科所(引 1369)	春	5/上—9/下
WDD02131	Keunol Kong(大粒早生)	韩国	中国农科院作科所(引 1370)	春	5/上—8/下
WDD02132	Hwangkeun Kong(黄金)	韩国	中国农科院作科所(引 1371)	春	5/上—9/中
WDD02133	Kwanggyo Kong(光教)	韩国	中国农科院作科所(引 1372)	春	5/上—10/上
WDD02134	Baecheon Kong(白川)	韩国	中国农科院作科所(引 1373)	春	5/上—10/上
WDD02135	Milyang Kong(密阳)	韩国	中国农科院作科所(引 1374)	春	5/上—10/上
WDD02136	Paldal Kong(八达)	韩国	中国农科院作科所(引 1375)	春	5/上—10/上
WDD02137	Shinpaldal Kong2(新八达 2 号)	韩国	中国农科院作科所(引 1376)	春	5/上—10/上

生育日数/d	粒色	子叶色	脐色	百粒重/g	粒形	生育习性	结荚习性	茸毛色	花色	植株高度/cm	叶形	脂肪含量/%	蛋白质含量/%	备注
135	黄	黄	褐	11.5	椭圆	直立	有	灰	紫	92.0	椭圆	23.1	36.9	
104	黄	黄	黄		椭圆	直立	无	灰	白	105.0	卵圆			
143	黄	黄	黑	13.6	圆	直立	亚	棕	白	45.0	披针	19.1	42.7	
104	黄	黄	黄	16.8	圆	直立	无	棕	紫	80.0	卵圆			
104	黄	黄	黄	18.1	椭圆	直立	无	棕	紫	102.0	卵圆	21.6	40.9	
165	黄	黄	褐	8.5	圆	直立	无	灰	白	129.0	椭圆	19.8	39.4	
165	黄	黄	褐	8.8	圆	直立	无	灰	白	122.0	椭圆	19.6	39.0	
104	黄	黄	黑	19.0	圆	直立	无	灰	紫	65.0	卵圆	22.0	40.4	
104	黄	黄	黑	20.0	圆	直立	无	灰	紫	75.0	卵圆	21.8	40.7	
104	黄	黄	黑		椭圆	直立	无	棕	紫	95.0	卵圆			
104	黄	黄	黄	18.6	椭圆	直立	无	棕	紫	70.0	卵圆			
102	黄	黄	黄	18.0	圆	直立	无	棕	紫	76.0	椭圆			
104	黄	黄	黄		椭圆	直立	无	棕	紫	65.0	椭圆			
147	黄	黄	黑	11.2	圆	直立	亚	棕	白	82.0	椭圆			
92	黄	黄	黄	22.6	圆	直立	有	灰	紫	31.0	卵圆	21.4	42.4	
134	黄	黄	淡褐	7.6	圆	直立	有	灰	紫	80.0	椭圆	20.0	37.9	
136	黄	黄	黑	8.4	圆	直立	有	灰	紫	83.0	卵圆	17.9	43.3	
126	绿	绿	无	8.7	圆	直立	亚	棕	白	110.0	披针	21.0	40.2	
132	黑	黄	黑	20.4	圆	直立	有	棕	白	65.0	卵圆	21.1	40.3	
109	黄	黄	黄	19.2	圆	直立	有	灰	白	28.0	圆形	18.6	45.9	
128	黄	黄	褐	11.1	圆	直立	有	棕	白	33.0	椭圆	21.8	36.1	
137	黄	黄	褐	11.6	圆	直立	有	灰	紫	35.0	披针			
137	黄	黄	深褐	13.2	圆	直立	有	灰	白	49.0	椭圆			
126	黄	黄	褐	13.5	圆	直立	有	棕	白	30.0	椭圆			
138	黄	黄	褐	8.6	圆	直立	有	棕	白	65.0	椭圆			
108	黄	黄	黄	19.0	圆	直立	有	灰	白	30.0	圆形			
136	黄	黄	黄	17.7	圆	直立	有	灰	紫	48.0	圆形			
145	黄	黄	褐	11.5	圆	直立	有	灰	紫	79.0	圆形			
144	黄	黄	褐	14.1	圆	直立	有	灰	白	56.0	圆形			
145	黄	黄	深褐	12.3	椭圆	直立	无	棕	白	92.0	圆形			
145	黄	黄	黑	12.7	圆	直立	有	棕	紫	53.0	圆形			
147	黄	黄	褐	19.5	圆	直立	有	棕	白	55.0	椭圆			

续表

总编号	品种名称	原产地或来源	保存单位（编号）	类型	生育月份
WDD02138	Suwon 164(水原 164)	韩国	中国农科院作科所(引 1377)	春	5/上—10/上
WDD02139	Suwon 165(水原 165)	韩国	中国农科院作科所(引 1378)	春	5/上—10/上
WDD02140	Jangyeob Kong(尖叶)	韩国	中国农科院作科所(引 1379)	春	5/上—9/下
WDD02141	Baekun Kong(白云)	韩国	中国农科院作科所(引 1380)	春	5/上—9/下
WDD02142	Shinpaldal Kong(新八达)	韩国	中国农科院作科所(引 1381)	春	5/上—10/上
WDD02143	Muhan Kong(无限)	韩国	中国农科院作科所(引 1382)	春	5/上—9/下
WDD02144	Jangsu Kong(长寿)	韩国	中国农科院作科所(引 1383)	春	5/上—10/上
WDD02145	Jangkyeong Kong(长茎)	韩国	中国农科院作科所(引 1384)	春	5/上—10/上
WDD02146	Malli Kong(万里)	韩国	中国农科院作科所(引 1385)	春	5/上—10/上
WDD02147	Taekwang Kong(太光)	韩国	中国农科院作科所(引 1386)	春	5/上—10/上
WDD02148	Chohakuzan	日本	中国农科院作科所(引 1387)	夏	6/中—9/下
WDD02149	Kitahomare	日本	中国农科院作科所(引 1388)	夏	6/中—9/下
WDD02150	Kitakonmachi	日本	中国农科院作科所(引 1389)	夏	6/中—9/下
WDD02151	MN0301	美国	中国农科院作科所(引 1390)	夏	6/中—10/上
WDD02152	Suzumaru	日本	中国农科院作科所(引 1391)	夏	6/中—9/下
WDD02153	Tokachikuro	日本	中国农科院作科所(引 1392)	夏	6/中—9/下
WDD02154	Toyokomachi	日本	中国农科院作科所(引 1393)	夏	6/中—9/下
WDD02155	Tsurukogane	日本	中国农科院作科所(引 1394)	夏	6/中—9/下
WDD02156	Yuuhime	日本	中国农科院作科所(引 1395)	夏	6/中—9/下
WDD02157	Bae gun	韩国	中国农科院作科所(引 1396)	夏	6/下—10/中
WDD02158	Bongeui	韩国	中国农科院作科所(引 1397)	夏	6/下—10/上
WDD02159	Bakwang Kong(普广)	韩国	中国农科院作科所(引 1398)	夏	6/下—10/上
WDD02160	Chungbag	韩国	中国农科院作科所(引 1399)	夏	6/下—10/上
WDD02161	CM 60	韩国	中国农科院作科所(引 1400)	夏	6/下—10/下
WDD02162	Danweon(短圆)	韩国	中国农科院作科所(引 1401)	夏	6/下—10/中
WDD02163	Genjahjumbo	韩国	中国农科院作科所(引 1402)	夏	6/下—10/中
WDD02164	Geumkangdaerib	韩国	中国农科院作科所(引 1403)	夏	6/下—10/上
WDD02165	Hwaman(汉南)	韩国	中国农科院作科所(引 1404)	夏	6/下—10/上
WDD02166	Iksan	韩国	中国农科院作科所(引 1405)	夏	6/下—10/上
WDD02167	Iri5	韩国	中国农科院作科所(引 1406)	夏	6/下—10/中
WDD02168	Jack wang	韩国	中国农科院作科所(引 1407)	夏	6/下—10/上
WDD02169	Jangbaeeg(蛋白)	韩国	中国农科院作科所(引 1408)	春	

生育日数/d	粒色	子叶色	脐色	百粒重/g	粒形	生育习性	结荚习性	茸毛色	花色	植株高度/cm	叶形	脂肪含量/%	蛋白质含量/%	备注
145	黄	黄	黄	12.0	圆	直立	有	灰	白	48.0	卵圆			
147	黄	黄	褐	11.1	椭圆	直立	有	棕	紫	52.0	卵圆			
135	黄	黄	黄	23.0	椭圆	直立	有	灰	紫	50.0	披针			
136	黄	黄	褐	21.0	圆	直立	有	灰	紫	70.0	卵圆			
146	黄	黄	深褐	18.0	圆	直立	有	棕	白	57.0	卵圆			
136	黄	黄	淡褐	21.0	圆	直立	无	灰	紫	129.0	卵圆			
146	黄	黄	淡褐	22.0	椭圆	直立	无	灰	紫	94.0	卵圆			
146	黄	黄	淡褐	23.0	椭圆	直立	无	灰	白	88.0	卵圆			
146	黄	黄	黄	20.0	圆	直立	有	灰	紫	68.0	披针			
146	黄	黄	黄	25.0	圆	直立	有	灰	紫	75.0	卵圆			
95	黄	黄	黄	16.2	椭圆	直立	有	灰	紫	48.0	卵圆			
96	黄	黄	褐	22.8	圆	直立	有	棕	白	32.0	卵圆			
96	黄	黄	黄	22.0	椭圆	直立	有	灰	紫	46.0	卵圆			
104	黄	黄	黄	17.3	椭圆	直立	无	灰	紫	95.0	卵圆			
98	黄	黄	黄	8.3	圆	直立	有	灰	紫	36.0	卵圆	21.3	41.1	
95	黄	黄	黑		扁椭	直立	有	棕	紫	35.0	圆形			
98	黄	黄	黄		圆	直立	有	灰	紫	39.0	卵圆			
96	黄	黄	黄	17.8	椭圆	直立	有	灰	白	52.0	卵圆			
96	黄	黄	黄		圆	直立	有	灰	紫	41.0	圆形			
114	黄	黄	淡褐	21.5	圆	直立	有	灰	紫	60.0	椭圆	21.1	38.7	
103	黄	黄	褐	23.9	圆	直立			紫		椭圆			
104	黄	黄	褐	13.7	圆	直立	有	灰	白	69.4	椭圆			
100	黄	黄	黄	24.9	圆	直立	有	灰	紫	51.2	椭圆			
119	黄	黄	褐	14.6	扁圆	直立	无	棕	白	171.1	椭圆			
109	黄	黄	淡褐	19.2	圆	直立	有	棕	白	24.7	椭圆			
107	黄	黄	褐	20.3	扁椭	直立	有	棕	紫	92.9	椭圆			
101	黄	黄	褐	21.7	圆	直立	有	灰	紫	46.0				
99	黄	黄	黄	9.1	圆	直立	亚	灰	紫	83.0	椭圆			
100	黄	黄	褐	17.2	椭圆	直立	无	灰	白	133.3	椭圆			
109	黄	黄	黄	11.5	圆	直立	有	灰	紫	41.2	披针			
105	黄	黄	黄	25.3	圆	直立	有	灰	紫	50.8	椭圆	20.0	43.1	
169	黄	黄	褐	19.8	扁圆	直立	有	灰	白		披针			

续表

总编号	品种名称	原产地或来源	保存单位（编号）	类型	生育月份
WDD02170	Jinpurn	韩国	中国农科院作科所(引 1409)	夏	6/下—10/中
WDD02171	Kanglim(刚林)	韩国	中国农科院作科所(引 1410)	夏	6/下—10/中
WDD02172	Mill Kong	韩国	中国农科院作科所(引 1411)	夏	6/下—10/上
WDD02173	Myeong junamul	韩国	中国农科院作科所(引 1412)	夏	6/下—10/上
WDD02174	Namcheon(南川)	韩国	中国农科院作科所(引 1413)	春	
WDD02175	Puseok	韩国	中国农科院作科所(引 1414)	夏	6/下—10/中
WDD02176	Saed	韩国	中国农科院作科所(引 1415)	夏	6/下—10/上
WDD02177	Soyang	韩国	中国农科院作科所(引 1416)	夏	6/下—10/上
WDD02178	Suwon 123(水原 123)	韩国	中国农科院作科所(引 1417)	夏	6/下—10/中
WDD02179	Taihung	韩国	中国农科院作科所(引 1418)		
WDD02180	Kangsu Kong	韩国	中国农科院作科所(引 1419)	夏	6/下—10/上
WDD02181	Togyu(德裕)	韩国	中国农科院作科所(引 1420)	春	
WDD02182	Seokyang(昭阳)	韩国	中国农科院作科所(引 1421)	夏	6/下—10/上
WDD02183	Suwon 193(水原 193)	韩国	中国农科院作科所(引 1422)	夏	6/下—10/下
WDD02184	Geomgeom	韩国	中国农科院作科所(引 1423)	夏	6/下—10/中
WDD02185	Suwon 194(水原 194)	韩国	中国农科院作科所(引 1424)	夏	6/下—10/中
WDD02186	17 加拿大	加拿大	中国农科院作科所(引 1425)	夏	6/下—9/下
WDD02187	19 加拿大	加拿大	中国农科院作科所(引 1426)	夏	6/下—9/下
WDD02188	OAC Clinton	加拿大	中国农科院作科所(引 1427)	夏	6/下—9/下
WDD02189	OAC Oxford	加拿大	中国农科院作科所(引 1428)	夏	6/下—9/下
WDD02190	OAC Stratford	加拿大	中国农科院作科所(引 1429)	夏	6/下—9/下
WDD02191	OAC Vision	加拿大	中国农科院作科所(引 1430)	夏	6/下—9/中
WDD02192	OAC Walton	加拿大	中国农科院作科所(引 1431)	夏	6/下—9/中
WDD02193	Z_2 加拿大	加拿大	中国农科院作科所(引 1432)	夏	6/下—9/下
WDD02194	7499	美国	中国农科院作科所(引 1433)	夏	6/下—10/下
WDD02195	A6-4702	美国	中国农科院作科所(引 1434)	夏	6/下—10/中
WDD02196	D0005	美国	中国农科院作科所(引 1435)	夏	6/下—10/中
WDD02197	Anand	美国	中国农科院作科所(引 1436)	夏	6/下—10/中
WDD02198	D0006	美国	中国农科院作科所(引 1437)	夏	6/下—10/中
WDD02199	Barnes	美国	中国农科院作科所(引 1438)	夏	6/下—9/下
WDD02200	Croton319	美国	中国农科院作科所(引 1439)	夏	6/下—10/上
WDD02201	CX 478	美国	中国农科院作科所(引 1440)	夏	6/下—10/中

生育日数/d	粒色	子叶色	脐色	百粒重/g	粒形	生育习性	结荚习性	茸毛色	花色	植株高度/cm	叶形	脂肪含量/%	蛋白质含量/%	备注
109	黄	黄	黄	22.5	扁圆	直立	有	灰	紫	50.7	椭圆	19.1	43.4	
109	黄	黄	淡褐	17.4	扁圆	直立	有	灰	白	48.2	椭圆			
99	黄	黄	黄	16.9	扁圆	直立	有	灰	紫	38.4	披针			
101	黄	黄	淡褐	17.1	扁椭	直立	有	灰	紫	41.0	披针			
151	黄	黄	褐	16.3	椭圆	直立	有	灰	紫		卵圆			
108	黄	黄	黄	24.3	扁圆	直立	有	灰	紫	43.0	椭圆			
106	黄	黄	黄	27.0	椭圆	直立	有	灰	紫	45.7	披针			
104	黄	黄	褐	19.0	圆	直立	有	棕	白	28.6	椭圆			
114	黄	黄	深褐	16.3	椭圆	直立	有	灰	紫		椭圆			
	黄	黄	褐	16.8	椭圆	直立								
105	黄	黄	黄	19.6	椭圆	直立	无	灰	紫	120.9	椭圆	19.4	43.6	
169	黄	黄	褐	15.2	长椭	直立	亚	灰	紫		椭圆	19.0	44.2	
97	绿	黄	黄	27.0	椭圆	直立	有	灰	白	22.6	椭圆			
119	绿	黄	无	19.9	圆	直立	有	灰	紫	48.6	椭圆	19.0	40.5	
108	黑	黄	黑	30.0	圆	直立	有	灰	白	56.7	椭圆	18.9	44.4	
107	黑	黄	黑	28.1	椭圆	直立	有	棕	紫	56.8	椭圆			
90	黄	黄	黄	14.4	扁椭	直立	亚	灰	紫	85.4	椭圆	20.6	41.2	
96	黄	黄	黄	17.4	圆	直立	有	灰	紫	82.1	椭圆	20.0	44.5	
89	黄	黄	黄	11.2	椭圆	直立	亚	棕	紫	89.0	椭圆	21.3	39.5	
88	黄	黄	黄	16.2	椭圆	直立	有	棕	紫	98.6	椭圆			
89	黄	黄	褐	16.4	椭圆	直立	亚	灰	紫	95.5	椭圆	20.9	43.2	
81	黄	黄	黄	15.9	椭圆	直立	有	棕	紫	72.3	椭圆			
83	黄	黄	褐	12.5	椭圆	直立	有	棕	紫	94.2	椭圆	21.7	41.1	
88	黄	黄	黄	12.2	扁椭	直立	有	棕	紫	78.0	椭圆			
119	黄	黄	黑	15.8	扁圆	直立	无	棕	紫	128.0	椭圆	20.5	39.6	
109	黄	黄	黑	15.3	扁圆	直立	无	棕	白	92.5	椭圆	20.9	41.2	
112	黄	黄	黑	13.9	圆	直立	无	棕	紫	104.3	椭圆			
112	黄	黄	黑	18.3	圆	直立	有	棕	紫	58.4	椭圆			
116	黄	黄	褐	16.6	扁椭	直立	有	灰	紫	76.3	椭圆	20.2	42.5	
96	黄	黄	淡褐	18.0	椭圆	直立	有	灰	紫	65.4	椭圆	22.5	40.1	
104	黄	黄	黑	14.8	椭圆	直立	亚	棕	白	109.0	椭圆	20.6	43.0	
107	黄	黄	黑	16.0	椭圆	直立	无	棕	白	127.6	椭圆	21.5	39.8	

续表

总编号	品种名称	原产地或来源	保存单位（编号）	类型	生育月份
WDD02202	Darby	美国	中国农科院作科所(引 1441)	夏	6/下—10/上
WDD02203	Defiance	美国	中国农科院作科所(引 1442)	夏	6/下—10/上
WDD02204	Delsoy5710	美国	中国农科院作科所(引 1443)	夏	6/下—10/上
WDD02205	D0007	美国	中国农科院作科所(引 1444)	夏	6/下—10/中
WDD02206	D0008	美国	中国农科院作科所(引 1445)	夏	6/下—10/中
WDD02207	Fiskeby 1040-4-2	美国	中国农科院作科所(引 1446)	夏	6/下—9/中
WDD02208	Fowler	美国	中国农科院作科所(引 1447)	夏	6/下—10/上
WDD02209	Grahite	美国	中国农科院作科所(引 1448)	夏	6/下—10/上
WDD02210	D0009	美国	中国农科院作科所(引 1449)	夏	6/下—10/中
WDD02211	D0010	美国	中国农科院作科所(引 1450)	夏	6/下—10/下
WDD02212	D0011	美国	中国农科院作科所(引 1451)	夏	6/下—10/下
WDD02213	HF93-035	美国	中国农科院作科所(引 1452)	夏	6/下—10/上
WDD02214	HF93-083	美国	中国农科院作科所(引 1453)	夏	6/下—10/上
WDD02215	D0012	美国	中国农科院作科所(引 1454)	夏	6/下—10/上
WDD02216	D0013	美国	中国农科院作科所(引 1455)	夏	6/下—10/上
WDD02217	Hourei	美国	中国农科院作科所(引 1456)	夏	6/下—10/中
WDD02218	HS93-4118	美国	中国农科院作科所(引 1457)	夏	6/下—10/上
WDD02219	Kottman	美国	中国农科院作科所(引 1458)	夏	6/下—10/上
WDD02220	Kovean	美国	中国农科院作科所(引 1459)	夏	6/下—10/上
WDD02221	L2-3	美国	中国农科院作科所(引 1460)	夏	6/下—9/下
WDD02222	L62-667	美国	中国农科院作科所(引 1461)	夏	6/下—10/上
WDD02223	L64-7584	美国	中国农科院作科所(引 1462)	夏	6/下—10/上
WDD02224	L69-3207	美国	中国农科院作科所(引 1463)	夏	6/下—10/上
WDD02225	L72-920	美国	中国农科院作科所(引 1464)	夏	6/下—9/下
WDD02226	L94-51	美国	中国农科院作科所(引 1465)	夏	6/下—9/下
WDD02227	L96-4659	美国	中国农科院作科所(引 1466)	夏	6/下—10/上
WDD02228	L97-2076	美国	中国农科院作科所(引 1467)	夏	6/下—10/上
WDD02229	L97-4081	美国	中国农科院作科所(引 1468)	夏	6/下—10/下
WDD02230	LN92-7369	美国	中国农科院作科所(引 1469)	夏	6/下—9/下
WDD02231	Loda	美国	中国农科院作科所(引 1470)	夏	6/下—10/上
WDD02232	LS90-1920	美国	中国农科院作科所(引 1471)	夏	6/下—10/上
WDD02233	LS92-1800	美国	中国农科院作科所(引 1472)	夏	6/下—10/上

生育日数/d	粒色	子叶色	脐色	百粒重/g	粒形	生育习性	结荚习性	茸毛色	花色	植株高度/cm	叶形	脂肪含量/%	蛋白质含量/%	备注
102	黄	黄	黑	13.7	圆	直立	亚	棕	白	89.7	椭圆	22.6	38.4	
103	黄	黄	黑	18.5	椭圆	直立	无	灰	紫	101.1	椭圆	21.5	42.6	
104	黄	黄	深褐	18.7	椭圆	直立	有	棕	白	40.1	椭圆	20.6	42.1	
115	黄	黄	褐	13.8	圆	直立	有	灰	白	76.0	椭圆	19.4	42.1	
113	黄	黄	褐	15.8	圆	直立	有	灰	紫	61.0	椭圆			
80	黄	黄	褐	15.1	椭圆	直立	有	棕	紫	38.6	椭圆	20.2	44.0	
102	黄	黄	黑	13.3	椭圆	直立	无	灰	紫	92.0	椭圆	21.5	42.2	
101	黄	黄	褐	15.5	椭圆	直立	亚	灰	紫	94.5	椭圆	21.7	41.0	
115	黄	黄	褐	13.0	圆	直立	有	灰	白	61.9	椭圆	20.2	42.4	
118	黄	黄	褐	12.9	扁椭	直立			紫		椭圆	21.4	39.6	
119	黄	黄	黑	13.6	椭圆	直立	有	棕	紫	94.8	椭圆	19.6	41.3	
104	黄	黄	黑	19.4	椭圆	直立	无	灰	紫	103.5	圆形	21.1	42.2	
102	黄	黄	褐	15.5	椭圆	直立	无	灰	紫	131.7	椭圆	21.7	39.1	
105	黄	黄	黑	16.2	圆	直立	有	灰	紫	69.5	椭圆	19.6	43.5	
104	黄	黄	黑	18.2	椭圆	直立	有	灰	紫	63.8	椭圆			
110	黄	黄	黄	24.1	圆	直立	有	灰	紫	43.4	椭圆			
101	黄	黄	黑	14.3	椭圆	直立	亚	棕	白	82.1	椭圆	21.0	41.0	
104	黄	黄	黑	17.9	椭圆	直立	亚	棕	白	83.5	椭圆	21.3	43.0	
99	黄	黄	黑	19.3	圆	直立	有	棕	紫	63.6	椭圆	19.8	42.5	
90	黄	黄	黑	12.7	扁椭	直立	有	棕	紫	73.2	椭圆	20.8	43.0	
97	黄	黄	黄	15.9	圆	直立	有	灰	紫	101.3	椭圆			
101	黄	黄	黄	13.9	椭圆	直立	无	灰	紫	133.7	椭圆	19.8	43.7	
103	黄	黄	黑	14.2	圆	直立	有	棕	紫	45.2	椭圆	20.7	40.8	
96	黄	黄	黑	15.3	圆	直立	有	棕	紫	79.1	椭圆	22.2	41.8	
92	黄	黄	黄	15.7	椭圆	直立	有	灰	紫	34.7	椭圆	20.5	44.7	
99	绿	黄	黑	16.5	圆	直立	亚	棕	紫	109.1	椭圆	20.7	42.1	
101	黄	黄	黑	17.6	圆	直立	有	棕	紫	84.2	椭圆	20.0	46.4	
118	黄	黄	深褐	16.8	圆	直立	亚	灰	紫	106.3	椭圆	19.8	42.2	
96	黄	黄	黑	18.2	椭圆	直立	有	棕	紫	68.7	圆形	19.9	44.1	
104	黄	黄	淡褐	18.2	椭圆	直立	亚	灰	紫	85.5	椭圆	21.2	40.9	
105	黄	黄	褐	14.0	圆	直立	有	棕	紫	59.4	椭圆	21.4	39.5	
104	黄	黄	黑	14.4	椭圆	直立	亚	棕	白	112.5	椭圆	20.9	40.9	

续表

总编号	品种名称	原产地或来源	保存单位（编号）	类型	生育月份
WDD02234	MN0901	美国	中国农科院作科所(引 1473)	夏	6/下—9/下
WDD02235	MN1302	美国	中国农科院作科所(引 1474)	夏	6/下—9/下
WDD02236	MN1401	美国	中国农科院作科所(引 1475)	夏	6/下—9/下
WDD02237	MN1801	美国	中国农科院作科所(引 1476)	夏	6/下—9/下
WDD02238	MN1900	美国	中国农科院作科所(引 1477)	夏	6/下—9/下
WDD02239	NE1900	美国	中国农科院作科所(引 1478)	夏	6/下—10/上
WDD02240	NE3297	美国	中国农科院作科所(引 1479)	夏	6/下—10/上
WDD02241	NE3399	美国	中国农科院作科所(引 1480)	夏	6/下—10/上
WDD02242	NE3400	美国	中国农科院作科所(引 1481)	夏	6/下—10/上
WDD02243	Nikir	美国	中国农科院作科所(引 1482)	夏	6/下—10/上
WDD02244	Olympus	美国	中国农科院作科所(引 1483)	夏	6/下—10/上
WDD02245	Omaha	美国	中国农科院作科所(引 1484)	夏	6/下—10/上
WDD02246	OT89-5	加拿大	中国农科院作科所(引 1485)	夏	6/下—9/下
WDD02247	OT93-26	加拿大	中国农科院作科所(引 1486)	夏	6/下—9/下
WDD02248	OT93-28	加拿大	中国农科院作科所(引 1487)	夏	6/下—10/上
WDD02249	OT94-41	加拿大	中国农科院作科所(引 1488)	夏	6/下—9/下
WDD02250	OT94-47	加拿大	中国农科院作科所(引 1489)	夏	6/下—10/上
WDD02251	OT94-49	加拿大	中国农科院作科所(引 1490)	夏	6/下—10/上
WDD02252	D0014	美国	中国农科院作科所(引 1491)	夏	6/下—10/中
WDD02253	Pace	美国	中国农科院作科所(引 1492)	夏	6/下—10/中
WDD02254	D0015	美国	中国农科院作科所(引 1493)	夏	6/下—10/下
WDD02255	D0016	美国	中国农科院作科所(引 1494)	夏	6/下—10/下
WDD02256	D0017	美国	中国农科院作科所(引 1495)	夏	6/下—10/中
WDD02257	D0018	美国	中国农科院作科所(引 1496)	夏	6/下—10/中
WDD02258	D0019	美国	中国农科院作科所(引 1497)	夏	6/下—10/中
WDD02259	Stout	美国	中国农科院作科所(引 1498)	夏	6/下—10/上
WDD02260	Strong	美国	中国农科院作科所(引 1499)	夏	6/下—10/上
WDD02261	Tiffin	美国	中国农科院作科所(引 1500)	夏	6/下—10/上
WDD02262	Titan	美国	中国农科院作科所(引 1501)	夏	6/下—9/下
WDD02263	TN4-94	美国	中国农科院作科所(引 1502)	夏	6/下—10/中
WDD02264	Traill	美国	中国农科院作科所(引 1503)	夏	6/下—9/中
WDD02265	Troll	美国	中国农科院作科所(引 1504)	夏	6/下—10/上

生育日数/d	粒色	子叶色	脐色	百粒重/g	粒形	生育习性	结荚习性	茸毛色	花色	植株高度/cm	叶形	脂肪含量/%	蛋白质含量/%	备注
95	黄	黄	黄	17.2	椭圆	直立	有	灰	白	70.4	卵圆	21.7	41.4	
96	黄	黄	黄	16.3	椭圆	直立	有	灰	紫	60.1	椭圆			
88	黄	黄	黑	16.2	椭圆	直立	亚	棕	紫	97.0	椭圆			
89	黄	黄	黄	13.1	圆	直立	有	灰	紫	93.2	椭圆			
96	黄	黄	黄	15.4	椭圆	直立	亚	灰	白	96.0	椭圆	22.7	39.1	
101	黄	黄	褐	13.6	椭圆	直立	亚	灰	白	86.3	椭圆			
103	黄	黄	褐	16.5	椭圆	直立	无	棕	白	112.8	椭圆	20.7	42.0	
104	黄	黄	黑	14.5	圆	直立	无	棕	白	97.0	椭圆	21.5	41.1	
104	黄	黄	褐	15.6	圆	直立	亚	灰	紫	94.0	椭圆	20.4	42.9	
102	黄	黄	黄	12.8	圆	直立	无	灰	紫	87.4	卵圆	21.8	39.3	
101	黄	黄	黑	14.4	圆	直立	亚	棕	紫	92.1	椭圆	20.9	40.7	
105	黄	黄	黑	15.4	椭圆	直立	亚	棕	紫	92.8	椭圆	22.1	39.7	
96	黄	黄	黄	14.4	椭圆	直立	无	棕	紫	139.6	椭圆	20.3	43.8	
95	黄	黄	黄	13.2	椭圆	直立	无	棕	紫	141.2	椭圆	20.0	47.2	
101	黄	黄	黄	15.2	椭圆	直立	无	灰	紫	107.0	椭圆			
89	黄	黄	黄	12.7	圆	直立	无	灰	紫	141.8	椭圆	19.8	43.6	
104	黄	黄	黄	19.3	椭圆	直立	有	灰	白	85.0	椭圆	18.8	43.4	
100	黄	黄	黄	16.1	椭圆	直立	有	棕	紫	52.1	椭圆	19.0	45.2	
112	黄	黄	黑	15.2	椭圆	直立	亚	棕	白	92.7	椭圆	20.6	40.7	
113	黄	黄	褐	14.6	圆	直立	亚	棕	白	100.5	椭圆	19.9	41.1	
117	黄	黄	褐	14.6	圆	直立	有	灰	白	90.1	椭圆			
118	黄	黄	褐	18.2	圆	直立	有	灰	紫	71.2	椭圆			
114	黄	黄	褐	15.5	圆	直立	有	灰	紫	62.6	椭圆	19.5	41.5	
109	黄	黄	褐	15.8	圆	直立	有	灰	紫	72.4	椭圆	19.6	42.9	
109	黄	黄	褐	15.0	圆	直立	有	灰	白	65.0	椭圆			
103	黄	黄	黑	17.5	圆	直立	有	棕	白	45.5	椭圆	21.2	40.7	
105	黄	黄	黑	18.4	椭圆	直立	有	棕	白	36.5	椭圆	22.3	40.0	
101	黄	黄	黑	14.7	椭圆	直立	亚	灰	紫	93.9	椭圆	21.7	38.7	
90	黄	黄	黑	14.4	椭圆	直立	有	棕	紫	72.5	椭圆			
112	黄	黄	深褐	13.9	圆	直立	无	灰	紫	125.0	椭圆	21.4	37.3	
85	黄	黄	黄	11.5	椭圆	直立	有	棕	紫	64.0	卵圆	18.8	46.5	
104	黄	黄	黑	19.9	椭圆	直立	有	棕	白	40.2	椭圆	21.3	39.2	

续表

总编号	品种名称	原产地或来源	保存单位（编号）	类型	生育月份
WDD02266	D0020	美国	中国农科院作科所(引 1505)	夏	6/下—10/中
WDD02267	UM3	美国	中国农科院作科所(引 1506)	夏	6/下—9/中
WDD02268	Low linolenic acid	美国	中国农科院作科所(引 1507)	夏	6/下—9/下
WDD02269	D0021	美国	中国农科院作科所(引 1508)	夏	6/下—10/中
WDD02270	D0022	美国	中国农科院作科所(引 1509)	夏	6/下—10/中
WDD02271	PI88287 Mosheto	美国	中国农科院作科所(引 1510)	夏	6/下—9/下
WDD02272	玉誉	日本	中国农科院作科所(引 1511)	夏	6/下—10/上
WDD02273	E-m	日本	中国农科院作科所(引 1512)	夏	6/下—9/中
WDD02274	Enrei	日本	中国农科院作科所(引 1513)	夏	6/下—10/上
WDD02275	Fukuyutaka	日本	中国农科院作科所(引 1514)		
WDD02276	Ichihime	日本	中国农科院作科所(引 1515)	夏	6/下—10/上
WDD02277	Minawashima	日本	中国农科院作科所(引 1516)	夏	6/下—9/中
WDD02278	Shirofami	日本	中国农科院作科所(引 1517)	夏	6/下—10/上
WDD02279	Shironomai	日本	中国农科院作科所(引 1518)	夏	6/下—9/下
WDD02280	白妙	日本	中国农科院作科所(引 1519)	夏	6/下—10/中
WDD02281	滨锦极早生	日本	中国农科院作科所(引 1520)	夏	6/下—10/上
WDD02282	丹丽	日本	中国农科院作科所(引 1521)	夏	6/下—10/上
WDD02283	东北 124	日本	中国农科院作科所(引 1522)	夏	6/下—10/上
WDD02284	福典	日本	中国农科院作科所(引 1523)	夏	6/下—10/中
WDD02285	富意豆	日本	中国农科院作科所(引 1524)	夏	6/下—10/中
WDD02286	关东 102	日本	中国农科院作科所(引 1525)	夏	6/下—10/上
WDD02287	九州 119	日本	中国农科院作科所(引 1526)	夏	6/下—10/上
WDD02288	立长叶	日本	中国农科院作科所(引 1527)	夏	6/下—10/上
WDD02289	美焉大豆	日本	中国农科院作科所(引 1528)	夏	6/下—10/中
WDD02290	玉光	日本	中国农科院作科所(引 1529)	夏	6/下—10/中
WDD02291	中生千成	日本	中国农科院作科所(引 1530)	夏	6/下—10/中
WDD02292	中特 1 号	日本	中国农科院作科所(引 1531)	夏	6/下—10/上
WDD02293	日本青	日本	中国农科院作科所(引 1532)	夏	6/下—9/下
WDD02294	Tengamine	日本	中国农科院作科所(引 1533)	夏	6/下—9/下
WDD02295	169 枝豆	日本	中国农科院作科所(引 1534)	夏	6/下—9/下
WDD02296	北海道	日本	中国农科院作科所(引 1535)	夏	6/下—9/下
WDD02297	雪娘	日本	中国农科院作科所(引 1536)	夏	6/下—9/下

生育日数/d	粒色	子叶色	脐色	百粒重/g	粒形	生育习性	结荚习性	茸毛色	花色	植株高度/cm	叶形	脂肪含量/%	蛋白质含量/%	备注
114	黄	黄	褐	13.0	扁圆	直立	有	灰	白	73.9	椭圆	20.3	40.6	
79	黄	黄	黄	7.4	圆	直立	有	棕	白	28.5	卵圆			
95	黄	黄	黑	13.0	椭圆	直立	有	棕	紫	64.0	椭圆			
116	黄	黄	淡褐	14.1	圆	直立	有	灰	白	69.4	椭圆			
112	黄	黄	褐	14.5	圆	直立	有	灰	白	75.5	椭圆	20.1	40.8	
96	褐	黄	褐	11.1	扁椭	直立	无	灰	紫	125.0	椭圆			
106	黄	黄	褐	11.2	圆	直立	有	灰	白	41.0	椭圆	18.1	41.8	
85	黄	黄	黄	25.6	椭圆	直立	有	灰	白	29.1	椭圆	18.6	44.8	
105	黄	黄	黄	27.7	椭圆	直立	有	灰	紫	48.5	椭圆			
	黄	黄	褐	25.6	椭圆	直立								
105	黄	黄	黄	19.8	扁圆	直立			紫		椭圆			
85	黄	黄	黄	22.6	椭圆	直立	有	灰	白	25.3	椭圆	18.4	46.3	
104	黄	黄	黄	25.0	椭圆	直立	亚	灰	紫	127.8	椭圆	20.3	43.1	
94	黄	黄	黄	26.4	圆	直立	有	灰	紫	36.3	椭圆	20.7	41.2	
111	黄	黄	黄	26.9	圆	直立	有	棕	白	66.7	椭圆	17.0	46.0	
99	黄	黄	黄	28.6	圆	直立	有	灰	紫	44.3	椭圆	21.5	39.4	
105	黄	黄	黑	19.5	圆	直立	有	灰	紫	58.1	椭圆	19.5	45.1	
98	黄	黄	黄	19.3	圆	直立	有	灰	紫	60.1	椭圆	20.6	41.6	
113	黄	黄	淡褐	21.6	圆	直立	有	灰	紫	91.6	椭圆	19.0	44.1	
108	黄	黄	黄	27.1	圆	直立	有	灰	紫	33.9	椭圆	18.5	43.4	
106	黄	黄	黄	21.4	椭圆	直立	有	灰	紫	45.3	椭圆			
102	黄	黄	黄	19.9	扁圆	直立	有	灰	紫	39.2	椭圆			
103	黄	黄	黄	28.5	扁圆	直立	有	灰	紫	41.8		18.0	45.2	
112	黄	黄	黄	30.3	圆	直立	有	灰	紫	58.4	椭圆	18.2	44.2	
112	黄	黄	黄	26.6	圆	直立	有	灰	白	71.3	椭圆	18.0	41.8	
111	黄	黄	黄	21.1	圆	直立	有	灰	紫	67.6	椭圆	18.5	43.8	
106	黄	黄	黄	23.9	圆	直立	有	灰	紫	48.8	椭圆			
92	绿	黄	黄	25.3	扁圆	直立	有	灰	白	24.0	椭圆	20.7	42.6	
91	绿	黄	黄	26.7	圆	直立	有	灰	白	40.8		20.5	41.4	
93	绿	黄	黄	35.0	圆	直立	有	灰	白	35.4	椭圆	20.0	41.0	
92	黄	黄	黄	22.8	扁圆	直立	有	灰	紫	52.5	椭圆			
93	绿	黄	淡褐	38.1	圆	直立	有	灰	白	35.6	椭圆			

续表

总编号	品种名称	原产地或来源	保存单位（编号）	类型	生育月份
WDD02298	札幌绿	日本	中国农科院作科所(引 1537)	夏	6/下—9/中
WDD02299	Ardia	意大利	中国农科院作科所(引 1538)	夏	6/下—9/下
WDD02300	Asperia	意大利	中国农科院作科所(引 1539)	夏	6/下—9/下
WDD02301	Casa	意大利	中国农科院作科所(引 1540)	夏	6/下—10/上
WDD02302	Dekabig	意大利	中国农科院作科所(引 1541)	夏	6/下—10/上
WDD02303	Dekafast	意大利	中国农科院作科所(引 1542)	夏	6/下—9/下
WDD02304	Elvir	意大利	中国农科院作科所(引 1543)	夏	6/下—10/上
WDD02305	Fax	意大利	中国农科院作科所(引 1544)	夏	6/下—9/下
WDD02306	Macao	意大利	中国农科院作科所(引 1545)	夏	6/下—10/上
WDD02307	Ocean	意大利	中国农科院作科所(引 1546)	夏	6/下—10/上
WDD02308	Osaka	意大利	中国农科院作科所(引 1547)	夏	6/下—10/上
WDD02309	Taira	意大利	中国农科院作科所(引 1548)	夏	6/下—9/下
WDD02310	意 3	意大利	中国农科院作科所(引 1549)	夏	6/下—9/下
WDD02311	意 1	意大利	中国农科院作科所(引 1550)	夏	6/下—10/上
WDD02312	BR/IAC-21	巴西	中国农科院油料所(引 001)	夏	6/上—11/上
WDD02313	MG/BR-46	巴西	中国农科院油料所(引 002)	夏	6/上—10/中
WDD02314	MG/BR-48	巴西	中国农科院油料所(引 003)	夏	6/上—10/中
WDD02315	MG/BR-56	巴西	中国农科院油料所(引 004)	夏	6/上—10/中
WDD02316	UFV-16	巴西	中国农科院油料所(引 005)	夏	6/上—10/中
WDD02317	UFV-17	巴西	中国农科院油料所(引 006)	夏	6/上—10/中
WDD02318	BRS 132	巴西	中国农科院油料所(引 007)	夏	6/上—10/中
WDD02319	BRS 133	巴西	中国农科院油料所(引 008)	夏	6/上—10/中
WDD02320	BRS 134	巴西	中国农科院油料所(引 009)	夏	6/上—10/中
WDD02321	BRS 135	巴西	中国农科院油料所(引 010)	夏	6/上—10/中
WDD02322	BRS 155	巴西	中国农科院油料所(引 011)	夏	6/上—10/中
WDD02323	BRS 156	巴西	中国农科院油料所(引 012)	夏	6/上—10/中
WDD02324	BRS 157	巴西	中国农科院油料所(引 013)	夏	6/上—10/中
WDD02325	CONFIANGA	巴西	中国农科院油料所(引 014)	夏	6/上—10/中
WDD02326	CONQUSTA	巴西	中国农科院油料所(引 015)	夏	6/上—11/上
WDD02327	EMBRAPA 20	巴西	中国农科院油料所(引 016)	夏	6/上—10/下
WDD02328	EMBRAPA 48	巴西	中国农科院油料所(引 017)	夏	6/上—10/中
WDD02329	EMBRAPA 58	巴西	中国农科院油料所(引 018)	夏	6/上—10/中

生育日数/d	粒色	子叶色	脐色	百粒重/g	粒形	生育习性	结荚习性	茸毛色	花色	植株高度/cm	叶形	脂肪含量/%	蛋白质含量/%	备注
85	绿	黄	深褐	35.0	圆	直立	有	灰	白	38.0	卵圆	20.6	41.3	
96	黄	黄	黑	14.8	椭圆	直立	有	棕	紫	83.9	椭圆	21.0	42.1	
94	黄	黄	黑	12.3	椭圆	直立	有	棕	紫	75.1	椭圆			
99	黄	黄	褐	13.6	椭圆	直立	亚	棕	紫	72.2	椭圆	21.2	41.9	
102	黄	黄	黑	16.3	扁圆	直立	亚	棕	紫	105.2	椭圆	19.4	44.6	
96	黄	黄	黑	11.8	扁圆	直立	亚	棕	紫	71.2	椭圆			
99	黄	黄	黑	13.6	扁圆	直立	亚	棕	紫	76.5	椭圆	21.3	43.1	
96	黄	黄	褐	13.4	椭圆	直立	有	棕	紫	85.7	椭圆			
99	黄	黄	淡褐	18.8	圆	直立	有	灰	紫	79.4	椭圆	21.5	41.1	
98	黄	黄	淡褐	12.0	扁圆	直立	有	棕	白	87.5	椭圆	22.5	40.3	
103	黄	黄	褐	13.3	扁椭	直立	亚	灰	紫	63.0	椭圆			
95	黄	黄	淡褐	14.4	椭圆	直立	亚	棕	紫	73.5	椭圆	21.3	42.2	
90	黄	黄	黑	14.9	扁椭	直立	有	棕	紫	69.6	椭圆			
98	黄	黄	黄	13.6	扁椭	直立	无	灰	紫	106.1	椭圆	21.5	39.0	
149	黄	黄	黑	12.0	椭圆	直立	有	棕	紫	74.7	椭圆			
132	绿	黄	黑	16.3	椭圆	直立	有	棕	紫	72.6	椭圆			
132	黄	黄	褐	14.0	椭圆	直立	有	棕	白	63.6	椭圆			
132	黄	黄	褐	13.7	圆	直立	有	棕	白	61.7	椭圆			
132	黄	黄	黑	13.0	椭圆	直立	无	棕	白	97.0	椭圆			
132	黄	黄	褐	15.0	扁圆	直立	有	棕	紫	75.5	椭圆			
132	黄	黄	褐	13.4	扁圆	直立	有	灰	白	45.7	椭圆	24.4	34.7	
132	黄	黄	深褐	13.0	圆	直立	有	棕	白	57.4	椭圆			
132	黄	黄	褐	10.8	圆	直立	有	棕	白	50.7	卵圆			
132	黄	黄	淡褐	12.7	扁圆	直立	有	棕	紫	60.1	椭圆			
132	黄	黄	褐	13.0	圆	直立	有	灰	白	54.4	椭圆			
132	黄	黄	褐	11.2	扁圆	直立	有	棕	白	55.2	椭圆			
132	黄	黄	褐	14.0	圆	直立	有	棕	白	58.5	椭圆			
132	黄	黄	淡褐	15.9	圆	直立	有	棕	紫	55.4	椭圆			
149	绿	黄	黑	14.7	椭圆	直立	有	棕	紫	64.7	椭圆			
138	绿	黄	褐	14.9	圆	直立	有	棕	白	64.4	椭圆			
132	黄	黄	淡褐	14.4	椭圆	直立	亚	灰	白	48.0	椭圆			
132	黄	黄	淡褐	12.1	圆	直立	有	灰	白	40.1	椭圆			

续表

总编号	品种名称	原产地或来源	保存单位（编号）	类型	生育月份
WDD02330	EMBRAPA 59	巴西	中国农科院油料所(引 019)	夏	6/上—10/下
WDD02331	EMBRAPA 60	巴西	中国农科院油料所(引 020)	夏	6/上—10/下
WDD02332	EMGQRA-314	巴西	中国农科院油料所(引 021)	夏	6/上—11/上
WDD02333	EMGQRA-315	巴西	中国农科院油料所(引 022)	夏	6/上—10/下
WDD02334	FT-106	巴西	中国农科院油料所(引 023)	夏	6/上—11/上
WDD02335	MG/BR	巴西	中国农科院油料所(引 024)	夏	6/上—11/上
WDD02336	MQT/BR-45	巴西	中国农科院油料所(引 025)	夏	6/上—11/上
WDD02337	MT/BR-51	巴西	中国农科院油料所(引 026)	夏	6/上—11/上
WDD02338	MT/BR-52	巴西	中国农科院油料所(引 027)	夏	6/上—10/下
WDD02339	MT/BR-55	巴西	中国农科院油料所(引 028)	夏	6/上—10/下
WDD02340	MT/BRS-63	巴西	中国农科院油料所(引 029)	夏	6/上—11/上
WDD02341	VENCEDORA	巴西	中国农科院油料所(引 030)	夏	6/上—11/上
WDD02342	AGS330	亚蔬	中国农科院作科所(引 1551)	夏	6/中—10/上
WDD02343	AGS331	亚蔬	中国农科院作科所(引 1552)	夏	6/中—10/上
WDD02344	AGS333	亚蔬	中国农科院作科所(引 1553)	夏	6/上—10/中
WDD02345	AGS351	亚蔬	中国农科院作科所(引 1554)	夏	6/上—10/中
WDD02346	DT98-2448	亚蔬	中国农科院作科所(引 1555)	夏	6/上—9/下
WDD02347	亚蔬 81-55	亚蔬	中国农科院作科所(引 1556)	夏	6/上—10/中
WDD02348	Geamkang	韩国	中国农科院作科所(引 1557)	夏	6/下—10/上
WDD02349	Purean	韩国	中国农科院作科所(引 1558)	夏	6/下—10/上
WDD02350	KPS292(AGS292)	日本	中国农科院作科所(引 1559)	春	4/上—6/下
WDD02351	Miyako white	日本	中国农科院作科所(引 1560)	夏	6/上—11/上
WDD02352	Sackyutaka	日本	中国农科院作科所(引 1561)	夏	6/下—10/下
WDD02353	Tim	日本	中国农科院作科所(引 1562)	夏	6/下—10/上
WDD02354	Toruchon	日本	中国农科院作科所(引 1563)	夏	6/下—9/下
WDD02355	Yumeyutaka	日本	中国农科院作科所(引 1564)	夏	6/下—10/上
WDD02356	白小粒	日本	中国农科院作科所(引 1565)	夏	6/下—10/上
WDD02357	丸小粒	日本	中国农科院作科所(引 1566)	夏	6/中—9/下
WDD02358	キョシトソ	日本	中国农科院作科所(引 1567)	夏	6/下—10/下
WDD02359	吉岗大粒	日本	中国农科院作科所(引 1568)	春	4/上—7/中
WDD02360	莢香	日本	中国农科院作科所(引 1569)	夏	6/下—10/下
WDD02361	日本绿	日本	中国农科院作科所(引 1570)	夏	6/下—10/上

生育日数/d	粒色	子叶色	脐色	百粒重/g	粒形	生育习性	结荚习性	茸毛色	花色	植株高度/cm	叶形	脂肪含量/%	蛋白质含量/%	备注
138	黄	黄	褐	15.8	扁圆	直立	亚	棕	紫	47.8	椭圆			
138	绿	黄	淡褐	13.8	圆	直立	亚	灰	白	47.4	椭圆			
149	黄	黄	褐	8.7	椭圆	直立	亚	棕	紫	88.8	椭圆			
138	绿	黄	黑	10.2	圆	直立	亚	棕	白	67.7	椭圆			
149	绿	黄	淡褐	13.3	圆	直立	有	灰	白	62.7	卵圆			
149	绿	黄	黑	17.6	圆	直立	亚	棕	紫	65.9	椭圆			
149	黄	黄	褐	13.9	椭圆	直立	亚	棕	白	69.2	椭圆			
149	黄	黄	淡褐	11.7	圆	直立	亚	灰	紫	60.4	椭圆			
138	黄	黄	淡褐	9.0	圆	直立	无	灰	紫	73.3	椭圆			
138	绿	黄	淡褐	10.6	椭圆	直立	有	棕	白	73.4	椭圆			
149	黄	黄	褐	10.7	椭圆	直立	亚	灰	白	79.2	椭圆			
149	绿	黄	褐	16.2	圆	直立	亚	棕	紫	59.3	椭圆			
107	绿	黄	黄	30.0	圆	直立	有	灰	白	58.2	卵圆	21.4	43.3	
107	绿	黄	黄	36.4	圆	直立	有	灰	白	60.8	卵圆	19.6	42.7	
132	黄	黄	褐	15.8	圆	直立	亚	灰	紫	102.6	椭圆	21.5	41.7	
132	黄	黄	褐	15.3	圆	直立	无	灰	紫	88.9	披针			
106	黄	黄	淡褐	12.7	扁椭	直立	有	灰	白	93.6	椭圆	19.2	44.1	
132	黄	黄	深褐	17.7	圆	直立	无	灰	紫	104.5	披针	22.5	40.0	
103	黄	黄	褐	21.3	圆	直立	有	灰	紫	52.2	披针	19.7	42.4	
101	绿	绿	褐	10.9	圆	直立	无	棕	白	103.4	椭圆	21.3	41.4	
80	黄	黄	黄	30.0	圆	直立	有	灰	紫	27.8	卵圆	21.0	42.0	
150	黄	黄	黑	8.6	椭圆	半直	无	棕	紫	142.0	椭圆	20.7	40.1	
119	黄	黄	淡褐	25.4	圆	直立	有	棕	紫	69.9	椭圆	19.1	44.9	
97	黄	黄	黄	19.7	椭圆	直立	有	灰	紫	66.4	椭圆	21.9	38.1	
95	黄	黄	淡褐	20.9	圆	直立	有	灰	白	66.5	椭圆	19.7	41.8	
105	黄	黄	黄	23.4	扁圆	直立	有	灰	紫	38.3	椭圆	19.8	42.1	
97	黄	黄	褐	13.6	椭圆	直立	有	棕	紫	51.5	椭圆	21.1	37.2	
110	黄	黄	淡褐	14.6	椭圆	直立	有	棕	紫	33.8	卵圆	19.3	41.2	
119	绿	绿	淡褐	25.8	椭圆	直立	有	灰	白	71.2	椭圆	19.3	41.3	
105	绿	黄	深褐	36.0	圆	直立	有	棕	紫	20.7	卵圆	21.3	40.6	
119	绿	绿	褐	29.2	扁圆	直立	有	灰	紫	74.2	椭圆	19.9	41.7	
101	绿	绿	深褐	29.1	椭圆	直立	有	灰	紫	22.7	椭圆	19.9	44.1	

续表

总编号	品种名称	原产地或来源	保存单位（编号）	类型	生育月份
WDD02362	锦秋	日本	中国农科院作科所(引 1571)	夏	6/中—10/上
WDD02363	YJ013324	尼泊尔	中国农科院作科所(引 1572)	夏	6/下—11/上
WDD02364	YJ013325	尼泊尔	中国农科院作科所(引 1573)	夏	6/下—11/上
WDD02365	YJ013352	尼泊尔	中国农科院作科所(引 1574)	夏	6/下—10/中
WDD02366	YJ013354	尼泊尔	中国农科院作科所(引 1575)	夏	6/下—10/中
WDD02367	YJ013355	尼泊尔	中国农科院作科所(引 1576)	夏	6/下—10/下
WDD02368	POZNME98-175	波兰	中国农科院作科所(引 1577)	夏	6/上—9/中
WDD02369	POZNME98-78	波兰	中国农科院作科所(引 1578)	夏	6/上—8/中
WDD02370	N01	东欧	中国农科院作科所(引 1579)	夏	6/下—9/上
WDD02371	N03	东欧	中国农科院作科所(引 1580)	夏	6/下—9/上
WDD02372	N04	东欧	中国农科院作科所(引 1581)	夏	6/下—9/上
WDD02373	N05	东欧	中国农科院作科所(引 1582)	夏	6/下—9/上
WDD02374	N06	东欧	中国农科院作科所(引 1583)	夏	6/下—9/上
WDD02375	N07	东欧	中国农科院作科所(引 1584)	夏	6/下—9/上
WDD02376	N08	东欧	中国农科院作科所(引 1585)	夏	6/下—9/中
WDD02377	N09	东欧	中国农科院作科所(引 1586)	夏	6/下—9/中
WDD02378	N10	东欧	中国农科院作科所(引 1587)	夏	6/下—9/上
WDD02379	N11	东欧	中国农科院作科所(引 1588)	夏	6/下—9/上
WDD02380	N12	东欧	中国农科院作科所(引 1589)	夏	6/下—9/上
WDD02381	N13	东欧	中国农科院作科所(引 1590)	夏	6/下—9/上
WDD02382	N14	东欧	中国农科院作科所(引 1591)	夏	6/下—9/上
WDD02383	N15	东欧	中国农科院作科所(引 1592)	夏	6/下—9/上
WDD02384	N16	东欧	中国农科院作科所(引 1593)	夏	6/下—9/上
WDD02385	N17	东欧	中国农科院作科所(引 1594)	夏	6/下—9/上
WDD02386	N18	东欧	中国农科院作科所(引 1595)	夏	6/下—9/上
WDD02387	N19	东欧	中国农科院作科所(引 1596)	夏	6/下—9/上
WDD02388	N20	东欧	中国农科院作科所(引 1597)	夏	6/下—9/上
WDD02389	N21	东欧	中国农科院作科所(引 1598)	夏	6/下—9/上
WDD02390	N22	东欧	中国农科院作科所(引 1599)	夏	6/下—9/上
WDD02391	N23	东欧	中国农科院作科所(引 1600)	夏	6/下—9/上
WDD02392	N24	东欧	中国农科院作科所(引 1601)	夏	6/下—9/上
WDD02393	N25	东欧	中国农科院作科所(引 1602)	夏	6/下—9/上

生育日数/d	粒色	子叶色	脐色	百粒重/g	粒形	生育习性	结荚习性	茸毛色	花色	植株高度/cm	叶形	脂肪含量/%	蛋白质含量/%	备注
107	绿	黄	黄	37.1	椭圆	直立	有	灰	白	46.0	卵圆	21.3	41.3	
130	绿	黄	褐	7.0	椭圆	直立	有	棕	紫	72.0	卵圆			
130	黄	黄	黑	14.7	椭圆	直立	有	棕	白	67.0	卵圆	17.2	45.3	
116	褐	黄	褐	19.8	椭圆	直立	有	棕	白	73.0	卵圆	17.5	46.4	
116	褐	黄	褐	19.8	椭圆	直立	有	棕	白	62.0	卵圆	18.6	43.3	
125	黑	黄	黑	16.8	椭圆	直立	有	棕	白	81.0	卵圆	15.2	47.4	
102	黄	黄	褐	9.5	圆	直立	有	灰	白	50.4	椭圆	18.9	44.8	
73	黄	黄	淡褐	14.5	椭圆	直立	有	棕	紫	24.2	卵圆			
76	黄	黄	褐	13.0	扁椭	直立	有	棕	白	35.0	卵圆	21.0	39.2	
76	黄	黄	褐	13.0	长椭	直立	有	棕	白	36.5	卵圆	20.3	42.9	
72	黄	黄	淡褐	13.1	扁椭	直立	有	棕	紫	26.0	椭圆	22.2	38.6	
72	黄	黄	黄	13.2	扁椭	直立	有	棕	紫	30.0	椭圆	20.7	41.7	
71	黄	黄	黄	12.6	椭圆	直立	有	棕	紫	31.0	椭圆	22.4	39.2	
71	黄	黄	黄	12.6	椭圆	直立	有	棕	紫	27.0	椭圆	24.0	34.0	
85	黄	黄	黄	16.0	圆	直立	有	灰	紫	43.5	披针	22.3	38.5	
83	黄	黄	黄	12.1	圆	直立	有	灰	紫	55.8	披针	24.3	34.3	
73	黄	黄	黄	12.6	椭圆	直立	有	棕	白	31.0	椭圆	21.8	39.9	
70	黄	黄	黄	12.6	椭圆	直立	有	棕	白	28.0	椭圆	21.8	39.6	
71	黄	黄	黄	13.0	椭圆	直立	有	棕	白	27.0	椭圆	22.1	36.6	
75	黄	黄	黄	13.2	椭圆	直立	有	棕	白	25.0	椭圆	20.3	41.8	
75	黄	黄	黄	11.8	椭圆	直立	有	棕	紫	26.0	椭圆	22.7	37.9	
75	黄	黄	褐	12.8	椭圆	直立	有	棕	紫	34.0	卵圆	22.6	36.7	
70	黄	黄	淡褐	12.6	椭圆	直立	有	棕	紫	32.0	椭圆	21.2	40.9	
69	黄	黄	黑	13.8	椭圆	直立	有	棕	紫	29.0	椭圆	19.9	44.2	
68	黄	黄	黄	12.9	椭圆	直立	有	棕	紫	43.0	卵圆	22.7	37.2	
75	黄	黄	褐	14.2	椭圆	直立	有	棕	紫	34.0	椭圆	22.4	37.8	
68	黄	黄	黑	14.2	椭圆	直立	有	棕	紫	30.0	椭圆	20.0	42.5	
68	黄	黄	褐	12.6	椭圆	直立	有	棕	紫	36.0	椭圆	22.1	38.0	
71	黄	黄	淡褐	13.0	椭圆	直立	有	棕	紫	34.0	椭圆	21.0	41.1	
69	黄	黄	褐	13.2	椭圆	直立	有	棕	紫	37.0	椭圆	21.2	40.9	
68	黄	黄	淡褐	12.0	椭圆	直立	有	棕	紫	33.0	椭圆	22.0	38.1	
69	黄	黄	黄	12.2	椭圆	直立	有	棕	紫	37.0	椭圆	20.7	41.7	

续表

总编号	品种名称	原产地或来源	保存单位（编号）	类型	生育月份
WDD02394	N26	东欧	中国农科院作科所(引 1603)	夏	6/下—9/上
WDD02395	N27	东欧	中国农科院作科所(引 1604)	夏	6/下—9/上
WDD02396	N28	东欧	中国农科院作科所(引 1605)	夏	6/下—9/上
WDD02397	N29	东欧	中国农科院作科所(引 1606)	夏	6/下—9/中
WDD02398	N30	东欧	中国农科院作科所(引 1607)	夏	6/下—9/上
WDD02399	N31	东欧	中国农科院作科所(引 1608)	夏	6/下—9/上
WDD02400	N32	东欧	中国农科院作科所(引 1609)	夏	6/下—9/上
WDD02401	N33	东欧	中国农科院作科所(引 1610)	夏	6/下—9/上
WDD02402	N34	东欧	中国农科院作科所(引 1611)	夏	6/下—9/上
WDD02403	N35	东欧	中国农科院作科所(引 1612)	夏	6/下—9/上
WDD02404	N36	东欧	中国农科院作科所(引 1613)	夏	6/下—9/上
WDD02405	N37	东欧	中国农科院作科所(引 1614)	夏	6/下—9/上
WDD02406	N38	东欧	中国农科院作科所(引 1615)	夏	6/下—9/中
WDD02407	N39	东欧	中国农科院作科所(引 1616)	夏	6/下—9/上
WDD02408	N43	东欧	中国农科院作科所(引 1617)	夏	6/下—9/上
WDD02409	N44	东欧	中国农科院作科所(引 1618)	夏	6/下—9/上
WDD02410	N45	东欧	中国农科院作科所(引 1619)	夏	6/下—9/上
WDD02411	N48	东欧	中国农科院作科所(引 1620)	夏	6/下—9/上
WDD02412	N49	东欧	中国农科院作科所(引 1621)	夏	6/下—9/上
WDD02413	N50	东欧	中国农科院作科所(引 1622)	夏	6/下—9/上
WDD02414	N51	东欧	中国农科院作科所(引 1623)	夏	6/下—9/上
WDD02415	N52	东欧	中国农科院作科所(引 1624)	夏	6/下—9/上
WDD02416	N53	东欧	中国农科院作科所(引 1625)	夏	6/下—9/上
WDD02417	N54	东欧	中国农科院作科所(引 1626)	夏	6/下—9/中
WDD02418	N57	东欧	中国农科院作科所(引 1627)	夏	6/下—9/上
WDD02419	N58	东欧	中国农科院作科所(引 1628)	夏	6/下—9/上
WDD02420	N61	东欧	中国农科院作科所(引 1629)	夏	6/下—9/上
WDD02421	N62	东欧	中国农科院作科所(引 1630)	夏	6/下—9/上
WDD02422	N63	东欧	中国农科院作科所(引 1631)	夏	6/下—9/上
WDD02423	N64	东欧	中国农科院作科所(引 1632)	夏	6/下—9/上
WDD02424	N66	东欧	中国农科院作科所(引 1633)	夏	6/下—9/上
WDD02425	N68	东欧	中国农科院作科所(引 1634)	夏	6/下—9/上

生育日数/d	粒色	子叶色	脐色	百粒重/g	粒形	生育习性	结荚习性	茸毛色	花色	植株高度/cm	叶形	脂肪含量/%	蛋白质含量/%	备注
69	黄	黄	黄	12.0	椭圆	直立	有	棕	紫	39.0	椭圆	21.0	40.6	
71	黄	黄	淡褐	13.3	椭圆	直立	有	棕	白	33.0	椭圆	20.7	39.6	
69	黄	黄	淡褐	13.5	椭圆	直立	有	棕	紫	31.0	椭圆	21.8	38.6	
76	黄	黄	黄	11.2	椭圆	直立	有	棕	紫	82.0	椭圆	20.8	41.4	
70	黄	黄	淡褐	12.5	椭圆	直立	有	棕	紫	36.0	椭圆	20.7	41.1	
70	黄	黄	黄	13.8	椭圆	直立	有	棕	紫	34.0	椭圆	20.4	43.1	
67	黄	黄	褐	13.6	椭圆	直立	有	棕	紫	32.0	椭圆	21.2	37.3	
68	黄	黄	褐	12.3	椭圆	直立	有	棕	紫	41.0	椭圆	20.4	40.0	
68	黄	黄	褐	16.5	椭圆	直立	有	棕	紫	36.0	椭圆	20.0	41.7	
73	黄	黄	褐	13.1	椭圆	直立	有	棕	紫	37.0	椭圆	22.0	38.4	
69	黄	黄	黑	12.2	椭圆	直立	有	棕	白	67.0	椭圆	20.9	40.9	
68	黄	黄	淡褐	12.7	椭圆	直立	有	棕	紫	38.0	卵圆	21.4	40.7	
76	黄	黄	褐	15.4	椭圆	直立	有	棕	紫	36.0	椭圆	19.7	42.6	
69	黄	黄	黑	12.6	椭圆	直立	有	棕	白	53.0	椭圆	21.5	39.8	
72	黄	黄	蓝	12.8	椭圆	直立	有	棕	紫	36.0	卵圆	21.0	37.3	
70	黄	黄	褐	12.9	椭圆	直立	有	棕	白	38.0	卵圆	22.4	36.7	
73	黄	黄	褐	12.5	椭圆	直立	有	棕	白	41.0	卵圆	20.7	41.4	
68	黄	黄	黄	12.1	椭圆	直立	有	棕	紫	34.0	椭圆	22.3	36.3	
73	黄	黄	褐	11.3	椭圆	直立	有	棕	紫	35.0	椭圆	21.9	36.8	
72	黄	黄	褐	11.0	椭圆	直立	有	棕	紫	43.0	椭圆	22.2	36.5	
68	黄	黄	黑	13.9	椭圆	直立	有	棕	白	23.0	椭圆	20.0	40.1	
68	黄	黄	褐	13.1	椭圆	直立	有	棕	紫	48.0	椭圆	23.1	35.2	
69	黄	黄	褐	12.2	椭圆	直立	有	棕	紫	34.0	椭圆	22.0	39.5	
77	黄	黄	褐	14.0	椭圆	直立	有	棕	紫	27.0	椭圆	21.5	36.6	
75	黄	黄	褐	15.2	椭圆	直立	有	棕	紫	32.0	椭圆	22.2	37.8	
73	黄	黄	褐	10.4	椭圆	直立	有	棕	白	21.0	椭圆	20.7	38.3	
69	黄	黄	深褐	11.6	椭圆	直立	有	棕	紫	28.0	椭圆	20.7	38.2	
68	黄	黄	褐	11.6	椭圆	直立	有	棕	紫	37.0	卵圆	19.6	42.6	
74	黄	黄	褐	12.8	椭圆	直立	有	棕	紫	37.0	卵圆	22.1	37.0	
74	黄	黄	褐	13.4	椭圆	直立	有	棕	紫	33.0	卵圆	21.5	38.1	
74	黄	黄	褐	12.8	椭圆	直立	有	棕	紫	27.0	椭圆	21.5	37.3	
73	黄	黄	褐	11.7	椭圆	直立	有	棕	紫	30.0	椭圆	21.5	38.6	

续表

总编号	品种名称	原产地或来源	保存单位（编号）	类型	生育月份
WDD02426	N69	东欧	中国农科院作科所(引 1635)	夏	6/下—9/上
WDD02427	N70	东欧	中国农科院作科所(引 1636)	夏	6/下—9/下
WDD02428	YJ002299	瑞典	中国农科院作科所(引原 8039)	夏	6/上—8/下
WDD02429	YJ002300	瑞典	中国农科院作科所(引原 8047)	夏	6/上—8/下
WDD02430	YJ002301	瑞典	中国农科院作科所(引原 8086)	夏	6/上—8/下
WDD02431	YJ002302	瑞典	中国农科院作科所(引原 8087)	夏	6/上—8/下
WDD02432	YJ002303	瑞典	中国农科院作科所(引原 8088)	夏	6/上—8/下
WDD02433	YJ002304	瑞典	中国农科院作科所(引原 8089)	夏	6/上—8/下
WDD02434	YJ002305	瑞典	中国农科院作科所(引原 8090)	夏	6/上—8/下
WDD02435	YJ002306	瑞典	中国农科院作科所(引原 8091)	夏	6/上—8/下
WDD02436	YJ002307	瑞典	中国农科院作科所(引原 8092)	夏	6/上—8/下
WDD02437	YJ002308	瑞典	中国农科院作科所(引原 8094)	夏	6/上—8/下
WDD02438	YJ002309	瑞典	中国农科院作科所(引原 8119)	夏	6/上—8/下
WDD02439	YJ002310	瑞典	中国农科院作科所(引原 8120)	夏	6/上—8/下
WDD02440	YJ002311	瑞典	中国农科院作科所(引原 8121)	夏	6/上—8/下
WDD02441	YJ002312	瑞典	中国农科院作科所(引原 8149)	夏	6/上—8/下
WDD02442	YJ002313	瑞典	中国农科院作科所(引原 8153)	夏	6/上—8/下
WDD02443	YJ002314	瑞典	中国农科院作科所(引原 8155)	夏	6/上—8/下
WDD02444	YJ002315	瑞典	中国农科院作科所(引原 8041)	夏	6/上—8/下
WDD02445	YJ002316	瑞典	中国农科院作科所(引原 8064)	夏	6/上—8/下
WDD02446	YJ002317	瑞典	中国农科院作科所(引原 8051)	夏	6/上—8/下
WDD02447	YJ002318	瑞典	中国农科院作科所(引原 8057)	夏	6/上—8/下
WDD02448	YJ002319	瑞典	中国农科院作科所(引原 8032)	夏	6/上—8/下
WDD02449	YJ002320	瑞典	中国农科院作科所(引原 8030)	夏	6/上—8/下
WDD02450	YJ002321	瑞典	中国农科院作科所(引原 8056)	夏	6/上—8/下
WDD02451	YJ002322	瑞典	中国农科院作科所(引原 8049)	夏	6/上—8/下
WDD02452	YJ002323	瑞典	中国农科院作科所(引原 8048)	夏	6/上—8/下
WDD02453	YJ002324	瑞典	中国农科院作科所(引原 8038)	夏	6/上—8/下
WDD02454	YJ002325	瑞典	中国农科院作科所(引原 8173)	夏	6/上—8/下
WDD02455	YJ002326	瑞典	中国农科院作科所(引原 8172)	夏	6/上—9/上
WDD02456	YJ002327	瑞典	中国农科院作科所(引原 8158)	夏	6/上—8/下
WDD02457	YJ002328	瑞典	中国农科院作科所(引原 8157)	夏	6/上—8/下

生育日数/d	粒色	子叶色	脐色	百粒重/g	粒形	生育习性	结荚习性	茸毛色	花色	植株高度/cm	叶形	脂肪含量/%	蛋白质含量/%	备注
69	黄	黄	深褐	14.7	椭圆	直立	有	棕	紫	31.0	椭圆	23.7	34.4	
87	黄	黄	淡褐	22.9	椭圆	直立	有	灰	白	41.4	椭圆	22.9	34.4	
78	黄	黄	褐	17.3	椭圆	直立	有	棕	白	49.6	椭圆	19.1	45.2	
78	黄	黄	褐	17.6	椭圆	直立	有	棕	白	46.2	椭圆	20.4	43.7	
78	黄	黄	淡褐	14.8	椭圆	直立	有	棕	紫	40.4	椭圆	20.9	42.1	
78	黄	黄	黄	15.9	椭圆	直立	有	棕	紫	40.4	椭圆	20.7	43.1	
78	黄	黄	淡褐	13.0	椭圆	直立	有	棕	紫	39.8	椭圆	21.8	40.5	
78	黄	黄	淡褐	17.2	椭圆	直立	有	棕	紫	37.4	卵圆	21.2	41.9	
78	黄	黄	淡褐	15.8	椭圆	直立	有	棕	紫	37.6	卵圆	20.0	43.0	
78	黄	黄	淡褐	16.2	椭圆	直立	有	棕	紫	39.8	卵圆	21.6	41.4	
78	黄	黄	淡褐	16.2	椭圆	直立	有	棕	紫	39.6	卵圆	21.4	42.3	
78	黄	黄	淡褐	14.9	椭圆	直立	有	棕	白	35.0	椭圆	21.8	40.5	
78	黄	黄	淡褐	15.6	椭圆	直立	有	棕	白	33.8	椭圆			
78	黄	黄	淡褐	19.1	椭圆	直立	有	棕	白	39.2	椭圆	20.5	42.4	
78	黄	黄	淡褐	17.1	椭圆	直立	有	棕	白	37.6	椭圆	20.2	41.5	
78	黄	黄	淡褐	15.4	椭圆	直立	有	棕	紫	37.0	卵圆	21.5	39.9	
78	黄	黄	褐	13.3	椭圆	直立	有	棕	紫	38.2	椭圆	20.4	43.5	
78	黄	黄	褐	16.8	椭圆	直立	有	棕	紫	41.2	卵圆	21.3	42.1	
78	黄	黄	淡褐	15.5	椭圆	直立	有	棕	紫	37.4	卵圆			
78	黄	黄	褐	17.4	椭圆	直立	有	棕	紫	45.0	椭圆	20.8	42.7	
78	黄	黄	黑	19.3	椭圆	直立	有	棕	紫	30.6	椭圆	19.4	44.3	
78	黄	黄	褐	19.8	椭圆	直立	有	棕	紫	34.2	椭圆			
78	黄	黄	褐	17.7	椭圆	直立	亚	棕	紫	51.4	卵圆	21.2	42.2	
78	黄	黄	褐	17.0	椭圆	直立	有	棕	紫	35.6	卵圆	22.5	38.0	
78	黄	黄	淡褐	15.5	椭圆	直立	有	棕	紫	34.8	卵圆			
78	黄	黄	淡褐	14.0	椭圆	直立	有	棕	紫	37.8	椭圆	20.3	43.3	
78	黄	黄	黄	13.7	椭圆	直立	有	棕	紫	35.2	卵圆	20.0	43.4	
78	黄	黄	淡褐	14.3	椭圆	直立	有	棕	白	41.4	椭圆	19.9	44.0	
78	黄	黄	淡褐	17.2	椭圆	直立	有	棕	紫	29.2	椭圆	21.4	39.8	
98	黄	黄	淡褐	17.8	椭圆	直立	无	棕	紫	64.2	椭圆	22.7	36.7	
78	黄	黄	淡褐	17.1	椭圆	直立	有	棕	紫	42.2	卵圆	19.9	42.6	
78	黄	黄	淡褐	18.2	椭圆	直立	有	棕	紫	39.2	椭圆	20.2	44.4	

续表

总编号	品种名称	原产地或来源	保存单位（编号）	类型	生育月份
WDD02458	YJ002329	瑞典	中国农科院作科所(引原 8044)	夏	6/上—8/下
WDD02459	YJ002330	瑞典	中国农科院作科所(引原 8036)	夏	6/上—8/下
WDD02460	YJ002331	瑞典	中国农科院作科所(引原 8035)	夏	6/上—8/下
WDD02461	YJ002332	瑞典	中国农科院作科所(引原 8033)	夏	6/上—8/下
WDD02462	YJ002333	瑞典	中国农科院作科所(引原 8028)	夏	6/上—8/下
WDD02463	YJ002334	瑞典	中国农科院作科所(引原 8095)	夏	6/上—8/下
WDD02464	YJ002335	瑞典	中国农科院作科所(引原 8181)	夏	6/上—8/下
WDD02465	YJ002336	瑞典	中国农科院作科所(引原 8159)	夏	6/上—8/下
WDD02466	YJ002337	瑞典	中国农科院作科所(引原 8168)	夏	6/上—8/下
WDD02467	YJ002338	瑞典	中国农科院作科所(引原 8165)	夏	6/上—8/下
WDD02468	YJ002339	瑞典	中国农科院作科所(引原 8145)	夏	6/上—8/下
WDD02469	YJ002340	瑞典	中国农科院作科所(引原 8078)	夏	6/上—8/下
WDD02470	YJ002341	瑞典	中国农科院作科所(引原 8062)	夏	6/上—8/下
WDD02471	YJ002342	瑞典	中国农科院作科所(引原 8043)	夏	6/上—8/下
WDD02472	YJ002343	瑞典	中国农科院作科所(引原 8029)	夏	6/上—8/下
WDD02473	YJ002344	瑞典	中国农科院作科所(引原 8063)	夏	6/上—8/下
WDD02474	YJ002345	瑞典	中国农科院作科所(引原 8058)	夏	6/上—8/下
WDD02475	YJ002346	瑞典	中国农科院作科所(引原 8059)	夏	6/上—8/下
WDD02476	YJ002347	瑞典	中国农科院作科所(引原 8060)	夏	6/上—8/下
WDD02477	YJ002348	瑞典	中国农科院作科所(引原 8066)	夏	6/上—8/下
WDD02478	YJ002349	瑞典	中国农科院作科所(引原 8067)	夏	6/上—8/下
WDD02479	YJ002350	瑞典	中国农科院作科所(引原 8068)	夏	6/上—8/下
WDD02480	YJ002351	瑞典	中国农科院作科所(引原 8069)	夏	6/上—8/下
WDD02481	YJ002352	瑞典	中国农科院作科所(引原 8070)	夏	6/上—8/下
WDD02482	YJ002353	瑞典	中国农科院作科所(引原 8082)	夏	6/上—8/下
WDD02483	YJ002354	瑞典	中国农科院作科所(引原 8083)	夏	6/上—8/下
WDD02484	YJ002355	瑞典	中国农科院作科所(引原 8134)	夏	6/上—8/下
WDD02485	YJ002356	瑞典	中国农科院作科所(引原 8166)	夏	6/上—8/下
WDD02486	YJ002357	瑞典	中国农科院作科所(引原 8170)	夏	6/上—8/下
WDD02487	YJ002358	瑞典	中国农科院作科所(引原 8171)	夏	6/上—8/下
WDD02488	YJ002359	瑞典	中国农科院作科所(引原 8174)	夏	6/上—8/下
WDD02489	YJ002360	瑞典	中国农科院作科所(引原 8169)	夏	6/上—8/下

生育日数/d	粒色	子叶色	脐色	百粒重/g	粒形	生育习性	结荚习性	茸毛色	花色	植株高度/cm	叶形	脂肪含量/%	蛋白质含量/%	备注
78	黄	黄	褐	19.0	椭圆	直立	有	棕	紫	39.0	椭圆	20.4	39.1	
78	黄	黄	褐	18.1	椭圆	直立	有	棕	紫	50.2	卵圆	19.6	45.0	
78	黄	黄	黑	18.4	椭圆	直立	无	棕	白	57.4	椭圆	20.4	43.5	
78	黄	黄	淡褐	16.2	椭圆	直立	有	棕	紫	42.6	卵圆	20.7	42.5	
78	黄	黄	褐	19.9	椭圆	直立	有	棕	紫	43.0	卵圆	20.2	44.2	
78	黄	黄	深褐	19.5	椭圆	直立	有	棕	白	64.4	椭圆	20.4	42.9	
78	黄	黄	淡褐	18.4	椭圆	直立	有	棕	紫	41.8	椭圆	20.5	44.0	
78	黄	黄	深褐	23.2	椭圆	直立	有	棕	白	36.6	椭圆	18.9	43.7	
78	黄	黄	蓝	16.5	椭圆	直立	有	棕	紫	41.8	椭圆			
78	黄	黄	蓝	15.7	椭圆	直立	有	棕	紫	43.0	卵圆	20.7	43.9	
78	黄	黄	褐	17.0	椭圆	直立	有	棕	白	48.4	卵圆	20.1	44.2	
78	黄	黄	褐	16.6	椭圆	直立	有	棕	白	50.2	卵圆	20.3	43.3	
78	黄	黄	蓝	15.3	椭圆	直立	有	棕	紫	37.6	椭圆	18.7	43.3	
78	黄	黄	黄	17.5	椭圆	直立	有	棕	紫	38.0	卵圆			
78	黄	黄	深褐	21.7	椭圆	直立	有	棕	白	34.4	椭圆	18.5	44.8	
78	黄	黄	褐	16.1	椭圆	直立	有	棕	紫	46.6	卵圆			
78	黄	黄	褐	16.1	椭圆	直立	有	棕	紫	45.2	椭圆	21.0	42.2	
78	黄	黄	褐	18.0	椭圆	直立	有	棕	紫	43.4	椭圆	21.5	41.0	
78	黄	黄	褐	16.9	椭圆	直立	有	棕	紫	40.0	椭圆	21.5	40.7	
78	黄	黄	褐	18.0	椭圆	直立	有	棕	紫	38.6	椭圆	22.3	39.6	
78	黄	黄	褐	18.3	椭圆	直立	有	棕	紫	40.8	卵圆	21.9	38.3	
78	黄	黄	褐	16.1	椭圆	直立	有	棕	白	31.6	椭圆	20.8	38.6	
78	黄	黄	褐	18.8	椭圆	直立	有	棕	紫	36.8	椭圆	21.0	42.3	
78	黄	黄	褐	15.2	椭圆	直立	有	棕	白	37.4	椭圆	19.9	42.6	
78	黄	黄	褐	15.2	椭圆	直立	有	棕	白	34.4	卵圆	20.7	42.0	
78	黄	黄	褐	13.7	椭圆	直立	有	棕	白	37.6	椭圆	19.8	42.8	
78	黄	黄	褐	18.6	椭圆	直立	有	棕	紫	40.2	椭圆	19.5	44.4	
78	黄	黄	褐	17.6	椭圆	直立	有	棕	紫	43.2	卵圆	19.2	44.9	
78	黄	黄	褐	19.0	椭圆	直立	有	棕	紫	44.0	卵圆			
78	黄	黄	褐	20.0	椭圆	直立	有	棕	紫	46.2	椭圆	20.2	44.4	
78	黄	黄	褐	18.5	椭圆	直立	有	棕	紫	44.2	椭圆	20.5	43.2	
78	黄	黄	褐	17.2	椭圆	直立	有	棕	紫	45.6	椭圆	19.3	46.0	

续表

总编号	品种名称	原产地或来源	保存单位（编号）	类型	生育月份
WDD02490	YJ012296	瑞典	中国农科院作科所(引原 1177-2-18-33)	夏	6/下—9/上
WDD02491	YJ012297	瑞典	中国农科院作科所(引原 990)	夏	6/下—9/上
WDD02492	YJ012298	瑞典	中国农科院作科所(引原 1219-90-1-8)	夏	6/下—9/上
WDD02493	YJ012299	瑞典	中国农科院作科所(引原 1236-4-6)	夏	6/下—9/上
WDD02494	YJ012300	瑞典	中国农科院作科所(引原 1268-39-3)	夏	6/下—9/上
WDD02495	YJ012301	瑞典	中国农科院作科所(引原 1268-50-11)	夏	6/下—9/上
WDD02496	YJ012302	瑞典	中国农科院作科所(引原 1269-34-2)	夏	6/下—9/上
WDD02497	YJ012303	瑞典	中国农科院作科所(引原 1275-73-3)	夏	6/下—9/上
WDD02498	YJ012304	瑞典	中国农科院作科所(引原 1278-17-3)	夏	6/下—9/上
WDD02499	YJ012305	瑞典	中国农科院作科所(引原 1278-21-4)	夏	6/下—9/上
WDD02500	YJ012306	瑞典	中国农科院作科所(引原 1282-52-23)	夏	6/下—9/上
WDD02501	YJ012307	瑞典	中国农科院作科所(引原 1282-59-13)	夏	6/下—9/上
WDD02502	YJ012308	瑞典	中国农科院作科所(引原 1285-53-2)	夏	6/下—9/上
WDD02503	YJ012309	瑞典	中国农科院作科所(引原 1286-10-7)	夏	6/下—9/上
WDD02504	YJ012310	瑞典	中国农科院作科所(引原 1289-4-6)	夏	6/下—9/上
WDD02505	YJ012311	瑞典	中国农科院作科所(引原 1290-28-4-2)	夏	6/下—9/上
WDD02506	YJ012312	瑞典	中国农科院作科所(引原 1290-28-4-7)	夏	6/下—9/上
WDD02507	YJ012313	瑞典	中国农科院作科所(引原 1290-28-5-2)	夏	6/下—9/上
WDD02508	YJ012314	瑞典	中国农科院作科所(引原 1290-28-6-3)	夏	6/下—9/上
WDD02509	YJ012315	瑞典	中国农科院作科所(引原 1290-28-6-4)	夏	6/下—9/上
WDD02510	YJ012316	瑞典	中国农科院作科所(引原 1290-28-7-3)	夏	6/下—9/上
WDD02511	YJ012317	瑞典	中国农科院作科所(引原 1290-28-7-9)	夏	6/下—9/上
WDD02512	YJ012318	瑞典	中国农科院作科所(引原 1290-28-15-7)	夏	6/下—9/上
WDD02513	YJ012319	瑞典	中国农科院作科所(引原 1290-28-16-4)	夏	6/下—9/上
WDD02514	YJ012320	瑞典	中国农科院作科所(引原 1292-7-8)	夏	6/下—9/上
WDD02515	YJ012321	瑞典	中国农科院作科所(引原 1296-1-10)	夏	6/下—9/上
WDD02516	YJ012322	瑞典	中国农科院作科所(引原 1297)	夏	6/下—9/上
WDD02517	YJ012323	瑞典	中国农科院作科所(引原 1308-1-3)	夏	6/下—9/上
WDD02518	YJ012324	瑞典	中国农科院作科所(引原 1308-1-7)	夏	6/下—9/上
WDD02519	YJ012325	瑞典	中国农科院作科所(引原 1308-1-8)	夏	6/下—9/上
WDD02520	YJ012326	瑞典	中国农科院作科所(引原 1308-5)	夏	6/下—9/上
WDD02521	YJ012327	瑞典	中国农科院作科所(引原 1308-7)	夏	6/下—9/上

生育日数/d	粒色	子叶色	脐色	百粒重/g	粒形	生育习性	结荚习性	茸毛色	花色	植株高度/cm	叶形	脂肪含量/%	蛋白质含量/%	备注
72	黄	黄	褐	13.6	椭圆	直立	亚	棕	紫	27.0	椭圆	22.3	37.9	
71	黄	黄	褐	13.5	椭圆	直立	亚	棕	紫	21.0	椭圆	21.9	39.0	
72	黄	黄	黄	28.0	椭圆	直立	亚	棕	紫	23.0	椭圆			
69	黄	黄	褐	13.0	椭圆	直立	亚	棕	白	26.0	椭圆	21.5	39.4	
69	黄	黄	黄	25.5	椭圆	直立	亚	棕	紫	24.0	椭圆			
68	黄	黄	黄	9.4	椭圆	直立	亚	棕	白	22.0	椭圆			
68	黄	黄	黄	11.5	椭圆	直立	亚	棕	紫	29.0	椭圆	21.9	39.2	
68	黄	黄	淡褐	12.1	椭圆	直立	亚	棕	紫	23.0	椭圆			
68	黄	黄	黑	12.5	椭圆	直立	亚	棕	紫	15.0	椭圆			
69	黄	黄	黑	12.8	椭圆	直立	亚	棕	紫	17.0	椭圆			
70	黄	黄	褐	14.4	椭圆	直立	亚	棕	紫	32.0	椭圆	20.5	39.9	
70	黄	黄	褐	14.6	椭圆	直立	亚	棕	紫	35.0	椭圆	20.7	39.2	
74	黄	黄	褐	11.8	椭圆	直立	亚	棕	紫	30.0	椭圆	20.6	40.6	
70	黄	黄	黄	10.9	椭圆	直立	亚	棕	紫	21.0	椭圆			
70	黄	黄	褐	11.6	椭圆	直立	亚	棕	紫	29.0	椭圆			
69	黄	黄	褐	13.5	椭圆	直立	亚	棕	白	32.0	椭圆	20.7	42.0	
69	黄	黄	褐	12.5	椭圆	直立	亚	棕	白	33.0	椭圆	21.5	40.2	
70	黄	黄	褐	12.6	椭圆	直立	亚	棕	白	31.0	椭圆			
73	黄	黄	褐	12.8	椭圆	直立	亚	棕	白	37.0	椭圆	21.1	40.5	
69	黄	黄	褐	12.4	椭圆	直立	亚	棕	白	31.0	椭圆	21.1	41.6	
73	黄	黄	褐	13.2	椭圆	直立	亚	棕	白	31.0	椭圆	21.0	41.2	
69	黄	黄	褐	11.5	椭圆	直立	亚	棕	白	35.0	椭圆	20.1	42.2	
69	黄	黄	淡褐	12.8	椭圆	直立	亚	棕	白	30.0	椭圆	20.6	42.0	
74	黄	黄	褐	11.3	椭圆	直立	亚	棕	白	24.0	椭圆			
74	黄	黄	淡褐	13.3	椭圆	直立	亚	棕	紫	28.0	椭圆	21.1	39.7	
67	黄	黄	深褐	11.4	椭圆	直立	亚	棕	白	18.0	椭圆	20.8	38.7	
68	黄	黄	褐	11.2	椭圆	直立	亚	棕	紫	24.0	椭圆	22.3	38.5	
67	黄	黄	深褐	13.2	椭圆	直立	亚	棕	紫	27.0	椭圆	20.7	38.8	
68	黄	黄	褐	14.0	椭圆	直立	亚	棕	紫	26.0	椭圆	20.9	38.7	
67	黄	黄	深褐	14.1	椭圆	直立	亚	棕	紫	27.0	椭圆	20.8	39.0	
67	黄	黄	褐	14.2	椭圆	直立	亚	棕	紫	29.0	椭圆	20.9	40.1	
67	黄	黄	褐	13.2	椭圆	直立	亚	棕	紫	25.0	椭圆	20.6	38.8	

续表

总编号	品种名称	原产地或来源	保存单位（编号）	类型	生育月份
WDD02522	YJ012328	瑞典	中国农科院作科所(引原 1308-7-4)	夏	6/下—9/上
WDD02523	YJ012329	瑞典	中国农科院作科所(引原 1308-9-3)	夏	6/下—9/上
WDD02524	YJ012330	瑞典	中国农科院作科所(引原 1308-23-9)	夏	6/下—9/上
WDD02525	YJ012331	瑞典	中国农科院作科所(引原 1310-2-7)	夏	6/下—9/上
WDD02526	YJ012332	瑞典	中国农科院作科所(引原 1310-13-8)	夏	6/下—9/上
WDD02527	YJ012333	瑞典	中国农科院作科所(引原 1311-6-4)	夏	6/下—9/上
WDD02528	YJ012334	瑞典	中国农科院作科所(引原 1312-13-6)	夏	6/下—9/上
WDD02529	YJ012335	瑞典	中国农科院作科所(引原 1312-13-8)	夏	6/下—9/上
WDD02530	YJ012336	瑞典	中国农科院作科所(引原 1312-16-6)	夏	6/下—9/上
WDD02531	YJ012337	瑞典	中国农科院作科所(引原 1312-17-2)	夏	6/下—9/上
WDD02532	YJ012338	瑞典	中国农科院作科所(引原 1312-17-3)	夏	6/下—9/上
WDD02533	YJ012339	瑞典	中国农科院作科所(引原 1312-21-9)	夏	6/下—9/上
WDD02534	YJ012340	瑞典	中国农科院作科所(引原 1312-22)	夏	6/下—9/上
WDD02535	YJ012341	瑞典	中国农科院作科所(引原 1312-24)	夏	6/下—9/上
WDD02536	YJ012342	瑞典	中国农科院作科所(引原 1320)	夏	6/下—9/上
WDD02537	YJ012343	瑞典	中国农科院作科所(引原 1321)	夏	6/下—9/上
WDD02538	YJ012344	瑞典	中国农科院作科所(引原 1296-31-5)	夏	6/下—9/上
WDD02539	YJ012345	瑞典	中国农科院作科所(引原 1297-20-2)	夏	6/下—9/上
WDD02540	YJ012346	瑞典	中国农科院作科所(引原 1308-1-3-4)	夏	6/下—9/上
WDD02541	YJ012347	瑞典	中国农科院作科所(引原 1308-1-3-6)	夏	6/下—9/上
WDD02542	YJ012348	瑞典	中国农科院作科所(引原 1308-1-4-6)	夏	6/下—9/上
WDD02543	YJ012349	瑞典	中国农科院作科所(引原 1308-1-7-4)	夏	6/下—9/上
WDD02544	YJ012350	瑞典	中国农科院作科所(引原 1308-1-8-5)	夏	6/下—9/上
WDD02545	YJ012351	瑞典	中国农科院作科所(引原 1308-5-2-6)	夏	6/下—9/上
WDD02546	YJ012352	瑞典	中国农科院作科所(引原 1308-5-8-6)	夏	6/下—9/上
WDD02547	YJ012353	瑞典	中国农科院作科所(引原 1308-7-2-1)	夏	6/下—9/上
WDD02548	YJ012354	瑞典	中国农科院作科所(引原 1308-7-4-1)	夏	6/下—9/上
WDD02549	YJ012355	瑞典	中国农科院作科所(引原 1308-7-4-2)	夏	6/下—9/上
WDD02550	YJ012356	瑞典	中国农科院作科所(引原 1308-9-3-4)	夏	6/下—9/上
WDD02551	YJ012357	瑞典	中国农科院作科所(引原 1308-9-3-6)	夏	6/下—9/上
WDD02552	YJ012358	瑞典	中国农科院作科所(引原 1310-2-3-5)	夏	6/下—9/上
WDD02553	YJ012359	瑞典	中国农科院作科所(引原 1310-2-3-6)	夏	6/下—9/上

生育日数/d	粒色	子叶色	脐色	百粒重/g	粒形	生育习性	结荚习性	茸毛色	花色	植株高度/cm	叶形	脂肪含量/%	蛋白质含量/%	备注
67	黄	黄	褐	13.0	椭圆	直立	亚	棕	紫	30.0	椭圆	20.8	38.5	
67	黄	黄	褐	12.9	椭圆	直立	亚	棕	紫	25.0	椭圆	20.7	39.5	
68	黄	黄	褐	14.4	椭圆	直立	亚	棕	紫	31.0	椭圆	21.3	39.0	
74	黄	黄	褐	14.9	椭圆	直立	亚	棕	紫	37.0	椭圆	21.7	40.7	
74	黄	黄	褐	15.2	椭圆	直立	亚	棕	紫	33.0	椭圆	22.1	40.5	
74	黄	黄	褐	13.7	椭圆	直立	亚	棕	紫	31.0	椭圆	21.9	39.8	
71	黄	黄	蓝/褐	12.4	椭圆	直立	亚	棕	紫	26.0	椭圆	20.2	40.7	
71	黄	黄	蓝/褐	12.2	椭圆	直立	亚	棕	紫	29.0	椭圆	20.3	40.2	
71	褐	黄	黑	12.9	扁椭	直立	亚	棕	紫	23.0	椭圆	19.9	42.1	
72	黄	黄	黑	11.9	椭圆	直立	亚	棕	紫	31.0	椭圆	21.1	39.8	
74	黄	黄	褐	12.6	椭圆	直立	亚	棕	紫	34.0	椭圆	21.4	40.2	
73	黄	黄	黑	12.3	椭圆	直立	亚	棕	紫	29.0	椭圆	20.5	40.7	
72	黄	黄	黑	12.2	椭圆	直立	亚	棕	紫	27.0	椭圆	21.6	40.1	
68	黄	黄	黑	11.6	椭圆	直立	亚	棕	紫	33.0	椭圆	20.7	40.7	
70	黄	黄	褐	14.3	椭圆	直立	亚	棕	紫	32.0	椭圆			
74	黄	黄	褐	11.1	椭圆	直立	亚	棕	紫	25.0	椭圆			
70	黄	黄	黄	11.5	椭圆	直立	亚	棕	紫	29.0	椭圆	21.5	39.7	
71	黄	黄	褐	11.3	椭圆	直立	亚	棕	紫	30.0	椭圆	22.4	38.4	
67	黄	黄	褐	13.3	椭圆	直立	亚	棕	紫	30.0	椭圆	20.7	39.1	
67	黄	黄	褐	13.8	椭圆	直立	亚	棕	紫	29.0	椭圆	21.0	38.4	
67	黄	黄	褐	14.0	椭圆	直立	亚	棕	紫	28.0	椭圆	20.9	39.6	
67	黄	黄	褐	13.8	椭圆	直立	亚	棕	紫	30.0	椭圆	21.1	39.2	
67	黄	黄	褐	13.7	椭圆	直立	亚	棕	紫	32.0	椭圆	21.1	38.9	
67	黄	黄	褐	13.3	椭圆	直立	亚	棕	紫	28.0	椭圆	20.8	38.7	
67	黄	黄	褐	12.6	椭圆	直立	亚	棕	紫	27.0	椭圆	21.2	38.5	
67	黄	黄	褐	13.0	椭圆	直立	亚	棕	紫	30.0	椭圆	21.3	37.7	
68	黄	黄	深褐	13.0	椭圆	直立	亚	棕	紫	24.0	椭圆	21.3	38.2	
68	黄	黄	褐	13.5	椭圆	直立	亚	棕	紫	31.0	椭圆	21.1	38.2	
68	黄	黄	褐	14.1	椭圆	直立	亚	棕	紫	30.0	椭圆			
68	黄	黄	褐	13.5	椭圆	直立	亚	棕	紫	30.0	椭圆			
74	黄	黄	褐	13.8	椭圆	直立	亚	棕	紫	32.0	椭圆	22.1	40.1	
74	黄	黄	褐	13.6	椭圆	直立	亚	棕	紫	32.0	椭圆	21.8	39.9	

续表

总编号	品种名称	原产地或来源	保存单位（编号）	类型	生育月份
WDD02554	YJ012360	瑞典	中国农科院作科所(引原 1310-2-7-1)	夏	6/下—9/上
WDD02555	YJ012361	瑞典	中国农科院作科所(引原 1310-13-8-6)	夏	6/下—9/上
WDD02556	YJ012362	瑞典	中国农科院作科所(引原 1310-13-8-9)	夏	6/下—9/上
WDD02557	YJ012363	瑞典	中国农科院作科所(引原 1311-3-2-3)	夏	6/下—9/中
WDD02558	YJ012364	瑞典	中国农科院作科所(引原 1311-6-3-2)	夏	6/下—9/中
WDD02559	YJ012365	瑞典	中国农科院作科所(引原 1311-6-3-4)	夏	6/下—9/上
WDD02560	YJ012366	瑞典	中国农科院作科所(引原 1311-6-6-1)	夏	6/下—9/上
WDD02561	YJ012367	瑞典	中国农科院作科所(引原 1311-6-6-2)	夏	6/下—9/上
WDD02562	YJ012368	瑞典	中国农科院作科所(引原 1312-13-8-4)	夏	6/下—9/上
WDD02563	YJ012369	瑞典	中国农科院作科所(引原 1312-16-6-2)	夏	6/下—9/上
WDD02564	YJ012370	瑞典	中国农科院作科所(引原 1312-16-6-4)	夏	6/下—9/上
WDD02565	YJ012371	瑞典	中国农科院作科所(引原 1312-17-1-2)	夏	6/下—9/中
WDD02566	YJ012372	瑞典	中国农科院作科所(引原 1312-17-2-2)	夏	6/下—9/上
WDD02567	YJ012373	瑞典	中国农科院作科所(引原 1312-17-2-6)	夏	6/下—9/中
WDD02568	YJ012374	瑞典	中国农科院作科所(引原 1312-17-3-3)	夏	6/下—9/上
WDD02569	YJ012375	瑞典	中国农科院作科所(引原 1312-17-3-7)	夏	6/下—9/上
WDD02570	YJ012376	瑞典	中国农科院作科所(引原 1312-21-1-5)	夏	6/下—9/上
WDD02571	YJ012377	瑞典	中国农科院作科所(引原 1312-21-9-6)	夏	6/下—9/上
WDD02572	YJ012378	瑞典	中国农科院作科所(引原 1312-21-9-10)	夏	6/下—9/上
WDD02573	YJ012379	瑞典	中国农科院作科所(引原 1312-22-8-2)	夏	6/下—9/上
WDD02574	YJ012380	瑞典	中国农科院作科所(引原 1312-22-9-3)	夏	6/下—9/上
WDD02575	YJ012381	瑞典	中国农科院作科所(引原 1312-24-1-6)	夏	6/下—9/上
WDD02576	KS7065	俄罗斯	中国农科院作科所(引 1637)	夏	6/下—10/上
WDD02577	KS7065-1	俄罗斯	中国农科院作科所(引 1638)	夏	6/下—9/下
WDD02578	KS7065-3	俄罗斯	中国农科院作科所(引 1639)	夏	6/下—10/上
WDD02579	滨海 13-1	俄罗斯	中国农科院作科所(引 1640)	夏	6/下—10/上
WDD02580	滨海 13-10	俄罗斯	中国农科院作科所(引 1641)	夏	6/下—10/上
WDD02581	滨海 13-2	俄罗斯	中国农科院作科所(引 1642)	夏	6/下—10/中
WDD02582	滨海 13-5	俄罗斯	中国农科院作科所(引 1643)	夏	6/下—10/中
WDD02583	滨海 13-6	俄罗斯	中国农科院作科所(引 1644)	夏	6/下—10/上
WDD02584	滨海 13-7	俄罗斯	中国农科院作科所(引 1645)	夏	6/下—10/中
WDD02585	滨海 13-8	俄罗斯	中国农科院作科所(引 1646)	夏	6/下—10/上

生育日数/d	粒色	子叶色	脐色	百粒重/g	粒形	生育习性	结荚习性	茸毛色	花色	植株高度/cm	叶形	脂肪含量/%	蛋白质含量/%	备注
73	黄	黄	褐	15.2	椭圆	直立	亚	棕	紫	37.0	椭圆	22.2	39.8	
74	黄	黄	褐	14.3	椭圆	直立	亚	棕	紫	32.0	椭圆	22.2	40.2	
74	黄	黄	褐	14.3	椭圆	直立	亚	棕	紫	31.0	椭圆	22.0	39.6	
75	黄	黄	褐	13.8	椭圆	直立	亚	棕	紫	31.0	椭圆	22.7	38.3	
75	黄	黄	褐	13.9	椭圆	直立	亚	棕	紫	24.0	椭圆	22.2	39.3	
73	黄	黄	褐	12.6	椭圆	直立	亚	棕	紫	29.0	椭圆	22.3	38.5	
74	黄	黄	褐	13.2	椭圆	直立	亚	棕	紫	25.0	椭圆	22.2	39.2	
74	黄	黄	褐	14.7	椭圆	直立	亚	棕	紫	27.0	椭圆	22.2	38.9	
72	黄	黄	蓝	11.5	椭圆	直立	亚	棕	紫	27.0	椭圆	20.1	40.5	
72	褐	黄	黑	13.8	扁椭	直立	亚	棕	紫	32.0	椭圆	21.2	40.0	
73	褐	黄	黑	13.8	扁椭	直立	亚	棕	紫	26.0	椭圆	21.0	41.1	
75	黄	黄	黑	10.7	椭圆	直立	亚	棕	紫	26.0	椭圆			
74	黄	黄	黑	12.1	椭圆	直立	亚	棕	紫	30.0	椭圆	21.8	40.4	
75	黄	黄	黑	11.7	椭圆	直立	亚	棕	紫	27.0	椭圆	21.2	39.9	
74	黄	黄	蓝	12.6	椭圆	直立	亚	棕	紫	32.0	椭圆	21.9	40.3	
74	黄	黄	黑	12.2	椭圆	直立	亚	棕	紫	24.0	椭圆	22.3	39.8	
72	黄	黄	黄	12.0	椭圆	直立	亚	棕	紫	22.0	椭圆			
71	黄	黄	蓝	10.5	椭圆	直立	亚	棕	紫	25.0	椭圆	20.7	40.6	
72	黄	黄	黑	11.4	椭圆	直立	亚	棕	紫	27.0	椭圆	20.9	40.9	
73	黄	黄	黑	11.9	椭圆	直立	亚	棕	紫	27.0	椭圆	21.5	39.8	
74	黄	黄	黑	11.9	椭圆	直立	亚	棕	紫	21.0	椭圆			
69	黄	黄	黑	12.1	椭圆	直立	亚	棕	紫	32.0	椭圆			
101	黄	黄	黄	17.6	圆	直立	亚	灰	白	71.7	椭圆	21.1	41.4	
95	黄	黄	黄	15.3	圆	直立	有	灰	白	70.0	椭圆			
101	黄	黄	蓝	15.8	圆	直立			紫	92.0	椭圆	20.9	40.6	
102	黄	黄	淡褐	22.1	圆	直立	有	灰	白	46.8	椭圆	20.4	44.0	
105	黄	黄	蓝	16.3	圆	直立	亚	棕	白	83.7	椭圆	22.2	40.6	
108	黄	黄	淡褐	23.9	椭圆	直立	有	灰	紫	56.5	圆形			
107	黄	黄	黄	16.5	圆	直立	有	灰	白	84.0	椭圆	22.9	38.5	
105	黄	黄	黄	18.1	圆	直立	有	灰	紫	89.5	椭圆	22.8	38.8	
107	黄	黄	黄	19.0	圆	直立	无	灰	白	88.4	椭圆	22.9	38.3	
105	黄	黄	黄	17.2	圆	直立	无	灰	白	109.5	椭圆	22.7	38.6	

续表

总编号	品种名称	原产地或来源	保存单位（编号）	类型	生育月份
WDD02586	俄引 1 号	俄罗斯	中国农科院作科所(引 1647)	夏	6/下—10/上
WDD02587	CⅡ558	俄罗斯	中国农科院作科所(引 1648)	春	5/上—8/中
WDD02588	CⅡ568	俄罗斯	中国农科院作科所(引 1649)	春	5/上—8/下
WDD02589	CⅡ601	俄罗斯	中国农科院作科所(引 1650)	春	5/上—8/中
WDD02590	CⅡ602	俄罗斯	中国农科院作科所(引 1651)	春	5/上—8/下
WDD02591	CⅡ604	俄罗斯	中国农科院作科所(引 1652)	春	5/上—8/中
WDD02592	CⅡ606	俄罗斯	中国农科院作科所(引 1653)	春	5/上—8/中
WDD02593	CⅡ607	俄罗斯	中国农科院作科所(引 1654)	春	5/上—8/下
WDD02594	CⅡ609	俄罗斯	中国农科院作科所(引 1655)	春	5/上—8/中
WDD02595	CⅡ610	俄罗斯	中国农科院作科所(引 1656)	春	5/上—8/中
WDD02596	CⅡ612	俄罗斯	中国农科院作科所(引 1657)	春	5/上—8/中
WDD02597	CⅡ632	俄罗斯	中国农科院作科所(引 1658)	春	5/上—8/中
WDD02598	CⅡ685	俄罗斯	中国农科院作科所(引 1659)	春	5/上—8/下
WDD02599	CⅡ691	俄罗斯	中国农科院作科所(引 1660)	春	5/上—8/中
WDD02600	CⅡ701	俄罗斯	中国农科院作科所(引 1661)	春	5/上—8/中
WDD02601	CⅡ712	俄罗斯	中国农科院作科所(引 1662)	春	5/上—8/中
WDD02602	CⅡ719	俄罗斯	中国农科院作科所(引 1663)	春	5/上—8/下
WDD02603	CⅡ789	俄罗斯	中国农科院作科所(引 1664)	春	5/上—8/中
WDD02604	CⅡ828	俄罗斯	中国农科院作科所(引 1665)	春	5/上—8/中
WDD02605	CⅡ892	俄罗斯	中国农科院作科所(引 1666)	春	5/上—8/中
WDD02606	CⅡ895	俄罗斯	中国农科院作科所(引 1667)	春	5/上—9/上
WDD02607	CⅡ917	俄罗斯	中国农科院作科所(引 1668)	春	5/上—8/中
WDD02608	CⅡ926	俄罗斯	中国农科院作科所(引 1669)	春	5/上—8/下
WDD02609	CⅡ963	俄罗斯	中国农科院作科所(引 1670)	春	5/上—8/下
WDD02610	CⅡ974	俄罗斯	中国农科院作科所(引 1671)	春	5/上—8/下
WDD02611	CⅡ992	俄罗斯	中国农科院作科所(引 1672)	春	5/上—8/上
WDD02612	CⅡ1041	俄罗斯	中国农科院作科所(引 1673)	春	5/上—9/上
WDD02613	CⅡ1057	俄罗斯	中国农科院作科所(引 1674)	春	5/上—8/下
WDD02614	CⅡ1086	俄罗斯	中国农科院作科所(引 1675)	春	5/上—8/下
WDD02615	CⅡ1091	俄罗斯	中国农科院作科所(引 1676)	春	5/上—8/下
WDD02616	CⅡ1136	俄罗斯	中国农科院作科所(引 1677)	春	5/上—8/中
WDD02617	CⅡ1137	俄罗斯	中国农科院作科所(引 1678)	春	5/上—8/下

生育日数/d	粒色	子叶色	脐色	百粒重/g	粒形	生育习性	结荚习性	茸毛色	花色	植株高度/cm	叶形	脂肪含量/%	蛋白质含量/%	备注
105	黄	黄	褐	29.8	椭圆	直立	有	灰	白	63.5	椭圆	20.0	46.8	
98	黄	黄	黄	11.3	椭圆	直立	亚	棕	紫	47.0	披针			
102	黄	黄	褐	15.1	扁圆	半直	亚	棕	紫	70.0	披针			
98	黄	黄	淡褐	17.6	椭圆	半直	无	棕	白	62.0	椭圆			
108	黄	黄	褐	20.5	扁圆	半直	亚	灰	紫	80.0	椭圆	20.4	42.1	
96	黄	黄	褐	15.8	椭圆	半直	无	棕	白	69.0	椭圆	21.7	41.6	
95	黄	黄	褐	17.4	椭圆	半直	亚	棕	白	58.0	椭圆	22.4	38.4	
108	黄	黄	褐	16.4	椭圆	半直	亚	棕	白	55.0	椭圆	20.5	41.7	
92	黄	黄	褐	17.6	椭圆	直立	无	棕	白	80.0	椭圆	21.4	40.9	
100	黄	黄	淡褐	19.7	椭圆	半直	无	棕	白	85.0	椭圆	19.9	44.1	
98	黄	黄	黄	14.8	扁圆	半直	无	棕	白	65.0	椭圆	21.4	40.8	
97	黄	黄	褐	18.2	椭圆	直立	亚	棕	紫	70.0	椭圆	23.0	38.6	
110	黄	黄	褐	17.9	椭圆	半直	无	棕	紫	92.0	椭圆	20.3	41.5	
101	黄	黄	淡褐	12.5	椭圆	半直	无	棕	紫	55.0	椭圆	20.6	41.3	
102	黄	黄	淡褐	15.8	椭圆	直立	无	棕	白	80.0	披针/椭圆	22.9	37.6	
102	黄	黄	淡褐	13.9	扁圆	半直	亚	棕	紫	85.0	披针	22.8	38.8	
108	黄	黄	黄	17.5	椭圆	直立	亚	灰	紫	45.0	披针	21.4	41.9	
99	黄	黄	淡褐	15.0	椭圆	半直	亚	棕	紫	59.0	椭圆	20.9	41.8	
100	黄	黄	淡褐	13.8	椭圆	半直	亚	棕	白	72.0	披针	21.2	40.8	
94	黄	黄	黄	17.1	椭圆	直立	无	棕	白	60.0	椭圆			
122	黄	黄	淡褐	17.0	椭圆	半直	无	棕	白	95.0	披针	21.1	41.8	
96	黄	黄	褐	16.6	椭圆	半直	无	棕	白	76.0	椭圆	20.3	41.9	
108	黄	黄	褐	16.5	椭圆	半直	亚	棕	紫	85.0	椭圆	21.3	41.5	
103	黄	黄	褐	16.9	椭圆	直立	亚	灰	紫	80.0	披针/椭圆	21.5	40.7	
101	黄	黄	褐	16.8	椭圆	半直	无	棕	白	90.0	披针/椭圆	21.9	38.9	
100	黄	黄	深褐	16.8	椭圆	半直	亚	棕	紫	65.0	椭圆	20.5	44.0	
112	黄	黄	褐	19.4	椭圆	半直	亚	棕	白	83.0	椭圆			
106	黄	黄	黄	17.7	扁圆	直立	亚	棕	紫	69.0	披针			
106	黄	黄	黄	18.3	椭圆	直立	亚	灰	紫	75.0	披针	21.7	40.2	
101	黄	黄	深褐	18.1	椭圆	直立	亚	棕	紫	50.0	椭圆	20.2	44.8	
98	黄	黄	黄	16.6	扁圆	直立	亚	棕	白	37.0	披针			
103	黄	黄	黄	16.7	扁圆	直立	亚	灰	白	65.0	披针			

续表

总编号	品种名称	原产地或来源	保存单位（编号）	类型	生育月份
WDD02618	CⅡ1145	俄罗斯	中国农科院作科所(引 1679)	春	5/上—8/下
WDD02619	CⅡ1146	俄罗斯	中国农科院作科所(引 1680)	春	5/上—8/中
WDD02620	CⅡ1167	俄罗斯	中国农科院作科所(引 1681)	春	5/上—8/下
WDD02621	CⅡ1225	俄罗斯	中国农科院作科所(引 1682)	春	5/上—8/中
WDD02622	CⅡ1226	俄罗斯	中国农科院作科所(引 1683)	春	5/上—8/中
WDD02623	CⅡ1259	俄罗斯	中国农科院作科所(引 1684)	春	5/上—8/中
WDD02624	CⅡ1261	俄罗斯	中国农科院作科所(引 1685)	春	5/上—8/中
WDD02625	CⅡ1271	俄罗斯	中国农科院作科所(引 1686)	春	5/上—8/下
WDD02626	CⅡ1319	俄罗斯	中国农科院作科所(引 1687)	春	5/上—8/中
WDD02627	CⅡ1346	俄罗斯	中国农科院作科所(引 1688)	春	5/上—8/上
WDD02628	CⅡ1347	俄罗斯	中国农科院作科所(引 1689)	春	5/上—8/中
WDD02629	CⅡ1354	俄罗斯	中国农科院作科所(引 1690)	春	5/上—8/下
WDD02630	CⅡ1422	俄罗斯	中国农科院作科所(引 1691)	春	5/上—8/中
WDD02631	G. max-2	俄罗斯	中国农科院作科所(引 1692)	春	5/上—8/中
WDD02632	G. max-5/2006	俄罗斯	中国农科院作科所(引 1693)	夏	6/下—10/上
WDD02633	G. max-6	俄罗斯	中国农科院作科所(引 1694)	春	5/上—8/下
WDD02634	G. max-9	俄罗斯	中国农科院作科所(引 1695)	春	5/上—9/上
WDD02635	G. max-12/2006	俄罗斯	中国农科院作科所(引 1696)	春	5/上—8/中
WDD02636	G. max-13	俄罗斯	中国农科院作科所(引 1697)	春	5/上—8/中
WDD02637	G. max-14	俄罗斯	中国农科院作科所(引 1698)	春	5/上—8/中
WDD02638	G. max-15	俄罗斯	中国农科院作科所(引 1699)	春	5/上—8/中
WDD02639	G. max-17	俄罗斯	中国农科院作科所(引 1700)	春	5/上—7/下
WDD02640	G. max-21	俄罗斯	中国农科院作科所(引 1701)	春	5/上—8/中
WDD02641	G. max-25	俄罗斯	中国农科院作科所(引 1702)	春	5/上—8/中
WDD02642	G. max-26	俄罗斯	中国农科院作科所(引 1703)	春	5/上—7/下
WDD02643	G. max-46	俄罗斯	中国农科院作科所(引 1704)	春	5/上—8/中
WDD02644	G. max-47	俄罗斯	中国农科院作科所(引 1705)	春	5/上—8/中
WDD02645	G. maxk. 4387	俄罗斯	中国农科院作科所(引 1706)	春	5/上—8/下
WDD02646	G. maxk. 4875	俄罗斯	中国农科院作科所(引 1707)	春	5/上—8/中
WDD02647	G. maxk. 4955	俄罗斯	中国农科院作科所(引 1708)	春	5/上—8/中
WDD02648	G. maxk. 5569	俄罗斯	中国农科院作科所(引 1709)	春	5/上—8/中
WDD02649	G. maxk. 6446	俄罗斯	中国农科院作科所(引 1710)	春	5/上—8/中

生育日数/d	粒色	子叶色	脐色	百粒重/g	粒形	生育习性	结荚习性	茸毛色	花色	植株高度/cm	叶形	脂肪含量/%	蛋白质含量/%	备注
102	黄	黄	黄	17.8	扁圆	直立	亚	棕	白	65.0	披针			
100	黄	黄	褐	10.5	椭圆	半直	亚	棕	白	57.0	披针			
106	黄	黄	淡褐	15.7	椭圆	半直	亚	棕	紫	67.0	椭圆	20.3	43.7	
96	黄	黄	淡褐	18.2	椭圆	直立	无	棕	紫	75.0	椭圆			
96	黄	黄	淡褐	18.9	椭圆	直立	亚	棕	紫	61.0	披针	22.2	41.2	
90	黄	黄	黄	15.2	扁圆	直立	无	棕	白	55.0	椭圆			
95	黄	黄	黄/褐	19.8	椭圆	半直	无	灰	紫	51.0	披针	21.4	41.8	
110	黄	黄	褐	17.9	扁圆	直立	亚	棕	紫	60.0	椭圆			
96	黄	黄	褐	16.9	椭圆	半直	无	棕	紫	75.0	椭圆	21.9	40.4	
81	黄	黄	褐	17.4	椭圆	半直	亚	棕	紫	70.0	椭圆			
96	黄	黄	褐	16.6	椭圆	直立	亚	棕	紫	70.0	椭圆	22.3	40.2	
103	黄	黄	淡褐	16.3	椭圆	半直	亚	棕	白	90.0	椭圆	21.1	42.1	
94	黄	黄	淡褐	20.2	椭圆	半直	无	棕	紫	59.0	披针	20.7	42.4	
93	黄	黄	淡褐	19.4	椭圆	直立	无	灰	白	60.0	椭圆	20.8	40.9	
98	黄	黄	黄	18.7	圆	直立	亚	灰	紫	65.0	披针	21.0	42.2	
101	黄	黄	褐	17.6	椭圆	半直	亚	棕	紫	65.0	椭圆	21.4	40.5	
112	黄	黄	淡褐	20.9	扁圆	半直	亚	灰	紫	73.0	披针	19.6	44.1	
100	黄	黄	黄	17.1	扁圆	直立	亚	灰	紫	65.0	披针	22.5	40.4	
99	黄	黄	淡褐	17.1	椭圆	直立	亚	灰	紫	67.0	披针			
98	黄	黄	褐	17.8	椭圆	半直	无	棕	紫	69.0	椭圆	20.6	42.9	
94	黄	黄	淡褐	19.5	椭圆	直立	亚	灰	紫	56.0	椭圆	22.0	40.9	
79	黄	黄	淡褐	18.2	扁圆	直立	亚	灰	紫	67.0	披针			
94	黄	黄	黄	20.0	椭圆	直立	亚	灰	紫	64.0	椭圆	22.3	40.5	
95	黄	黄	淡褐	16.2	椭圆	直立	亚	灰	紫	50.0	椭圆	21.5	42.5	
78	黄	黄	淡褐	16.6	扁圆	半直	无	灰	紫	53.0	椭圆			
91	黄	黄	黄	15.7	椭圆	半直	无	棕	紫	70.0	椭圆	19.8	44.6	
97	黄	黄	黄	15.9	椭圆	直立	亚	灰	紫	60.0	披针	20.4	42.4	
107	黄	黄	褐	14.5	椭圆	半直	亚	棕	紫	75.0	椭圆	19.1	45.2	
93	黄	黄	褐	15.4	椭圆	直立	亚	棕	紫	59.0	椭圆	20.2	42.9	
98	黑	黄	黑	13.9	椭圆	半蔓	无	棕	紫	89.0	椭圆			
94	黑	黄	黑	14.9	椭圆	半直	无	棕	紫	76.0	椭圆	18.7	46.6	
102	黄	黄	淡褐	16.2	椭圆	半直	亚	棕	紫	68.0	椭圆	20.8	41.7	

续表

总编号	品种名称	原产地或来源	保存单位（编号）	类型	生育月份
WDD02650	G. maxk. 6870	俄罗斯	中国农科院作科所(引 1711)	春	5/上—8/下
WDD02651	G. maxk. 6960	俄罗斯	中国农科院作科所(引 1712)	春	5/上—8/下
WDD02652	G. maxk. 9053	俄罗斯	中国农科院作科所(引 1713)	春	5/上—8/中
WDD02653	G. maxk. 9055	俄罗斯	中国农科院作科所(引 1714)	春	5/上—8/上
WDD02654	G. maxk. 9957	俄罗斯	中国农科院作科所(引 1715)	春	5/上—9/上
WDD02655	G. maxk. 9958	俄罗斯	中国农科院作科所(引 1716)	春	5/上—8/中
WDD02656	G. maxk. 9960	俄罗斯	中国农科院作科所(引 1717)	春	5/上—8/上
WDD02657	G. maxk. 10043	俄罗斯	中国农科院作科所(引 1718)	春	5/上—8/中
WDD02658	G. maxk. 10388	俄罗斯	中国农科院作科所(引 1719)	春	5/上—8/上
WDD02659	G. maxk. 10633	俄罗斯	中国农科院作科所(引 1720)	春	5/上—8/下
WDD02660	G. maxk. 10634	俄罗斯	中国农科院作科所(引 1721)	春	5/上—8/下
WDD02661	G. maxk. 10635	俄罗斯	中国农科院作科所(引 1722)	春	5/上—8/中
WDD02662	G. maxk. 10659	俄罗斯	中国农科院作科所(引 1723)	春	5/上—8/上
WDD02663	G. maxk. 11114	俄罗斯	中国农科院作科所(引 1724)	春	5/上—8/上
WDD02664	G. maxk. 11115	俄罗斯	中国农科院作科所(引 1725)	春	5/上—8/上
WDD02665	G. maxN8	俄罗斯	中国农科院作科所(引 1726)	春	5/上—8/中
WDD02666	G. maxN9	俄罗斯	中国农科院作科所(引 1727)	春	5/上—8/中
WDD02667	G. maxN76	俄罗斯	中国农科院作科所(引 1728)	春	5/上—8/中
WDD02668	G. maxN105	俄罗斯	中国农科院作科所(引 1729)	春	5/上—8/中
WDD02669	G. maxN106	俄罗斯	中国农科院作科所(引 1730)	春	5/上—9/上
WDD02670	G. maxN116	俄罗斯	中国农科院作科所(引 1731)	春	5/上—8/中
WDD02671	G. maxN119	俄罗斯	中国农科院作科所(引 1732)	春	5/上—8/中
WDD02672	G. maxN127	俄罗斯	中国农科院作科所(引 1733)	春	5/上—8/中
WDD02673	G. maxN131	俄罗斯	中国农科院作科所(引 1734)	春	5/上—8/中
WDD02674	G. maxN135	俄罗斯	中国农科院作科所(引 1735)	春	5/上—8/中
WDD02675	G. maxN136	俄罗斯	中国农科院作科所(引 1736)	春	5/上—8/上
WDD02676	G. maxN201	俄罗斯	中国农科院作科所(引 1737)	春	5/上—8/下
WDD02677	G. maxN214	俄罗斯	中国农科院作科所(引 1738)	春	5/上—8/中
WDD02678	G. maxN227	俄罗斯	中国农科院作科所(引 1739)	春	5/上—8/下
WDD02679	G. maxN236	俄罗斯	中国农科院作科所(引 1740)	春	5/上—8/中
WDD02680	G. maxN251	俄罗斯	中国农科院作科所(引 1741)	春	5/上—8/中
WDD02681	G. maxN252	俄罗斯	中国农科院作科所(引 1742)	春	5/上—8/中

生育日数/d	粒色	子叶色	脐色	百粒重/g	粒形	生育习性	结荚习性	茸毛色	花色	植株高度/cm	叶形	脂肪含量/%	蛋白质含量/%	备注
107	黄	黄	褐	17.6	椭圆	半直	无	灰	白	125.0	椭圆	19.6	44.4	
109	黄	黄	淡褐	23.2	椭圆	半直	亚	棕	紫	103.0	椭圆			
94	黄	黄	黄	15.0	椭圆	半直	无	棕	紫	76.0	椭圆	22.1	40.1	
89	黄	黄	褐	17.2	椭圆	半直	亚	棕	紫	49.0	椭圆			
116	黄	黄	褐	15.8	椭圆	半直	亚	灰	紫	96.0	椭圆	21.6	39.3	
99	黄	黄	深褐	13.3	椭圆	直立	亚	灰	紫	62.0	椭圆			
87	黄	黄	褐	15.2	椭圆	直立	亚	棕	白	42.0	椭圆	19.2	46.3	
106	黄	黄	褐	20.7	椭圆	直立	无	棕	紫	52.0	椭圆	22.2	40.0	
97	黄	黄	褐	15.9	肾形	直立	亚	棕	紫	48.0	椭圆	22.4	39.4	
106	黄	黄	褐	14.3	椭圆	半直	亚	棕	紫	75.0	椭圆	20.7	42.1	
102	黄	黄	黑	14.6	椭圆	半直	无	棕	白	86.0	椭圆			
94	黄	黄	黄	15.4	椭圆	半直	无	灰	白	75.0	椭圆	22.2	38.9	
92	黄	黄	褐	16.4	椭圆	直立	亚	棕	紫	42.0	椭圆			
92	黄	黄	深褐	14.4	椭圆	直立	亚	棕	紫	25.0	椭圆	18.9	44.4	
97	黄	黄	褐	18.2	椭圆	直立	无	棕	紫	60.0	椭圆	22.0	39.7	
94	黄	黄	淡褐	16.4	椭圆	直立	亚	棕	紫	70.0	椭圆	21.0	43.1	
109	黄	黄	淡褐	13.6	椭圆	半直	亚	棕	白	71.0	披针	21.4	40.7	
95	黄	黄	淡褐	17.3	椭圆	半直	无	棕	白	66.0	椭圆	22.3	39.9	
110	黄	黄	淡褐	19.3	椭圆	半直	无	棕	白	50.0	椭圆	20.9	43.2	
113	黄	黄	淡褐	15.2	椭圆	半直	无	棕	白	70.0	椭圆	20.1	44.1	
105	黄	黄	淡褐	17.1	椭圆	半直	亚	灰	白	58.0	椭圆	21.1	42.8	
93	黄	黄	淡褐	15.7	椭圆	直立	亚	棕	白	43.0	椭圆	21.4	40.9	
100	黄	黄	黄/褐	18.6	椭圆	直立	亚	棕	白	57.0	椭圆	22.1	41.4	
98	黄	黄	淡褐	16.4	椭圆	半直	无	棕	白	69.0	椭圆			
105	黄	黄	褐	15.2	椭圆	直立	无	棕	白	53.0	椭圆	21.3	42.2	
81	黄	黄	黄	14.0	椭圆	直立	亚	棕	白	61.0	椭圆	21.8	41.6	
103	黄	黄	黄	15.8	扁圆	半直	无	棕	白	73.0	椭圆	20.5	43.1	
94	黄	黄	蓝	16.9	扁圆	直立	无	棕	白	55.0	椭圆			
101	黄	黄	褐	17.8	椭圆	直立	亚	棕	白	68.0	披针	22.0	41.1	
97	黄	黄	褐	20.2	椭圆	半直	无	棕	白	80.0	椭圆			
99	黄	黄	褐	21.2	椭圆	半直	亚	棕	白	83.0	椭圆	20.8	41.9	
96	黄	黄	褐	18.5	椭圆	半直	无	棕	白	70.0	椭圆	21.2	41.2	

续表

总编号	品种名称	原产地或来源	保存单位（编号）	类型	生育月份
WDD02682	G. maxN254	俄罗斯	中国农科院作科所(引 1743)	春	5/上—8/中
WDD02683	G. maxN255	俄罗斯	中国农科院作科所(引 1744)	春	5/上—8/中
WDD02684	G. maxN258/2006	俄罗斯	中国农科院作科所(引 1745)	春	5/上—8/中
WDD02685	G. maxN263	俄罗斯	中国农科院作科所(引 1746)	春	5/上—8/下
WDD02686	G. maxN264	俄罗斯	中国农科院作科所(引 1747)	春	5/上—8/中
WDD02687	G. maxN267	俄罗斯	中国农科院作科所(引 1748)	春	5/上—8/中
WDD02688	G. maxN268	俄罗斯	中国农科院作科所(引 1749)	春	5/上—8/上
WDD02689	G. maxN272	俄罗斯	中国农科院作科所(引 1750)	春	5/上—8/中
WDD02690	G. maxN289	俄罗斯	中国农科院作科所(引 1751)	春	5/上—8/中
WDD02691	G. maxN337	俄罗斯	中国农科院作科所(引 1752)	春	5/上—8/中
WDD02692	F4131	俄罗斯	中国农科院作科所(引 1753)	春	5/上—8/中
WDD02693	G. maxitLomzizn10	俄罗斯	中国农科院作科所(引 1754)	春	5/上—8/中
WDD02694	Ⅱpucllop	俄罗斯	中国农科院作科所(引 1755)	春	5/上—10/上
WDD02695	B406	俄罗斯	中国农科院作科所(引 1756)	春	5/上—8/上
WDD02696	DNEPROVSKAYA2	俄罗斯	中国农科院作科所(引原 K4044)	春	5/上—8/下
WDD02697	USSURIISKAYA 477	俄罗斯	中国农科院作科所(引原 K4144)	春	5/上—9/中
WDD02698	USSURIISKAYA 612	俄罗斯	中国农科院作科所(引原 K4285)	春	5/上—9/上
WDD02699	DSS 19	俄罗斯	中国农科院作科所(引原 K4907)	春	5/上—8/下
WDD02700	DSS 2527	俄罗斯	中国农科院作科所(引原 K4912)	春	5/上—8/中
WDD02701	RUDOI	俄罗斯	中国农科院作科所(引原 K4916)	春	5/上—8/中
WDD02702	MONETA	俄罗斯	中国农科院作科所(引原 K4921)	春	5/上—8/中
WDD02703	PSB308	俄罗斯	中国农科院作科所(引原 K4944)	春	5/上—8/中
WDD02704	GURIISKAYA 481	俄罗斯	中国农科院作科所(引原 K4994)	春	5/上—9/中
WDD02705	ZHELTAYA 1038	俄罗斯	中国农科院作科所(引原 K5117)	春	5/上—9/下
WDD02706	AMURSKAYA 283	俄罗斯	中国农科院作科所(引原 K5522)	春	5/上—8/中
WDD02707	AMURSKAYA 266	俄罗斯	中国农科院作科所(引原 K5569)	春	5/上—8/上
WDD02708	PSB313	俄罗斯	中国农科院作科所(引原 K5683)	春	5/上—9/上
WDD02709	ZIGHT BROWN	俄罗斯	中国农科院作科所(引原 K5902)	春	5/上—8/下
WDD02710	ADEPTA	俄罗斯	中国农科院作科所(引原 K6016)	春	5/上—8/下
WDD02711	RANA	俄罗斯	中国农科院作科所(引原 K6080)	春	5/上—8/中
WDD02712	ROUEST 213	俄罗斯	中国农科院作科所(引原 K6085)	春	5/上—9/中
WDD02713	SGARAVTTI	俄罗斯	中国农科院作科所(引原 K6095)	春	5/上—8/下

生育日数/d	粒色	子叶色	脐色	百粒重/g	粒形	生育习性	结荚习性	茸毛色	花色	植株高度/cm	叶形	脂肪含量/%	蛋白质含量/%	备注
105	黄	黄	淡褐	17.6	椭圆	直立	亚	棕	白	48.0	椭圆	21.2	42.0	
105	黄	黄	淡褐	15.9	椭圆	半直	无	棕	白	60.0	椭圆	20.9	41.3	
110	黄	黄	黄/褐	19.1	椭圆	半直	亚	棕	白	63.0	椭圆	21.6	41.4	
115	黄	黄	褐	19.3	椭圆	半直	亚	棕	白	55.0	椭圆	21.8	40.9	
106	黄	黄	褐	15.5	椭圆	直立	亚	棕	白	70.0	椭圆	20.6	43.0	
100	黄	黄	褐	19.0	椭圆	半直	无	棕	白	76.0	椭圆	22.0	40.7	
94	黄	黄	淡褐	14.9	椭圆	直立	无	棕	白	41.0	椭圆			
98	黄	黄	褐	17.3	扁圆	直立	亚	灰	白	55.0	披针	22.1	39.6	
101	黄	黄	淡褐	16.4	椭圆	半直	无	棕	白	79.0	椭圆	20.1	44.8	
103	黄	黄	褐	17.7	椭圆	半直	无	棕	白	68.0	椭圆	21.9	40.4	
99	黄	黄	淡褐	16.7	椭圆	半直	亚	棕	白	85.0	椭圆	19.6	43.7	
100	黄	黄	淡褐	17.1	椭圆	半直	亚	棕	白	60.0	椭圆	20.6	42.6	
153	黄	黄	淡褐/蓝	21.4	椭圆	直立	无	灰	紫	90.0	椭圆	21.2	40.8	
83	黄	黄	褐	17.7	椭圆	半直	亚	灰	紫	110.0	披针			
110	黄	黄	褐	20.8	椭圆	半直	亚	灰	白	95.0	椭圆	20.1	43.8	PSB301
125	绿	黄	黑	13.9	扁椭	半直	无	棕	紫	145.0	椭圆	19.5	43.6	PSB302
123	黄	黄	褐	13.5	椭圆	直立	亚	棕	紫	40.0	椭圆			PSB303
108	黄	黄	褐	19.9	扁圆	直立	亚	灰	紫	75.0	椭圆			PSB304
96	黄	黄	淡褐	21.6	椭圆	直立	亚	灰	紫	60.0	椭圆	20.2	43.9	PSB305
95	褐	黄	褐	16.8	椭圆	直立	亚	棕	白	38.0	椭圆	17.4	47.7	PSB306
98	黄	黄	褐	16.2	椭圆	直立	亚	棕	紫	72.0	椭圆	19.4	45.5	PSB307
97	黄	黄	黄	11.2	圆	半直	无	棕	紫	97.0	椭圆			PSB308
135	黄	黄	黑	19.6	椭圆	半蔓	亚	棕	紫	106.0	椭圆	20.9	42.5	PSB309
134	黄	黄	深褐	13.1	椭圆	蔓生	无	棕	紫	98.0	椭圆	20.2	42.0	PSB310
95	黄	黄	褐	16.2	椭圆	半直	无	棕	紫	70.0	椭圆			PSB311
80	黑	黄	黑	13.0	椭圆	半直	亚	棕	紫	72.0	椭圆	18.4	46.2	PSB312
111	褐	黄	褐	10.0	扁椭	蔓生	无	棕	紫	160.0	椭圆	14.9	47.4	PSB313
102	褐	黄	褐	11.8	椭圆	蔓生	无	棕	紫	100.0	椭圆			PSB314
102	黄	黄	褐	14.9	椭圆	半蔓	无	棕	紫	129.0	椭圆	21.0	41.3	PSB315
91	黄	黄	黄	14.1	椭圆	半直	无	棕	紫	45.0	椭圆			PSB317
134	褐	黄	褐	16.0	长椭	蔓生	无	棕	紫	160.0	椭圆			PSB318
109	黄	黄	褐	15.0	椭圆	直立	亚	棕	紫	60.0	椭圆	21.0	40.3	PSB319

续表

总编号	品种名称	原产地或来源	保存单位（编号）	类型	生育月份
WDD02714	AMURSKAYA 359	俄罗斯	中国农科院作科所(引原 K6115)	春	5/上—8/中
WDD02715	BITTERHOF 255	俄罗斯	中国农科院作科所(引原 K6194)	春	5/上—9/上
WDD02716	AMURSKAYA 401	俄罗斯	中国农科院作科所(引原 K6472)	春	5/上—8/中
WDD02717	BAZALIYA	俄罗斯	中国农科院作科所(引原 K9089)	春	5/上—9/上
WDD02718	BYSTRITCA 2	俄罗斯	中国农科院作科所(引原 K9614)	春	5/上—8/下
WDD02719	OKTYABR 70/t	俄罗斯	中国农科院作科所(引原 K9774t)	春	5/上—8/下
WDD02720	SOER-4/t	俄罗斯	中国农科院作科所(引原 K9953t)	春	5/上—8/中
WDD02721	SOER-5	俄罗斯	中国农科院作科所(引原 K9954)	春	5/上—8/中
WDD02722	VIZA	俄罗斯	中国农科院作科所(引原 K9955)	春	5/上—8/下
WDD02723	SEECA	俄罗斯	中国农科院作科所(引原 K9944)	春	5/上—9/中
WDD02724	Fora	俄罗斯	中国农科院作科所(引原 K10474)	春	5/上—8/上
WDD02725	ARMAVIRSKAYA 10	俄罗斯	中国农科院作科所(引原 K9846)	春	5/上—9/上
WDD02726	ARMAVIRSKAYA 13	俄罗斯	中国农科院作科所(引原 K9848)	春	5/上—8/下
WDD02727	ZEIKA	俄罗斯	中国农科院作科所(引原 K9850)	春	5/上—7/下
WDD02728	SHARA	俄罗斯	中国农科院作科所(引原 K9983)	春	5/上—8/中
WDD02729	OLSA	俄罗斯	中国农科院作科所(引原 K9984)	春	5/上—9/上
WDD02730	USPIH	俄罗斯	中国农科院作科所(引原 K10039)	春	5/上—9/上
WDD02731	КОРМОВАЯ 15	俄罗斯	中国农科院作科所(引原 K6309)	春	5/上—9/中
WDD02732	LIDIA	俄罗斯	中国农科院作科所(引原 K10639)	春	5/上—8/中
WDD02733	DAURIA/y	俄罗斯	中国农科院作科所(引原 K10640y)	春	5/上—8/下
WDD02734	PSB352	俄罗斯	中国农科院作科所(引原 K3859)	春	5/上—8/下
WDD02735	KUBANSKAYA 276	俄罗斯	中国农科院作科所(引原 K3974)	春	5/上—9/上
WDD02736	USSURIISKAYA 211	俄罗斯	中国农科院作科所(引原 K4171)	春	5/上—9/上
WDD02737	DV 2400	俄罗斯	中国农科院作科所(引原 K4380)	春	5/上—9/中
WDD02738	PSB357	俄罗斯	中国农科院作科所(引原 K4944)	春	5/上—8/中
WDD02739	BELOTCERKOVSKAYA 59	俄罗斯	中国农科院作科所(引原 K4971)	春	5/上—8/中
WDD02740	DUNGANSKAYA 462	俄罗斯	中国农科院作科所(引原 K4996)	春	5/上—8/中
WDD02741	STAVROPOLSKAYA 398	俄罗斯	中国农科院作科所(引原 K5040)	春	5/上—9/上
WDD02742	KSHI 693	俄罗斯	中国农科院作科所(引原 K5143)	春	5/上—8/下
WDD02743	KSHI 17	俄罗斯	中国农科院作科所(引原 K5157)	春	5/上—8/下
WDD02744	TIMIRYAZEVSKAYA 122	俄罗斯	中国农科院作科所(引原 K5601)	春	5/上—8/下
WDD02745	CHIPPEVA	俄罗斯	中国农科院作科所(引原 K5613)	春	5/上—9/上

生育日数/d	粒色	子叶色	脐色	百粒重/g	粒形	生育习性	结荚习性	茸毛色	花色	植株高度/cm	叶形	脂肪含量/%	蛋白质含量/%	备注
92	黄	黄	淡褐	18.2	椭圆	半直	亚	灰	紫	79.0	椭圆	21.5	40.3	PSB320
127	黄	黄	黄	18.9	椭圆	直立	亚	灰	紫	51.0	椭圆	18.5	46.2	PSB321
96	黄	黄	淡褐	12.1	椭圆	半直	亚	棕	紫	70.0	椭圆	20.3	40.9	PSB322
119	黄	黄	淡褐	19.9	椭圆	直立	无	灰	紫	80.0	椭圆	21.2	42.2	PSB323
102	黄	黄	褐	13.7	椭圆	半直	无	棕	白	80.0	椭圆	20.6	40.2	PSB325
102	黄	黄	褐	17.1	椭圆	半直	亚	棕	紫	71.0	椭圆	21.4	40.6	PSB326
95	黄	黄	淡褐	17.7	椭圆	直立	亚	棕	紫	59.0	椭圆			PSB328
94	黄	黄	褐	16.4	椭圆	直立	亚	棕	紫	61.0	椭圆	21.3	40.3	PSB329
110	黄	黄	褐	18.4	椭圆	半直	无	灰	白	93.0	椭圆	19.9	43.6	PSB330
136	黄	黄	黄	25.2	椭圆	半直	亚	灰	紫	77.0	椭圆			PSB334
80	黄	黄	褐	31.9	椭圆	半直	亚	灰	白	47.0	椭圆	17.2	47.2	PSB335
116	黄	黄	褐	19.2	椭圆	半直	亚	棕	紫	85.0	椭圆	20.1	44.0	PSB336
107	黄	黄	褐	18.9	椭圆	直立	亚	棕	紫	80.0	椭圆	20.5	41.3	PSB337
79	黄	黄	淡褐	14.9	椭圆	半直	亚	灰	白	69.0	椭圆	23.0	39.1	PSB339
110	黄	黄	深褐	13.5	椭圆	半直	亚	棕	白	50.0	椭圆			PSB342
119	黄	黄	褐	19.7	椭圆	蔓生	无	灰	白	110.0	椭圆	19.9	40.7	PSB343
116	黄	黄	褐	13.3	椭圆	半直	无	棕	紫	120.0	椭圆	20.3	42.0	PSB345
124	绿	黄	褐	19.1	圆	半直	亚	棕	白	88.0	椭圆	20.2	41.8	PSB346
95	黄	黄	褐	13.2	肾形	直立	亚	棕	紫	62.0	椭圆			PSB349
108	黄	黄	褐	15.0	椭圆	直立	亚	棕	紫	47.0	椭圆			PSB350
105	黄	黄	褐	19.0	圆	半直	无	灰	白	110.0	椭圆	18.9	42.5	PSB352
117	黄	黄	褐	18.6	椭圆	半直	亚	灰	白	85.0	椭圆	20.6	43.8	PSB353
119	黄	黄	褐	18.8	椭圆	半直	无	灰	白	115.0	椭圆	18.9	44.0	PSB354
132	黄	黄	淡褐	21.5	椭圆	半直	无	灰	紫	143.0	椭圆			PSB355
100	黄	黄	淡褐	12.1	椭圆	半直	无	棕	紫	105.0	椭圆	19.7	44.0	PSB357
98	黄	黄	蓝	18.9	椭圆	半直	无	灰	紫	75.0	椭圆			PSB358
100	黄	黄	褐	16.1	椭圆	半直	无	棕	紫	95.0	椭圆	21.0	40.7	PSB359
118	黄	黄	褐	21.7	椭圆	半直	亚	灰	白	70.0	椭圆			PSB360
105	黄	黄	褐	10.6	扁圆	蔓生	无	棕	紫	75.0	椭圆			PSB361
106	褐	黄	褐	13.1	椭圆	蔓生	无	棕	紫	98.0	椭圆	17.7	45.0	PSB362
112	褐	黄	褐	15.2	椭圆	直立	亚	棕	白	61.0	椭圆			PSB364
124	黄	黄	褐	16.5	椭圆	半蔓	无	棕	紫	92.0	椭圆			PSB365

续表

总编号	品种名称	原产地或来源	保存单位（编号）	类型	生育月份
WDD02746	OTTAWA-MANDARIN	俄罗斯	中国农科院作科所(引原 K5614)	春	5/上—8/下
WDD02747	BITTERHOFB	俄罗斯	中国农科院作科所(引原 K5713)	春	5/上—9/上
WDD02748	FRUWIRTHS SCHWARZE PE	俄罗斯	中国农科院作科所(引原 K5723)	春	5/上—8/下
WDD02749	PAVLIKENI 2	俄罗斯	中国农科院作科所(引原 K5782)	春	5/上—8/下
WDD02750	BRILLMAYER	俄罗斯	中国农科院作科所(引原 K5816)	春	5/上—9/中
WDD02751	AMURSKAYA 347	俄罗斯	中国农科院作科所(引原 K6111)	春	5/上—8/上
WDD02752	ZARNITCA	俄罗斯	中国农科院作科所(引原 K6441)	春	5/上—9/上
WDD02753	ISZ 11	俄罗斯	中国农科院作科所(引原 K7086)	春	5/上—8/下
WDD02754	WASE NATSU	俄罗斯	中国农科院作科所(引原 K7626)	春	5/上—9/下
WDD02755	VINTON 81/y	俄罗斯	中国农科院作科所(引原 K9028y)	春	5/上—9/中
WDD02756	VINTON	俄罗斯	中国农科院作科所(引原 K9420)	春	5/上—9/上
WDD02757	ROSINKA	俄罗斯	中国农科院作科所(引原 K9961)	春	5/上—9/下
WDD02758	TSHARYVNITCA STEPU	俄罗斯	中国农科院作科所(引原 K10041)	春	5/上—9/下
WDD02759	PSB386	俄罗斯	中国农科院作科所(引原 K1338)	春	5/上—9/上
WDD02760	ЛAHKA	俄罗斯	中国农科院作科所(引原 K6233)	春	5/上—9/上
WDD02761	POLUKULTURNAYA C 10	俄罗斯	中国农科院作科所(引原 K3980)	春	5/上—10/上
WDD02762	AMURSKAYA CHERNAYA 0111	俄罗斯	中国农科院作科所(引原 K4117)	春	5/上—10/上
WDD02763	AMURSKAYA BURAYA 57	俄罗斯	中国农科院作科所(引原 K4122)	春	5/上—8/下
WDD02764	DUN-HAI-SY-LI-TCZAO/y	俄罗斯	中国农科院作科所(引原 K5344y)	春	5/上—9/下
WDD02765	AMURSKAYA CHERNAYA	俄罗斯	中国农科院作科所(引原 K5864)	春	5/上—8/中
WDD02766	VNIIS 1	俄罗斯	中国农科院作科所(引原 K6433)	春	5/上—8/中
WDD02767	AMURSKAYA 402	俄罗斯	中国农科院作科所(引原 K6473)	春	5/上—8/中
WDD02768	BRAVALLA/y	俄罗斯	中国农科院作科所(引原 K6793y)	春	5/上—8/中
WDD02769	BRAVALLA	俄罗斯	中国农科院作科所(引原 K6793)	春	5/上—8/上
WDD02770	VIR 14/y	俄罗斯	中国农科院作科所(引原 K6917y)	春	5/上—9/上
WDD02771	PLAMYA	俄罗斯	中国农科院作科所(引原 K7107)	春	5/上—8/中
WDD02772	VNIIMK 3895	俄罗斯	中国农科院作科所(引原 K7350)	春	5/上—8/上
WDD02773	VINTON 81	俄罗斯	中国农科院作科所(引原 K9028)	春	5/上—8/上
WDD02774	RASSVET	俄罗斯	中国农科院作科所(引原 K9053)	春	5/上—8/中
WDD02775	RASSVET/y	俄罗斯	中国农科院作科所(引原 K9053y)	春	5/上—8/上
WDD02776	ARMAVIRSKAYA	俄罗斯	中国农科院作科所(引原 K9167)	春	5/上—9/上
WDD02777	MECHTA	俄罗斯	中国农科院作科所(引原 K9324)	春	5/上—9/中

生育日数/d	粒色	子叶色	脐色	百粒重/g	粒形	生育习性	结荚习性	茸毛色	花色	植株高度/cm	叶形	脂肪含量/%	蛋白质含量/%	备注
109	黄	黄	淡褐	18.1	椭圆	半蔓	无	灰	紫	90.0	椭圆			PSB366
119	黄	黄	黑	18.1	长椭	半直	无	棕	紫	111.0	椭圆	19.3	44.3	PSB367
101	黑	黄	黑	21.9	扁椭	半直	亚	棕	白	75.0	椭圆	18.2	48.2	PSB368
102	黄	黄	褐	10.4	椭圆	半直	亚	棕	紫	60.0	椭圆			PSB370
125	黄	黄	褐	20.4	长椭	半蔓	亚	棕	紫	110.0	椭圆	19.7	43.0	PSB371
80	黄	黄	褐	14.9	椭圆	半直	无	棕	紫	82.0	椭圆	19.7	43.5	PSB373
119	黄	黄	黑	18.0	长椭	半蔓	无	棕	紫	128.0	椭圆	19.2	45.1	PSB376
108	黄	黄	深褐	20.9	椭圆	半直	亚	棕	白	60.0	椭圆	21.5	41.8	PSB378
133	黄	黄	褐	16.3	椭圆	直立	无	棕	紫	90.0	椭圆	22.4	39.7	PSB380
123	黄	黄	褐	25.1	椭圆	半直	亚	灰	紫	114.0	椭圆	20.3	44.4	PSB381
119	黄	黄	褐	15.4	椭圆	半直	无	棕	紫	121.0	椭圆	18.7	45.8	PSB382
133	黄	黄	黄	14.1	椭圆	直立	亚	棕	白	65.0	披针			PSB384
133	黄	黄	褐	15.6	椭圆	半直	亚	灰	紫	110.0	椭圆	21.9	38.7	PSB385
118	黑	黄	黑	8.0	椭圆	蔓生	无	棕	紫	190.0	椭圆			PSB386
119	褐	黄	褐	18.3	椭圆	半直	无	棕	紫	110.0	椭圆	17.5	48.1	PSB388
152	黑	黄	黑	11.8	扁椭	直立	无	棕	白	140.0	圆形	15.0	51.5	PSB389
144	黑	黄	黑	6.4	扁椭	直立	有	灰	白	90.0	椭圆			PSB391
105	褐	黄	褐	11.2	长椭	蔓生	无	棕	紫	90.0	椭圆	17.6	43.9	PSB394
134	黄	黄	深褐	12.4	椭圆	半直	无	棕	紫	202.0	椭圆	18.1	44.8	PSB397
97	黄	黄	黄	16.3	扁圆	半直	亚	棕	紫	58.0	椭圆			PSB398
94	黄	黄	褐	16.9	椭圆	半直	亚	棕	紫	90.0	椭圆	21.1	41.9	PSB400
95	黄	黄	黄	16.8	椭圆	半直	亚	棕	紫	65.0	椭圆			PSB401
109	黄	黄	褐	17.7	椭圆	半直	亚	棕	紫	64.0	椭圆	20.9	42.6	PSB402
87	黄	黄	褐	16.3	椭圆	直立	亚	棕	白	24.0	椭圆			PSB403
119	黄	黄	褐	22.0	椭圆	半直	无	灰	紫	107.0	椭圆	19.7	44.8	PSB404
109	黄	黄	褐	15.2	椭圆	直立	亚	棕	紫	45.0	椭圆	20.7	41.1	PSB405
88	黄	黄	褐	18.2	长椭	直立	亚	棕	紫	50.0	椭圆			PSB406
87	黄	黄	黄	17.4	扁圆	直立	亚	棕	紫	41.0	椭圆			PSB408
98	黄	黄	褐	17.3	椭圆	半直	亚	棕	紫	71.0	椭圆	21.8	41.9	PSB409
81	黄	黄	淡褐	16.8	椭圆	半直	无	棕	紫	68.0	椭圆	20.4	42.9	PSB411
118	黄	黄	褐	16.3	椭圆	半直	亚	灰	紫	86.0	椭圆	21.0	42.2	PSB412
137	黄	黄	黑	19.9	椭圆	半直	无	灰	紫	104.0	椭圆			PSB413

续表

总编号	品种名称	原产地或来源	保存单位（编号）	类型	生育月份
WDD02778	BELOR	俄罗斯	中国农科院作科所(引原 K9587)	春	5/上—8/中
WDD02779	LUCHEZARNAYA	俄罗斯	中国农科院作科所(引原 K9610)	春	5/上—8/下
WDD02780	MAGEVA	俄罗斯	中国农科院作科所(引原 K9659)	春	5/上—8/中
WDD02781	OKTYABR 70	俄罗斯	中国农科院作科所(引原 K9774)	春	5/上—8/上
WDD02782	SITO	俄罗斯	中国农科院作科所(引原 K9837)	春	5/上—8/中
WDD02783	SITO(2)	俄罗斯	中国农科院作科所(引原 K9837)	春	5/上—8/中
WDD02784	MAJOR/t	俄罗斯	中国农科院作科所(引原 K277t)	春	5/上—9/上
WDD02785	ARMAVIRSKAYA 11	俄罗斯	中国农科院作科所(引原 K9847)	春	5/上—9/上
WDD02786	ARMAVIRSKAYA 15/t	俄罗斯	中国农科院作科所(引原 K9849t)	春	5/上—8/上
WDD02787	MAJOR/y	俄罗斯	中国农科院作科所(引原 K9922y)	春	5/上—8/中
WDD02788	DV 2833/g	俄罗斯	中国农科院作科所(引原 K4681g)	春	5/上—9/中
WDD02789	PSB444	俄罗斯	中国农科院作科所(引原 K7410)	春	5/上—8/下
WDD02790	SOER-3	俄罗斯	中国农科院作科所(引原 K9952)	春	5/上—8/上
WDD02791	SOER-4	俄罗斯	中国农科院作科所(引原 K9953)	春	5/上—8/中
WDD02792	RUNO	俄罗斯	中国农科院作科所(引原 K9958)	春	5/上—8/中
WDD02793	Л-234	俄罗斯	中国农科院作科所(引原 K8539)	春	5/上—10/上
WDD02794	OKSKAY/y	俄罗斯	中国农科院作科所(引原 K9959y)	春	5/上—8/上
WDD02795	VEGA	俄罗斯	中国农科院作科所(引原 K9962)	春	5/上—8/下
WDD02796	SONATA	俄罗斯	中国农科院作科所(引原 K9963)	春	5/上—8/上
WDD02797	ASTRA/y	俄罗斯	中国农科院作科所(引原 K10002y)	春	5/上—8/中
WDD02798	ASTRA	俄罗斯	中国农科院作科所(引原 K10002)	春	5/上—9/上
WDD02799	ASTRA/t	俄罗斯	中国农科院作科所(引原 K10002t)	春	5/上—8/下
WDD02800	Diana	俄罗斯	中国农科院作科所(引原 K10003)	春	5/上—8/下
WDD02801	Диана	俄罗斯	中国农科院作科所(引原 K10003)	春	5/上—8/下
WDD02802	PSB471	俄罗斯	中国农科院作科所(引原 K307)	春	5/上—9/中
WDD02803	SIBNIISH-6	俄罗斯	中国农科院作科所(引原 K10044)	春	5/上—8/下
WDD02804	SIBNIISH-6/t	俄罗斯	中国农科院作科所(引原 K10044t)	春	5/上—8/上
WDD02805	VESELOVSKAYA-3	俄罗斯	中国农科院作科所(引原 K10383)	春	5/上—8/下
WDD02806	VESELOVSKAYA-5	俄罗斯	中国农科院作科所(引原 K10384)	春	5/上—8/上
WDD02807	DON21/b	俄罗斯	中国农科院作科所(引原 K10385b)	春	5/上—8/下
WDD02808	DONSKAYA	俄罗斯	中国农科院作科所(引原 K10386)	春	5/上—9/上
WDD02809	BOYSKAYA 56	俄罗斯	中国农科院作科所(引原 K10629)	春	5/上—8/下

生育日数/d	粒色	子叶色	脐色	百粒重/g	粒形	生育习性	结荚习性	茸毛色	花色	植株高度/cm	叶形	脂肪含量/%	蛋白质含量/%	备注
98	黄	黄	褐	15.7	椭圆	直立	亚	棕	紫	50.0	椭圆	21.6	40.0	PSB415
102	黄	黄	褐	14.5	椭圆	半直	无	棕	紫	78.0	椭圆			PSB420
97	黄	黄	淡褐	14.9	椭圆	半直	无	棕	紫	50.0	椭圆	21.0	42.0	PSB421
81	黄	黄	褐	18.2	椭圆	直立	亚	棕	紫	70.0	椭圆	21.9	39.9	PSB424
106	黄	黄	褐	15.8	椭圆	直立	亚	棕	紫	45.0	椭圆	20.5	42.6	PSB425
103	黄	黄	黄	14.7	椭圆	直立	无	棕	紫	60.0	椭圆	21.4	40.8	PSB426
119	黄	黄	褐	18.4	椭圆	半直	无	棕	紫	125.0	椭圆			PSB427
119	黄	黄	黑	18.8	椭圆	直立	亚	棕	紫	100.0	椭圆	20.6	42.8	PSB429、430
80	黄	黄	蓝	14.4	椭圆	半直	亚	棕	紫	52.0	椭圆			PSB431
96	黄	黄	黄	14.9	椭圆	直立	亚	棕	紫	62.0	椭圆	20.9	39.7	PSB439
129	绿	黄	褐	19.9	扁圆	半直	亚	灰	白	70.0	椭圆	19.9	42.3	PSB441
105	黄	黄	褐	12.7	扁圆	半直	无	棕	紫	63.0	椭圆	20.9	40.7	PSB444
99	黄	黄	黄	15.6	长椭	直立	亚	灰	紫	55.0	椭圆			PSB446
103	黄	黄	褐	15.4	长椭	直立	亚	棕	紫	47.0	椭圆			PSB449
93	黄	黄	淡褐	18.3	长椭	半直	亚	棕	紫	52.0	椭圆			PSB453
140	黄	黄	黑	16.9	椭圆	直立	无	棕	白	125.0	椭圆			PSB455
92	黄	黄	淡褐	14.2	椭圆	半直	无	棕	紫	56.0	椭圆			PSB456
108	黄	黄	淡褐	18.3	椭圆	半直	亚	棕	紫	65.0	椭圆	21.2	40.4	PSB459
100	黄	黄	黄	13.3	椭圆	直立	亚	棕	紫	38.0	椭圆			PSB461
94	黄	黄	黄	16.4	椭圆	半直	无	棕	白	65.0	椭圆	20.3	42.3	PSB462
123	黄	黄	褐	12.6	椭圆	半直	亚	棕	紫	92.0	椭圆			PSB463
105	黄	黄	褐	18.9	椭圆	半直	无	棕	紫	100.0	椭圆			PSB464
103	黄	黄	黄/蓝	16.5	椭圆	半直	无	棕	白	68.0	椭圆	21.2	41.3	PSB465
104	黄	黄	褐	17.0	扁圆	半蔓	亚	灰	紫	100.0	椭圆			PSB466
132	黑	黄	黑	14.0	长椭	半蔓	无	棕	紫	140.0	椭圆			PSB471
105	黄	黄	褐	15.7	椭圆	半直	亚	灰	紫	90.0	椭圆			PSB472
95	黄	黄	黄	17.9	长椭	直立	亚	棕	紫	52.0	椭圆			PSB473
109	黄	黄	褐	16.9	椭圆	半直	亚	棕	白	56.0	椭圆			PSB479
80	黄	黄	淡褐	14.2	椭圆	半直	亚	棕	紫	64.0	椭圆			PSB480
101	黄	黄	黑	14.3	椭圆	直立	亚	棕	白	63.0	椭圆	21.2	40.2	PSB481
111	黄	黄	褐	21.4	椭圆	半直	无	灰	紫	110.0	椭圆	20.5	41.4	PSB483
106	黄	黄	褐	25.6	椭圆	半直	亚	灰	紫	72.0	椭圆	20.1	43.7	PSB485

续表

总编号	品种名称	原产地或来源	保存单位（编号）	类型	生育月份
WDD02810	Diana/b	俄罗斯	中国农科院作科所(引原 K10003b)	春	5/上—9/下
WDD02811	BOYSKAYA 45	俄罗斯	中国农科院作科所(引原 K10628)	春	5/上—8/中
WDD02812	ARMAVIRSKAYA 4/t	俄罗斯	中国农科院作科所(引原 K10634t)	春	5/上—8/上
WDD02813	RENTA/t	俄罗斯	中国农科院作科所(引原 K10636t)	春	5/上—8/上
WDD02814	GARMONIA	俄罗斯	中国农科院作科所(引原 K10638)	春	5/上—7/下
WDD02815	DAURIA	俄罗斯	中国农科院作科所(引原 K10640)	春	5/上—7/下
WDD02816	PEP 2(1)	俄罗斯	中国农科院作科所(引原 K10651)	春	5/上—8/上
WDD02817	PEP 26(2)	俄罗斯	中国农科院作科所(引原 K10658)	春	5/上—8/上
WDD02818	RENTA	俄罗斯	中国农科院作科所(引原 K10636)	春	5/上—9/上
WDD02819	PEP 27/y	俄罗斯	中国农科院作科所(引原 K10659y)	春	5/上—8/上
WDD02820	ARMAVIRSKAYA 4	俄罗斯	中国农科院作科所(引原 K10634)	春	5/上—8/中
WDD02821	PSB507	俄罗斯	中国农科院作科所(引原 K154)	春	5/上—10/上
WDD02822	PSB508	俄罗斯	中国农科院作科所(引原 K277)	春	5/上—10/上
WDD02823	PSB509	俄罗斯	中国农科院作科所(引原 K291)	春	5/上—8/下
WDD02824	PSB511	俄罗斯	中国农科院作科所(引原 K309)	春	5/上—9/下
WDD02825	PSB512	俄罗斯	中国农科院作科所(引原 K336)	春	5/上—8/下
WDD02826	PSB514	俄罗斯	中国农科院作科所(引原 K429)	春	5/上—9/下
WDD02827	PSB515	俄罗斯	中国农科院作科所(引原 K458)	春	5/上—9/下
WDD02828	PSB516	俄罗斯	中国农科院作科所(引原 K495)	春	5/上—9/上
WDD02829	PSB517	俄罗斯	中国农科院作科所(引原 K518)	春	5/上—9/下
WDD02830	PSB519	俄罗斯	中国农科院作科所(引原 K765)	春	5/上—9/下
WDD02831	CHI-LU-SCHU	俄罗斯	中国农科院作科所(引原 K784)	春	5/上—8/中
WDD02832	MYAO-YAN-DOU	俄罗斯	中国农科院作科所(引原 K967)	春	5/上—8/下
WDD02833	PSB523	俄罗斯	中国农科院作科所(引原 K970)	春	5/上—8/下
WDD02834	PSB524	俄罗斯	中国农科院作科所(引原 K1204)	春	5/上—8/下
WDD02835	PSB525	俄罗斯	中国农科院作科所(引原 K1233)	春	5/上—8/下
WDD02836	PSB526	俄罗斯	中国农科院作科所(引原 K1278)	春	5/上—8/下
WDD02837	PSB527	俄罗斯	中国农科院作科所(引原 K1293)	春	5/上—8/下
WDD02838	PSB529	俄罗斯	中国农科院作科所(引原 K1306)	春	5/上—8/下
WDD02839	PSB530	俄罗斯	中国农科院作科所(引原 K1317)	春	5/上—9/上
WDD02840	PSB531	俄罗斯	中国农科院作科所(引原 K1318)	春	5/上—9/上
WDD02841	PSB534	俄罗斯	中国农科院作科所(引原 K1355)	春	5/上—9/上

生育日数/d	粒色	子叶色	脐色	百粒重/g	粒形	生育习性	结荚习性	茸毛色	花色	植株高度/cm	叶形	脂肪含量/%	蛋白质含量/%	备注
129	黄	黄	褐	15.6	椭圆	半直	无	棕	紫	140.0	椭圆			PSB486
97	黄	黄	褐	19.9	椭圆	直立	亚	灰	紫	38.0	椭圆	21.0	42.1	PSB487
87	黄	黄	褐	15.4	椭圆	直立	亚	棕	紫	32.0	圆形			PSB489
87	黄	黄	褐	15.5	椭圆	直立	亚	棕	紫	27.0	椭圆	20.6	41.5	PSB490
78	褐	黄	褐	15.5	椭圆	直立	亚	棕	白	27.0	椭圆			PSB492
78	褐	黄	深褐	16.3	椭圆	直立	亚	棕	白	27.0	椭圆			PSB493
95	黄	黄	褐	13.5	椭圆	直立	亚	棕	紫	35.0	椭圆			PSB495
80	褐	黄	褐	16.5	椭圆	直立	亚	棕	白	29.0	椭圆			PSB500
111	黄	黄	褐	21.3	扁圆	半直	无	灰	紫	100.0	椭圆			PSB501
99	黄	黄	褐	16.9	长椭	直立	亚	棕	白	23.0	椭圆			PSB502
98	黄	黄	黑	14.3	椭圆	直立	亚	棕	白	70.0	椭圆	20.1	41.4	PSB505
152	黄	黄	褐	14.5	椭圆	直立	无	棕	紫	100.0	椭圆			PSB507
153	黑	绿	黑	13.1	椭圆	直立	无	灰	紫	130.0	椭圆	19.0	42.4	PSB508
101	褐	黄	褐	14.6	长椭	半直	亚	棕	紫	80.0	椭圆			PSB509
142	黑	黄	黑	5.0	扁椭	蔓生	无	棕	紫	145.0	椭圆	15.8	48.4	PSB511
107	黄	黄	褐	21.6	扁圆	直立	无	灰	白	135.0	椭圆			PSB512
136	黄	黄	褐	22.4	扁圆	直立	无	灰	白	130.0	椭圆			PSB514
135	黄	黄	褐	21.7	扁圆	直立	无	灰	白	125.0	椭圆	18.6	44.3	PSB515
113	黑	绿	黑	17.8	椭圆	半直	无	棕	白	98.0	椭圆			PSB516
129	褐	黄	褐	19.6	椭圆	直立	无	棕	紫	100.0	椭圆	17.4	48.3	PSB517
139	绿	黄	褐	8.3	椭圆	直立	有	灰	白	140.0	椭圆			PSB519
95	黑	黄	黑	12.8	扁椭	半直	无	棕	紫	90.0	椭圆	17.8	45.2	PSB521
106	褐	黄	褐	19.2	椭圆	直立	无	棕	紫	116.0	椭圆			PSB522
106	黄	黄	褐	16.3	椭圆	直立	无	棕	紫	113.0	椭圆			PSB523
108	黑	黄	黑	13.9	椭圆	半直	亚	棕	白	95.0	椭圆			PSB524
106	黄	黄	褐	18.5	椭圆	直立	无	灰	紫	85.0	椭圆	21.0	42.2	PSB525
105	黄	黄	褐	20.3	扁圆	半直	无	灰	白	110.0	椭圆			PSB526
105	黄	黄	褐	20.6	椭圆	半直	无	棕	白	110.0	椭圆	18.7	46.0	PSB527
105	黄	黄	褐	17.6	椭圆	半直	无	棕	紫	130.0	椭圆	19.4	44.4	PSB529
116	黄	黄	褐	22.8	扁圆	半直	亚	灰	白	77.0	椭圆	19.9	43.7	PSB530
115	褐	黄	褐	15.8	扁椭	半直	无	棕	紫	135.0	椭圆			PSB531
116	褐	黄	褐	15.1	扁椭	半蔓	无	棕	紫	150.0	椭圆	16.7	47.1	PSB534

续表

总编号	品种名称	原产地或来源	保存单位（编号）	类型	生育月份
WDD02842	PSB535	俄罗斯	中国农科院作科所(引原 K1414)	春	5/上—9/中
WDD02843	PSB536	俄罗斯	中国农科院作科所(引原 K1442)	春	5/上—9/中
WDD02844	PSB538	俄罗斯	中国农科院作科所(引原 K1599)	春	5/上—9/中
WDD02845	PSB539	俄罗斯	中国农科院作科所(引原 K1611)	春	5/上—9/中
WDD02846	PSB541	俄罗斯	中国农科院作科所(引原 K1748)	春	5/上—9/中
WDD02847	PSB542	俄罗斯	中国农科院作科所(引原 K1883)	春	5/上—8/下
WDD02848	PSB543	俄罗斯	中国农科院作科所(引原 K1934)	春	5/上—8/下
WDD02849	PSB544	俄罗斯	中国农科院作科所(引原 K1938)	春	5/上—9/上
WDD02850	PSB545	俄罗斯	中国农科院作科所(引原 K2034)	春	5/上—8/下
WDD02851	PSB546	俄罗斯	中国农科院作科所(引原 K2149)	春	5/上—9/上
WDD02852	PSB547	俄罗斯	中国农科院作科所(引原 K2161)	春	5/上—8/下
WDD02853	PSB548	俄罗斯	中国农科院作科所(引原 K2173y)	春	5/上—9/中
WDD02854	PSB549	俄罗斯	中国农科院作科所(引原 K2265)	春	5/上—9/中
WDD02855	PSB550	俄罗斯	中国农科院作科所(引原 K2283)	春	5/上—9/上
WDD02856	PSB552	俄罗斯	中国农科院作科所(引原 K2300)	春	5/上—9/上
WDD02857	PSB553	俄罗斯	中国农科院作科所(引原 K2325)	春	5/上—9/下
WDD02858	PSB555	俄罗斯	中国农科院作科所(引原 K2458)	春	5/上—9/上
WDD02859	PSB558	俄罗斯	中国农科院作科所(引原 K2495)	春	5/上—9/上
WDD02860	PSB559	俄罗斯	中国农科院作科所(引原 K2516)	春	5/上—9/上
WDD02861	PSB560	俄罗斯	中国农科院作科所(引原 K2518)	春	5/上—8/下
WDD02862	PSB561	俄罗斯	中国农科院作科所(引原 K2519)	春	5/上—9/中
WDD02863	PSB562	俄罗斯	中国农科院作科所(引原 K2522t)	春	5/上—8/下
WDD02864	PSB563	俄罗斯	中国农科院作科所(引原 K2527)	春	5/上—9/上
WDD02865	PSB565	俄罗斯	中国农科院作科所(引原 K2560)	春	5/上—8/下
WDD02866	PSB566	俄罗斯	中国农科院作科所(引原 K2594)	春	5/上—9/下
WDD02867	PSB567	俄罗斯	中国农科院作科所(引原 K2595)	春	5/上—9/下
WDD02868	PINPU	俄罗斯	中国农科院作科所(引原 K2680)	春	5/上—8/下
WDD02869	PSB572	俄罗斯	中国农科院作科所(引原 K2778)	春	5/上—9/上
WDD02870	PSB573	俄罗斯	中国农科院作科所(引原 K2814)	春	5/上—9/下
WDD02871	PSB574	俄罗斯	中国农科院作科所(引原 K2826)	春	5/上—9/中
WDD02872	PSB575	俄罗斯	中国农科院作科所(引原 K2867)	春	5/上—9/中
WDD02873	PSB576	俄罗斯	中国农科院作科所(引原 K2868)	春	5/上—9/中

生育日数/d	粒色	子叶色	脐色	百粒重/g	粒形	生育习性	结荚习性	茸毛色	花色	植株高度/cm	叶形	脂肪含量/%	蛋白质含量/%	备注
134	黄	黄	黑	19.9	椭圆	半蔓	亚	棕	紫	87.0	椭圆	21.2	40.8	PSB535
134	黄	黄	褐	16.2	椭圆	半蔓	无	棕	紫	103.0	椭圆			PSB536
134	黄	黄	黑	21.4	椭圆	半蔓	无	棕	紫	120.0	椭圆			PSB538
134	黑	黄	黑	15.0	椭圆	半蔓	无	棕	紫	125.0	椭圆	18.7	43.8	PSB539
122	黄	黄	淡褐	17.1	椭圆	半直	亚	灰	紫	95.0	椭圆			PSB541
105	黑	黄	黑	15.2	扁椭	直立	无	棕	紫	120.0	椭圆			PSB542
105	黄	黄	淡褐	18.2	椭圆	直立	无	棕	紫	112.0	椭圆	20.5	39.9	PSB543
122	黄	黄	褐	17.6	椭圆	半直	亚	棕	紫	85.0	椭圆	19.8	43.8	PSB544
105	黄	黄	淡褐	20.9	椭圆	直立	亚	棕	紫	80.0	椭圆			PSB545
116	黄	黄	褐	17.6	椭圆	半直	亚	棕	紫	100.0	椭圆			PSB546
105	褐	黄	褐	15.1	扁椭	半直	无	棕	紫	98.0	椭圆	17.8	45.8	PSB547
130	黄	黄	褐	17.5	椭圆	半直	无	灰	白	90.0	椭圆	18.9	43.9	PSB548
132	黑	黄	黑	18.5	椭圆	半直	无	棕	白	100.0	椭圆			PSB549
122	褐	黄	褐	14.8	扁椭	半蔓	无	棕	紫	85.0	椭圆	19.4	44.2	PSB550
119	黄	黄	褐	20.6	椭圆	半直	无	棕	紫	130.0	椭圆			PSB552
135	黄	黄	褐	12.1	椭圆	直立	无	棕	紫	95.0	椭圆			PSB553
122	黄	黄	淡褐	14.6	椭圆	半直	无	棕	紫	170.0	椭圆	17.8	45.9	PSB555
122	黄	黄	褐	14.7	椭圆	半直	亚	灰	紫	65.0	椭圆			PSB558
125	黄	黄	黑	14.8	椭圆	半直	无	棕	紫	120.0	椭圆			PSB559
109	黄	黄	褐	16.4	椭圆	半蔓	无	棕	紫	94.0	椭圆			PSB560
132	黄	黄	褐	18.3	椭圆	直立	无	棕	紫	85.0	椭圆			PSB561
106	黄	黄	褐	14.5	椭圆	半直	无	棕	紫	100.0	椭圆			PSB562
113	黄	黄	褐	24.3	椭圆	直立	无	棕	紫	135.0	椭圆			PSB563
105	黄	黄	褐	15.4	椭圆	半蔓	无	棕	紫	120.0	椭圆	20.0	41.5	PSB565
147	黄	黄	黑	17.1	椭圆	直立	无	棕	紫	100.0	椭圆			PSB566
129	黄	黄	黑	17.8	椭圆	直立	无	棕	紫	100.0	椭圆			PSB567
106	黄	黄	褐	18.5	椭圆	直立	无	棕	紫	90.0	椭圆	18.9	42.5	PSB569
123	黄	黄	淡褐	19.3	椭圆	半蔓	无	棕	紫	100.0	椭圆	18.1	46.3	PSB572
132	黄	黄	褐	20.6	扁圆	半直	无	棕	白	140.0	椭圆	19.4	43.4	PSB573
124	黄	黄	黑	15.7	椭圆	直立	无	棕	紫	120.0	椭圆			PSB574
124	黄	黄	褐	18.1	扁圆	直立	无	灰	白	95.0	椭圆	18.9	44.0	PSB575
123	黄	黄	褐	18.4	扁圆	直立	无	灰	白	100.0	椭圆	19.1	44.6	PSB576

续表

总编号	品种名称	原产地或来源	保存单位（编号）	类型	生育月份
WDD02874	PSB577	俄罗斯	中国农科院作科所(引原 K2874)	春	5/上—9/中
WDD02875	PSB578	俄罗斯	中国农科院作科所(引原 K2881)	春	5/上—8/下
WDD02876	PSB579	俄罗斯	中国农科院作科所(引原 K2882)	春	5/上—9/上
WDD02877	PSB580	俄罗斯	中国农科院作科所(引原 K2886)	春	5/上—8/下
WDD02878	PSB581	俄罗斯	中国农科院作科所(引原 K2888)	春	5/上—9/中
WDD02879	PSB583	俄罗斯	中国农科院作科所(引原 K3767)	春	5/上—9/上
WDD02880	CHESTNUT	俄罗斯	中国农科院作科所(引原 K3978)	春	5/上—9/下
WDD02881	M. D. H.	俄罗斯	中国农科院作科所(引原 K3985)	春	5/上—10/上
WDD02882	DV 901	俄罗斯	中国农科院作科所(引原 K4214)	春	5/上—9/上
WDD02883	DV 910	俄罗斯	中国农科院作科所(引原 K4216)	春	5/上—9/上
WDD02884	DV 904	俄罗斯	中国农科院作科所(引原 K4217)	春	5/上—8/上
WDD02885	ELITA 673	俄罗斯	中国农科院作科所(引原 K4303)	春	5/上—8/下
WDD02886	ELITA 717	俄罗斯	中国农科院作科所(引原 K4322)	春	5/上—8/下
WDD02887	ELITA 751	俄罗斯	中国农科院作科所(引原 K4334)	春	5/上—8/下
WDD02888	ELITA 760	俄罗斯	中国农科院作科所(引原 K4338)	春	5/上—9/下
WDD02889	ELITA 762	俄罗斯	中国农科院作科所(引原 K4340)	春	5/上—8/下
WDD02890	DV 2370/y	俄罗斯	中国农科院作科所(引原 K4343y)	春	5/上—9/中
WDD02891	PSB599	俄罗斯	中国农科院作科所(引原 K4416)	春	5/上—8/下
WDD02892	PSB600	俄罗斯	中国农科院作科所(引原 K4419)	春	5/上—9/中
WDD02893	PSB601	俄罗斯	中国农科院作科所(引原 K4432)	春	5/上—8/下
WDD02894	PSB602	俄罗斯	中国农科院作科所(引原 K4444)	春	5/上—9/中
WDD02895	PSB605	俄罗斯	中国农科院作科所(引原 K4456)	春	5/上—8/下
WDD02896	PSB606	俄罗斯	中国农科院作科所(引原 K4473)	春	5/上—9/中
WDD02897	PSB609	俄罗斯	中国农科院作科所(引原 K4486)	春	5/上—9/上
WDD02898	PSB613	俄罗斯	中国农科院作科所(引原 K4508)	春	5/上—8/下
WDD02899	PSB614	俄罗斯	中国农科院作科所(引原 K4513)	春	5/上—9/下
WDD02900	PSB615	俄罗斯	中国农科院作科所(引原 K4528)	春	5/上—8/下
WDD02901	PSB616	俄罗斯	中国农科院作科所(引原 K4533)	春	5/上—8/下
WDD02902	DV 2785	俄罗斯	中国农科院作科所(引原 K4633)	春	5/上—8/下
WDD02903	ДВ 2786	俄罗斯	中国农科院作科所(引原 K4634)	春	5/上—8/下
WDD02904	DV 2825	俄罗斯	中国农科院作科所(引原 K4673)	春	5/上—9/上
WDD02905	ДВ 2833	俄罗斯	中国农科院作科所(引原 K4681)	春	5/上—8/下

生育日数/d	粒色	子叶色	脐色	百粒重/g	粒形	生育习性	结荚习性	茸毛色	花色	植株高度/cm	叶形	脂肪含量/%	蛋白质含量/%	备注
133	黄	黄	褐	22.7	扁圆	半蔓	亚	灰	白	90.0	椭圆	20.5	42.7	PSB577
106	黄	黄	淡褐	23.8	椭圆	直立	无	灰	紫	85.0	椭圆	19.9	41.0	PSB578
115	黄	黄	褐	23.7	椭圆	半蔓	亚	灰	白	100.0	椭圆			PSB579
106	黄	黄	淡褐	16.6	椭圆	直立	无	灰	紫	85.0	椭圆	21.0	41.3	PSB580
123	黄	黄	褐	17.3	椭圆	直立	无	棕	紫	110.0	椭圆			PSB581
122	褐	黄	褐	13.8	扁椭	蔓生	无	棕	紫	150.0	椭圆	17.0	44.9	PSB583
129	褐	黄	褐	13.9	扁椭	直立	无	棕	紫	90.0	椭圆	19.8	42.6	PSB584
145	黑	黄	黑	16.0	椭圆	直立	无	棕	白	170.0	椭圆			PSB586
109	褐	黄	褐	13.8	扁椭	直立	无	棕	紫	130.0	椭圆			PSB587
113	褐	黄	褐	12.8	扁椭	蔓生	无	棕	紫	155.0	椭圆	17.0	45.2	PSB588
80	褐	黄	褐	13.9	扁椭	直立	亚	棕	白	30.0	椭圆			PSB589
106	黄	黄	褐	22.2	扁圆	直立	无	棕	紫	110.0	椭圆	19.6	44.3	PSB590
106	黄	黄	褐	20.6	扁圆	直立	无	灰	白	120.0	椭圆	19.9	42.4	PSB591
106	黄	黄	黑	22.0	椭圆	直立	无	棕	紫	105.0	椭圆	19.4	43.4	PSB593
129	黄	黄	黑	18.5	椭圆	直立	无	棕	紫	100.0	椭圆			PSB594
106	黄	黄	褐	14.4	椭圆	直立	无	棕	紫	100.0	椭圆	20.6	42.2	PSB596
122	黄	黄	黄	17.9	椭圆	直立	亚	棕	紫	97.0	椭圆			PSB597
107	黄	黄	褐	19.5	椭圆	半直	亚	灰	白	114.0	椭圆			PSB599
133	黄	黄	褐	17.1	椭圆	半蔓	无	灰	白	105.0	椭圆	21.6	39.0	PSB600
105	黄	黄	黑	19.9	椭圆	半蔓	亚	灰	紫	100.0	椭圆	20.3	44.1	PSB601
120	黄	黄	褐	18.0	椭圆	半蔓	亚	棕	紫	99.0	椭圆			PSB602
109	黄	黄	淡褐	16.7	椭圆	半直	亚	棕	紫	65.0	椭圆	20.4	42.1	PSB605
133	黄	黄	褐	19.2	椭圆	半蔓	亚	灰	白	80.0	椭圆			PSB606
111	黄	黄	褐	20.7	椭圆	半直	亚	灰	紫	75.0	椭圆	19.5	43.7	PSB609
109	黄	黄	褐	13.5	椭圆	半蔓	无	棕	紫	98.0	椭圆			PSB613
139	黄	黄	褐	16.6	椭圆	半直	无	棕	紫	168.0	椭圆	19.7	43.2	PSB614
106	黄	黄	褐	21.0	椭圆	直立	无	棕	紫	105.0	椭圆	19.0	45.6	PSB615
106	黄	黄	褐	21.0	椭圆	直立	无	棕	紫	100.0	椭圆	18.0	46.6	PSB616
108	黄	黄	褐	22.1	椭圆	直立	无	灰	白	128.0	椭圆			PSB621
106	黄	黄	淡褐	19.0	椭圆	直立	无	灰	紫	110.0	椭圆	19.1	44.8	PSB622
116	黄	黄	淡褐	23.7	椭圆	半直	亚	灰	紫	90.0	椭圆	20.4	43.0	PSB624
105	黄	黄	褐	17.3	椭圆	半蔓	无	棕	紫	90.0	椭圆			PSB625

续表

总编号	品种名称	原产地或来源	保存单位（编号）	类型	生育月份
WDD02906	ДВ 2834	俄罗斯	中国农科院作科所(引原 K4682)	春	5/上—8/下
WDD02907	DV 2835	俄罗斯	中国农科院作科所(引原 K4683)	春	5/上—9/中
WDD02908	JIB 2836	俄罗斯	中国农科院作科所(引原 K4684)	春	5/上—8/下
WDD02909	DV 2837	俄罗斯	中国农科院作科所(引原 K4685)	春	5/上—9/上
WDD02910	ДВ 2839	俄罗斯	中国农科院作科所(引原 K4687)	春	5/上—8/下
WDD02911	DV 2840	俄罗斯	中国农科院作科所(引原 K4688)	春	5/上—9/上
WDD02912	ДВ 2841	俄罗斯	中国农科院作科所(引原 K4689)	春	5/上—9/上
WDD02913	ДВ 2846	俄罗斯	中国农科院作科所(引原 K4694)	春	5/上—8/下
WDD02914	ДВ 2849	俄罗斯	中国农科院作科所(引原 K4697)	春	5/上—9/下
WDD02915	DV 2851	俄罗斯	中国农科院作科所(引原 K4699)	春	5/上—9/下
WDD02916	DV 2852	俄罗斯	中国农科院作科所(引原 K4700)	春	5/上—8/下
WDD02917	PSB640	俄罗斯	中国农科院作科所(引原 K4705)	春	5/上—9/下
WDD02918	PSB643	俄罗斯	中国农科院作科所(引原 K4713)	春	5/上—8/下
WDD02919	PSB644	俄罗斯	中国农科院作科所(引原 K4715)	春	5/上—10/上
WDD02920	FUN-ZHUN/g	俄罗斯	中国农科院作科所(引原 K4890g)	春	5/上—9/下
WDD02921	PSB649	俄罗斯	中国农科院作科所(引原 K5025)	春	5/上—9/上
WDD02922	HARBIN 344/K	俄罗斯	中国农科院作科所(引原 K5031)	春	5/上—9/上
WDD02923	MANDARIN HYBRID	俄罗斯	中国农科院作科所(引原 K5102)	春	5/上—8/下
WDD02924	PSB660	俄罗斯	中国农科院作科所(引原 K5111)	春	5/上—8/中
WDD02925	HUAN-DA-DOU	俄罗斯	中国农科院作科所(引原 K5210)	春	5/上—8/下
WDD02926	TCZIN-YUAN 2	俄罗斯	中国农科院作科所(引原 K5220)	春	5/上—8/下
WDD02927	YUAN-BAU-TCZIN	俄罗斯	中国农科院作科所(引原 K5224)	春	5/上—8/下
WDD02928	ER-HUAN-YAN	俄罗斯	中国农科院作科所(引原 K5269)	春	5/上—10/上
WDD02929	BAN-E-SHEN-DOU	俄罗斯	中国农科院作科所(引原 K5366)	春	5/上—9/下
WDD02930	VIR 14	俄罗斯	中国农科院作科所(引原 K6917)	春	5/上—9/上
WDD02931	ARMAVIRSKAYA 15	俄罗斯	中国农科院作科所(引原 K9849)	春	5/上—9/中
WDD02932	SONATA(2)	俄罗斯	中国农科院作科所(引原 K9963)	春	5/上—9/中
WDD02933	GARMONIA/t	俄罗斯	中国农科院作科所(引原 K10638t)	春	5/上—8/下
WDD02934	PSB690	俄罗斯	中国农科院作科所(引原 K2161y)	春	5/上—9/中
WDD02935	PSB692	俄罗斯	中国农科院作科所(引原 K2300t)	春	5/上—9/上
WDD02936	PSB693	俄罗斯	中国农科院作科所(引原 K2300b)	春	5/上—9/上
WDD02937	MANCHU	俄罗斯	中国农科院作科所(引原 K696b)	春	5/上—9/上

生育日数/d	粒色	子叶色	脐色	百粒重/g	粒形	生育习性	结荚习性	茸毛色	花色	植株高度/cm	叶形	脂肪含量/%	蛋白质含量/%	备注
106	黄	黄	褐	24.3	椭圆	直立	亚	灰	白	100.0	椭圆			PSB626
124	黄	黄	淡褐	22.7	椭圆	半蔓	亚	灰	紫	100.0	椭圆			PSB627
106	黄	黄	淡褐	17.6	椭圆	直立	无	灰	紫	100.0	椭圆	19.7	42.9	PSB628
118	黄	黄	褐	22.4	扁圆	半蔓	无	灰	白	120.0	椭圆	20.7	41.2	PSB629
106	黄	黄	淡褐	22.6	椭圆	直立	无	灰	紫	110.0	椭圆			PSB631
114	黄	黄	褐	15.5	椭圆	直立	无	棕	紫	110.0	椭圆	18.7	46.0	PSB632
114	黄	黄	褐	16.2	椭圆	直立	无	棕	紫	105.0	椭圆	18.6	45.8	PSB633
106	黄	黄	淡褐	23.6	扁圆	直立	无	灰	白	115.0	椭圆	19.6	42.9	PSB634
139	黄	黄	褐	17.2	椭圆	直立	无	灰	紫	125.0	椭圆	19.6	42.3	PSB636
147	黄	黄	褐	19.4	椭圆	直立	无	棕	紫	110.0	椭圆			PSB637
106	黄	黄	淡褐	19.9	椭圆	直立	无	棕	紫	95.0	椭圆	19.8	43.9	PSB638
129	黑	黄	黑	13.6	扁椭	半蔓	无	棕	紫	120.0	椭圆			PSB640
105	绿	黄	褐	18.1	椭圆	半蔓	无	棕	紫	102.0	椭圆			PSB643
152	黄	黄	淡褐	17.4	椭圆	直立	无	灰	紫	105.0	椭圆			PSB644
133	绿	黄	褐	19.4	扁圆	直立	有	灰	白	90.0	椭圆	20.5	40.7	PSB647
115	黄	黄	褐	14.6	扁圆	半蔓	亚	灰	紫	78.0	椭圆			PSB649
123	黄	黄	深褐	21.0	椭圆	半蔓	亚	灰	紫	60.0	椭圆	20.4	42.3	PSB650
103	黄	黄	淡褐	18.7	椭圆	直立	亚	棕	紫	70.0	椭圆	19.7	42.6	PSB659
98	褐	黄	褐	15.6	椭圆	直立	亚	棕	白	53.0	椭圆			PSB660
105	褐	黄	褐	13.4	长椭	蔓生	无	棕	紫	130.0	椭圆	17.8	43.2	PSB662
105	褐	黄	褐	13.2	长椭	蔓生	无	棕	紫	190.0	椭圆	17.4	45.2	PSB664
103	黄	黄	淡褐	17.5	扁圆	半直	无	灰	白	65.0	椭圆	20.4	41.2	PSB666
147	黑	黄	黑	15.4	长椭	半蔓	无	灰	紫	160.0	椭圆			PSB668
134	黑	黄	黑	6.3	椭圆	蔓生	无	棕	紫	140.0	椭圆	16.2	46.9	PSB675
112	黄	黄	黑	18.8	椭圆	直立	无	棕	紫	120.0	椭圆	20.1	43.8	PSB676
124	黄	黄	淡褐	19.8	扁圆	直立	无	灰	紫	110.0	椭圆			PSB677
123	黑	黄	黑	11.7	扁椭	蔓生	无	灰	紫	132.0	椭圆			PSB678
103	黄	黄	褐	13.6	扁椭	直立	亚	棕	白	55.0	披针			PSB680
137	黄	黄	褐	18.5	椭圆	直立	无	灰	白	120.0	椭圆	19.6	43.7	PSB690
119	黄	黄	褐	19.8	椭圆	直立	无	棕	紫	135.0	椭圆			PSB692
115	黑	黄	黑	13.4	椭圆	半蔓	无	棕	紫	82.0	椭圆	16.9	44.9	PSB693
113	黑	绿	黑	16.0	椭圆	半直	亚	棕	白	90.0	椭圆			PSB710

续表

总编号	品种名称	原产地或来源	保存单位（编号）	类型	生育月份
WDD02938	PSB714	俄罗斯	中国农科院作科所(引原 K2173)	春	5/上—9/上
WDD02939	KG-20	俄罗斯	中国农科院作科所(引原 K10539)	春	5/上—8/下
WDD02940	PEP 28	俄罗斯	中国农科院作科所(引原 K10660)	春	5/上—7/下
WDD02941	ARMAVIRSKAYA 15-1	俄罗斯	中国农科院作科所(引原 K9849)	春	5/上—9/中
WDD02942	ARMAVIRSKAYA 15-2	俄罗斯	中国农科院作科所(引原 K9849)	春	5/上—9/中
WDD02943	AMURSKAYA BURAYA 51-1	俄罗斯	中国农科院作科所(引原 K4121)	春	5/上—8/下
WDD02944	AMURSKAYA BURAYA 51-2	俄罗斯	中国农科院作科所(引原 K4121)	春	5/上—9/上
WDD02945	AЛTOM-1	俄罗斯	中国农科院作科所(引原 K10043)	春	5/上—8/下
WDD02946	AЛTOM-2	俄罗斯	中国农科院作科所(引原 K10043)	春	5/上—8/中
WDD02947	LADA-1	俄罗斯	中国农科院作科所(引原 K10382)	春	5/上—8/中
WDD02948	LADA-2	俄罗斯	中国农科院作科所(引原 K10382)	春	5/上—8/中
WDD02949	LAN-1	俄罗斯	中国农科院作科所(引原 K9957)	春	5/上—8/下
WDD02950	LAN-2	俄罗斯	中国农科院作科所(引原 K9957)	春	5/上—9/上
WDD02951	LAN-3	俄罗斯	中国农科院作科所(引原 K9957)	春	5/上—9/上
WDD02952	LAN-4	俄罗斯	中国农科院作科所(引原 K9957)	春	5/上—8/下
WDD02953	MAJOR-1	俄罗斯	中国农科院作科所(引原 K9922)	春	5/上—8/上
WDD02954	MAJOR-2	俄罗斯	中国农科院作科所(引原 K9922)	春	5/上—8/中
WDD02955	OKSKAY-1	俄罗斯	中国农科院作科所(引原 K9959)	春	5/上—8/上
WDD02956	OKSKAY-2	俄罗斯	中国农科院作科所(引原 K9959)	春	5/上—8/中
WDD02957	POLUKULTURNAYA-1	俄罗斯	中国农科院作科所(引原 K5776)	春	5/上—9/上
WDD02958	POLUKULTURNAYA-2	俄罗斯	中国农科院作科所(引原 K1356)	春	5/上—8/下
WDD02959	SIBNIIK 315-1	俄罗斯	中国农科院作科所(引原 K9609)	春	5/上—8/中
WDD02960	SIBNIIK 315-2	俄罗斯	中国农科院作科所(引原 K9609)	春	5/上—8/上
WDD02961	SVETLAY-1	俄罗斯	中国农科院作科所(引原 K9960)	春	5/上—8/上
WDD02962	SVETLAY-2	俄罗斯	中国农科院作科所(引原 K9960)	春	5/上—8/上
WDD02963	SVETLAY-3	俄罗斯	中国农科院作科所(引原 K9960)	春	5/上—8/上
WDD02964	USHI-6-1	俄罗斯	中国农科院作科所(引原 K9951)	春	5/上—8/下
WDD02965	USHI-6-2	俄罗斯	中国农科院作科所(引原 K9951)	春	5/上—8/上
WDD02966	YUG 30-1	俄罗斯	中国农科院作科所(引原 K9608)	春	5/上—9/上
WDD02967	YUG 30-2	俄罗斯	中国农科院作科所(引原 K9608)	春	5/上—8/中
WDD02968	ZAKAT-1	俄罗斯	中国农科院作科所(引原 K9950)	春	5/上—8/下
WDD02969	ZAKAT-2	俄罗斯	中国农科院作科所(引原 K9950)	春	5/上—8/上

生育日数/d	粒色	子叶色	脐色	百粒重/g	粒形	生育习性	结荚习性	茸毛色	花色	植株高度/cm	叶形	脂肪含量/%	蛋白质含量/%	备注
118	黄	黄	褐	18.9	椭圆	半蔓	亚	棕	紫	93.0	椭圆			PSB714
116	黄	黄	淡褐	14.4	椭圆	半直	亚	棕	紫	70.0	椭圆	21.5	38.0	PSB726
79	黄	黄	深褐	17.3	椭圆	直立	亚	棕	紫	19.0	椭圆			PSB727
133	黄	黄	黑	21.0	椭圆	半直	无	灰	紫	100.0	椭圆			PSB338
137	黄	黄	黑	19.9	椭圆	半直	无	灰	紫	114.0	椭圆			PSB432
107	褐	黄	褐	11.2	长椭	蔓生	无	棕	紫	97.0	椭圆	17.3	44.2	PSB392
111	褐	黄	褐	12.3	长椭	蔓生	无	棕	紫	156.0	椭圆	17.4	44.3	PSB393
106	黄	黄	淡褐	17.3	椭圆	半直	无	棕	紫	125.0	椭圆	21.5	39.7	PSB468
93	黄	黄	褐	17.4	椭圆	直立	亚	棕	紫	45.0	椭圆	21.8	39.4	PSB723
93	黄	黄	褐	17.2	椭圆	直立	亚	灰	紫	45.0	椭圆	20.4	40.4	PSB474
93	黄	黄	淡褐	16.7	椭圆	直立	亚	棕	白	50.0	椭圆	21.4	41.4	PSB724
110	黄	黄	褐	17.0	椭圆	半直	无	灰	紫	86.0	椭圆	20.7	41.9	PSB450
123	黄	黄	褐	13.3	椭圆	半直	亚	灰	紫	100.0	椭圆			PSB452
128	黄	黄	褐	14.8	椭圆	半直	亚	灰	紫	100.0	椭圆			PSB331
107	黄	黄	褐	14.7	椭圆	半直	亚	灰	紫	100.0	椭圆			PSB722
81	黄	黄	淡褐	15.2	椭圆	半直	亚	棕	紫	76.0	椭圆	21.5	38.8	PSB436
94	黄	黄	褐	14.3	长椭	直立	亚	棕	紫	61.0	椭圆			PSB442
87	黄	黄	黄	16.7	椭圆	半直	无	棕	紫	55.0	椭圆			PSB340
91	黄	黄	褐	18.3	长椭	半直	亚	棕	紫	54.0	椭圆			PSB454
118	黑	黄	黑	5.3	扁椭	蔓生	无	灰	紫	135.0	椭圆	15.4	47.3	PSB369
110	黑	黄	黑	4.8	扁圆	蔓生	无	棕	紫	150.0	椭圆			PSB387
98	黄	黄	淡褐	16.0	椭圆	半直	亚	棕	紫	81.0	椭圆			PSB418
98	黄	黄	褐	15.9	长椭	直立	亚	棕	紫	51.0	椭圆			PSB419
87	黄	黄	深褐	14.5	椭圆	直立	亚	棕	白	29.0	椭圆			PSB341
91	黄	黄	淡褐	17.3	椭圆	直立	无	棕	紫	43.0	椭圆			PSB457
87	黄	黄	淡褐	13.3	椭圆	直立	亚	棕	白	26.0	椭圆			PSB458
109	黄	黄	褐	11.6	椭圆	半直	亚	棕	紫	85.0	椭圆	20.1	41.3	PSB445
92	黄	黄	褐	16.7	长椭	直立	亚	灰	紫	55.0	椭圆			PSB447
122	黄	黄	褐	15.9	椭圆	半直	无	棕	紫	120.0	椭圆	19.4	44.6	PSB324
110	黄	黄	黄	16.5	椭圆	半直	无	棕	紫	77.0	椭圆	20.6	41.5	PSB417
108	黄	黄	褐	13.3	椭圆	半直	无	棕	紫	115.0	椭圆	20.7	40.9	PSB443
100	黄	黄	黄	15.3	扁椭	半直	亚	棕	紫	45.0	椭圆			PSB721

续表

总编号	品种名称	原产地或来源	保存单位（编号）	类型	生育月份
WDD02970	Chusei O Saya Eda Mame	美国	中国农科院作科所(引 1757)	夏	6/下—10/上
WDD02971	Amakusa Daizu	美国	中国农科院作科所(引 1758)	夏	6/上—10/下
WDD02972	Gaku Bun	美国	中国农科院作科所(引 1759)	夏	6/上—11/上
WDD02973	Kiwami	美国	中国农科院作科所(引 1760)	夏	6/上—11/上
WDD02974	Komata	美国	中国农科院作科所(引 1761)	夏	6/上—10/下
WDD02975	PI209332	美国	中国农科院作科所(引 1762)	夏	6/下—10/上
WDD02976	PI219653	美国	中国农科院作科所(引 1763)	夏	6/上—11/上
WDD02977	Asomasari	美国	中国农科院作科所(引 1764)	夏	6/上—11/上
WDD02978	Howgyoku	美国	中国农科院作科所(引 1765)	夏	6/上—11/上
WDD02979	Soden-daizu	美国	中国农科院作科所(引 1766)	夏	6/上—10/下
WDD02980	PI230970	美国	中国农科院作科所(引 1767)	夏	6/上—10/下
WDD02981	Alianca	美国	中国农科院作科所(引 1768)	夏	6/上—11/上
WDD02982	Nungshih 64-91	美国	中国农科院作科所(引 1769)	夏	6/上—10/中
WDD02983	Red China VV 3	美国	中国农科院作科所(引 1770)	夏	6/上—10/下
WDD02984	PI408123	美国	中国农科院作科所(引 1771)	夏	6/上—10/上
WDD02985	Houjaku Kuwazu	美国	中国农科院作科所(引 1772)	夏	6/上—11/上
WDD02986	M036	美国	中国农科院作科所(引 1773)	夏	6/上—10/中
WDD02987	Taiwan aokawa daizu	美国	中国农科院作科所(引 1774)	夏	6/上—10/中
WDD02988	PI427142	美国	中国农科院作科所(引 1775)	夏	6/下—10/上
WDD02989	Pin-din-guan	美国	中国农科院作科所(引 1776)	夏	6/下—9/下
WDD02990	Fiskeby 840-2-7	美国	中国农科院作科所(引 1777)	夏	6/下—9/中
WDD02991	Fiskeby 856-3-34	美国	中国农科院作科所(引 1778)	夏	6/下—9/中
WDD02992	PI458520	美国	中国农科院作科所(引 1779)	夏	6/下—9/下
WDD02993	Cha-mo-shi-dou	美国	中国农科院作科所(引 1780)	夏	6/下—9/下
WDD02994	Qing-mo-shi-dou	美国	中国农科院作科所(引 1781)	夏	6/下—9/下
WDD02995	PI468903	美国	中国农科院作科所(引 1782)	夏	6/下—9/中
WDD02996	PI468915	美国	中国农科院作科所(引 1783)	夏	6/下—9/下
WDD02997	Orba	美国	中国农科院作科所(引 1784)	夏	6/上—11/上
WDD02998	Suzuhime	美国	中国农科院作科所(引 1785)	夏	6/下—9/中
WDD02999	Asahi 60	美国	中国农科院作科所(引 1786)	夏	6/上—9/下
WDD03000	M4015	美国	中国农科院作科所(引 1787)	夏	6/上—9/下
WDD03001	M044	美国	中国农科院作科所(引 1788)	夏	6/上—10/中

生育日数/d	粒色	子叶色	脐色	百粒重/g	粒形	生育习性	结荚习性	茸毛色	花色	植株高度/cm	叶形	脂肪含量/%	蛋白质含量/%	备注
100	黄	黄	蓝	26.7	椭圆	直立	有	灰	紫	35.0	椭圆			FC19976
136	黄	黄	褐	11.8	椭圆	直立	有	灰	紫	73.6	椭圆	19.8	44.7	PI200451
149	黄	黄	褐		扁圆	直立	有	棕	紫	73.0	椭圆			PI200466
149	绿	黄	深褐		椭圆	半直	亚	棕	紫	66.3	椭圆			PI200490
138	黄	黄	褐		扁圆	直立	有	棕	白	54.1	卵圆			PI200492
100	黑	绿	黑	6.3	椭圆	半蔓	无	棕	紫	135.0	椭圆	17.0	44.4	
149	绿	黄	褐		椭圆	半直	无	棕	紫	68.5	卵圆			
149	黄	黄	褐		长椭	直立	有	棕	紫	48.0	卵圆			PI224268
149	黄	黄	褐		椭圆	直立	有	灰	白	37.3	卵圆			PI224270
138	黄	黄	褐		椭圆	直立	无	棕	紫	50.0	卵圆			PI229358
138	绿	绿	深褐		圆	直立	亚	棕	紫	107.9	椭圆			
150	黄	黄	褐	12.7	椭圆	直立	有	棕	紫	106.2	椭圆	18.2	45.9	PI285089
132	黄	黄	褐	17.0	椭圆	直立	有	灰	白	67.5	椭圆	20.5	42.5	PI368037
138	黄	黄	褐	17.0	圆	直立	有	棕	紫	55.2	椭圆	18.1	44.7	PI371609
119	黑	黄	褐	9.7	椭圆	直立	无	灰	紫	100.5	椭圆			
149	黄	黄	淡褐		椭圆	直立	有	灰	紫	31.5	椭圆			PI416937
130	黄	黄	黑	14.1	椭圆	直立	有	棕	紫	72.0	椭圆	20.6	43.0	PI417026
132	黄	黄	黑	11.8	椭圆	直立	有	棕	白	55.0	椭圆			PI417360
101	黄	黄	褐	16.5	圆	直立	亚	灰	紫	100.4	椭圆	22.2	40.1	
90	黑	黄	黑	10.2	椭圆	直立	有	棕	白	67.1	椭圆	16.6	46.3	PI437690
76	黄	黄	褐	14.0	椭圆	直立	有	棕	紫	18.0	卵圆	19.9	42.7	PI438475A
77	黄	黄	褐	17.6	椭圆	直立	有	棕	紫	22.0	椭圆			PI438481
87	褐	黄	褐	8.1	扁椭	半蔓	无	棕	紫	172.9	椭圆	17.1	44.2	
89	褐	黄	褐	9.8	扁椭	蔓生	无	棕	紫	152.0	椭圆			PI467312
87	绿	黄	褐	12.8	扁椭	半蔓	无	棕	白	166.4	椭圆	18.8	42.8	PI467332
82	黑	黄	黑	8.4	椭圆	半蔓	亚	棕	紫	107.4	椭圆	16.3	44.6	
87	黄	黄	淡褐	16.0	椭圆	直立	有	灰	白	36.0	椭圆	20.0	44.0	
149	黄	黄	褐	11.6	扁椭	半直	无	棕	紫	91.7	椭圆	19.3	41.2	PI471904
86	黄	黄	黄	13.5	椭圆	直立	有	灰	紫	43.6	披针	21.6	39.7	PI494182
110	黄	黄	褐	14.0	椭圆	直立	有	棕	白	48.6	卵圆			PI506582
110	黄	黄	淡褐	12.2	椭圆	直立	亚	灰	紫	62.3	卵圆	22.6	37.0	PI506679
130	黄	黄	褐	13.3	椭圆	直立	有	灰	白	69.3	椭圆	20.6	43.0	PI506816

续表

总编号	品种名称	原产地或来源	保存单位（编号）	类型	生育月份
WDD03002	Kosakazairai(Kurobeso)	美国	中国农科院作科所(引 1789)	夏	6/上—9/下
WDD03003	M045	美国	中国农科院作科所(引 1790)	夏	6/上—10/中
WDD03004	Shirosaya(Toufu Mame)	美国	中国农科院作科所(引 1791)	夏	6/上—11/上
WDD03005	Tousan 83	美国	中国农科院作科所(引 1792)	夏	6/上—10/中
WDD03006	Tousan kei NA5	美国	中国农科院作科所(引 1793)	夏	6/上—10/中
WDD03007	Tousan kei NA16	美国	中国农科院作科所(引 1794)	夏	6/下—10/上
WDD03008	Tousan kei NA75	美国	中国农科院作科所(引 1795)	夏	6/上—9/下
WDD03009	Tousan kei NA144	美国	中国农科院作科所(引 1796)	夏	6/上—10/中
WDD03010	PI509100	美国	中国农科院作科所(引 1797)	夏	6/上—10/中
WDD03011	Shiretoko	美国	中国农科院作科所(引 1798)	夏	6/下—9/下
WDD03012	Ezomidori	美国	中国农科院作科所(引 1799)	夏	6/下—10/上
WDD03013	Yyukimusume	美国	中国农科院作科所(引 1800)	夏	6/下—9/下
WDD03014	Duyou Kong	美国	中国农科院作科所(引 1801)	夏	6/下—10/上
WDD03015	Cliffrod	美国	中国农科院作科所(引 1802)	夏	6/上—8/下
WDD03016	Musen	美国	中国农科院作科所(引 1803)	夏	6/上—10/下
WDD03017	Sixth Moon	美国	中国农科院作科所(引 1804)	夏	6/上—10/中
WDD03018	PI603452	美国	中国农科院作科所(引 1805)	夏	6/下—10/上
WDD03019	Bolivar	美国	中国农科院作科所(引 1806)	夏	6/上—11/上
WDD03020	Prichard	美国	中国农科院作科所(引 1807)	夏	6/上—10/下
WDD03021	CIGRAS-06	美国	中国农科院作科所(引 1808)	夏	6/上—11/上
WDD03022	Croton3. 9	美国	中国农科院作科所(引 1809)	夏	6/下—10/上
WDD03023	Soyola	美国	中国农科院作科所(引 1810)	夏	6/上—10/中
WDD03024	N7001	美国	中国农科院作科所(引 1811)	夏	6/上—11/上
WDD03025	Sargent	美国	中国农科院作科所(引 1812)	夏	6/上—10/中
WDD03026	Walsh	美国	中国农科院作科所(引 1813)	夏	6/下—9/下
WDD03027	N7103	美国	中国农科院作科所(引 1814)	夏	6/上—11/上
WDD03028	Santee	美国	中国农科院作科所(引 1815)	夏	6/上—11/上
WDD03029	NC-Rov	美国	中国农科院作科所(引 1816)	夏	6/上—11/中
WDD03030	Catoota	美国	中国农科院作科所(引 1817)	夏	6/上—10/上
WDD03031	Washita	美国	中国农科院作科所(引 1818)	夏	6/上—10/中
WDD03032	N6201	美国	中国农科院作科所(引 1819)	夏	6/上—10/中
WDD03033	N7101	美国	中国农科院作科所(引 1820)	夏	6/上—11/上

生育日数/d	粒色	子叶色	脐色	百粒重/g	粒形	生育习性	结荚习性	茸毛色	花色	植株高度/cm	叶形	脂肪含量/%	蛋白质含量/%	备注
108	黄	黄	深褐	12.2	椭圆	直立	有	棕	紫	26.3	卵圆			PI506924
130	黄	黄	褐	17.2	圆	直立	有	棕	紫	57.0	椭圆	22.9	35.4	PI507170
149	黄	黄	黄	15.5	椭圆	直立	有	灰	白	33.7	椭圆			PI507288
130	黄	黄	褐	19.9	圆	直立	有	灰	紫	55.0	椭圆	20.7	45.5	PI507422
130	黄	黄	褐	18.5	扁圆	直立	有	灰	紫	43.6	椭圆	20.3	42.2	PI507470
98	黄	黄	黄	13.9	椭圆	半直	有	灰	紫	130.7	椭圆	20.7	42.3	PI507471
110	黄	黄	淡褐	9.8	椭圆	直立	有	灰	紫	73.6	披针	22.5	39.7	PI507475
130	黄	黄	黄	14.0	圆	直立	有	灰	紫	55.6	披针	20.5	43.7	PI507476
129	绿	黄	褐		椭圆	直立	有	灰	紫	47.4	椭圆			
90	黄	黄	褐	24.6	圆	直立	有	棕	紫	49.5	椭圆	20.5	42.5	PI532471
97	绿	黄	黄	34.7	圆	直立	有	灰	白	30.0	椭圆	18.6	46.7	PI549055
94	黄	黄	褐	18.0	椭圆	直立	有	棕	白	41.0	卵圆	22.0	40.0	PI549072
102	黄	黄	褐	17.6	圆	直立	有	棕	白	48.7	椭圆	20.3	41.3	PI594022
82	黄	黄	褐	14.2	椭圆	直立	有	灰	白	39.6	椭圆	21.8	39.2	PI596414
138	黄	黄	褐		圆	直立	有	灰	白	45.8	卵圆			PI599333
132	绿	黄	褐	13.6	椭圆	半直	无	棕	紫	105.9	椭圆			
100	黄	黄	淡褐	12.9	椭圆	半蔓	无	灰	白	187.9	椭圆	19.5	44.7	
150	黄	黄	黑	14.3	椭圆	半直	亚	棕	紫	71.3	椭圆	22.7	38.1	PI612146
136	黄	黄	淡褐	11.7	圆	直立	有	灰	白	64.3	椭圆	20.7	41.2	PI612157
150	黄	黄	黑	15.6	圆	直立	亚	棕	白	92.2	椭圆	20.2	41.5	PI613055
101	黄	黄	深褐	13.7	椭圆	直立	亚	棕	紫	104.0	椭圆	21.2	41.5	PI614153
132	黄	黄	淡褐	13.1	扁椭	直立	有	棕	白	42.5	椭圆	20.8	40.9	PI614702
150	黄	黄	褐	11.7	椭圆	直立	有	灰	紫	61.2	椭圆	22.1	39.4	PI615394
132	黄	黄	黑	11.8	圆	直立	有	棕	紫	55.4	椭圆	22.3	39.2	PI615585
96	黄	黄	黄	15.6	椭圆	直立	有	灰	紫	31.0	椭圆	21.1	40.5	PI615586
150	黄	黄	黄/褐	9.5	圆	直立	有	灰	白	41.2	披针	20.6	39.8	PI615695
150	黄	黄	褐	12.1	圆	直立	亚	灰	白	71.4	椭圆	19.9	44.1	PI617041
163	黄	黄	褐	12.1	椭圆	直立	有	灰	白	54.2	椭圆	20.6	41.7	PI617045
119	黄	黄	黑	13.4	椭圆	直立	有	棕	白	41.4	椭圆	21.7	39.2	PI618808
132	黄	黄	褐	18.0	椭圆	直立	有	灰	紫	39.8	椭圆	19.4	45.1	PI618809
132	黄	黄	黄	17.1	圆	直立	有	灰	紫	51.4	卵圆	19.4	44.9	PI619615
150	黄	黄	黄	6.9	圆	直立	有	灰	紫	59.2	披针	17.4	45.3	PI619616

续表

总编号	品种名称	原产地或来源	保存单位（编号）	类型	生育月份
WDD03034	N7102	美国	中国农科院作科所(引 1821)	夏	6/上—11/上
WDD03035	LS93-0375	美国	中国农科院作科所(引 1822)	夏	6/上—9/中
WDD03036	MN0201	美国	中国农科院作科所(引 1823)	夏	6/下—9/中
WDD03037	MN0302	美国	中国农科院作科所(引 1824)	夏	6/下—9/中
WDD03038	Ohio FG3	美国	中国农科院作科所(引 1825)	夏	6/下—10/上
WDD03039	D96-1217	美国	中国农科院作科所(引 1826)	夏	6/上—10/中
WDD03040	Nannonatto	美国	中国农科院作科所(引 1827)	夏	6/下—9/中
WDD03041	Stalwart	美国	中国农科院作科所(引 1828)	夏	6/下—10/上
WDD03042	Tara	美国	中国农科院作科所(引 1829)	夏	6/上—10/中
WDD03043	Moon Cake	美国	中国农科院作科所(引 1830)	夏	6/上—10/中
WDD03044	Owens	美国	中国农科院作科所(引 1831)	夏	6/上—10/中
WDD03045	Lonoke	美国	中国农科院作科所(引 1832)	夏	6/上—10/中
WDD03046	Desha	美国	中国农科院作科所(引 1833)	夏	6/上—10/中
WDD03047	Ozark	美国	中国农科院作科所(引 1834)	夏	6/上—10/中
WDD03048	LN97-15076	美国	中国农科院作科所(引 1835)	夏	6/上—9/中
WDD03049	5002T	美国	中国农科院作科所(引 1836)	夏	6/上—10/中
WDD03050	LaMoure	美国	中国农科院作科所(引 1837)	夏	6/下—9/下
WDD03051	NE2701	美国	中国农科院作科所(引 1838)	夏	6/下—10/上
WDD03052	S99-3181	美国	中国农科院作科所(引 1839)	夏	6/上—10/中
WDD03053	D98-1218	美国	中国农科院作科所(引 1840)	夏	6/上—10/中
WDD03054	TN03-350	美国	中国农科院作科所(引 1841)	夏	6/上—10/中
WDD03055	TN04-5321	美国	中国农科院作科所(引 1842)	夏	6/上—10/中
WDD03056	TN04-5363	美国	中国农科院作科所(引 1843)	夏	6/上—10/上
WDD03057	Freedom	美国	中国农科院作科所(引 1844)	夏	6/上—10/上
WDD03058	N98-9445A	美国	中国农科院作科所(引 1845)	夏	6/下—10/上
WDD03059	S99-11509	美国	中国农科院作科所(引 1846)	夏	6/上—9/中
WDD03060	S99-11986	美国	中国农科院作科所(引 1847)	夏	6/上—9/中
WDD03061	Pembina	美国	中国农科院作科所(引 1848)	夏	6/下—9/中
WDD03062	ProSoy	美国	中国农科院作科所(引 1849)	夏	6/下—9/中
WDD03063	UA 4805	美国	中国农科院作科所(引 1850)	夏	6/上—10/上
WDD03064	LG96-1797	美国	中国农科院作科所(引 1851)	夏	6/上—9/中
WDD03065	LG97-7012	美国	中国农科院作科所(引 1852)	夏	6/上—9/中

生育日数/d	粒色	子叶色	脐色	百粒重/g	粒形	生育习性	结荚习性	茸毛色	花色	植株高度/cm	叶形	脂肪含量/%	蛋白质含量/%	备注
150	黄	黄	黄	8.1	圆	直立	有	灰	紫	38.0	披针	18.6	44.6	PI619617
101	黄	黄	深褐	11.4	椭圆	直立	有	棕	紫	59.7	椭圆	22.5	35.7	PI620883
80	黄	黄	黄	10.3	扁圆	直立	有	棕	紫	62.7	椭圆	21.2	42.4	PI629004
82	黄	黄	淡褐	13.1	椭圆	直立	亚	灰	紫	69.6	椭圆	21.7	42.1	PI629005
98	黄	黄	黄	20.1	椭圆	直立	亚	灰	紫	80.1	椭圆	20.7	44.4	PI629008
132	黄	黄	黑	11.0	椭圆	直立	有	灰	白	71.2	椭圆	21.4	42.2	PI631157
79	黄	黄	黄	7.9	椭圆	直立	有	灰	紫	56.1	卵圆	19.0	43.2	PI631438
105	黄	黄	深褐	16.8	椭圆	直立	有	棕	白	43.8	椭圆	22.1	39.7	PI632402
132	黄	黄	黑	14.1	椭圆	直立	无	棕	白	119.3	卵圆	21.0	40.1	PI632418
132	黄	黄	褐	17.1	椭圆	直立	有	灰	白	97.2	椭圆			PI632905
132	褐	黄	褐	16.4	椭圆	直立	有	棕	白	31.7	椭圆	18.6	45.9	PI633567
132	黄	黄	褐	14.0	圆	直立	有	灰	白	40.4	椭圆	21.0	38.7	PI633609
132	黄	黄	褐	17.1	椭圆	直立	有	灰	白	56.1	卵圆	21.2	41.9	PI633610
132	黄	黄	褐	25.2	椭圆	直立	有	灰	紫	49.2	椭圆	22.0	37.9	PI633970
100	黄	黄	黑	13.5	椭圆	直立	有	棕	白	68.2	椭圆	21.4	39.0	PI633983
132	黄	黄	深褐	15.9	椭圆	直立	有	灰	白	50.0	椭圆	22.5	41.5	PI634193
87	黄	黄	褐	15.4	圆	直立	有	棕	白	64.9	卵圆	21.0	41.0	PI634813
99	黄	黄	蓝	20.0	圆	直立	有	灰	紫	45.7	椭圆			PI634827
132	黄	黄	淡褐	12.2	椭圆	直立	有	灰	白	50.6	椭圆	20.0	44.9	PI635039
132	黄	黄	黑	14.6	圆	直立	有	棕	白	62.3	椭圆	22.0	38.6	PI635053
132	黄	黄	淡褐	15.7	圆	直立	有	灰	白	35.2	椭圆	20.6	42.6	PI636460
132	黄	黄	淡褐	18.0	圆	直立	有	灰	白	61.4	椭圆	21.1	43.2	PI636461
122	黄	黄	淡褐	13.5	椭圆	直立	有	灰	紫	47.0	卵圆	21.6	42.3	PI636462
122	黄	黄	淡褐	12.5	椭圆	直立	有	灰	白	50.9	椭圆	21.0	42.7	PI636463
106	黄	黄	褐	17.9	椭圆	直立	有	棕	白	89.7	椭圆	19.9	43.1	PI636691
105	黄	黄	深褐	13.5	椭圆	直立	有	灰	紫	55.2	卵圆	22.0	39.2	PI636695
105	黄	黄	黑	13.0	长椭	直立	有	棕	白	58.6	卵圆			PI636696
83	黄	黄	黄	14.9	扁椭	直立	亚	灰	紫	79.1	椭圆	20.8	43.8	PI638510
85	黄	黄	黄	16.9	椭圆	直立	亚	灰	紫	91.5	椭圆	21.3	42.9	PI638511
122	黄	黄	褐	10.9	椭圆	直立	有	灰	紫	38.3	椭圆	22.5	39.2	PI639187
102	黄	黄	黄	12.5	椭圆	直立	有	灰	紫	35.5	椭圆	22.8	36.7	PI639282
105	黄	黄	褐	15.4	椭圆	直立	有	灰	白	41.6	卵圆			PI639283

续表

总编号	品种名称	原产地或来源	保存单位（编号）	类型	生育月份
WDD03066	LG98-1445	美国	中国农科院作科所(引 1853)	夏	6/上—9/中
WDD03067	LG98-1605	美国	中国农科院作科所(引 1854)	夏	6/下—10/上
WDD03068	Skylla	美国	中国农科院作科所(引 1855)	夏	6/下—9/下
WDD03069	LD00-3309	美国	中国农科院作科所(引 1856)	夏	6/上—9/中
WDD03070	NC114	美国	中国农科院作科所(引 1857)	夏	6/上—10/中
WDD03071	NC115	美国	中国农科院作科所(引 1858)	夏	6/上—10/中
WDD03072	AxN-1-55	美国	中国农科院作科所(引 1859)	夏	6/下—9/下
WDD03073	JTN5303	美国	中国农科院作科所(引 1860)	夏	6/下—10/中
WDD03074	DT97-4290	美国	中国农科院作科所(引 1861)	夏	6/上—10/上
WDD03075	Nitrasoy	美国	中国农科院作科所(引 1862)	夏	6/上—10/中
WDD03076	Ohio FG5	美国	中国农科院作科所(引 1863)	夏	6/下—10/上
WDD03077	Prohio	美国	中国农科院作科所(引 1864)	夏	6/下—10/上
WDD03078	S00-9980-22	美国	中国农科院作科所(引 1865)	夏	7/上—10/上
WDD03079	S02-2259	美国	中国农科院作科所(引 1866)	夏	7/上—10/上
WDD03080	G95-Ben1818	美国	中国农科院作科所(引 1867)	夏	7/上—10/中
WDD03081	G95-Cook2014	美国	中国农科院作科所(引 1868)	夏	7/上—10/下
WDD03082	G95-Has1452	美国	中国农科院作科所(引 1869)	夏	7/上—10/下
WDD03083	S01-9364	美国	中国农科院作科所(引 1870)	夏	6/下—10/中
WDD03084	S01-9391	美国	中国农科院作科所(引 1871)	夏	7/上—10/中
WDD03085	G04-Ben229lR-MGH	美国	中国农科院作科所(引 1872)	夏	7/上—10/中
WDD03086	G04-Ben229lR-M	美国	中国农科院作科所(引 1873)	夏	7/上—10/中
WDD03087	G04-Ben229lR-G	美国	中国农科院作科所(引 1874)	夏	7/上—10/中
WDD03088	G04-Ben229lR-H	美国	中国农科院作科所(引 1875)	夏	7/上—10/中
WDD03089	N7002	美国	中国农科院作科所(引 1876)	夏	6/上—10/中
WDD03090	B8001	美国	中国农科院作科所(引 1877)	夏	6/上—10/中
WDD03091	R01-581F	美国	中国农科院作科所(引 1878)	夏	7/上—10/上
WDD03092	Osage	美国	中国农科院作科所(引 1879)	夏	6/上—10/中
WDD03093	N8101	美国	中国农科院作科所(引 1880)	夏	6/上—10/中
WDD03094	S99-2281	美国	中国农科院作科所(引 1881)	夏	7/上—9/下
WDD03095	Oyachi Senshitsadairu	美国	中国农科院作科所(引 1882)	夏	6/下—10/上
WDD03096	Hota	美国	中国农科院作科所(引 1883)	夏	6/上—10/中
WDD03097	A04	美国	中国农科院作科所(引 1884)	夏	6/下—10/上

生育日数/d	粒色	子叶色	脐色	百粒重/g	粒形	生育习性	结荚习性	茸毛色	花色	植株高度/cm	叶形	脂肪含量/%	蛋白质含量/%	备注
97	黄	黄	深褐	13.9	椭圆	直立	有	棕	紫	61.2	卵圆			PI639284
100	黄	黄	黄	13.1	圆	直立	有	棕	白	79.6	椭圆	22.6	40.1	PI639285
95	黄	黄	黑	14.8	椭圆	直立	亚	棕	紫	73.0	椭圆	22.6	38.0	PI639693
100	黄	黄	褐	10.4	椭圆	直立	无	灰	紫	45.2	卵圆	22.9	36.4	PI639740
132	黄	黄	黄	9.0	圆	直立	有	灰	白	51.9	披针	21.8	38.6	PI640432
132	黄	黄	黄	8.4	圆	直立	有	灰	白	42.8	椭圆	21.3	40.5	PI640433
93	黄	黄	褐	14.9	椭圆	直立	有	棕	紫	88.6	椭圆	22.1	40.4	PI640911
114	黄	黄	黑	17.9	椭圆	直立	有	棕	白	66.7	椭圆	21.9	40.3	PI641937
122	黄	黄	黑	14.9	椭圆	直立	有	棕	紫	69.2	卵圆	22.4	39.3	PI642055
130	黄	黄	褐	14.0	扁椭	直立	有	棕	紫	57.4	椭圆	22.8	37.0	PI642732
105	黄	黄	黄	22.0	圆	直立	亚	灰	紫	81.2	椭圆	21.5	42.1	PI642768
105	黄	黄	黑	16.6	椭圆	直立	亚	棕	紫	102.9	椭圆	22.9	39.3	PI643146
97	黄	黄	淡褐	12.8	椭圆	直立	有	棕	紫	32.0	椭圆	21.5	42.9	PI643913
97	黄	黄	淡褐	12.4	椭圆	直立	有	灰	白	28.0	椭圆	23.9	38.5	PI643914
108	黄	黄	褐	12.5	椭圆	直立	有	棕	紫	30.0	椭圆	23.6	37.6	PI644043
115	黄	黄	褐	17.4	椭圆	直立	有	棕	紫	28.0	椭圆	20.2	43.6	PI644049
115	黄	黄	褐	18.4	椭圆	直立	有	棕	紫	34.0	披针	20.6	42.8	PI644056
119	黄	黄	褐	15.7	圆	直立	有	灰	白	65.0	椭圆	19.7	42.2	PI646156
108	黄	黄	黑	14.0	椭圆	直立	有	棕	紫	33.0	椭圆	23.5	37.4	PI646157
108	黄	黄	褐	15.8	椭圆	直立	有	棕	紫	30.0	椭圆	22.7	38.1	PI647081
108	黄	黄	褐	16.2	椭圆	直立	有	棕	紫	22.0	椭圆	22.4	40.6	PI647082
108	黄	黄	褐	13.1	椭圆	直立	有	棕	紫	23.0	椭圆	22.3	40.1	PI647083
108	黄	黄	褐	16.4	椭圆	直立	有	灰	紫	26.0	椭圆	21.7	42.5	PI647084
130	黄	黄	深褐	10.1	椭圆	直立	有	灰	紫	76.2	椭圆	23.3	38.3	PI647085
129	黄	黄	黑	15.0	圆	直立	有	灰	紫	81.1	椭圆	21.1	40.0	PI647086
97	黄	黄	褐	13.1	椭圆	直立	有	灰	紫	23.0	椭圆	21.4	43.3	PI647961
132	黄	黄	深褐	10.7	椭圆	直立	有	灰	紫	50.6	椭圆	22.0	40.7	PI648270
129	黄	黄	淡褐	14.4	圆	直立	有	灰	紫	58.1	披针			PI654355
90	黄	黄	淡褐	10.0	长椭	直立	有	灰	白	28.0	椭圆	23.4	40.8	PI654356
106	黄	黄	黄	12.5	圆	直立	有	灰	白	112.2	椭圆	22.0	41.3	PI86113
132	黄	黄	褐	15.4	圆	直立	有	灰	白	46.5	椭圆			PI88816S
103	黄	黄	褐	15.1	扁椭	直立	无	灰	紫	120.7	椭圆	24.8	33.5	

续表

总编号	品种名称	原产地或来源	保 存 单 位（编 号）	类型	生育月份
WDD03098	Altantic	美国	中国农科院作科所(引 1885)	夏	6/下—9/下
WDD03099	Apex	美国	中国农科院作科所(引 1886)	夏	6/下—10/上
WDD03100	D98-1216	美国	中国农科院作科所(引 1887)	夏	6/上—10/中
WDD03101	Danbar	美国	中国农科院作科所(引 1888)	夏	6/下—10/上
WDD03102	Dilworth	美国	中国农科院作科所(引 1889)	夏	6/下—10/上
WDD03103	Hc94-1946	美国	中国农科院作科所(引 1890)	夏	6/下—10/上
WDD03104	Hc94-944	美国	中国农科院作科所(引 1891)	夏	6/下—10/上
WDD03105	Hc95-261PR	美国	中国农科院作科所(引 1892)	夏	6/下—10/上
WDD03106	Hc95-634	美国	中国农科院作科所(引 1893)	夏	6/下—10/中
WDD03107	Hc95-933	美国	中国农科院作科所(引 1894)	夏	6/下—10/上
WDD03108	Hc96-45PR	美国	中国农科院作科所(引 1895)	夏	6/下—10/中
WDD03109	Hc97-4358	美国	中国农科院作科所(引 1896)	夏	6/下—10/中
WDD03110	Hc98-303	美国	中国农科院作科所(引 1897)	夏	6/下—10/中
WDD03111	Hinson	美国	中国农科院作科所(引 1898)	夏	6/上—10/中
WDD03112	Kuoshing	美国	中国农科院作科所(引 1899)	夏	6/下—9/下
WDD03113	LG92-4208	美国	中国农科院作科所(引 1900)	夏	6/下—10/上
WDD03114	LG94-1906	美国	中国农科院作科所(引 1901)	夏	6/下—10/上
WDD03115	LG94-4667	美国	中国农科院作科所(引 1902)	夏	6/下—10/上
WDD03116	LS94-3207	美国	中国农科院作科所(引 1903)	夏	6/下—10/上
WDD03117	M4018	美国	中国农科院作科所(引 1904)	夏	6/上—10/上
WDD03118	Nornatto	美国	中国农科院作科所(引 1905)	夏	6/下—9/中
WDD03119	Padal	美国	中国农科院作科所(引 1906)	夏	6/下—9/下
WDD03120	Quick	美国	中国农科院作科所(引 1907)	夏	6/下—10/上
WDD03121	R01-416F	美国	中国农科院作科所(引 1908)	夏	6/下—10/中
WDD03122	R95-1705	美国	中国农科院作科所(引 1909)	夏	6/下—10/中
WDD03123	Regira	美国	中国农科院作科所(引 1910)	夏	6/下—10/上
WDD03124	Salai	美国	中国农科院作科所(引 1911)	夏	6/下—10/上
WDD03125	SJ5	美国	中国农科院作科所(引 1912)	夏	6/下—11/上
WDD03126	Sofun	美国	中国农科院作科所(引 1913)	夏	6/下—10/上
WDD03127	SS93-6012	美国	中国农科院作科所(引 1914)	夏	6/下—10/上
WDD03128	SJ4	美国	中国农科院作科所(引 1915)	夏	6/下—10/中
WDD03129	T123	美国	中国农科院作科所(引 1916)	夏	6/下—10/中

生育日数/d	粒色	子叶色	脐色	百粒重/g	粒形	生育习性	结荚习性	茸毛色	花色	植株高度/cm	叶形	脂肪含量/%	蛋白质含量/%	备注
96	黄	黄	黑	15.7	圆	直立	亚	棕	紫	75.8	圆形	22.7	39.2	
105	黄	黄	深褐	17.3	圆	直立	有	棕	紫	44.6	椭圆	22.0	39.1	PI63240
132	黄	黄	褐	13.4	椭圆	直立	有	棕	白	71.1	椭圆	21.8	39.2	
100	黄	黄	黑	13.1	扁圆	直立	有	灰	紫	80.0	椭圆	22.0	41.1	
102	黄	黄	黑	13.6	扁椭	直立	无	棕	紫	92.4	椭圆	22.7	36.0	
106	黄	黄	深褐	15.3	圆	直立	有	棕	白	50.2	椭圆	22.0	40.2	
106	黄	黄	深褐	15.6	圆	直立	有	棕	白	34.6	椭圆	21.1	41.4	
105	黄	黄	褐	17.2	椭圆	直立	有	棕	紫	40.4	椭圆	22.2	39.9	
107	黄	黄	深褐	17.8	椭圆	直立	有	棕	白	37.0	椭圆	22.1	41.4	
106	黄	黄	黑	17.3	椭圆	直立	有	棕	紫	47.9	椭圆	22.2	38.5	
109	黄	黄	深褐	18.0	圆	直立	有	棕	白	49.7	椭圆	22.4	40.8	
108	黄	黄	黑	20.7	圆	直立	有	棕	紫	47.0	椭圆	21.1	42.7	
107	黄	黄	深褐	17.7	椭圆	直立	有	棕	白	39.7	椭圆	23.1	37.2	
132	黄	黄	黑	13.3	椭圆	直立	有	棕	紫	50.5	椭圆	23.0	36.7	
96	黄	黄	黄	27.3	圆	直立	有	灰	紫	47.8	椭圆	21.6	41.6	
103	黄	黄	褐	21.5	圆	直立	有	棕	白	96.1	椭圆	21.8	39.2	
99	黄	黄	褐	12.0	椭圆	直立	亚	灰	白	89.4	披针	22.9	39.5	
102	黄	黄	深褐	14.8	圆	直立	亚	棕	白	102.5	披针	20.4	43.2	
105	黄	黄	黑	15.6	圆	直立	有	棕	白	49.0	椭圆	21.4	39.2	
122	黄	黄	深褐	11.5	椭圆	直立	有	棕	白	41.8	卵圆	20.1	47.0	
79	黄	黄	黄	8.8	扁椭	直立	有	灰	紫	65.7	卵圆	22.1	37.8	
96	黄	黄	黄	8.7	圆	直立	亚	灰	紫	89.8	圆形	19.6	41.4	
102	黄	黄	褐	13.1	扁圆	直立	有	棕	紫	90.9	椭圆	22.2	38.2	
119	黄	黄	淡褐	16.3	圆	直立	有	灰	白	87.0	卵圆	23.6	39.4	
118	黄	黄	褐	19.6	圆	直立	有	灰	白	64.0	卵圆	20.8	43.0	
98	黄	黄	深褐	12.6	圆	直立	亚	灰	紫	78.3	椭圆	23.1	38.0	
101	黄	黄	黄	27.9	圆	直立	有	灰	紫	55.3	披针	19.3	44.8	
129	黄	黄	黑	14.1	椭圆	直立	有	棕	紫	96.1	椭圆	19.6	43.4	
106	黄	黄	黄	27.8	圆	直立	有	灰	白	38.9	椭圆	20.5	44.0	
101	黄	黄	褐	13.3	圆	直立	亚	灰	紫	92.2	椭圆			
109	黄	黄	黄	18.7	圆	直立	无	灰	紫	146.7	椭圆			
114	黄	黄	淡褐	19.4	圆	直立	有	灰	白	73.9	披针	18.8	44.8	

续表

总编号	品种名称	原产地或来源	保存单位（编号）	类型	生育月份
WDD03130	TG-910	美国	中国农科院作科所(引 1917)	夏	6/下—9/下
WDD03131	TN93-59	美国	中国农科院作科所(引 1918)	夏	6/下—10/下
WDD03132	Yoda	美国	中国农科院作科所(引 1919)	夏	6/下—9/中
WDD03133	密执安 1 号	美国	中国农科院作科所(引 1920)	夏	6/下—10/上
WDD03134	B. 加拿大	加拿大	中国农科院作科所(引 1921)	夏	6/下—10/上
WDD03135	CA3	加拿大	东北农业大学(引 001)	春	5/上—9/下
WDD03136	CA4	加拿大	东北农业大学(引 002)	春	5/上—9/下
WDD03137	CA5	加拿大	东北农业大学(引 003)	春	5/上—9/中
WDD03138	CA7	加拿大	东北农业大学(引 004)	春	5/上—9/下
WDD03139	CA8	加拿大	东北农业大学(引 005)	春	5/上—9/上
WDD03140	CA9	加拿大	东北农业大学(引 006)	春	5/上—9/下
WDD03141	CA10	加拿大	东北农业大学(引 007)	春	5/上—9/上
WDD03142	CA11	加拿大	东北农业大学(引 008)	春	5/上—9/上
WDD03143	CA13	加拿大	东北农业大学(引 009)	春	5/上—9/上
WDD03144	CA14	加拿大	东北农业大学(引 010)	春	5/上—9/中
WDD03145	CA15	加拿大	东北农业大学(引 011)	春	5/下—9/中
WDD03146	CA16	加拿大	东北农业大学(引 012)	春	5/上—9/中
WDD03147	CA17	加拿大	东北农业大学(引 013)	春	5/上—9/中
WDD03148	CA18	加拿大	东北农业大学(引 014)	春	5/上—9/中
WDD03149	CA19	加拿大	东北农业大学(引 015)	春	5/上—9/中
WDD03150	CA20	加拿大	东北农业大学(引 016)	春	5/上—9/中
WDD03151	CA21	加拿大	东北农业大学(引 017)	春	5/上—9/下
WDD03152	CA22	加拿大	东北农业大学(引 018)	春	5/上—9/下
WDD03153	CA23	加拿大	东北农业大学(引 019)	春	5/上—9/下
WDD03154	CA24	加拿大	东北农业大学(引 020)	春	5/上—9/下
WDD03155	CA25	加拿大	东北农业大学(引 021)	春	5/上—9/下
WDD03156	CA26	加拿大	东北农业大学(引 022)	春	5/上—9/下
WDD03157	CA27	加拿大	东北农业大学(引 023)	春	5/上—9/下
WDD03158	CA28	加拿大	东北农业大学(引 024)	春	5/上—9/下
WDD03159	CA30	加拿大	东北农业大学(引 025)	春	5/上—9/中
WDD03160	CA31	加拿大	东北农业大学(引 026)	春	5/上—9/中
WDD03161	CA32	加拿大	东北农业大学(引 027)	春	5/上—9/中

生育日数/d	粒色	子叶色	脐色	百粒重/g	粒形	生育习性	结荚习性	茸毛色	花色	植株高度/cm	叶形	脂肪含量/%	蛋白质含量/%	备注
93	黄	黄	淡褐	23.7	圆	直立	有	灰	紫	41.0	卵圆	19.0	47.5	
119	黄	黄	淡褐	21.6	扁圆	直立	有	灰	紫	71.8	椭圆	19.4	46.1	
83	黄	黄	黄	14.2	扁圆	直立	亚	棕	紫	71.7	椭圆	21.7	38.3	
98	黄	黄	黑	15.4	圆	直立	亚	棕	白	92.5	椭圆	21.8	41.1	
97	黄	黄	褐	14.2	椭圆	直立	有	棕	紫	94.9	椭圆	23.1	38.9	
131	黄	黄	黑	12.6	椭圆	直立	亚	棕	紫	100.0	卵圆	19.8	42.9	
131	黄	黄	黄	15.0	扁圆	直立	亚	棕	白	89.0	卵圆	20.5	41.8	
126	黄	黄	褐	16.4	扁圆	直立	无	灰	紫	112.0	卵圆	20.5	41.5	
130	黄	黄	黄	7.3	圆	直立	无	灰	紫	102.0	披针	20.2	39.5	
116	黄	黄	褐	18.5	圆	直立	无	灰	紫	90.0	披针	21.3	40.2	
131	黄	黄	褐	9.9	圆	直立	亚	棕	紫	62.0	卵圆	19.3	42.1	
114	黄	黄	淡褐	14.3	圆	直立	亚	棕	紫	97.0	卵圆	21.9	38.7	
113	黄	黄	淡褐	17.7	椭圆	直立	无	灰	紫	105.0	卵圆	20.3	42.2	
115	黄	黄	淡褐	14.9	椭圆	直立	无	灰	紫	106.0	椭圆	20.4	41.1	
126	黄	黄	淡褐	17.6	圆	直立	无	灰	紫	124.0	卵圆	19.7	42.3	
125	黄	黄	淡褐	15.8	圆	直立	无	灰	紫	117.0	披针	20.4	41.3	
124	黄	黄	淡褐	14.5	椭圆	直立	无	灰	紫	122.0	披针	20.1	42.2	
125	黄	黄	褐	13.8	椭圆	直立	无	棕	白	107.0	披针	21.0	38.8	
124	黄	黄	褐	14.6	圆	直立	无	棕	紫	110.0	卵圆	19.3	42.2	
125	黄	黄	褐	17.5	圆	直立	无	灰	紫	90.0	卵圆	20.0	41.5	
125	黄	黄	淡褐	17.9	圆	直立	无	灰	白	125.0	卵圆	20.9	40.5	
131	黄	黄	黄	15.4	圆	直立	亚	灰	紫	84.0	披针	20.5	40.7	
130	黄	黄	褐	17.6	椭圆	直立	无	棕	紫	130.0	卵圆	19.7	41.1	
130	黄	黄	褐	18.3	长椭	直立	亚	棕	白	100.0	椭圆	19.3	42.1	
130	黄	黄	黄	16.7	圆	直立	亚	灰	白	86.0	披针	20.5	41.1	
130	黄	黄	褐	16.6	圆	直立	亚	棕	白	97.0	卵圆	21.1	40.7	
130	黄	黄	褐	15.6	椭圆	直立	无	棕	紫	132.0	卵圆	19.9	43.8	
130	黄	黄	黑	16.3	长椭	直立	亚	棕	白	93.0	披针	19.4	43.2	
130	黄	黄	黑	17.1	椭圆	直立	亚	棕	紫	92.0	卵圆	20.3	43.8	
125	黄	黄	黄	16.8	圆	直立	无	灰	白	92.0	披针	21.7	41.4	
124	黄	黄	黑	13.1	椭圆	直立	亚	棕	白	32.0	椭圆	21.0	40.2	
124	黄	黄	褐	20.1	椭圆	直立	无	灰	白	70.0	椭圆	21.9	39.3	

续表

总编号	品种名称	原产地或来源	保存单位（编号）	类型	生育月份
WDD03162	CA34	加拿大	东北农业大学(引 028)	春	5/上—9/中
WDD03163	CA35	加拿大	东北农业大学(引 029)	春	5/上—9/中
WDD03164	CA36	加拿大	东北农业大学(引 030)	春	5/上—9/中
WDD03165	CA37	加拿大	东北农业大学(引 031)	春	5/上—9/中
WDD03166	CA38	加拿大	东北农业大学(引 032)	春	5/上—9/中
WDD03167	CA39	加拿大	东北农业大学(引 033)	春	5/上—9/中
WDD03168	CA40	加拿大	东北农业大学(引 034)	春	5/上—9/中
WDD03169	CA41	加拿大	东北农业大学(引 035)	春	5/上—9/中
WDD03170	CA42	加拿大	东北农业大学(引 036)	春	5/上—9/中
WDD03171	CA43	加拿大	东北农业大学(引 037)	春	5/上—9/中
WDD03172	CA44	加拿大	东北农业大学(引 038)	春	5/上—9/中
WDD03173	CA45	加拿大	东北农业大学(引 039)	春	5/上—9/中
WDD03174	CA46	加拿大	东北农业大学(引 040)	春	5/上—9/中
WDD03175	CA47	加拿大	东北农业大学(引 041)	春	5/上—9/中
WDD03176	CA48	加拿大	东北农业大学(引 042)	春	5/上—9/中
WDD03177	CA49	加拿大	东北农业大学(引 043)	春	5/上—9/中
WDD03178	CA50	加拿大	东北农业大学(引 044)	春	5/上—9/中
WDD03179	Conrad	加拿大	中国农科院作科所(引 1922)	春	5/上—9/中
WDD03180	DH01082203	加拿大	中国农科院作科所(引 1923)	夏	6/下—9/下
WDD03181	DH01082301	加拿大	中国农科院作科所(引 1924)	夏	6/下—9/中
WDD03182	DH01094223	加拿大	中国农科院作科所(引 1925)	夏	6/下—9/中
WDD03183	N027	加拿大	中国农科院作科所(引 1926)	夏	6/下—10/上
WDD03184	N028	加拿大	中国农科院作科所(引 1927)	夏	6/下—10/上
WDD03185	OAC 00-18	加拿大	中国农科院作科所(引 1928)	夏	6/下—9/中
WDD03186	OAC Atword	加拿大	中国农科院作科所(引 1929)	夏	6/下—9/下
WDD03187	OAC Auburn	加拿大	中国农科院作科所(引 1930)	夏	6/下—9/中
WDD03188	OAC Bright	加拿大	中国农科院作科所(引 1931)	夏	6/下—9/下
WDD03189	OAC Brussels	加拿大	中国农科院作科所(引 1932)	夏	6/下—9/中
WDD03190	OAC Clencoe	加拿大	中国农科院作科所(引 1933)	夏	6/下—10/上
WDD03191	OAC Lacknow	加拿大	中国农科院作科所(引 1934)	夏	6/下—9/下
WDD03192	OAC Locknaro	加拿大	中国农科院作科所(引 1935)	夏	6/下—9/下
WDD03193	OAC Nepean	加拿大	中国农科院作科所(引 1936)	夏	6/下—9/中

生育日数/d	粒色	子叶色	脐色	百粒重/g	粒形	生育习性	结荚习性	茸毛色	花色	植株高度/cm	叶形	脂肪含量/%	蛋白质含量/%	备注
125	黄	黄	淡褐	16.5	圆	直立	无	棕	白	95.0	卵圆	21.7	41.4	
124	黄	黄	褐	16.9	圆	直立	无	棕	白	86.0	披针	21.6	40.0	
125	黄	黄	黄	13.9	椭圆	直立	无	灰	紫	100.0	披针	21.8	39.0	
124	黄	黄	黑	13.2	椭圆	直立	无	棕	紫	82.0	披针	19.3	42.9	
124	黄	黄	黑	13.0	椭圆	直立	无	棕	紫	87.0	椭圆	19.6	42.9	
124	黄	黄	淡褐	15.0	椭圆	直立	无	棕	紫	82.0	披针	22.1	40.0	
125	黄	黄	黄	17.6	椭圆	直立	无	棕	紫	92.0	披针	21.4	42.0	
124	黄	黄	褐	17.5	圆	直立	亚	棕	紫	89.0	披针	20.0	41.4	
124	黄	黄	褐	17.5	圆	直立	亚	棕	紫	96.0	披针	22.3	40.1	
124	黄	黄	淡褐	18.0	圆	直立	无	棕	白	106.0	卵圆	21.9	40.6	
125	黄	黄	黄	15.7	圆	直立	无	棕	白	109.0	披针	21.5	39.4	
125	黄	黄	褐	17.4	圆	直立	无	灰	紫	86.0	披针	21.0	41.5	
125	黄	黄	褐	17.8	椭圆	直立	无	灰	紫	107.0	卵圆	19.7	42.8	
125	黄	黄	黄	15.4	圆	直立	无	灰	紫	97.0	卵圆	21.2	39.1	
124	黄	黄	褐	16.3	圆	直立	无	灰	白	92.0	椭圆	21.9	37.7	
125	黄	黄	黑	18.7	圆	直立	无	棕	白	77.0	披针	22.0	39.7	
124	黄	黄	黄	7.3	圆	直立	亚	灰	紫	75.0	披针	19.6	43.2	
124	黄	黄	褐	14.8	圆	直立	无	棕	紫	100.0	卵圆	20.6	40.9	
88	黄	黄	淡褐	16.4	椭圆	直立	有	灰	紫	70.8	椭圆	22.8	40.0	
86	黄	黄	黄	18.6	扁椭	直立	有	棕	紫	79.7	椭圆	21.5	43.9	
84	黄	黄	黄	15.1	扁圆	直立	亚	棕	紫	103.3	卵圆	23.1	37.7	
100	黄	黄	黄	28.2	圆	直立	有	灰	紫	43.6	椭圆	21.0	40.3	
101	绿	黄	黄	29.7	圆	直立	有	灰	白	28.5	椭圆	20.3	43.0	
83	黄	黄	黄	11.9	扁圆	直立	亚	棕	白	99.0	椭圆	20.9	40.4	
88	黄	黄	黄	18.9	椭圆	直立	有	灰	紫	79.4	椭圆	22.2	40.7	
85	黄	黄	褐	13.1	扁椭	直立	亚	棕	紫	75.5	椭圆	22.7	37.6	
95	黄	黄	黄	15.3	椭圆	直立	有	灰	紫	78.9	椭圆	21.3	42.6	
85	黄	黄	褐	12.9	扁椭	直立	有	棕	紫	68.8	椭圆	23.1	39.1	
99	黄	黄	褐	13.9	椭圆	直立	亚	棕	紫	113.5	椭圆	23.9	36.5	
89	黄	黄	深褐	15.8	椭圆	直立	亚	棕	白	90.1	椭圆	22.7	37.8	
92	黄	黄	褐	19.6	椭圆	直立	有	灰	白	45.0	椭圆	20.6	43.0	
86	黄	黄	褐	13.0	椭圆	直立	有	棕	紫	64.9	椭圆	21.8	40.0	

续表

总编号	品种名称	原产地或来源	保存单位（编号）	类型	生育月份
WDD03194	OAC Prudence	加拿大	中国农科院作科所(引 1937)	夏	6/下—9/中
WDD03195	东引小粒豆	加拿大	东北农业大学(引 045)	春	5/上—9/中
WDD03196	加拿大	加拿大	中国农科院作科所(引 1938)	夏	6/下—9/下
WDD03197	Albir	不详	中国农科院作科所(引 1939)	夏	6/下—9/下
WDD03198	CIGRAS-51	不详	中国农科院作科所(引 1940)	夏	6/上—11/上
WDD03199	F94-2290	不详	中国农科院作科所(引 1941)	夏	6/上—11/上
WDD03200	LINE272H 选	不详	中国农科院作科所(引 1942)	夏	6/上—8/中
WDD03201	M	不详	中国农科院作科所(引 1943)	夏	6/上—9/上
WDD03202	M007	不详	中国农科院作科所(引 1944)	夏	6/上—9/中
WDD03203	M008	不详	中国农科院作科所(引 1945)	夏	6/上—9/中
WDD03204	M017	不详	中国农科院作科所(引 1946)	夏	6/上—10/中
WDD03205	M017-1	不详	中国农科院作科所(引 1947)	夏	6/上—10/下
WDD03206	M036-1	不详	中国农科院作科所(引 1948)	夏	6/上—10/上
WDD03207	M036-3	不详	中国农科院作科所(引 1949)	夏	6/上—10/上
WDD03208	M044-1	不详	中国农科院作科所(引 1950)	夏	6/上—10/上
WDD03209	M063	不详	中国农科院作科所(引 1951)	夏	6/上—10/中
WDD03210	M089	不详	中国农科院作科所(引 1952)	夏	6/上—10/中
WDD03211	M4002	不详	中国农科院作科所(引 1953)	夏	6/上—10/中
WDD03212	M4005	不详	中国农科院作科所(引 1954)	夏	6/上—9/中
WDD03213	M4021	不详	中国农科院作科所(引 1955)	夏	6/上—9/中
WDD03214	M4026	不详	中国农科院作科所(引 1956)	夏	6/上—9/中
WDD03215	Sku 35	不详	中国农科院作科所(引 1957)	夏	6/下—11/上
WDD03216	Tg-928-黄皮黄子叶	不详	中国农科院作科所(引 1958)	夏	6/下—10/中
WDD03217	Tg-928-绿皮黄子叶	不详	中国农科院作科所(引 1959)	夏	6/下—10/中
WDD03218	PI468915	美国	中国农科院作科所(引 1960)	夏	6/下—9/下

生育日数/d	粒色	子叶色	脐色	百粒重/g	粒形	生育习性	结荚习性	茸毛色	花色	植株高度/cm	叶形	脂肪含量/%	蛋白质含量/%	备注
83	黄	黄	黄	13.5	椭圆	直立	有	灰	紫	80.9	椭圆	21.8	39.2	
122	黄	黄	黄	7.8	圆	直立	无	灰	白	57.0	披针	20.4	42.6	
87	黄	黄	褐	14.9	椭圆	直立	无	棕	紫	99.1	椭圆			
96	黄	黄	褐	15.4	圆	直立	有	灰	白	77.6	椭圆	21.7	39.9	
150	黄	黄	褐	14.9	圆	直立	无	棕	白	116.2	椭圆	20.3	41.4	
150	黄	黄	黑	13.4	圆	直立	有	棕	紫	55.4	椭圆	20.0	42.6	
69	黄	黄	黑	10.8	椭圆	直立	有	棕	白	31.1	卵圆	22.4	38.4	
88	黄	黄	褐	14.7	椭圆	直立	有	棕	白	47.1	椭圆	21.6	40.7	
99	黄	黄	深褐	14.0	椭圆	直立	有	灰	白	38.9	卵圆	23.3	37.0	
100	黄	黄	褐	8.6	圆	半直	亚	棕	紫	57.9	椭圆	21.3	39.0	
132	黄	黄	黑	13.1	椭圆	直立	有	棕	紫	46.0	椭圆	22.9	35.9	
138	黄	黄	褐	14.2	扁圆	直立	有	灰	白	75.6	椭圆	20.7	43.0	
122	黄	黄	深褐	13.4	扁椭	直立	有	棕	紫	61.9	卵圆	21.9	39.6	
119	黄	黄	深褐	14.1	椭圆	直立	有	棕	紫	50.4	卵圆	21.4	40.0	
119	黄	黄	褐	15.2	椭圆	直立	有	灰	白	58.4	卵圆	21.2	40.7	
132	黄	黄	黑	12.5	椭圆	直立	有	棕	白	68.2	椭圆	22.2	38.4	
132	黄	黄	黑	11.5	椭圆	直立	有	棕	紫	58.0	椭圆	22.7	39.0	
132	黄	黄	黑	15.1	圆	直立	有	棕	白	72.1	椭圆	23.4	38.2	
99	黄	黄	深褐	11.2	椭圆	直立	有	灰	白	33.9	椭圆	23.9	35.4	
105	黄	黄	黑	13.3	椭圆	直立	有	棕	紫	66.8	卵圆	23.1	38.3	
105	黄	黄	褐	13.9	椭圆	直立	有	棕	紫	66.1	椭圆	23.1	39.5	
129	绿	黄	深褐	11.4	圆	半直	无	棕	白	158.8	椭圆	19.6	41.9	
114	黄	黄	褐	24.8	椭圆	直立	有	棕	紫	34.0	椭圆	19.4	45.4	
114	绿	黄	淡褐	30.5	椭圆	直立	有	灰	紫	35.0	椭圆			
87	黄	黄	淡褐	24.0	椭圆	直立	有	灰	白	42.1	椭圆	18.2	47.3	